高等职业教育园林园艺类专业系列教材

无土栽培技术

主　编　张秀丽　张淑梅

副主编　张凤芸　张　燕　柳玉晶　张咏新

参　编　赵思金　杨晓菊　秦微娜　华庆路

　　　　韩　雪　张　颖　王再鹏　胡　军

　　　　郑慧俊　张晓波　于春雷

主　审　李新江　惠云芝

机 械 工 业 出 版 社

本书共分3个项目：无土栽培基础、无土栽培应用和无土栽培的生产与经营管理，简明扼要地介绍了无土栽培含义、分类、营养生理、环境调控和育苗技术，着重阐述了营养液的配制、管理及在各种蔬菜、花卉上的应用以及产品的生产与经营管理，可使读者全方位地学习各种蔬菜、花卉的无土栽培方法。本书可作为高职高专院校园林园艺类专业的教材，也可作为无土栽培爱好者的自学用书。

本书配有电子课件，凡使用本书作为教材的教师可登录机械工业出版社教育服务网www.cmpedu.com免费下载。咨询电话：010-88379375。

图书在版编目（CIP）数据

无土栽培技术/张秀丽，张淑梅主编．—北京：机械工业出版社，2017.5（2024.1重印）
高等职业教育园林园艺类专业系列教材
ISBN 978-7-111-56368-6

Ⅰ.①无… Ⅱ.①张… ②张… Ⅲ.①无土栽培－高等职业教育－教材 Ⅳ.①S317

中国版本图书馆CIP数据核字（2017）第052705号

机械工业出版社（北京市百万庄大街22号 邮政编码100037）
策划编辑：王靖辉 覃密道 责任编辑：王靖辉
责任校对：肖 琳 封面设计：马精明
责任印制：邓 博
北京盛通数码印刷有限公司印刷
2024年1月第1版·第6次印刷
184mm×260mm·17印张·413千字
标准书号：ISBN 978-7-111-56368-6
定价：49.80元

电话服务 网络服务
客服电话：010-88361066 机 工 官 网：www.cmpbook.com
010-88379833 机 工 官 博：weibo.com/cmp1952
010-68326294 金 书 网：www.golden-book.com
封底无防伪标均为盗版 机工教育服务网：www.cmpedu.com

前　言

本书围绕《教育部关于“十二五”职业教育国家规划教材建设的若干意见》（教职成［2012］9号）的要求进行编写，充分体现职业标准与岗位技能，依据教育部《高等职业学校专业教学标准（试行）》，考虑对学生个性发展的需求，立足于无土栽培实践，遵循“适度够用”的原则，力求反映最新生产技术，注重实际操作，内容深入浅出，具有较鲜明的职业特色。

本书由张秀丽（辽宁农业职业技术学院）、张淑梅（辽宁农业职业技术学院）任主编，张凤芸（黑龙江生物科技职业学院）、张燕（信阳农林学院）、柳玉晶（辽宁农业职业技术学院）、张咏新（辽宁农业职业技术学院）任副主编，由李新江（吉林农业科技学院）、惠云芝（吉林省蔬菜花卉科学研究院）任主审。具体编写分工如下：项目1的任务1由张咏新编写；项目1的任务2、项目2的“盆花花卉基质培”、项目3由柳玉晶编写；项目1的“营养液的使用与管理”、项目2的任务2由秦微娜（黑龙江生物科技职业学院）编写；项目1的“营养液的组成和要求”及“营养液的配制”由张凤芸编写；项目1的任务4由张秀丽编写；项目2的“切花花卉基质培”由张燕、张淑梅编写；项目2的任务3由张燕编写。此外，赵思金（辽宁营口经济技术开发区林业局）、杨晓菊（辽宁农业职业技术学院）、华庆路（榆树环城乡农业技术推广站）、韩雪（黑龙江林业职业技术学院）、张颖（江苏宿迁学院）、王再鹏（辽宁农业职业技术学院）、胡军（辽宁农业职业技术学院）、郑慧俊（杭州职业技术学院）、张晓波（辽宁省经济作物研究所）、于春雷（辽宁省经济作物研究所）参与了本书内容的整理工作。

在编写过程中，本书参考借鉴了大量有关学者、专家的著作、资料，在此表示感谢！因时间仓促及编者水平有限，不当之处在所难免，请读者批评指正！

编者

目　录

项目1

无土栽培基础

【项目描述】

本项目介绍了无土栽培的含义、类型、营养生理、育苗技术、营养液和固体基质等技术；通过本项目的学习要掌握常见的无土栽培类型、育苗方法、常见植物的缺素症状及营养液和固体基质的配制与使用管理等技术。

【知识目标】

- 掌握无土栽培的类型。
- 掌握无土栽培的育苗方法。
- 掌握常见植物的营养生理。
- 掌握营养液的配制、使用与管理。
- 掌握固体基质的种类、特性、配制及使用与管理。

【能力目标】

- 对常见植物能够选择适合的育苗方法。
- 对常见植物的缺素症能够识别判断并能够采取合理的防治措施。
- 能够进行营养液的配制及使用。
- 能够对常见植物选择适合的固体基质进行栽培。

任务1　无土栽培的认知

【任务情景】

在黄瓜的无土栽培中，生长期前期叶缘上轻微黄化，后在叶脉间黄化，在黄瓜的生育中期、后期，中位叶附近出现和上述相同的症状，然后叶缘出现灼烧而枯死，叶向外侧卷曲，稍有硬化，出现了小头、弯曲和蜂腰等畸形瓜。

【任务分析】

对缺素的植物所表现的症状进行分析；对出现病症的黄瓜进行营养诊断；判断黄瓜出现此症状为K素缺乏；然后根据缺素成分进行合理施肥；完成该任务需要有识别植物几种常见缺素症的表现特征的能力以及熟练掌握植物必需元素的生理作用、大量元素与微量元素的作用特点、植物的需肥规律的能力等。

【知识链接】

一、无土栽培的分类

1. 无土栽培的含义

无土栽培是一种不用天然土壤而直接用营养液或固体基质和营养液共同栽培植物的种植技术（图1-1，图1-2）。它是伴随着植物营养研究而发展起来的，是植物营养学研究、植物生理学研究、植物学研究的有效方法和手段。科学的无土栽培起源于19世纪中叶，德国人沙奇斯和克诺普把化学药品加入水中制成营养液栽培植物得到成功。美国人格利克（W. F. Gericke）是第一个将无土栽培用于商业化生产的人，这意味着无土栽培技术趋于成熟，迈进了实用化时代。其后无土栽培技术在不少国家和地区得到发展。20世纪70年代英国人库柏（Cooper）发明的营养液膜技术（NFT）和丹麦首先开发后在荷兰普及的岩棉培技术（RW）的开发应用，是无土栽培技术的重大突破，意味着无土栽培高科技时代的到来。

图1-1　营养液栽培

图1-2　固体基质栽培

我国无土栽培是从20世纪20～30年代开始起步的，70年代开始无土栽培应用研究，目前，我国广泛推广应用的以有机质作载体，栽培过程中全程或阶段性浇灌营养液的有机基质栽培技术，特别是在固体基质中只施用有机固体肥料并进行合理灌水的有机生态型无土栽培技术，简化了无土栽培管理技术，降低了一次性投资和生产成本。

2. 无土栽培的特点

（1）无土栽培的优点　进入21世纪，随着新材料和新技术的不断应用，无土栽培技术已广泛应用到实际的生产和生活中来，与常规有土栽培相比，它的优点主要表现在以下几个方面：

1）长势强、品质好、价值高。无土栽培和设施园艺相结合能合理调节作物生长的环境条件，人工创造的根际环境更加能够妥善解决水、气矛盾，使作物的生长发育过程更协调。因此，与土壤栽培相比，无土栽培的植株生长速度快、长势强，例如西瓜播种后60天，无土栽培的株高、叶片数、相对最大叶面积分别为土壤栽培的3.6倍、2.2倍和1.8倍，作物产量可成倍地提高。

无土栽培作物不仅产量高，而且产品品质好、洁净、鲜嫩、无公害。在操作、卫生及包装等都合格的情况下可以生产绿色食品。无土栽培生产的绿叶蔬菜如生菜、芥菜、芹菜、小白菜等生长速度快，叶浓绿肥厚，粗纤维含量低，维生素C含量高，如芥菜粗纤维含量2.8%，仅为土壤栽培的61%；番茄、黄瓜、甜瓜等瓜果蔬菜外观整齐、着色均匀、口感好、营养价值及产量高，如无土栽培的番茄维生素C的含量由每100g果实中含18mg增加到35mg，干物质含量增加近1倍，无土栽培的黄瓜产量是常规土壤栽培的4倍；无土栽培香石竹等花卉香味浓郁、花期长、开花数多，如土壤栽培香石竹单株开花数为5朵、裂萼率为90%，无土栽培单株开花数为9朵、裂萼率仅为8%。

2）省水、省肥、省地、省工。无土栽培中的营养液可根据不同作物在各个生育时期对营养的需要进行配制及调整，养分可以不经过土壤直接供作物吸收，未被吸收的部分可以回收后再利用，同时减少了因土壤蒸发和流失所造成的水分浪费。节省水资源，尤其是对于干旱缺水地区的作物种植有着极其重要的意义，是发展节水型农业的有效措施之一。土壤栽培肥料利用率大约只有50%左右，甚至低至20%~30%，有一半以上的养分损失，而无土栽培尤其是封闭式营养液循环栽培，肥料利用率高达90%以上，即使是开放式无土栽培系统，营养液的流失也很少。无土栽培可以省去育苗配土、土壤耕作、浇水、中耕除草等管理环节，可以节省大量劳动力。在具有一定规模的无土栽培场所，还可以实行机械化作业和自动化管理，大大降低了劳动强度，节省劳动力，提高了劳动生产率，可采用与工业生产相似的方式。无土栽培使作物生产摆脱了土壤的约束，作物生产的空间可以扩展到空闲的荒山、荒地、河滩、海岛，甚至沙漠、戈壁滩等地。如美国无土栽培多数用于干旱、沙漠地区及宇航中心等。我国新疆吐鲁番西北园艺作物无土栽培中心在戈壁滩上兴建了112栋日光温室，采用河沙基质槽式栽培，种植蔬菜作物，产品在国内外市场销售，取得了良好的经济效益和社会效益。另外，在温室等园艺设施内可发展多层立体栽培，使空间得到充分利用。

3）有效防止土壤连作障碍和土传病害。在作物的田间种植管理中，土地合理轮作、避免连年重茬是防止病害严重发生和蔓延流行的重要措施之一。但是近年来我国的耕地面积逐年减少，作物生产逐渐专业化和规模化，特别是保护地设施栽培面积的逐年扩大，使土地的合理轮作制度难以得到进一步的推广和应用。由于作物连作导致土壤中土传病虫害大量发生、盐分积聚、养分失衡以及根系分泌物引起自毒作用等成为设施土壤栽培的难题，土壤处理和消毒不仅困难、成本可观，而且效果也不十分理想。致使设施土壤种植数年后，效益急速下滑，直至停种。无土栽培可以从根本上避免和解决土壤连作障碍的问题，每收获一茬作物之后，只要对种子、培养基、器械、营养液等进行认真的消毒，管理得当，一般不易感染病害，可以实行高度连作，大大提高了土地利用率。无土栽培和园艺设施相结合，在相对封闭的环境条件下进行，在一定程度上避免了外界环境和土壤病原菌及害虫对作物的侵袭，加之作物生长健壮，因此病虫害的发生轻微，也较易控制，不存在土壤种植中因施用有机粪尿而带来的寄生虫卵及重金属、化学有害物等公害污染。正是因为无土栽培方式在防止土传病害发生上具有不可替代的优越性，因而在蔬菜的无公害生产中具有重要的意义。

4）有利于实现农业生产的现代化。无土栽培通过多学科、多种技术的融合，现代化仪器、仪表、操作机械的使用，可以按照人的意志进行作物生产。无土栽培技术有利于实现农业机械化、自动化，从而逐步走向工业化、现代化。世界上众多的“植物工厂”是现代化农业的标志：日本形成了独具特色的深液流水培技术，如M式、神园式、协和式等，引进了NFT和岩棉培技术，研制了各种全自动控制的植物工厂，实现了机械化和自动化；我国近十年来引进和兴建的现代化温室及配套的无土栽培技术，有力地推动了我国农业现代化的进程。

（2）无土栽培的缺点

1）一次性投资大，运行成本高。无土栽培需要在大棚、温室中配备一定的设施、设备才能进行，如果进行大规模、集约化、现代化的无土栽培，一次性投资更大。而生产所需要的肥料要求严格，营养液的循环流动、温度调控等能源消耗高，生产运行成本大。我国研制开发出鲁SC-Ⅰ型、鲁SC-Ⅱ型、改进型水泥砖结构型深液流水培装置、简易NFT、有机生态型基质培、浮板毛管水培和华南深液培等无土栽培装置，应用了浮板毛管水培技术、有机生态型无土栽培技术、简易NFT技术，引进并广泛应用了岩棉培技术，研究并开发了芦苇、菇渣等有机基质，简化了无土栽培设施和营养液、基质等管理技术，降低了无土栽培的设备投资和生产成本。

2）技术要求高。由于无土栽培营养液的配制、供应、调控及防止病害侵染等技术，均需要一定的文化水平才能掌握，因此对管理人员要求较高。但是通过采用自动化设备、选用厂家生产的专用无土栽培肥料、采用简易无土栽培形式，可以降低操作难度。

3）管理不当，易发生某些病害的迅速传播。无土栽培生产的保护设施相对密闭，环境湿度大，光照相对较弱，而水培形式中植物根系长期浸于营养液中，高温环境中，营养液中的含氧量急剧降低，根系生长和功能受阻，地上部高温高湿病菌快速侵染植物，加上营养液的循环流动使病菌迅速传播，导致种植失败。

我国普遍采用的基质栽培的营养液是不循环的，称为开路系统，这可以避免病害通过营养液的循环而传播。

3. 无土栽培的类型

无土栽培的方式方法多种多样，不同国家、不同地区由于科学技术发展水平不同，当地资源条件不同，自然环境也千差万别，所以采用的无土栽培类型和方式方法各异。目前比较普遍的分类方法，是根据作物根系的固定方法来区分，大体上可以分为无基质（也称为介质）栽培和有基质栽培两大类。

（1）无基质栽培

1）水培法。水培法的栽培介质为水，是无土栽培中最早采用的方式。水培法是将植物根系浸入营养液中生长（图1-3），这种方式会出现缺氧现象，影响根系呼吸，严重时造成料根死亡。为了解决供氧问题，英国人库柏在1973年提出了营养液膜法的水培方式，简称“NFT（Nutrient Film Technique）。”它的原理是使一层很薄的营养液（0.5～1cm）层，不断循环流经作物根系，既保证不断供给作物水分和养分，又不断供给根系新鲜氧气（图1-4）。NFT法栽培作物，灌溉技术大大简化，不必每天计算作物需水量，营养元素均衡供给。根系与土壤隔离，可避免各种土传病害，也无须进行土壤消毒。

图1-3　水培法

图1-4　营养液膜水培法

2）雾培法。雾培法又称为喷雾培或气培，是将植物的根系悬挂于栽培槽的空气中，以气雾的方法来供给根系营养和水分。通常是用聚丙烯泡沫塑料板，其上按一定距离钻孔，于孔中栽培作物。两块泡沫板斜搭成三角形，形成空间，供液管道在三角形空间内通过，向悬垂下来的根系上喷雾。一般每间隔2～3min喷雾几秒钟，营养液循环利用，同时保证作物根系有充足的氧气，有利根系的发育。但雾培法对喷雾的要求高，雾点要细而均匀；根系的温度受气温影响，较难控制，因此生产上应用很少，大多在展览厅展览、生态酒店和旅游观光农业上观赏使用（图1-5）。雾培的特殊类型是半雾培，即部分根系生长在浅层的营养液层中，另一部分根系生长在雾状营养液的空间内。

图1-5　雾培法

（2）固体基质栽培　用固体基质（介质）固定植物根系，并通过基质吸收营养液和氧的一种无土栽培方式。固体基质种类很多，常用的有无机基质栽培、有机基质栽培、复合基质栽培。常用的栽培形式分为槽培、盆培、袋培、箱培和立体栽培等。基质栽培缓冲能力强，不存在水分、养分与供氧之间的矛盾，且设备较水培法和雾培法简单，甚至可不需要动力，所以投资少、成本低，生产中普遍采用。从我国现状出发，基质栽培是最有现实意义的一种方式。

1）无机基质栽培。无机基质是采用岩棉、蛭石、沙、陶粒、珍珠岩、聚乙烯和尿醛泡沫塑料等无机物质作基质的基质栽培方式。欧洲许多国家目前应用较多的基质是岩棉，它是由60%辉绿岩，20%石灰石和20%焦炭混合后，在1600℃的高温下熔化，再喷成直径为0.005mm的纤维，而后冷却压成板块或各种形状。岩棉的优点是可形成系列产品（岩棉栓、块、板等），使用搬运方便，并可进行消毒后多次使用。但是使用几年后就不能再利用，废岩棉的处理比较困难，在使用岩棉栽培面积最大的荷兰，已形成公害。我国一般采用沙培、蛭石培、珍珠岩培等。

2）有机基质栽培。有机基质栽培是采用草炭、锯末、树皮、稻草和稻壳等物质作基质的基质栽培。这些基质或来自有机物，或本身就是有机物。在各种有机基质中，以草炭的应用最广，其次是锯末，一般采用中等粗度的锯末或加有适当比例刨花的细锯末，以黄杉和铁杉的锯末为好。草炭大多被用于栽培各种园艺作物。

3）复合基质栽培。现在，生产上为了克服单一基质可能造成的容重过轻、过重、通气不良或通气过盛等的弊病，常将几种基质混合形成复合基质后使用。复合基质配方选择的灵活度较大，基质成本较低，它是我国目前应用最广、成本最低、使用效果较稳定的一种无土栽培方式。

二、无土栽培营养生理

1. 矿质营养及生理功能

自然界109种元素，植物体内的矿质元素已发现70多种，常见且量较大的有10余种。植物体内矿质元素的含量随植物种类、器官或部位、生育期的不同而不同。植物体内矿质元素的含量与其生态环境有很大关系。因此，无土栽培的任务，不仅要为植物的正常生长提供适宜的环境条件，还要根据植物的不同种类、不同生育期，提供足量的矿质营养物质。植物所需的必需元素：氢、碳、氧、氮、钾、钙、镁、磷、硫、氯、硼、铁、锰、锌、铜及钼等共16种。植物生长发育所必需的元素可分为大量元素和微量元素。大量元素是指植物需求量较大，含量通常为植物体干重0.1%以上的元素，为C、H、O（3种非矿质元素）和氮、磷、硫、镁、钙、钾（6种矿质元素），共9种。微量元素是指植物需要量极微、含量通常为植物体干重0.01%以下的元素，为氯、硼、铁、锰、锌、铜、钼等7种矿质元素，此类元素在植物体内稍多即可对植物产生毒害。植物必需的矿质元素：除氢、碳、氧外，其余13种元素为植物必需的矿质元素。

（1）大量元素及其生理功能

1）氮素吸收及其功能。氮是作物生长所需的主要元素之一，配制营养液时氮素有两种可供作物吸收的形式，即硝态离子（NO_3^-）和铵离子（NH_4^+），营养液以硝酸根氮化合物为主，而以铵态氮为辅。而铵态氮虽然也能被作物吸收，但营养液中铵离子（NH_4^+）的比例过大，钙、镁的吸收会受到很大限制，作物表现为生长不良，软弱多汁。

氮素是作物体内许多重要有机化合物的成分，在多方面直接或间接地影响着植物的代谢过程和生长发育，氮是蛋白质和核酸的主要成分，蛋白质含氮素16%~18%，蛋白质和核酸又是植物细胞原生质组成中的基本物质，也是植物生命活动的基础。因此，没有氮就不能形成蛋白质，就没有各种有机体和生命现象。

氮既是植物进行光合作用的叶绿素的组成成分，又是许多酶的组成成分，酶本身就是蛋白质，是在植物体内形成的有机催化剂，对植物体内各种代谢过程起生物催化作用。此外，植物体内的一些生命活性物质如维生素 B_1、维生素 B_2、维生素 B_6、生长素、细胞分裂素等也含有氮。这些物质对促进植物生长发育有着重要的作用。一旦缺乏，这些含氮物质就不能形成，植物代谢产生紊乱。氮充足时，蛋白质合成量大，细胞的分裂和增加快，植物生长茂盛，光合强度高，产量增加。作物氮营养临界期是在营养生长转向生殖生长的时期。

营养液的氮素配比合适，光合作用旺盛，植株叶片色泽鲜艳而肥大，植株体健壮，产量高；营养液的氮量过多，植株营养生长过旺，叶色深绿，易徒长，果菜作物的产品形成受到抑制，成熟期推迟。反之，氮量不足，叶色淡，植株细弱矮小，产量低，老叶容易变黄枯萎。因此，在配制营养液时，必须严格按配方比例进行，不能将肥料任意增减。

在无土栽培选用氮源时，以硝态氮肥料为主，如硝酸钙、硝酸钾等。硝酸铵也可以使用，但比例不宜过大。铵态氮肥料可以选用硫酸铵、氯化铵等。

2）磷的吸收及其功能。磷以多种方式参与作物内的生理过程，对促进作物生育过程和生理代谢、高产优质都起着重要作用。

植物从营养液中吸收的磷的形态以无机态磷为主，其中主要是磷酸氢根离子，即 $H_2PO_4^-$、HPO_4^{2-} 和 PO_4^{3-}，其中 $H_2PO_4^-$ 最易被植物吸收。当然作为植物根系来说，植物还可以吸收焦磷酸（$P_2O_7^{4-}$）和磷酸根离子，即偏磷酸（PO_3^-）形态的磷，但数量较少。作物还可以吸收有机态的磷，如一些磷酸酯、核酸等。

作物体内的含磷量约为干重的0.05%~0.50%，并随着作物种类、器官和生长期的不同而异。油料作物含磷量高于豆科作物；豆科作物高于谷类作物；生育前期的幼苗含磷量高于后期老熟的秸秆；幼嫩器官中的含磷量高于衰老器官，繁殖器官高于营养器官，种子高于叶片，叶片高于根系，根系高于茎秆等。大多数作物的磷营养临界期都在幼苗期。例如，玉米一般在出苗后7d左右（三叶期）；棉花一般在出苗后10~20d。作物幼苗期正是由种子营养转向土壤营养的转折时期。此时种子中贮藏的磷营养已近于耗尽，急需从土壤中获得磷营养。但此时大部分幼根在土壤表层，尚未伸展，且吸收养分的能力弱，对磷的需要就显得十分迫切。而土壤溶液中磷的浓度往往很低，且移动性很小，难以迅速迁移到根表。所以作物幼苗期容易表现出缺磷。采用少量磷肥作种肥，常有很好效果。

磷是植物体内许多重要化合物的组成成分，例如核酸、核蛋白、磷脂、植素以及多种的含磷生物活性物质（三磷腺苷（ATP）、三磷酸胞苷（CTP）、三磷酸尿苷（UTP）和三磷酸鸟苷（GTP）等）的组成中，都含有磷。

磷还能促进体内多种代谢过程，如磷能够加强光合作用和碳水化合物合成与运转，促进氮的代谢和脂肪代谢。磷素营养充足还能够提高作物对干旱、寒冷和病虫害等不良环境的抗逆性。由于磷在作物体内一部分是以无机磷形态存在的，由此能够增加细胞液的缓冲性能，使原生质的pH保持稳定状态，有利于细胞的正常生命活动。

可供配制营养液选用的磷素肥料主要有：磷酸二氢钾、磷酸二氢铵、过磷酸钙、重过磷酸钙等。

3）钾的吸收及其功能。钾是作物生长非常重要的一种元素，与氮和磷合称为植物营养的三要素。作物体内的钾含量约占干重的1%左右，它是作物体内所有金属元素中含量最高的。存在于体内的钾无固定的有机化合物形态，主要以离子态钾的形式存在。钾在作物体内的移动性和再利用性很强，所以钾能向代谢最活跃的器官和组织中转移，如幼叶、嫩芽、生长点等部位。因此，钾缺乏时的症状首先出现在老的组织或器官中。

作物是以钾离子（K^+）的形态吸收钾的。作物对钾的吸收能力与其他元素有一定关系。在钾的浓度处于正常水平时，植株对钾的亲和力比钙高，钾过量时，则导致钙的缺乏，但钙对钾的吸收不发生竞争作用，反而会促进钾的吸收。相伴离子对钾的吸收作用不同，在正常浓度下硫酸根离子、氯离子、硝酸根离子的吸收速率与钾离子的相同，但在高浓度下，硫酸根离子能抑制钾离子的吸收。

存在于作物体内的钾尽管不是体内结构形成的组成成分，但其生理功能很多。体内中存在的钾促进了多种酶的活性，因此也促进了体内许多的代谢过程，据报道，有60多种的酶，需要像钾这样的一价金属阳离子来活化。钾可以提高作物叶绿素的含量和促进作物对光能的利用；钾能够影响植物气孔的开闭，调节二氧化碳渗入叶片和水分蒸腾的速率，与植物的水分代谢密切相关；钾还可提高蛋白质和核蛋白的形成，也有利于豆科植物根瘤菌的固氮作用。钾素可使作物纤维素增强，促进维管系统发育，厚角组织发达，使植株生长健壮，提高其抗性。钾对于改善作物品质方面有良好的作用，因此钾被称为是“品质元素”。例如在无土栽培甜瓜时，适当地增加营养液中钾的用量，可使得甜瓜的糖度提高1%~3%。

在无土栽培中可以供选择的钾素主要有硝酸钾、氯化钾、硫酸钾及磷酸二氢钾等。

4）钙的吸收及其功能。钙也是植物体内含量较高的一种元素，干物质中含钙量为0.5%~3.0%，不同植物含钙量有所差异。一般蔬菜作物的含钙量较多，禾本科作物的较少。作物体内钙的移动性很小，难以再利用，一般地上部比根系的含量高，茎叶的含钙量较多，果实和籽粒的较少。许多作物因为钙素失调发生缺钙症。因此，在无土栽培中，钙的施用不可忽视。

矿物质元素在植物体内的运输一般是通过韧皮部和木质部，但是钙在植物体内几乎只能通过木质部运输，主要靠的是蒸腾作用，借助蒸腾拉力由下往上运输，而且钙容易在植物体内固定，钙在植物体内容易形成不溶性的钙盐而沉淀下来，是不能再利用的元素，钙一旦固定，将不再流动。

无土栽培中可供选择的钙肥主要有：硝酸钙、氯化钙、磷酸一钙、过磷酸钙等。

5）镁的吸收及其功能。植物体内含镁量为干重的0.05%~0.70%，种子含镁较多，茎叶次之，根系较少。镁在叶绿素合成和光合作用中起重要作用。镁原子同叶绿素分子结合后，才具备吸收光量子的必要结构，才能有效地吸收光量子进行光合反应。因此，镁与叶绿素的形成和光合作用的进行密切相关，所以在缺镁时，叶绿素含量减少，叶色褪绿，光合作用受阻。

镁的另一重要生理功能是作为核糖体亚单位联结的桥接元素，能保证核糖体稳定的结构，为蛋白质的合成提供场所。叶片细胞中有大约75%的镁是通过上述作用直接或间接参与蛋白质合成的。它还可以参与碳水化合物、脂肪和类脂的合成。

镁还是多种酶类的活化剂，它可以活化的酶类可达几十种，因此可以促进体内的多种代谢过程，例如，镁可以促进糖酵解、三羧酸循环和ATP的合成，使呼吸作用增强，并且能够参与蛋白质和核酸的合成过程。另外，镁对维持核糖体的结构十分必要，没有这种正常结构，核糖体就失去合成蛋白质的能力。

在无土栽培中，可供选用的镁肥有：氯化镁、硝酸镁、硫酸镁、碳酸镁等。

6）硫的吸收及其功能。硫在作物生长和代谢中有多种重要功能，是生物素（biotin）、维生素 B_1、辅酶A、胱氨酸、半胱氨酸、蛋氨酸的组分。主要以硫氢基（-SH）和二硫基（-S-S-）的形态参与形成含硫的有机化合物。

作物叶绿素中虽然不含硫，但硫对叶绿素的形成有一定作用。缺硫时叶绿素含量降低，叶呈现淡绿色，甚至变成黄白色。硫缺乏往往会影响到豆科作物根瘤的固氮能力。

植物体内的含硫量为干物重的0.1%~0.5%。植物的硫营养以根系吸收 SO_4^{2-} 为主，也可以从叶片吸收低浓度气态 SO_2，但高浓度气态硫有毒害作用。植物体内硫的移动性很小，难以再利用，因此，缺硫时的症状首先表现在幼叶上。

在无土栽培中，可供选用的硫素多与其他肥料配合施用，如肥有：硫酸镁、硫酸锌、硫酸钾等。

（2）微量元素及其生理功能　作物进行正常的生长发育，除上述的大量元素外，还需要一些数量很少的微量元素，即氯、硼、铁、锰、锌、铜、钼等矿质元素。还有一些微量元素需要量甚微，在配制营养液时可由水或基质中取得，因而不另行加入。

1）铁的吸收及其功能。铁是植物结构组分元素，是血红蛋白和细胞色素的组成成分，也是细胞色素氧化酶、过氧化氢酶、过氧化物酶等许多酶类的组成成分。植物中大部分铁是以铁磷蛋白的形式储存，称为植物铁蛋白。铁虽然不是叶绿素的组成成分，但它是叶绿素形成不可缺少的，细胞中约75%的铁与叶绿体结合，叶片中高达90%的铁与叶绿体和线粒体膜的脂蛋白结合。因此，铁影响到叶绿素的形成和光合作用的进行。

过量的铁对植物发生毒害，一般亚铁过多积累造成此种情况。在配制营养液时，准确掌握铁化合物的用量，对作物的正常的生长发育十分重要。

在无土栽培中，可供选用的铁素肥料主要有：硫酸铁、三氯化铁、柠檬酸铁以及螯合态铁等。

2）硼素的吸收及其功能。硼在单子叶植物和双子叶植物中的浓度通常分别为6~18mg/kg和20~60mg/kg。大多数作物成熟叶片组织中硼水平在20mg/kg以上即足够。硼在作物分生组织的发育和生长中起重要作用，尤其是分生组织新细胞的发育，如硼能促进植物根系的生长。缺硼时，根尖分生组织的细胞分化和伸长受到影响，根尖细胞发生木质化。硼能促进植物发芽和花粉管的伸长、碳水化合物的转化和运转、氨基酸和蛋白质合成、豆科植物结瘤等。硼对叶绿素的形成和稳定性有良好作用，能增强植株的光合作用，促进光合产物的合成、分配；并且能抑制有毒的酚类化合物形成，硼不易在体内流动和再利用。

植物主要吸收 BO_3^{3-} 和 $B_4O_7^{2-}$ 两种状态的硼。硼进入植物体内后不发生大的变化也不形成含硼的特殊化合物，仅能与游离态的糖结合成复合极性分子。

配制营养液时选用的硼肥有硼砂、硼酸等。

3）锰素的吸收及其功能。锰在植物体内的含量较低，仅为干物重的十万分之几至千分之几，不同作物及不同的部位的含量有较大差异。一般叶片的含锰量较高，茎次之，种子较少。

植物体内的锰存在着价数的变化（$Mn^{2+} \sim Mn^{4+}$），能直接影响体内的氧化还原过程。锰的生理作用多种多样，它是植物体内多种酶的活化剂。锰虽然不是叶绿素的组成成分，但与叶绿体的形成有关。锰还影响到组织中生长素的代谢，锰能活化吲哚乙酸（IAA）氧化酶，促进IAA的氧化和分解。锰在作物体内的移动性较小，缺乏时首先在幼叶上表现出失绿的症状。

在生产上可以选用的锰素肥料有：硫酸锰、碳酸锰等。

4）锌素的吸收及其功能。植物体内锌的含量约为10～200mg/kg（干物重计）。植物体内的锌是蛋白酶、肽酶和脱氢酶的组成成分。主要存在于叶绿体中的碳酸酐酶能够催化CO_2水合作用生成重碳酸盐，有利于碳素的同化作用。由于植物吸收和排除CO_2通常都先溶于水，故缺锌时呼吸作用和光合作用均会受到影响。锌是合成生长素前体——色氨酸的必需元素，因锌是色氨酸合成酶的必要成分，缺锌时吲哚和丝氨酸不能合成色氨酸，因而不能合成生长素（吲哚乙酸），因此，锌也间接地影响到吲哚乙酸的形成。

锌以Zn^{2+}形式被植物吸收。配制的营养液含锌肥料可以选用硫酸锌、氯化锌等。

5）铜素的吸收及其功能。植物体内铜的含量较少，约为4～50mg/kg（干物重计）。

铜为多酚氧化酶、抗坏血酸氧化酶、细胞色素氧化酶的成分，在呼吸的氧化还原中起重要作用。在超氧化物歧化酶（SOD）中也含有铜，这种酶可使得超氧化物基（O^{2-}）起歧化作用以保护植物细胞免受伤害。在叶绿体中铜的含量较高，它参与光合电子传递，故对光合有重要作用。缺铜会导致叶片栅栏组织退化，气孔下面形成空腔，使植株即使在水分供应充足时也会因蒸腾过度而发生萎蔫。铜还参与了蛋白质和碳水化合物的代谢。缺铜时，蛋白质的合成会受到阻碍，体内可溶性含氮物质增加，还原糖含量减少，植物的抗逆性降低。

无土栽培中的水培一般不易出现缺铜，可配制含铜素营养液肥料有：硫酸铜、螯合态铜等。

6）钼素的吸收及其功能。钼是植物必需的营养元素中含量最少的，非豆科作物只有亿分之几至百万分之几，豆科作物的含量较高，也仅达其干物重的百万分之几至十万分之几。

植物体内钼的生理功能主要表现在氮素代谢方面。在生物固氮中，钼起着很重要的作用，豆科植物根瘤菌的固氮特别需要钼，因为氮素固定是在固氮酶的作用下进行的，固氮酶是由铁蛋白和钼铁蛋白组成的，钼铁蛋白中含有钼，如钼营养缺乏，则固氮酶的形成受到影响，固氮的过程不能进行。钼是硝酸还原酶的组成成分，缺钼则硝酸不能还原，使得硝酸盐在体内累积，蛋白质合成减少。钼还影响到各种磷酸酯活性。缺钼也会造成体内维生素C含量的降低。

钼以钼酸盐（MoO_4^{2-}）的形式被植物吸收，当吸收的钼酸盐较多时，可与一种特殊的蛋白质结合而被贮存。

配制无土栽培的营养液时，可供选择的钼肥有：钼酸钠、钼酸铵、三氯化钼等。

2. 营养诊断

作物缺乏任何一种必需元素或某一营养元素过量，生理代谢就会发生障碍，从而在外形上表现出一定的症状，这就是缺素症或过量症状。根据形态、生理、生化变化，判断作物的营养状况，称为营养诊断。在无土栽培中，常因营养液的配制不当、浓度过高、元素比例失调、其他因素影响作物对某种元素的正常吸收而发生营养元素的缺乏或过多现象。以下介绍根据作物形态上的差异进行作物营养的诊断。

（1）氮素缺乏与过多症　缺氮时，蛋白质、核酸、磷脂等物质的合成受阻，生长减缓，植物生长矮小，分枝、分蘖很少，叶片小而薄，花果少且易脱落；缺氮还会影响叶绿素的合成，首先在下部叶片上发生，开始是绿色减退，叶变成柠檬黄或橘黄色，叶片早衰甚至干枯，从而导致产量降低。因为植物体内氮的移动性大，老叶中的氮化物分解后可运到幼嫩组织中去重复利用，所以缺氮时叶片发黄，由下部叶片开始逐渐向上。这是缺氮症状的显著特点。从作物幼苗到成熟期的任何生长阶段里都可能出现氮素的缺乏症状（图1-6，图1-7）。

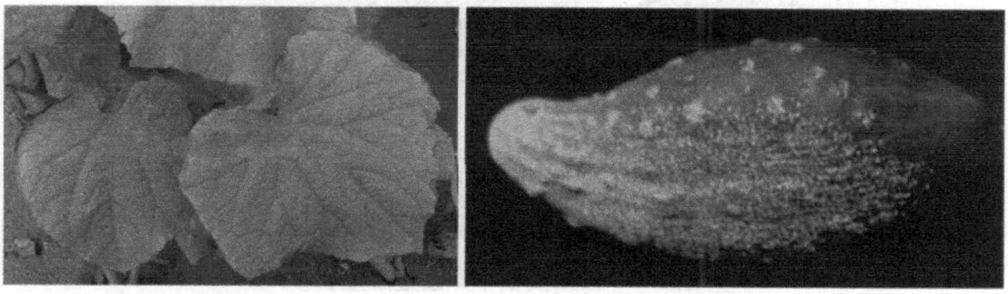

图1-6　黄瓜缺氮症状

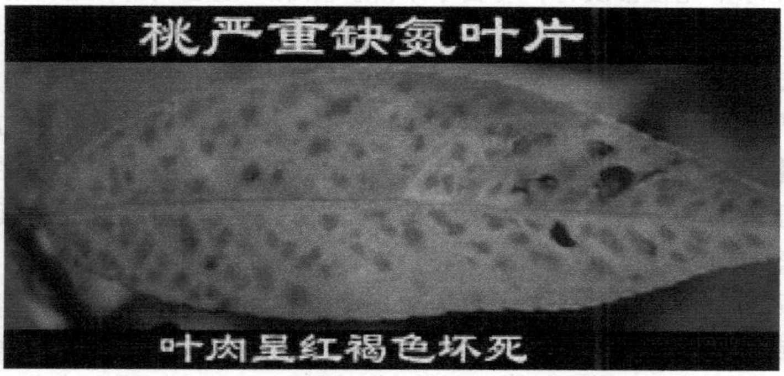

图1-7　桃缺氮症状

苗期：由于细胞分裂减慢，苗期植株生长受阻而显得矮小、瘦弱，叶片薄而小。禾本科作物表现为分蘖少，茎秆细长；双子叶作物则表现为分枝少。后期：若继续缺氮，禾本科作物则表现为穗短小，穗粒数少，籽粒不饱满，并易出现早衰而导致产量下降。

氮过多时，叶片大而深绿，柔软披散，植株徒长。另外，氮素过多时，植株体内含糖量相对不足，茎秆中的机械组织不发达，易造成倒伏和被病虫害侵害（图1-8）。

氮素的缺乏或过多是相对的概念，应根据作物种类，生长管理的具体情况加以判断确定。主要蔬菜作物症状表现如下：

黄瓜缺氮表现为植株矮化，叶呈黄绿色，严重时叶呈浅黄色，全株呈黄白色，茎细而脆；果实细短，呈亮黄色或灰绿色，多刺，果蒂呈浅黄色或果实畸形。

甘蓝缺氮表现为呈灰绿色，无光泽，叶形狭小，挺直，结球不紧，或难以包心。花椰菜缺氮苗期叶片小而挺立，叶呈紫红色。花球期缺氮则花球发育不良，球小且多为花梗，花蕾少。

图 1-8　西瓜皮椒草氮素过多症状

甘蓝、花椰菜氮素过剩表现叶色浓绿，叶片肥大，变短变宽，甘蓝结球困难或结球延迟且疏松，花椰菜花球不能正常发育，可食率下降。氮素严重过剩时，叶片脉间会出现灰绿色危害斑块。

（2）磷素缺乏与过多症　一般作物缺磷首先是蛋白质的合成受阻，幼嫩组织和器官生长缓慢，根系发育不良。磷在体内易移动，也能重复利用，缺磷时老叶中的磷能大部分转移到正在生长的幼嫩组织中去，因此，缺磷的症状首先在下部老叶出现，并逐渐向上发展。植株缺磷初期，由于缺磷利于花青素的形成，使下部叶片呈反常暗绿色或呈紫红色，叶狭长而直立，继而植株矮小，呈簇生状态。

磷素营养过剩，对生长同样不利，主要表现为营养期缩短，产品成熟期提早，叶片肥厚而密集，由于磷酸钙的沉淀，叶上会出现小焦斑；植株矮小，节间过短，出现生长明显受抑制的症状，地上部与根系生长比例失调，在地上部生长受抑制的同时，根系非常发达，根量极多而粗短。磷素过多还会使锌、铁、镁等元素的吸收受限，因此，常与缺锌、缺铁、缺镁等发生的症状一同出现。

番茄对磷素的反应较为敏感，当磷素缺乏时，植株瘦小，茎细长，叶生长倾斜向上，与茎呈锐角，且叶片小，紫红色；着果延迟且数量少，产量及品质下降（图 1-9）。

黄瓜缺磷时，缺磷植株矮化，严重时幼叶细小僵硬，并呈深绿色，子叶和老叶出现大块水渍状斑，并向幼叶蔓延，斑块逐渐变褐干枯，叶片凋萎脱落。

芹菜缺磷时，植株生长缓慢，叶片变小但不失绿，外部叶逐渐开始变黄，显得更浓些，叶脉发红，叶柄变细，纤维发达，下部叶片后期出现红色斑点或紫色斑点，并出现坏死斑点。

（3）钾素缺乏与过多症　钾是易移动可被重复利用的元素，故缺素病症首先出现在下部老叶。缺钾时造成植株下部的叶片变黄，边缘干枯、焦枯，甚至叶片枯死。但死亡的叶片还附着于植株上，短时间内不凋落。除生长点的嫩叶外，其他的叶片均会受到影响，表现为叶片上出现褐色斑点，甚至成为斑块，但叶中部靠近叶脉附近仍保持原来的绿色。另外，钾

图 1-9 番茄缺磷症状

素供应不足时，碳水化合物代谢受到干扰，光合作用受抑制，而呼吸作用加强。因此，缺钾时植株抗逆能力减弱，易受病害侵袭，果实品质下降，着色不良。

钾素过量时，会造成镁元素的缺乏或盐分中毒，会影响新细胞的形成，使植株生长点发育不完全，近新叶的叶尖及叶缘枯死。

主要蔬菜缺钾症状如下：

番茄是需钾较多的作物，缺钾症状首先出现在老叶上，缺钾时，叶脉保持绿色，但主叶脉之间的叶片组织褪绿，叶片卷曲、呈赤绿色，严重时沿叶缘发生灼伤。果实生长不良，果实中酸的含量降低，同时果实内部褪色（图 1-10）。

图 1-10 番茄缺钾症状

黄瓜缺钾时，生长前期先在叶缘上轻微黄化，后在叶脉间黄化，顺序很明显。在生育中、后期，中位叶附近出现和上述相同的症状，然后叶缘出现灼烧而枯死，随着叶片不断生长，叶向外侧卷曲，叶片稍有硬化。瓜条稍短，膨大不良，常有小头、弯曲和蜂腰等畸形瓜出现。

辣椒缺钾时，植株叶片尖端变黄、叶面有较大的不规则斑点，叶边缘枯干，叶缘与叶脉间有斑纹、叶片皱缩。

（4）钙素缺乏症　钙是难移动、不易被重复利用的元素，故在顶芽、侧芽、根尖等分生组织首先出缺钙素症，缺钙初期顶芽、幼叶呈淡绿色，继而叶尖出现典型的钩状，严重时，叶子变形和失绿，在叶子的边缘出现坏死斑点，缺钙使细胞壁溶解或组织柔软而引起间接缺钙，常见的生理失调现象：甘蓝褐心病（叶焦病）、芹菜的黑心病、辣椒的表腐病等。

番茄缺钙时始发病于幼果脐部，初为水浸状暗褐色斑点，病斑逐渐扩大发展成下陷、革质、褐色或黑色坏死区域，潮湿时斑上腐生黑色霉状物。坚硬的褐色区域可以扩展至果实内部，病果提早变红，属于典型的生理性病害（图1-11）。

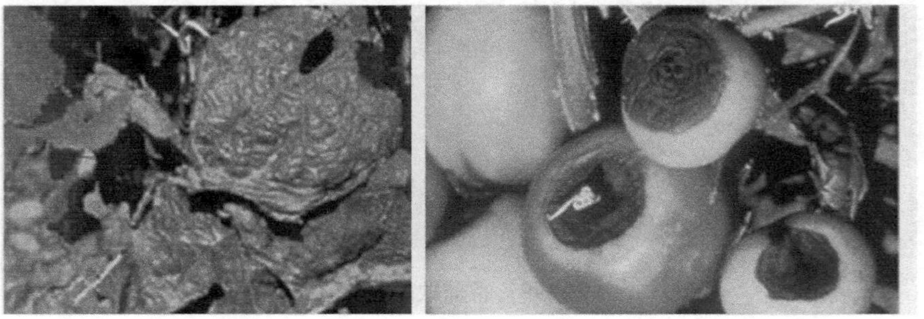

图1-11　番茄缺钙症状

黄瓜缺钙时，幼叶叶缘和脉间出现透明白色斑点，多数叶片脉间失绿，主脉尚可保持绿色；植株矮化，节间短，尤以顶端附近最为明显；幼叶小，边缘深缺刻，叶向上卷曲，后期这些叶片从边缘向内干枯。严重缺钙时，叶柄脆，易脱落（图1-12）。

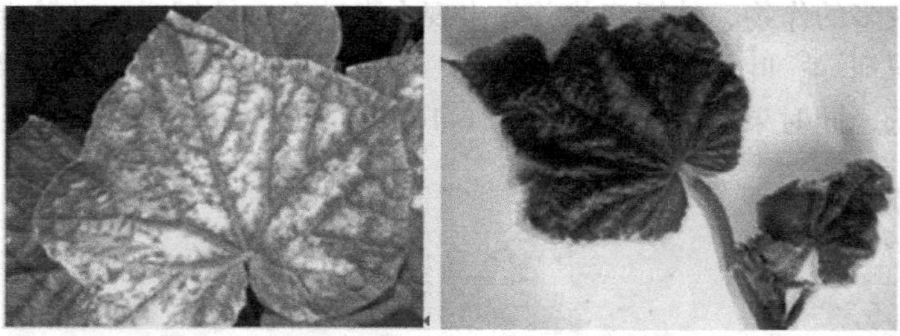

图1-12　黄瓜缺钙症状

芹菜缺钙时，植株生长点的生长发育受阻，中心幼叶枯死，外叶深绿，叶柄变短，植株矮小。

（5）镁素缺乏症　镁素是构成叶绿素的主要成分，缺镁最明显的病症是叶片失绿，由于镁在植物体内流动性较大，可以再利用，所以老器官的镁可以转移到新生组织中去，所以缺镁症状在下部叶片上首先发生。根据缺乏的程度，叶片绿色可减退至白色，而叶脉及其紧邻部分仍保持正常的绿色，绿色减退由尖端及边缘开始向叶基及中心扩展。作物在镁素极缺乏的情况下，下部的叶片颜色几乎变成白色，但仍极少干枯或产生枯死的斑点。作物缺镁后根系生长明显受阻。在一般无土栽培条件下，缺镁现象不易发生，只是在营养液配制不良时，特别是钾素过多时，会使镁的吸收受到抑制，而表现出缺镁症状（图1-13）。

番茄缺镁时，老叶叶脉组织失绿，并向叶缘发展。轻度缺镁时茎叶生长正常，严重时扩展到小叶脉，仅主茎仍为绿色，最后全株变黄。

黄瓜缺镁老叶脉间失绿，并从边缘向内发展。缓慢缺镁时，茎叶生长均正常；急剧缺镁时，失绿发生迅速，小侧脉也失绿，仅主脉仍为绿色，有时失绿区似大块下陷斑，最后斑块坏死，叶片枯萎。症状从老叶向幼叶发展，最后全株黄化。

芹菜缺镁时叶脉黄化，且从植株下部向上发展，外部叶叶脉间的绿色渐渐地变白，进一

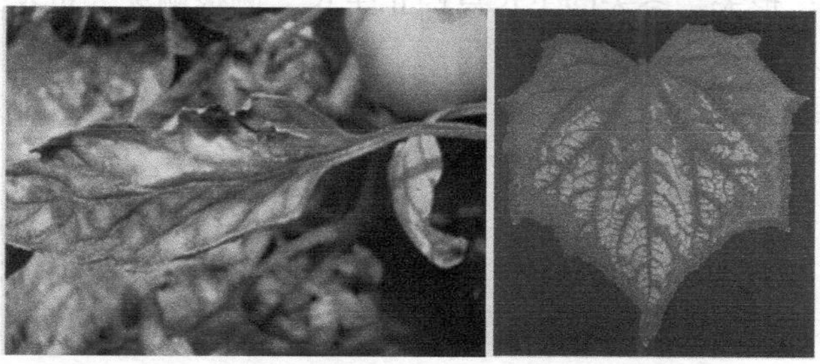

图1-13 番茄、黄瓜缺镁症状

步发展，除了叶脉、叶缘残留点绿色外，叶脉间均黄白化。嫩叶色淡绿。

（6）硫素缺乏症 缺硫情况在无土栽培中不易发生。硫不易移动，缺乏时一般在幼叶表现缺绿症状，且新叶均衡失绿，呈黄白色并易脱落。严重时，下部老叶也变黄，但不会发生焦枯现象。硫素缺乏后，作物生长可能有些缓慢，叶尖常常向下卷缩，叶面上会发生一些突起的泡点。硫素缺乏大多发生在作物的生长早期，特别是在干旱的季节易发生。

黄瓜缺硫后，叶片黄化后形成白色斑块，组织死亡，果实颜色黄绿相间，花头严重，瓜条短粗。

番茄缺硫时，叶片脉间黄化，叶柄和茎变红，节间缩短，叶片变小。植株呈浅绿色或黄绿色（图1-14）。

图1-14 番茄缺硫症状

（7）微量元素缺乏症

1）缺铁。在无土栽培中由于环境条件或营养液pH过高而使作物发生缺铁症较为多见，铁素与叶绿素的形成密切相关，所以缺铁的主要症状是叶色黄绿，甚至白绿色，铁是不易重复利用的元素，因而缺铁最明显的症状是幼芽幼叶缺绿发黄，甚至变为黄白色，作物下部叶色绿，渐次向上褪淡，新叶全部黄化或脉间黄化，老叶仍保持绿色。缺铁的油菜，新生叶片脉间失绿黄化，老叶仍保持绿色。番茄缺铁时，顶端叶片失绿，从顶叶向下部老叶发展，并有轻度组织坏死（图1-15）。

2）缺硼。硼能参与碳水化合物的转化和运转、氨基酸和蛋白质合成，对叶绿素的形成和稳定性有良好作用。缺硼时，植株首先表现在新的嫩叶基部褪淡，然后叶子在基部折断，有的第二次再生，有清楚的折印，叶柄变粗、变脆、易开裂；花器官发育不正常，果实和种子不充实或不能形成；根尖、茎尖的生长点停止生长，侧根侧芽大量发生，其后侧根侧芽的生长点又死亡，而形成簇生状。甜菜的干腐病、花椰菜的褐腐病、马铃薯的卷叶病和苹果的缩果病等都是缺硼所致。番茄缺硼时，最显著的症状是小叶失绿呈黄色或橘红色，生长点变黑。严重缺硼时，生长点凋萎死亡，幼叶的小叶叶脉间失绿，有小斑纹，叶片细小，向内卷曲。茎及叶柄脆弱，易使叶片脱落。根生长不良，褐色。果实畸形，果皮有褐色侵蚀斑。黄瓜缺硼后，常出现“花而不实”，落花落果严重。子叶发黄，生长停止，干枯，叶缘上卷，最后死亡（图 1-16）。

图 1-15　番茄缺铁症状

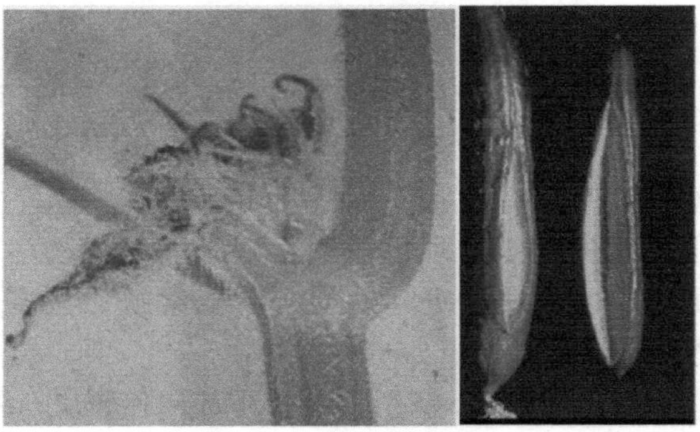

图 1-16　黄瓜缺硼症状

3）缺锰。锰为形成叶绿素和维持叶绿素正常结构的必需元素。所以缺锰的主要症状表现在叶色。缺锰时植物不能形成叶绿素，叶脉间失绿褪色，但叶脉仍保持绿色。缺锰早期症状首先在幼叶出现，叶色淡绿色，但叶脉及叶脉附近仍保持绿色，叶片外观呈绿色纱网状，并随着叶龄的增长而复绿。严重缺锰时，叶脉及叶脉附近变成暗绿色，脉间为灰绿色或灰白色，叶片变薄，发生顶枯现象，使植株矮化，生长衰弱。缺锰植株的叶片往往有硝酸态氮的积累，木质部中有草酸钙的结晶。

番茄缺锰时，叶片主脉间叶肉变黄，呈黄斑状，叶脉仍保持绿色，新生小叶呈坏死状；由于叶绿素合成受阻，严重影响植株的生长发育。缺锰严重时，不能开花、结实（图 1-17）。

图 1-17　番茄缺锰症状

黄瓜缺锰时，植株顶端及幼叶间失绿呈浅黄色斑纹，初期末梢仍保持绿色，显现明显的网状纹。后期除主脉外，全部叶片均呈黄白色，并在脉间出现下陷坏死斑。老叶白化最重，并最先死亡，芽的生长严重受抑，新叶细小。

4）缺锌。锌是合成生长素前体——色氨酸的必需元素，因锌是色氨酸合成酶的必要成分，缺锌时吲哚和丝氨酸不能合成色氨酸，因而不能合成生长素（吲哚乙酸），从而导致植株生长缓慢，生长受抑制，尤其是节间生长严重受阻。锌与叶绿素的合成也密切相关，因此缺锌时，叶片表现出叶片的脉间失绿或白化症状。

番茄缺锌时，植株顶部叶片细小，小叶叶脉间轻微失绿，植株矮化。老叶比正常小，不失绿，但有不规则的皱缩褐色斑点，尤以叶柄较明显。叶柄向后弯曲呈一圆圈状，受害叶片迅速坏死，几天内即可完全枯萎脱落（图1-18）。

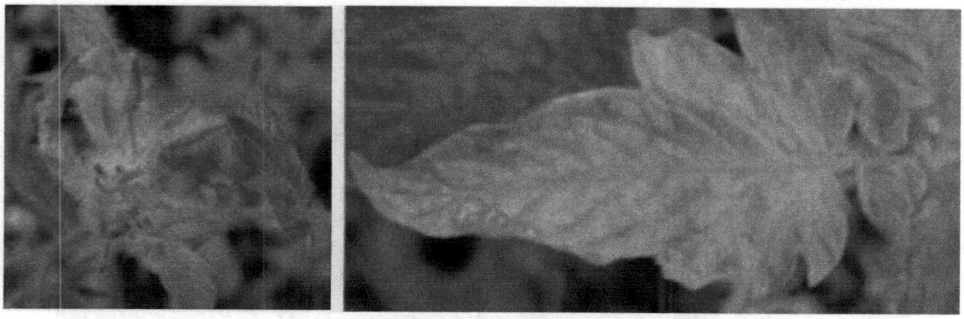

图1-18 番茄缺锌症状

黄瓜缺锌，则生长不良，老叶发黄变焦，并逐渐向内不规则扩展。叶面上出现小黄斑点，果实短粗，果皮形成粗绿细白相间的条纹，绿色较浅。

5）缺铜。一般作物需铜量非常少，作物在缺铜时表现的症状不如其他微量元素缺乏时那样的典型，而且不同作物之间的表现症状也不一致。缺铜易导致叶片栅栏组织退化，气孔下面形成空腔，使植株即使在水分供应充足时也会因蒸腾过度而发生萎蔫；还会出现叶片生长缓慢，继而整个植株生育不良，植株显暗绿色，某些作物花的颜色发生褪色现象，如蚕豆缺铜时，花的颜色由原来的深红褐色变为白色。蔬菜作物中需铜量多而反应敏感的作物有：洋葱、莴苣、菠菜、花椰菜、胡萝卜等，其他如黄瓜、番茄、甘蓝反应也较敏感。一般无土栽培中，营养液pH偏高或者氮、磷量过大等都会使铜的可给性降低。如黄瓜缺铜后出现症状为新生叶失绿，叶呈绿黄灰色，稍卷曲，叶尖枯萎，植株生长发育不良，果实粗短（图1-19）。

6）缺钼。钼是硝酸还原酶的组成成分，缺钼则硝酸不能还原，呈现出缺氮病症。豆科植物根瘤菌的固氮特别需要钼，因为氮素固定是在固氮酶的作用下进行的，而固氮酶是由铁蛋白和钼铁蛋白组成的。缺钼时叶较小，下部叶片缺绿、边缘由黄到白色，且有大小不一的黄色或橙黄色斑点，叶片皱缩有波浪状，老叶变厚、焦枯，以致死亡，根系弱。

番茄缺钼时，老叶先褪绿，叶缘和叶脉间的叶肉呈黄色斑状，叶边向上卷，叶尖萎焦，渐向内移；轻者影响开花结实，重者死亡（图1-20）。黄瓜缺钼后生长矮小，顶部叶片下弯，老叶叶肉开始发黄，叶脉失绿，叶面出现不规则的黄斑（图1-21），黄瓜短粗，瓜皮发白，无光泽，皱缩。

图 1-19　黄瓜缺铜症状

图 1-20　番茄缺钼症状

图 1-21　黄瓜、甜菜缺钼症状

三、无土栽培环境调控

自然环境往往是复杂多变的，四季与地域的变化，特别是冬季的低温寡照甚至完全不适于作物的生长发育。为了打破自然环境的制约，利用温室的透明覆盖材料与围护结构、环境调节控制设施等把一定的空间与外界环境隔离开来，形成一个半封闭的系统。通过对半封闭系统的物质交换和能量调节来进一步改善或创造更适于作物无土栽培的生长环境，设施栽培的环境控制优势和无土栽培的根系营养优势密切结合，创造了作物栽培速生、优质、高产、均衡的新局面。构成作物的综合环境，往往是由光、温、水、气、养分的组成与浓度等多种因子组成。下面分别从温度、光照、湿度、通风等几方面作介绍。

1. 温度

当前无土栽培作物是在不适宜作物露地气温条件下，在温室或大棚内进行栽培的。因此，创造适于作物生育所需要的温度条件是保护地栽培中进行环境管理的核心和关键措施，它对作物质量、产量高低具有决定性作用。同时，对其他如光照、湿度等因子也具有较强的影响。因此，掌握作物的温度指标，对无土栽培中的温度进行合理调节是至关重要的。

（1）温度与植物生长发育　各种蔬菜及花卉在其生长发育过程中都需要有一定的温度范围，在这个范围内，同化作用最强，养分消耗最低，积累最高，这个范围称为“适宜温度”。超过这个界限的最高温度或最低温度，植物虽然还能生存，但同化作用降低，或呼吸作用过强，消耗过多，致使生长不良。超过最高的和最低的“适应温度”，植物就会受害死亡。因此，在种植时间上一定要选择适宜的季节，以充分利用大自然条件来满足植物生长发育对温度的要求。

1）不同植物种类对温度的要求不同。就蔬菜作物而言，因温度要求不同分为：①耐寒性蔬菜。耐寒性蔬菜生长发育临界温度一般为5～25℃，最适宜温度为15～20℃，对低温抵抗力较强，可较长时间忍耐－2～－1℃低温，也可以短时间忍耐－5～－3℃低温。在特殊情况下，生长健壮的菜苗能忍受短暂时间的－10℃低温。这类蔬菜包括除结球白菜（大白菜）、花椰菜（菜花）以外的白菜类和苋菜、蕹菜以外的绿叶菜类。②半耐寒性蔬菜。半耐寒性蔬菜生长发育临界温度一般为5～25℃，最适宜温度为17～20℃。对低温有一定的抵抗力，能短时间忍耐－2～－1℃低温。在产品形成期，温度超过20℃时则同化作用降低，养分积累减少，生长不良，它们适宜和所适应的温度范围较小。这类蔬菜包括根菜类、花椰菜、结球莴苣等。③喜温蔬菜。喜温蔬菜生长发育临界温度一般为10～35℃，最适宜温度为20～30℃。对低温抗性较弱，10℃以下停止生长，5℃以下易受到寒害，遇短期0℃以下温度即冻死。温度在35～40℃以上时，同化作用降低，消耗过多，生长受抑制。温度在15℃以下时不能开花结实。这类蔬菜包括黄瓜、茄子、西红柿、西葫芦、甜椒等。④耐热蔬菜。耐热蔬菜生长发育的临界温度为10～40℃，最适宜温度为25～30℃。它们都不耐寒，15℃以下不能开花结实，10℃以下停止生长，5℃以下低温即受寒害，0℃以下即冻死。它们生长要求高温，耐热力强，在30℃时同化作用旺盛，有些种类在40℃高温时仍具有很强的同化作用。这类蔬菜包括南瓜、冬瓜、丝瓜、苦瓜、蛇豆、西瓜、苋菜等种类以及一部分水生蔬菜。所以，各种蔬菜只能在各自的适宜的温度条件下，才能正常地生长发育。在保护地进行无土栽培时，要根据具体植物进行温度管理。

以花卉的耐寒力不同将其分为3类：①耐寒性花卉，它们是原产于寒带和温带以北的二年生及宿根花卉。0℃以下的低温能安全越冬，部分能耐－10～－5℃以下的低温，如三色堇、雏菊、金鱼草、玉簪、羽衣甘蓝、菊花等。②半耐寒性花卉，能耐0℃的低温，0℃以下需保护才能安全越冬。它们原产于温带较温暖处，如石竹、福禄考、紫罗兰、美女樱等。③不耐寒性花卉，0℃以上的温度条件才能安全越冬的花卉。一年生花卉、原产热带及亚热带地区的多年生花卉多属此类，如富贵竹、散尾葵、竹芋、马拉巴栗（发财树）、矮牵牛、叶子花、扶桑等。

2）植物不同生育期对温度的要求。同一种植物在不同的生长发育阶段对温度也有不同的要求，其差异有时比较明显。种子发芽期一般要求温度较高，以促进种子的呼吸作用，以及各种酶的活动，有利于胚芽萌发。喜温耐热蔬菜为25～30℃，喜冷凉蔬菜为20℃左右；幼苗期适温较发芽期低3～5℃，但适宜温度范围较广；种子发芽期如温度过高，种子的呼吸作用过强，消耗必然过多，则出土后幼苗生长衰弱，温度过低，幼苗出土过慢，出苗率降低，长势也弱。营养生长旺盛期果菜要求温度介于发芽期和幼苗期之间，促进植株生长，对于大部分喜冷凉的茎、叶、根菜来说，此期是产品器官形成期，较凉爽的条件利于养分积累；开花结果期不仅要求温度较高，而且此期对温度反应敏感，适温范围较窄，如各类蔬菜在花芽分化时，日温应接近花芽分化的最适温，夜温应略高于花芽分化的最低温。果实成熟膨大期及种子形成期要求温度最高。

3）温度对植物生长发育的影响。在无土栽培中，基质温度偏高时，植物根部首先受到危害，这是由于根部呼吸作用加大，促使根部衰老，从而导致整体植株早衰。气温过高植物地上部呼吸消耗大于同化积累，在阴天时由于温差小则情况更为严重，常常影响植株的正常生长，降低产品品质及受精能力。植物受高温伤害后会出现各种症状：树干易出现干燥、裂开；叶片出现死斑，叶色变褐、变黄；鲜果出现日灼，严重时整个果实死亡；出现雄性不育，花序或子房脱落等异常现象。高温对耐寒性蔬菜影响更大，常常出现生长瘦弱，抗性降低。在高温条件下有些病害极易发生，如病毒病、日烧病等。如再加上高湿条件则易发生枯萎病、炭疽病等病害。

植物在生长发育过程中如遇到温度过低时，极易发生冻害或寒害，重则造成植株枯萎死亡，轻则造成植株停止生长，或受精不良引起落花落果，产品品质变劣。植株耐低温能力与细胞液中的浓度成正相关，浓度越高抗性越强，所以改善植株营养条件，降低植株体内水分含量，提高细胞液中的浓度，是增强植株抗寒能力的有效措施。

温度过高或过低对植物均有不同程度的危害。如在果实成熟膨大期，黄瓜适宜温度为25～30℃，番茄适宜温度为23～28℃。但如果温度过高，因呼吸消耗过大，积累相对减少，果实不易坐住，果小而畸形；温度过低，同化效率减低，也不利产量的形成。栽培中通过各种保护措施改善小气候温度条件，防止植株受害，从而达到提高产量和产品品质的目的。

各种植物均有自己的适宜生长发育温度。植物在白天阳光充足、温度较高情况下，进行旺盛的光合作用，在夜间不再进行光合作用，但仍进行呼吸作用，较低的温度可减少呼吸作用对能量的消耗。因此，大部分植物的正常生长发育，都要求有这种规律的昼夜温度变化，即“温周期”。一般果菜类蔬菜要求昼夜温差大，如黄瓜结果期以昼温25～30℃、前半夜17～15℃、后半夜13～10℃、昼夜温差10～17℃为宜，最理想的昼夜温差为10℃左右。番茄结果期以昼温25～26℃、前半夜17～14℃、后半夜14～12℃为宜。阴天光照弱，光合作用强度小，温度不能过高，尤其是夜温不能太高，弱光高温（高夜温）可导致减产，甚至栽培失败。番茄结果期阴天白天可保持20～25℃、前半夜13～10℃、后半夜10～8℃。另外，植物不同生育期对昼夜温度的要求也不相同。

昼夜温差不仅影响营养生长，还影响到开花结实，如番茄苗期保持5～10℃昼夜温差，可提早花芽分化，降低第一花序着生节位，增加每个花序的有效花数。而黄瓜苗期保持昼温25℃、夜温13～15℃，最适宜雌花分化。在保护地蔬菜栽培中，保持棚、室内有一定的昼夜温差，对提高产量和品质有重要作用。

（2）设施内温度变化及调控　由于日光温室不进行人工加温，只利用太阳光的热能来提高或保持室内的温度，因此室内昼夜温差较大，并具有明显的季节温度变化。寒冷季节，日温虽高，但夜温偏低，不能满足喜温植物的生长。在北纬40°～45°地区，当外界气温低到－10℃以下时，室内白天温度可保持18～25℃，夜间温度只有8℃左右，或更低。据辽宁海城和河北永年测定，严冬季节室内外温差（正午前后）可达25～35℃。即便室外气温达到－19.6℃，室内仍能维持在8.3℃。室内的温度状况与温室采光及防寒保温条件有很大关系。在我国北方旱区由于自秋经冬至春，漫长的冷季中，晴天日数很多，并且由于屋面倾斜角度大，采光较好，太阳辐射充足，所以日光温室适合该区内花卉和蔬菜的生长。

1）加温设施。不同的植物及植物的不同生长阶段，对温室温度的要求一般不同。因此，在寒冷的冬季，为保证植物生长发育的适宜温度，温室需用人工加温来提高温度。加热方法一般有下列几种：

① 热风机加温。近几年，在花卉温室栽培中，多采用热风机加温，其主要燃料为柴油、天然气或液化石油气，故分别称为燃油热风机或燃气热风机，主要是利用燃料在燃烧室中燃

烧产生巨大的热量，将机内空气加热，再由强排风机将热空气排出，而起到加温效果。热风炉管道短、预热时间短、升温快、热效率高达70%~80%；安装操作方便，初装和运行成本低。但热风炉加温持续时间短，一旦因故障停止加温，会使室内温度急剧下降，并且应注意补充室内的新鲜空气。

② 热水加温。通过锅炉加热，将热水送至热水管，再通过管壁辐射，使室内温度增高。具有热稳定性好，温度分布均匀，使用安全可靠，供热容量大的特点，常用于大中型温室。最大的优点是意外停机，余热也能维持室温一段时间。热水加温是仅次于热风加温的方式。缺点是费用高。

③ 蒸汽加温。利用锅炉产生蒸汽，用管道送入温室内，其热量是水温的2倍，热量分布均匀，能迅速提高室温，较适应大型的温室。缺点是，停火后散热器冷却也快，不易经常维持室温的均衡。其设备费用较高，耗燃料也较多。

④ 火炉加温。利用地炉或铁炉，燃柴或煤等过烟道或直接明火加温，具有燃料便宜、设备简单、安装容易等特点。火炉加温主要用于大棚温室的短期加温；但操作较费工，且温度不易控制，尤其是明火加温还会产生有害气体。

⑤ 废热和地热加温。废热是指利用发电厂、炼油厂、化工厂等工矿企业的废热水和废蒸汽；大棚温室用废热加温可节省能源，具有较好的经济效益，应尽可能地利用。有地热（温泉）条件的地方，可用地热给大棚温室加温；还可以用厩肥、稻草、枝叶等埋入土中，促使发酵产生热量加温。

⑥ 电热加温。电热加温是一种比较灵活方便的方法，它是采用电加热元件对温室内空气进行加温或将热量直接辐射至植株上。可根据加温面积的大小，相应采用电加温线、电加温管、电加温片、电加温炉等。但由于电耗费大，还难以大面积推广使用。

2）降温设施。我国夏季大部分地区气温偏高，为确保温室内植物免受高温的不利影响，能够正常生长发育，温室配置降温系统成为必备的措施。我国传统的温室（如单屋面温室）中，一般没有完善的降温系统，仅在温室的顶部、侧方和后墙设置通风窗，当气温升高时，将所有通风窗打开，以通风换气的方式达到降温的目的，但其降温效果不够理想。当前使用最为普遍的是遮阳网和不织布、水帘、排风扇降温和微雾降温。

① 遮阳网和不织布（无纺布）。遮阳网主要用于温室的内层覆盖。用聚烯烃树脂加入耐老化助剂拉伸后编织而成，有黑色和灰色等不同颜色。它质轻，使用方便，选择不同的遮光率，以防止强光日照造成的负效应，可使温室内地表温度下降6~12℃。遮阳网多用于设施内双层保温帘或浮面覆盖栽培。不织布是以聚酯纤维为原料，采用热压纤维压合成的一种布状材料。不织布具有降温、遮阴调光、增产增收的作用。在温室内悬挂无纺布保温幕时，应与棚膜相距30~40cm，可将保温幕做成活动的，即白天拉开、晚上盖上。

② 排风扇和水帘降温。现代化的温室，具有高效的降温系统，一般由排风扇和水帘两部分组成。排风扇装于温室的一端（一般为南端），水帘装于温室的另一端（一般为北端）。水帘由一种特制的“蜂窝纸板”和回水槽组成。起动后，冷水由上水管经“蜂窝纸板”缓缓下流，由回水槽流入缓冲水池。另一端的排风扇同时起动，将热空气源源不断地排出室外。如此，这样经过处理后的凉爽湿润的空气就进入温室，吸收室内热量之后，又被排出室外，从而有效地降低了温室内的温度，同时增加了空气的湿度。“水帘—风扇”的纵向通风降温组合是最经济、有效的温室夏季降温措施，能够将高温对温室生产的不利影响减小到最低。

③ 微雾降温。微雾降温法是当今世界上最新的温室降温技术，是指利用多功能微雾系统将水以微米级的雾粒形式喷向整个温室内部，使其迅速蒸发，利用水的蒸发潜热的特点，大量吸收室内空气中的热量，然后将潮湿空气排出室外从而达到降温目的。这项技术不仅降温成本低，而且效果明显，降温能力3～10℃。对相对湿度较低的地区和自然通风好的温室尤为适用。

2. 光照

植物利用光能将 CO_2 和水转化为碳化合物的过程称为光合作用。光合作用是地球上生物赖以生存和发展的基础。温室、大棚内的光照只是露地的50%～80%，因此，光照条件是冬季保护地无土栽培中植物生长的限制因子之一。

（1）光照与植物生长发育　光照持续时间的长短变化在植物的生活中有很重要的意义。有的植物要求在白昼较短，黑夜较长的季节开花，这种不同长短的昼夜交替对植物开花结实的影响叫植物的光周期现象。根据植物对光周期反应的不同，可将植物分为长日照植物、短日照植物和中日照植物。长日照植物：植物生长发育过程中需要一段时间，每天的光照时数超过一定限度（14～17h）以上才能形成花芽。光照时间越长，则开花越早。生长在纬度超过60°地区的植物大多数是长日照植物。短日照植物：植物生长发育过程中，需要有一段光照时间白天短（少于12h，但不少于8h）、夜间长的条件。在一定范围内，暗期越长，开花越短。许多原产于热带、亚热带和温带春秋季节开花的植物大多数属于此类。中日照植物：植物在生长发育过程中，对光照长短没有严格的要求，只要其他生态条件合适，在不同的日照长短下都能开花。如番茄、黄瓜、四季豆等。

光照强度对植物会产生很大影响。一切绿色植物必须在阳光下才能进行光合作用。植物的生长与光照强度密切相关。植物体内的各种器官和组织能保持发育上的正常比例，也与一定的光照强度直接相联系。光照对植物的发育也有很大影响。要植物开花多、结实多，首先要花芽多，而花芽的多少又与光照强度直接相关。根据植物对光需求程度的不同，可将植物分为阳性植物、阴性植物和耐阴植物。在明亮的阳光下才能够正常地生长发育，而在遮阴条件下引起死亡的植物，叫阳性植物。阳性植物在光照不足条件下，易发生植株营养不良、徒长，开花减少的情况。如番茄的光饱和点为7万 lx，光补偿点为3万～3.5万 lx，一般夏季中午光照强度为9万～10万 lx。适当遮阳，光照强度即可以达到番茄的正常生长需求。阴性植物：当叶子暴露于明亮的阳光下时，会由于叶绿素被破坏而呈现淡黄色，以致最后死亡。在自然界中绝对的阴性植物并不多见。大多数植物在明亮的阳光下发育得很好，但也能忍受一定程度的荫蔽环境，为耐阴植物。

（2）设施内光照变化及调控　日光温室内的光照条件受季节、天气状况、覆盖方式（棚形结构、方位、规模大小等）、薄膜种类及使用新旧程度情况的不同等影响，会具有很大差异。不同温室类型结构对温室内受光的影响很大，双层薄膜覆盖虽然保温性能较好，但受光条件可比单层薄膜盖的温室减少一半左右。又如一面坡式或为立窗式的日光温室的玻璃窗窗面小，只有一种角度，因而受季节性日照时间变化的影响很大，采光条件具有局限性。冬季室内太阳辐照度弱，分布不均，光照条件较差。春季辐照度大，日照时间延长，太阳高度角高，加大了日光温室的受光量。因而我国北方旱区的春季，是日光温室生产的好季节。

不同种类的植物和同一植物的不同的生长发育阶段对光照强度及光照时间长短的需求是不同的，因此在花卉的生长发育过程中需要进行光的调控。夏季利用温室栽培植物时，由于光照时间过长，造成室温过高，光度过强，对喜阴开花植物生长不利，需用遮阳网来调节光照强度，使植物达到最适状态。通过延长和缩短光照时间长短的办法，可以调控长日照植物和短日照植物的开花时间，例如短日照类型的花卉如菊花、一品红、蟹爪兰等，应用遮光的方法来缩短光照，达到提前开花的目的；长日照条件下开花的种类，如蒲包花、小苍兰等，通过加光处理可提早开花，最常用的光源是荧光灯（40~100W）。另外，在遇到连续阴雨天，需进行人工补光。实际上，对于现代化切花生产，补光系统是十分必要的，尤其对很多切花花卉，如月季、百合、菊花等，均需要较强的日照，才能产出优质切花。当前国内生产的“生物效应灯”其光谱成分更适合植物的要求，含有能被植物更充分利用的光谱成分，被认为是一种较理想的人工补光光源。此外，它还具有光效高、光照强、热耗少、光度均匀、使用方便等特点。

3. 湿度

设施环境因其封闭严密，空气中的水分不易排出，尤其到了寒冷季节，日光温室需要加强防寒保温，很少开窗通风，因而室内的湿度较大。一般白天室内相对湿度经常在60%以上，夜间达到90%以上。因此，及时适宜的调控、降低设施内的空气湿度，是温室无土栽培中必须时刻注意的重要的技术措施。

不同的植物种类生长发育所需要的空气湿度不同，一般茄果类蔬菜生长发育适宜的湿度范围为50%~60%，西瓜、西葫芦、甜瓜等瓜类生长发育适宜的湿度范围为40%~50%，黄瓜为70%~80%，豆类蔬菜为50%~70%。在适宜的湿度范围内，植物生长发育良好，为了控制温室设施内相对湿度过高，通常采用的降湿方法有以下几种：

（1）通风换气降湿　设施内造成高湿的原因主要是空间过于密闭。为了防止室内高温高湿，可采取自然或强制通风换气，以降低室内湿度。设施内相对湿度的控制标准因季节、作物种类不同而异。

（2）加温降湿　在一定的室外气象条件与室内蒸腾蒸发及换气率条件下，室内相对湿度与室内温度成负相关。因此，根据这一规律，冬季温室设施内适当的加温是降低室内相对湿度的有效措施之一，加温的高低，除需要考虑作物需要的温度条件外，一般以保持叶片不结露的空气湿度为宜。

（3）地面覆盖　覆膜后，无土栽培中的基质水分蒸发受到抑制，其空气的相对湿度一般比不覆盖的下降10%~15%。实践证明，地膜覆盖与膜下滴灌相结合，可使室内夜间相对湿度控制在85%以下。这对防止病害的发生与蔓延是非常有效的。

（4）热泵降湿　将热泵的蒸发器置于温室设施栽培间，蒸发盘管的温度可降到5℃左右，远低于室内空气的露点温度。此时，空气循环时，室内空气中的水汽将大量从蒸发盘管上析出，从而达到降低室内空气湿度的目的。据研究，利用热泵降湿，一般可使夜间温室设施内湿度降到85%以下。

（5）除湿机除湿　国外利用氯化锂等吸湿材料，通过除湿机降低室内温度，具有明显效果，但成本较高，尚未用于常规生产。

4. 通风

由于薄膜覆盖，温室或大棚内空气流动和交换受到限制，在植物株形高大、枝叶茂盛的情况下，棚内空气中的二氧化碳浓度变化很剧烈。早上日出之前由于植物的呼吸和基质释放等因素，棚内二氧化碳浓度比棚外浓度高2~3倍（330mg/kg左右）；8~9时以后，随着叶片光合作用的不断增强，二氧化碳的不断吸收，二氧化碳浓度可降至100mg/kg以下。因此，日出后就要根据实际情况进行通风换气，及时补充棚内二氧化碳的不足。除此之外，通风换气对于大棚植物还有降温、排湿、排除有害气体等多方面的作用。按通风系统的工作动力不同，通风可分为自然通风和机械通风两种形式。

（1）自然通风　日光温室和塑料大棚多采用揭开棚膜的方法进行自然通风。大型连栋温室一般也设置自然通风系统，并往往在运行管理中优先启用。开始放风的时间、通风量大小、通风时间长短要根据季节、天气和棚内所栽种植物种类、棚内湿度状况与棚内温度高低而有所调整。每个大棚内必须设置两支摄氏温度表随时测定棚内地温和气温，准确掌握大棚温度变化，依据棚内实际温度高低来决定通风状况。只要室温不低于作物适温下限，可尽量加大通风量，快速降湿，以低湿度和较低温度抑制病害的发生。如果设施内空气相对湿度高于 80% 时，且作物已经发病，则应以通风、降湿为主要目标。如果室内湿度在 70% 左右，作物又无病害发生，则可适量通风，使温度维持在作物适温范围的上限，并适当增高 2～4℃，以便提高地温，促进发根、以根壮秧和增强光合作用。

自然通风经济投入少，使用广泛，但自然通风的能力有限，并且其通风效果受温室所处地理位置、地势和室外气候条件（风向、风速）等因素的影响。

（2）机械通风　机械通风利用风机作为动力，强制实现室内外通风换气。虽然要消耗一定能源，但其通风效果要优于自然通风，便于根据实际需要进行调节和控制，大型连栋温室的室内面积大、空间大、环境调控要求高，仅靠自然通风不能完全满足生产要求，因此需设置机械通风系统。通常机械通风系统采用负压排风方式，即采用风机向室外排风，并在适当的部位设置进风口。机械通风方式设计中要注意通风率的选择，有试验表明（对于温室内平均高度为 3m 左右时），当通风换气次数达到 2 次/min，温室内外气温差已减少至 1～2℃左右，如果继续增加通风量室内的温度降低很小，却使风机的运行能耗与运行费用不必要地增加。因此从经济运行的角度上来考虑，一般通风率应低于 1.5 次/min。另外，在温室要求设置降温系统时，通常在进风口处安装降温湿帘等降温设备，使室外空气进入室内前得到降温处理。

【案例分析】

小刘是某公司 8 月份新招的技术员，由一名老技术员老李带领共同负责西红柿的养护管理，由于老李因病休了病假，小刘按照老李提供的配方进行培养液的配制，按部就班的工作，勤勤恳恳，但一段时间后，西红柿出现老叶主叶脉之间的叶片组织褪绿，叶缘发生灼伤、果实内部褪色的现象，请你分析一下原因，并进行解决。

分析：苗期的番茄培养液里的 N、P、K 等元素可以少些；长大以后，就要增加其供应量。尤其番茄是需钾较多的作物，在秋季、初冬生长的番茄要求更多的 K，以改善其果实的质量。

解决的方法：修改番茄营养液的配方，提高营养液里的 K 元素。

【拓展提高】

植物根系吸收矿质元素的特点

1. 对水分和矿质元素的相对吸收

植物对水分和对矿质元素的吸收不成正比例，二者既相关联，又各自独立。主要是二者的吸收机制不同。

2. 离子的选择性吸收

植物根系吸收离子的数量与溶液中离子的数量不成比例。植物细胞吸收离子具有选择性。植物根系吸收离子的选择性主要表现在两个方面：①植物对同一溶液中的不同离子的吸收不同。②植物对同一种盐的正负离子的吸收不同。有三种生理盐：生理酸性盐，如$(NH_4)_2SO_4$；生理碱性盐，如$NaNO_3$；生理中性盐，如NH_4NO_3等。

3. 单盐毒害和离子颉颃

单盐毒害：植物在单盐溶液中不能正常生长甚至死亡的现象。单盐溶液是指只含有一种盐分（或一种金属离子）的盐溶液。单盐毒害的特点：主要是阳离子的毒害，阴离子毒害不明显；与单盐溶液中盐分是否为植物所必需无关。离子颉颃：在单盐溶液中加入少量其他金属离子的盐，单盐毒害现象减弱或消除现象。离子间的这种作用即被称为离子颉颃或离子对抗。离子对抗的特点：元素周期表中不同族的金属元素离子间一般有对抗作用；同价离子间一般不对抗。单盐毒害和离子对抗的原因可能与不同金属离子对细胞质和质膜亲水胶体性质（或状态）的影响有关。

【任务小结】

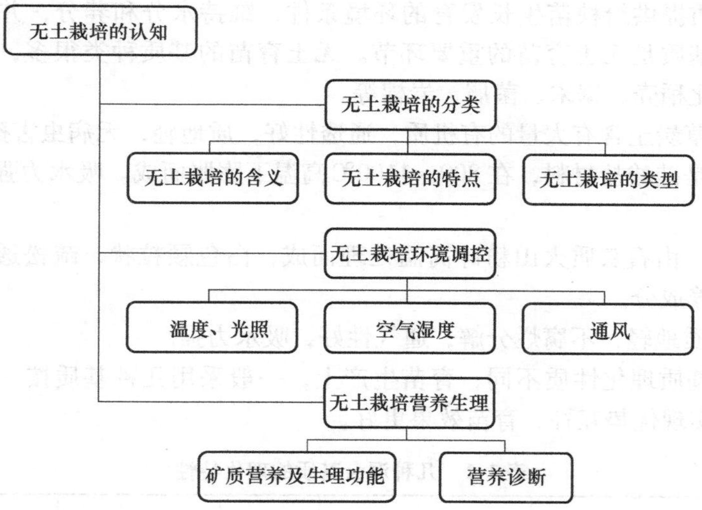

任务2 无土栽培育苗

【任务情景】

今年园林系草花实训项目收到某企业订单，矮牵牛100000苗，一串红100000苗，万寿菊100000苗，要求采用无土育苗的方式，交货日期为明年五一前一周。学校要求学生全员参与到项目中，学生工作内容包括计划的拟定（种类、品种、颜色、规格、数量、单价、出苗日期、运输方式）、方案的实施（无土育苗技术、苗期的管理、销售等）、后期成本结算等。请设法完成此项任务。

【任务分析】

矮牵牛、一串红、万寿菊为一、二年生草本花卉，温室育苗多采用无土穴盘育苗法；了解三种草花品种的特性（发芽温度、发芽时间、生长适温、播种到开花生育期等）；然后进行基质、穴盘（依据种子的大小）、环境设施等的准备；完成该任务需要具有生产方案的设计能力、花卉无土育苗的生产管理能力以及熟练掌握花卉的生物学特性和生态学习性的能力等。

【知识链接】

无土育苗是指不用天然土壤，而采用蛭石、草炭土、珍珠岩、岩棉、矿棉等轻质人工或天然基质进行育苗。无土育苗是无土栽培的首要环节，无土育苗除了用于无土栽培外，目前也大量用于土壤栽培。无土育苗主要包括播种育苗、扦插育苗及组织培养育苗三种方法，其中播种育苗以穴盘育苗应用最为普遍，扦插育苗广泛应用于多年生花卉及苗木，组织培养育苗多用于名贵的花卉，以及一些其他育苗方法困难的种类。

无土育苗不需要传统的大量园土，减小了劳动强度；同时无土栽培基质质地轻，体积小，便于幼苗长途运输；无土栽培基质易于消毒，降低苗期土传病虫害的发生，无土育苗还可以进行多层架立体育苗，节省了空间。

1. 无土育苗基质

无土育苗基质提供给秧苗生长发育的环境条件，维持水分和养分，并且固定秧苗，因此，选择适宜的基质是无土育苗的重要环节。无土育苗的基质种类很多，主要有草炭、蛭石、珍珠岩、碳化稻壳、锯末、菌屑、岩棉等。

（1）草炭　草炭土含有大量的有机质，通透性好，质地轻，无病虫害孢子和虫卵。

（2）蛭石　是硅酸盐材料，在800～1100℃高温下膨胀而成。吸水力强，通气良好，保温能力高。

（3）珍珠岩　由石灰质火山粉碎高温处理而成，白色颗粒状，疏松透气质地轻，保温保水性好，无营养成分。

（4）岩棉　质地轻，不腐烂分解，通气性好，吸水力强。

由于不同的基质理化性质不同，育苗生产上，一般采用几种基质按一定比例混合使用（表1-1），可以实现优势互补，育苗效果更好。

表1-1　几种混合基质的理化特性

混合基质	容重/(g/cm³)	密度/(g/cm³)	总孔隙度(%)	通气孔隙(%)	毛管孔隙(%)	pH	EC/(ms/cm)	阳离子代换量/(mmol/100g)
草炭:蛭石:炉渣:珍珠岩=2:2:5:1	0.67	2.29	70.7	17.1	53.6	6.71	2.62	13.77
草炭:蛭石=1:1	0.34	2.32	85.3	38.1	47.2	6.09	1.19	30.37
草炭:蛭石:炉渣:珍珠岩=4:3:1:2	0.41	2.22	81.5	25.3	56.2	6.44	2.82	29.03
草炭:炉渣=1:1	0.62	1.93	67.9	17.7	50.2	6.85	2.43	21.50

2. 无土育苗环境调控

无土育苗易于控制环境因子对幼苗生长发育过程的调控，科学供肥供水，提高肥水的利用率，同时，可实现工厂化育苗。无土育苗培育出来的幼苗长势一致，生长发育快，育苗周期短。良好的环境条件有利于达到培育壮苗的目的，因此生产上要严格控制光照、温度、水分、空气等条件。

(1) 温度　在幼苗生长发育过程中，温度起着重要的作用，温度主要是通过气温和基质温度两方面影响幼苗的生长发育。温度的高低一方面影响幼苗的生长速度，另一方面影响幼苗的发育进程。温度太低，秧苗发育迟缓，长势弱，容易产生弱苗；温度太高，幼苗生长过快，易形成徒长苗。基质温度影响根系的生长和根毛的发生，从而影响幼苗对水分和养分的吸收。早春育苗经常会遇到基质温度偏低的问题，而夏秋季节则需要防止高温伤苗。

(2) 光照　光是植物生长发育必需的，光能是植物光合作用的能源。光是通过光质、光长及光强影响植物生长发育的。

可见光中，红、橙光是被叶绿素吸收最多的部分，具有最大的光合活性，红光还能够促进叶绿素的形成。其次，蓝、紫光也能够被叶绿素、类胡萝卜素吸收；绿光很少被光合作用利用，为生理无效光。光谱中的短波光如蓝紫光、紫外线抑制植物的伸长生长；青蓝紫光还能引起植物向光性的敏感，并能促进花青素等植物色素的形成；长波光如红光、红外线促进植物的伸长生长，红光影响植物开花、茎的伸长和种子萌发。

光照强度是影响光合作用强度的最重要的因素。在弱光照条件下，植物光合作用强度较弱，随着光照强度的逐渐增加，光合强度也随着增加。光照强度对植物生长及形态结构的建成有重要作用。植物体积的增长，重量的增加，都与光照强度有密切关系。光还能促进组织和器官的分化，制约着器官的生长和发育速度。植物体各器官和组织保持发育上的正常比例。弱光下植物色素不能形成，细胞纵向伸长，碳水化合物含量低，植物为黄弱状称为黄化现象。不同植物种子的萌发对光照的需求不同，有些植物的种子发芽需要一定的光照，如夜来香、梧桐等；有些植物的种子发芽受到光照的抑制，如百合科植物、曼陀罗。植物的生殖生长要求植物体首先有一定量的养分积累。如果光照强度减弱，同化光减少，营养物质积累减少，花芽的形成则也减少；如已形成花芽，也会由于体内养分供应不足而发育不良或早期死亡。

(3) 水分　水是组成植物的基本物质之一，是植物赖以生存和生长发育不可缺少的条件。植物体的一切新陈代谢作用都要有水的参与。水是原生质的重要成分，植物生活细胞原生质含水量在90%以上。植物细胞必须在水分饱和状态下才能进行正常的生理活动，含水量减少，代谢活动会减弱，严重缺水，会导致原生质结构破坏，植物趋于死亡。其次，水是某些代谢过程的原料。水是光合作用的原料，参与碳水化合物的合成。淀粉、蛋白质、脂肪的水解反应和呼吸等过程中的许多反应，也需要水分子直接参加。再次，水能使植物保持固有姿态。充足的水分能使细胞和组织保持膨胀状态，使植物器官保持直立状态，以利于各种代谢的正常进行。此外，水具有较大的热容量，当温度剧烈变动时，能缓和原生质的温度变化，以保护原生质免受伤害。

因此，育苗期间，控制适宜的水分是增加幼苗的物质积累，培育健康壮苗的有效途径。水分通过空气湿度和土壤含水量两个方面影响植物，水分过多过少对植物生长发育都是不利的，当基质的含水量过多，通气性就差，就会影响根系的通气；基质水分太少，根系也会因干旱而受害。幼苗适宜的基质最大含水量为60%～80%。空气湿度太低，会导致基质迅速失水，空气湿度太高，会导致幼苗易发生病害。适宜幼苗生长的空气湿度一般为80%左右。

（4）气体　在育苗过程中对幼苗生长发育有较大影响的气体是CO_2和O_2。CO_2是光合作用的原料，外界大气中CO_2的浓度变化幅度较小，但是在温室、大棚等育苗设施内，CO_2的浓度变化幅度较大，早晨日出之前CO_2的浓度最高，日出后，随着光合作用的加强，CO_2浓度迅速降低。因此，苗期CO_2施肥是现代育苗技术的特点之一。有试验结果表明，冬季每天上午CO_2施肥3h，可有效地增加幼苗的株高、茎粗、叶面积、鲜重和干重，有利于壮苗的形成。

O_2含量对幼苗的生长同样重要，O_2充足，根系才能产生大量的根毛，形成强大的根系，有利于水分和养分的吸收；O_2不足，根系会发生缺氧窒息，根系坏死，地上部萎蔫，严重者死亡。基质孔隙度以60%左右为宜。

3. 无土育苗的优势

1）无土基质来源广，价格便宜，完全可以代替腐殖土。用土壤育苗，苗期易发生立枯病、腐烂病和其他病害。无土育苗的基质通过高温处理后，在育苗生产过程中不易发生病虫害和生长杂草。综合考虑，无土育苗是一项简便易行，很有发展前景的快速育苗新技术。

2）无土育苗环境因子可调性强，可根据不同园林植物对光照、温度、水分、空气等的要求进行调控，加快育苗进程，获得高质量的幼苗。

3）无土育苗出苗率高，出苗整齐，根系发达，生长速度快，在短时间内可育出适龄的壮苗。

4）无土育苗过程中可采用营养液，营养液无毒、无味，使用方便，肥力持续时间长，养分能很快被幼苗吸收利用，成本低，使用安全，可取得较高的经济效益。无土营养液可广泛应用于无土育苗过程中，能大大提高育苗的质量，减轻劳动强度，省工，节约燃料，节省种子，不污染环境。

一、播种育苗

播种育苗即采用种子进行繁殖，种子繁殖是一二年生草本花卉最常采用的一种方法，现在大量花卉种苗的公司均是采用无土播种育苗的方法进行生产。种子繁殖一次播种可获得大量种苗，繁殖速度快，系数大，而且种子采集、贮存、运输方便，实生苗生长旺盛，抗逆性强，易驯化。播种育苗的方式很多，常用的有穴盘育苗、岩棉块育苗、营养钵育苗、塑料钵育苗等，其中以穴盘育苗应用最为广泛。

1. 穴盘育苗

穴盘无土育苗又叫机械化育苗或工厂化育苗，是以草炭、蛭石、珍珠岩等轻质材料做基质，装入穴盘中，采用机械化精量播种，一次成苗的现代化育苗体系。无土穴盘育苗技术是目前育苗技术的改革，能充分发挥无土育苗的优越性，是无土育苗的主要方式。穴盘育苗可根据规模和设备情况选择人工无土穴盘育苗和机械化穴盘育苗。

（1）穴盘的选择　穴盘是按照一定规格制成的带有很多小型钵状穴的塑料盘（图1-22）。穴盘根据孔穴的数目和孔径的大小分为50、72、128、200、288、392孔等不同规格，生产上根据种子的大小进行穴盘的选择，大粒种子（粒径在5mm以上）可选择50穴的，中粒种子（粒径在2～5mm）、小粒种子（粒径在1～2mm）可选择72穴或128穴的，而微粒种子

（粒径在0.9mm以下）选择200或288穴。一般花卉穴盘育苗以72穴、128穴、200穴最为常用。

图1-22 不同规格的穴盘

（2）基质的选择 穴盘无土育苗通常是以草炭、蛭石、珍珠岩等轻质材料做基质。

（3）穴盘育苗过程 以一串红为例，采用人工穴盘育苗法进行穴盘育苗过程的讲解。

1）播种期确定。播种期即种子繁殖的播种时期，种苗生产上根据园林植物品种的生物学特性和需花日期来确定播种期。一串红展望系列栽培信息为:参考粒数256粒/g，发芽适温为21～24℃，发芽天数5～12d，栽培适温15～21℃，盆栽周期9～10周，地栽高度25～30cm。根据一串红展望系列的栽培信息，其从播种到开花约为80d，如果想要“五一”供花，需要在1月上旬播种；而“十一”供花的，需要在6月中旬播种。另外，依据不同花卉生物学特性及育苗环境的不同，同一种花卉育苗时间有差异。例如冬季温室温度相对较低，育苗生育期就要延长，而夏季温室内温度较高，育苗时间就会缩短；同样冬季温室育苗，温度高生育期就相对短。目前一串红园林应用上需要多头品种，栽培过程中就需要摘心处理，每摘心一次就会延长生育期。所以，生产上计算播种期除了考虑品种的生物学特性和需花日期，还要考虑环境条件和栽培经验。

2）育苗基质配制。用于播种的基质要求质轻、疏松、卫生、理化性状稳，生产上可选用泥炭土、蛭石和珍珠岩等。最理想的基质是进口播种专用泥炭，如要求不高，也可使用国产泥炭，或优质腐叶土与珍珠岩混合物。进口泥炭虽然价格高，但是出苗率高，出苗效果好。播种后覆土基质通常选用蛭石。

本次操作采用进口草炭与珍珠岩二比一混合，在混合搅拌的过程中，边搅拌边喷水，使基质成湿润状态，用手握不滴水为宜（图1-23）。

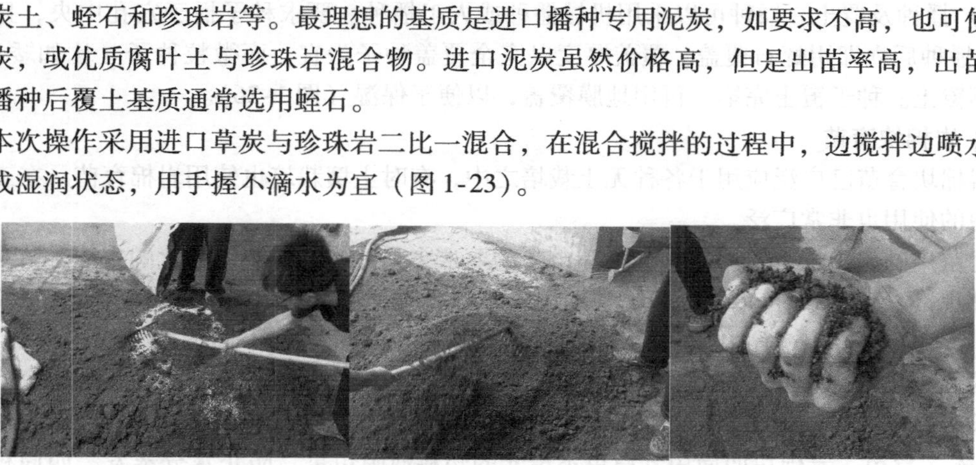

图1-23 基质配制

3）选穴盘。穴盘大小要根据种子的大小确定。万寿菊、一串红、百日草为中粒种子，无土育苗可选用72穴或128穴。对于使用过的穴盘再次使用，必须要进行清洗、消毒，并经干燥后才可继续使用。

4）装穴盘。将配制好的基质（草炭:珍珠岩 =2:1）填装穴盘，可机械操作也可人工填装。注意使每个穴盘孔填装均匀，并轻轻振压，基质不可装得过满，应略低于穴盘孔，留好覆土的空间（图1-24）。播种前1d将装填的穴盘浇透水，即穴孔底部有水渗出。淋湿的方法可以采用自动间歇喷水或手工多遍喷水的方式，让水分缓慢渗透基质（图1-25）。

图1-24　装穴盘

图1-25　浇透水

5）播种及覆土。播种可以采用机械播种或人工播种。要求种子播于穴孔中央，且每穴1粒。播种后立即用蛭石覆盖，覆盖厚度以完全覆盖种子为宜，而微粒种子（比如矮牵牛）一般不覆土。种子覆土完毕，再用地膜覆盖，以便于保湿（图1-26）。

2. 岩棉块育苗

岩棉块育苗已广泛应用于各种无土栽培之中，有时土壤栽培也使用岩棉育苗。在工厂化育苗中的使用也非常广泛。

育苗用的岩棉块可根据作物种类和苗龄的要求来具体确定。有商品化的岩棉育苗块有下列多种规格，3cm×3cm×3cm、4cm×4cm×4cm、5cm×5cm×5cm、7.5cm×7.5cm×7.5cm和10cm×10cm×5cm等。也有育大苗的育苗块，是由一套大小不同的两三块岩棉块组成，大块的岩棉块中部有一小方洞，正好可以嵌入小岩棉块，使用时首先在小岩棉块中育苗，等小苗长到一定的时候把小岩棉块放入大岩棉块之中，让小苗继续长大，这种育苗的方法称为“钵中钵”育苗。岩棉块四周用乳白色不透光的塑料薄膜包裹，防止水分蒸发、四周积盐以

图1-26 播种

及滋生藻类。

岩棉块育苗开始时采用低浓度的营养液浇湿，保持岩棉块的湿润。种子出苗后，在箱或槽底部维持0.5cm以下的液层，靠底部毛管作用供肥、供水。

3. 营养钵育苗

营养钵育苗是通过制钵机将营养物质和无土栽培基质混合物压制成方形小块，中间有空，供播种和移苗。其中广泛应用的是泥炭钵，是以泥炭为主要原料，再加其他物质如纸浆、肥料、粘合剂等压缩而成，现在国外广为应用。常见的营养钵有捷菲营养钵、捷菲育苗小块等。捷菲营养钵是由挪威最早生产的一种由30%纸浆、70%泥炭混入一些肥料及粘合剂压缩成圆饼状的育苗小块（图1-27），外面包以有弹性的尼龙网状物，直径4.5cm，厚仅为7mm。捷菲营养钵是优质、标准、稳定、专业的培养基质，可实现无脱盆移栽、定植。独特网套设计，方便幼苗的运输、移栽，不散坨。泥炭藓作为原料，环保、可充分降解；方便移栽、定植等操作，提高效率、移栽成功率。使用时，将其放入盘中喷水或底面渗水使其膨胀，膨大成4cm高的钵状育苗块，即可播种。当幼苗根系穿出尼龙网时就可定植。育苗

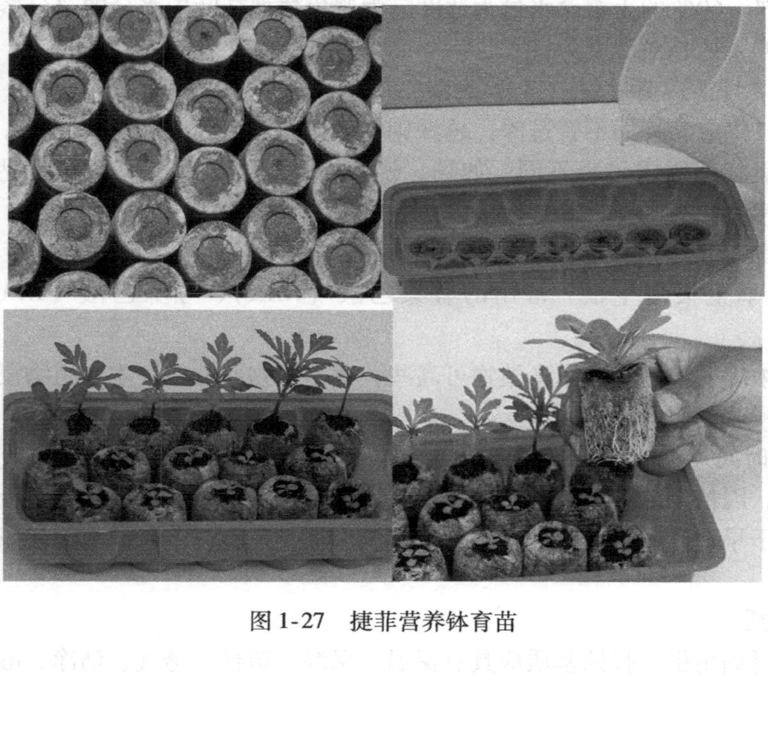

图1-27 捷菲营养钵育苗

期间不用另外添加养分。

二、扦插育苗

扦插育苗为营养繁殖一种方法，即取植株营养器官的一部分，插入疏松润湿的无土基质中（如河沙、蛭石、草炭等），利用植物的再生能力，使之生根抽枝，成为新植株。按取用器官的不同，又有枝插、根插和叶插之分。木本植物的扦插时期，又可根据落叶树和常绿树而决定，一般分为休眠期插和生长期插两类。

1. 影响扦插的环境因素

（1）光照　在光合作用下，植物制造营养物质，产生生长素，因此，光照有促进植物生根的作用。一般扦插生根前可根据扦插植物对光照的要求进行适当的遮阴，防止基质和插穗失水过快，保持插穗水分平衡，有利于植物生根。如果空气湿度和土壤湿度可控制，可采用全光照喷雾扦插，利用白天充足的阳光进行扦插，以间歇喷雾的自动控制装置来满足插穗对空气湿度的要求，保证插穗不萎蔫又有利生根。

（2）温度　温度对插穗生根影响很大，多数花卉的扦插宜在20～25℃之间进行。不同产地的植物对生根的温度要求不同，热带植物可在25～30℃以上；耐寒性花卉可稍低；多数树种的生根最适温度为15～25℃。春季硬枝扦插因温度适宜，植物的愈伤组织活动旺盛，扦插较易生根，秋冬季扦插因温度较低，尤其在北方，需适当加温以促进生根。

基质温度（底温）需稍高于气温3～5℃，因底温高于气温时，可促使根的发生；气温低则有抑制枝叶生长的作用。因而特制的扦插床及扦插箱均有增高底温的设备。

（3）水分　影响扦插繁殖的湿度条件主要是空气湿度和基质湿度，一般来说基质湿度相对要低，而空气湿度相对要高，这样可以降低插条叶片水分蒸腾，又不因基质水分过多引起插穗腐烂。国内外扦插湿度控制多采用全光照喷雾，尤其对嫩枝扦插，效果很好。扦插基质中通常以50%～60%的土壤含水量为适度。为避免插穗枝叶中水分的过分蒸腾，空气湿度通常以80%～90%的相对湿度为宜。

（4）氧气　扦插育苗过程中当愈合组织及新根发生时，呼吸作用增强，要求扦插基质具有充足的氧气供应。扦插不宜过深，越深则氧气越少，通常靠盆边氧气多，扦插易生根。不同植物对于氧气的需求量也不同。如杨、柳等对氧气需要少，扦插深度达60cm仍能生根，而蔷薇、常春藤等则要求氧气较多，扦插过深影响生根或不生根。

（5）生长素　生根激素能刺激植物细胞的扩大、伸长、分裂而生根。使用生根激素可有效促进插穗早生根多生根。常用的有萘乙酸（NAA）、吲哚乙酸（IAA）、吲哚丁酸（IBA）等。

促根剂的浓度要控制好，木本植物可高些，草本植物要低些。木本植物浸蘸的时间要长些，草本植物浸蘸的时间要短些。

2. 扦插的时间

扦插时期，因植物的种类和性质而异，一般草本植物对于插穗繁殖的适应性较大，除冬季严寒或夏季干旱地区不能行露地扦插外，凡温暖地带及有温室或温床设备条件者，四季都可以扦插。

3. 扦插基质

为了促进扦插生根，扦插基质应具有保温、保湿、疏松、透气、洁净、酸碱度适中等特性。生产上常用的扦插基质有草炭、蛭石、珍珠岩、河沙等。

蛭石：矿物质高温膨化而成，呈黄褐色，片状、薄片状，具韧性，酸度不大。吸水力强，通气良好，保温能力高，是目前一种较好的扦插基质。

珍珠岩：由石灰质火山熔岩粉碎高温处理而成，白色颗粒状，疏松透气质地轻，保温保水性好。仅可使用一次，长时间使用易滋生病菌，颗粒变小，透气性差。

泥炭土：古代的植物体受地形变动被压入地下经多年腐化而成。质地轻松，有团粒结构，保水力强，通常带酸性。但含水量太高，通气、吸热力也不如砂，故常与砂混合使用，综合二者优点。

沙：河床中冲积沙。通气好，排水佳，易吸热，不含病菌，材料易得；但含水力太弱，必须多次灌水，故常与泥炭土混合使用。

砻糠灰：由稻壳炭化而成，疏松透气，保湿性好，吸热性好。

水：能在水中生根的种类，可直接以水为基质进行扦插。

4. 扦插的方法

（1）枝插　枝插是采集植物的枝条作为插穗的扦插方法，分为绿枝扦插（图1-28）、硬枝扦插及嫩枝扦插。绿枝扦插主要是生长期中采用半木质化的带叶片的绿枝作为插穗的扦插方法。绿枝扦插多在5～8月进行。硬枝扦插是在休眠期用完全木质化的一二年生枝条作为插穗的扦插方法。扦插时间一般在春季土温回升后的4月，但剪取插条的时间最好在秋季落叶后。嫩枝扦插是生长期中采用枝条尖端嫩枝部分作为插穗的扦插方法。主要适用于草本花卉的扦插。采取10cm长度的幼嫩茎尖，基部在节下剪平，按绿枝插的方式进行扦插。

图1-28　绿枝扦插

下面以绿枝扦插为例进行扦插育苗的讲解。

1）插床准备。普通扦插床的宽通常为1m左右，长度根据扦插量或使用区域大小而定，可大可小。四壁用砖砌成，高45～50cm，床底必须有许多排水孔。插床下部20cm高为排水层，铺以炉渣或碎砖块等物，上面加15cm高的蛭石、珍珠岩或河沙等扦插基质。插床顶部用竹片做一弓形支架，覆盖塑料薄膜保湿，必要时也可加遮阴网遮阴。

扦插育苗也可采用穴盘进行，可以省去扦插床制作工序。扦插育苗一般选择穴比较大的穴盘，例如50穴、72穴、105穴等，穴盘扦插具有根系完整、上盆后缓苗快等优点。扦插基质同样可选用蛭石、草炭、珍珠岩等。

2）插穗准备。

① 采集插条：选生长健壮并已开始木质化的绿枝。最好是现剪现插，以提高成活率。如不能马上插，要用湿布包好，置于冷凉处，保持枝条新鲜状态，但不宜浸入水中。多浆植物要使切口干燥半日至数天后扦插，以防腐烂。

② 剪切插穗：将插条清洗干净，剪成10cm左右的茎段（通常有3～4个节），注意上切口在节上1cm处，下切口在节下0.5cm处，剪口要平滑。剪好的茎段下部4cm内的叶片全部剪掉，顶部保留2～4枚小叶。

3）扦插。为了防止扦插过程中损伤插穗切口，进行扦插之前先用木棍、竹签等按株行距打好孔，然后将茎段的下端插入基质，深度约为3～5cm，一般为插穗的1/3～2/3，密度约为枝叶互不遮挡为宜。

4）插后管理。扦插结束后，插床浇透水，插床上覆盖塑料薄膜保湿，并适当遮阴。当未生根之前地上部已展叶，则应摘除部分叶片，在新苗长到15～30cm时，应选留一个健壮直立的芽，其余的除去。在温室或温床中扦插时，当生根展叶后，要逐渐开窗流通空气，使逐渐适应外界环境，然后再上盆或移植到圃地。

（2）叶插　叶插是选择植物的叶片作为插穗的繁殖方法，只适用于自叶上能发生不定芽和不定根的种类。大多数能叶插的花卉都具有粗壮的叶柄、叶脉或肥厚的叶片。叶片扦插分全叶插和片叶插。

1）全叶插。全叶插可根据扦插的类型分为平置法和直插法。

① 平置法是切去叶柄，将叶片平铺沙面上，以铁针或竹针固定于沙面上，下面与沙面紧接，如落地生根则从叶缘处产生幼小植株；秋海棠则自叶片基部或叶脉处产生植株；蟆叶秋海棠叶片较大，可在各粗壮叶脉上用小刀切断，在切断处发生幼小植株。

② 直插法又称为叶柄插法，是将叶柄插入沙中，叶片立于沙面上，叶柄基部就发生不定芽。大岩桐进行叶插时，首先在叶柄基部发生小球茎，之后发生根与芽。用此法繁殖的花卉还有非洲紫罗兰、耐寒苣苔、苦苣苔、豆瓣绿、球兰、海角樱草等。

2）片叶插将一个叶片分切为数块，分别进行扦插，使每块叶片上形成不定芽的扦插繁殖方法。用此法进行繁殖的有蟆叶秋海棠、虎尾兰（图1-29）、大岩桐、椒草、千岁兰等。将蟆叶秋海棠叶柄从叶片基部剪去，按主脉分布情况，分切为数块，使每块上都有一条主脉，再剪去叶缘较薄的部分，以减少蒸发，然后将下端插入沙中，不久就从叶脉基部发生幼小植株。

图1-29　虎尾兰片叶插

(3) 根插　根插是采用植物的根作为插穗的繁殖方法，主要适用于能从根上产生不定芽形成幼株的植物种类。可用根插的花卉大多具有粗壮的根。晚秋或早春均可进行根插，也可在秋季掘起母株，贮藏根系过冬，翌春扦插，冬季也可在温室或温床内进行。可行根插的多年生草本植物有牛舌草、肥皂草、宿根福禄考、假龙头等。

根插方法：把根剪成3~5cm长，撒播于浅箱、花盆或苗床的沙面上（或其他无土基质），覆无土基质约1cm，保持湿润，待产生不定芽之后进行移植。还有一些花卉，根部粗大或带肉质，如芍药、补血草、荷包牡丹、宿根霞草等，可剪成5~10cm的根段，垂直插入基质中，上端稍露出，待生出不定芽后进行移植。

三、组织培养育苗

植物组织培养泛指在无菌的条件下，将离体的植物器官（根、茎、叶、花、果实、种子等）、组织（分生组织、花药组织、胚乳、皮层等）、细胞（体细胞、性细胞）以及原生质体等，培养在人工配制的培养基上，给予适当的培养条件，使其长成完整的植株的过程。植物组织培养根据培养的对象不同，包括植株的培养（将幼苗及较大植物体放在无菌的人工环境中让其生长发育的方法）、胚胎的培养（将植物成熟或未成熟胚放在离体的、无菌的人工环境中让其生长发育的方法）、器官的培养（以植物的根、茎、叶、花、种子、果实等器官的组织切块为外植体的培养方法）、组织的培养（以分生组织、基本组织、保护组织、输导组织、机械组织及分泌组织为外植体的培养方法）、细胞的培养（以分离成细胞或小细胞团为外植体的培养方法）、原生质体的培养（将植物的细胞去除细胞壁后形成裸露的原生质体，把原生质体放在无菌的人工环境条件下使其生长发育的方法）。其中，用于育苗的以器官培养最为普遍，如果是脱毒育苗以茎尖脱毒应用最广泛。

1. 组织培养育苗优势

(1) 繁殖速度快、繁殖系数大　用组织培养方法育苗，繁殖速度快，繁殖系数大，同时节约繁殖材料，只取原材料上的一小块组织或器官就能在短期内生产出大量的优质苗木，每年可以繁殖出几万甚至数百万的小植株。

(2) 繁殖后代整齐一致，能保持原有品种的优良性状　组织培养育苗是一种微型的无性繁殖，它取材于同一个体的体细胞而不是性细胞，因此其后代遗传性非常一致，能保持原有品种的优良性状。可获得大量的统一规格、高质量的苗木，苗木商品性好。

(3) 可获得无毒苗　采用茎尖培养的方法或结合热处理除去绝大多数植物的病毒、真菌和细菌，使植株生长势强、花朵增大、色泽鲜艳、抗逆能力提高、产花数量增加。

(4) 可进行周年工厂化生产　组织培养育苗是在人工控制的条件下进行的集约化生产，不受自然环境中季节和恶劣天气的影响。所以不受季节限制，可以全年进行连续生产，生产效率高。

(5) 经济效益高　组织培养育苗由于种苗在培养瓶中生长，立体摆放，所需要的空间小，节省土地。生产可按一定的程序严格执行，生产过程可以精密化、微型化，能最大限度发挥人力、物力和财力，取得很高的生产效率，如在一个200m^2的组织培养室内一年可生产试管苗上百万株，如按每株1元计算，每年产值上百万元。

2. 培养基的选择

培养基是用于组织培养育苗繁殖幼苗的物质，其中包含水、营养物质、激素、支持物质，水常用蒸馏水，营养物质包括植物生长所需的大量元素、微量元素、有机物质（维生素、氨基酸、肌醇等）、蔗糖等，激素包括生长素（NAA、IAA、IBA、2，4-D 等）、细胞分裂素（6-BA、KT、ZT 等）、赤霉素（GA_3），支持物质常采用琼脂粉、琼脂条、琼脂糖等。组织培养育苗中常用的基本培养基 MS、White、Nitsch、N6、B5、SH、H 等，其中以 MS 培养基应用范围最广，MS 广泛地用于植物的器官、花药、细胞和原生质体培养，效果良好，有些培养基是由它演变而来的。

3. 组织培养育苗过程

（1）外植体的选择与处理　外植体是指植物组织培养中的各种接种材料，为保证植物组织培养获得成功，选择合适的外植体是非常重要的。首先，选择优良的种质及母株。进行离体培养繁殖种苗，外植体应选取性状优良的种质、特殊的基因型和生长健壮的无病虫害植株。只有选取优良的种质和基因型，离体快繁出来的种苗才有意义，才能转化成商品；生长健壮无病虫害的植株及器官或组织代谢旺盛，再生能力强，培养后容易成功。其次，选取适宜的外植体大小也很关键，培养材料的大小根据植物种类、器官和目的来确定。通常情况下，快速繁殖时叶片、花瓣等外植体大小为 0.5cm×0.5cm，其他培养材料的大小为 0.5～1.0cm。如果是胚胎培养或脱毒培养的材料，则应更小。材料太大，不易彻底消毒，污染率高；材料太小，多形成愈伤组织，甚至难以成活。再次，外植体选择时要选择易于消毒的。在选择外植体时，应尽量选择带杂菌少的器官或组织，降低初代培养时的污染率。一般地上组织比地下组织消毒容易，一年生组织比多年生组织消毒容易，幼嫩组织比老龄和受伤组织消毒容易。

消毒前先对植物材料进行修整，去掉不需要的部分，然后用自来水冲洗。对于一些表面不光滑或长有绒毛的材料，可用洗涤剂清洗，必要时用毛刷充分刷洗，硬质材料可用刀刮。消毒时在超净工作台上操作，先用 70% 酒精浸泡 10～30s，以无菌水冲洗 2～3 次，然后按材料的老、嫩和枝条的坚实程度，分别采用 2% 次氯酸钠浸泡 10～15min 或者选择其他消毒剂。消毒时要不断搅动，使植物材料与消毒剂充分地接触。若材料有绒毛，最好在消毒液中加入几滴 Tween-20，最后用无菌水冲洗 3～5 次。

（2）启动培养（图 1-30）　启动培养又称为初代培养，初代培养是接种外植体后最初的几代培养，其目的是获得无菌材料和无性繁殖系。初代培养时，常用诱导或分化培养基，即培养基中含有较多的细胞分裂素和少量的生长素。在植物快速繁殖中初代培养是一个必经的过程。

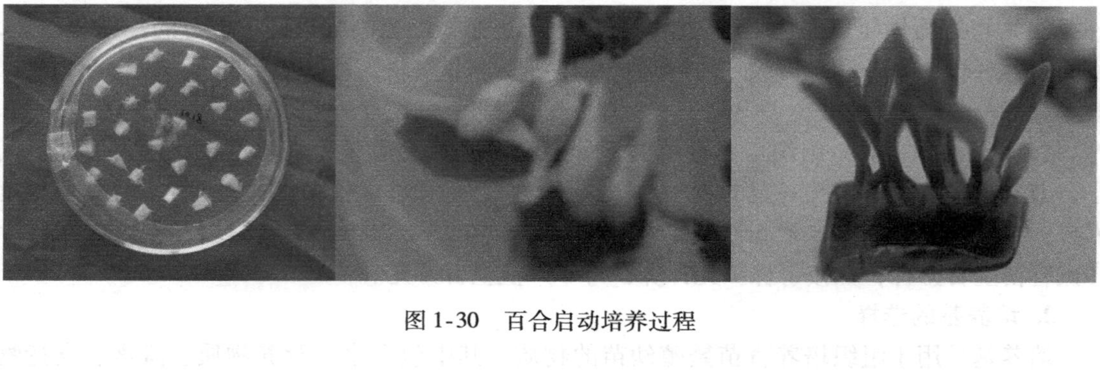

图 1-30　百合启动培养过程

（3）增殖培养（图1-31）　在初代培养的基础上所获得的芽、苗、胚状体和原球茎等，数量都还不多，它们需要进一步增殖，使之越来越多，从而发挥快速繁殖的优势。继代培养是继初代培养之后的连续数代的扩繁培养过程。旨在繁殖出相当数量的无根苗，最后能达到边繁殖边生根的目的。继代培养的后代是按几何级数增加的过程。继代培养中扩繁的方法包括：切割茎段、分离芽丛、分离胚状体、分离原球茎等。切割茎段常用于有伸长的茎梢、茎节较明显的培养物。这种方法简便易行，能保持母种特性。若芽丛较小，可先切成芽丛小块，放入适宜培养基中，待到稍大时，再转入分化培养基中培养。

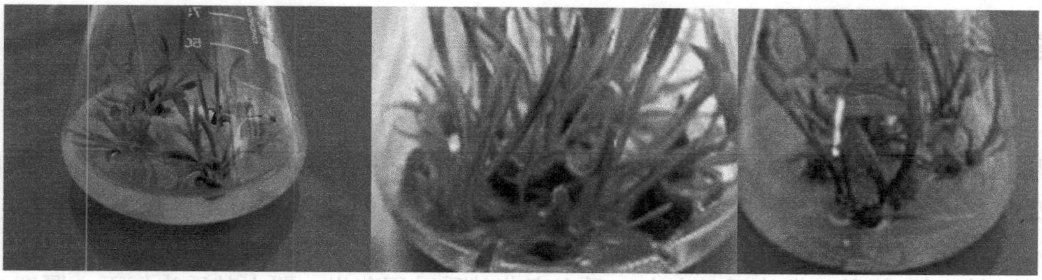

图1-31　百合增殖培养过程

在快速繁殖中初代培养只是一个必经的过程，而继代培养则是经常性不停的进行过程。但在达到相当的数量之后，则应考虑使其中一部分转入生根阶段。从某种意义上讲，增殖只是贮备母株，而生根才是增殖材料的分流，生产出成品。

（4）生根培养（图1-32）　当材料增殖到一定数量后，就要使部分培养物分流到生根培养阶段。若不能及时将培养物转到生根培养基上去，就会使久不转移的苗子发黄老化，或因过分拥挤而使无效苗增多造成抛弃浪费。生根培养是使无根苗生根的过程，这个过程目的是使生出的不定根浓密而粗壮。生根培养可采用1/2或者1/4MS培养基，并加入适量的生长素（NAA、IBA等）。

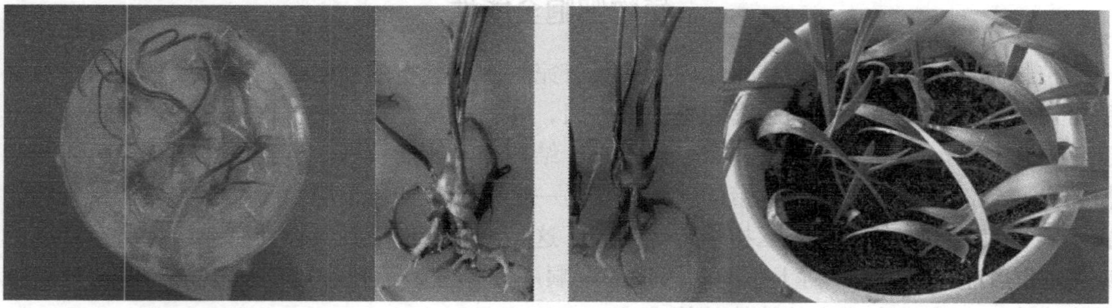

图1-32　百合生根及驯化移栽

（5）驯化移栽（图1-32）　试管苗移栽是组织培养过程的重要环节，这个工作环节做不好，就会造成前功尽弃。为了做好试管苗的移栽，应该选择合适的基质，并配合以相应的管理措施，才能确保整个组织培养工作的顺利完成。由于试管苗是在无菌、有营养供给、适宜光照和温湿度的环境条件下生长的，因此，它在生理、形态等方面都与在自然条件下生长的正常小苗有着很大的差异。所以必须通过炼苗，使其逐渐适应外界环境，从而保证试管苗移栽成功。

从叶片上看，试管苗的角质层不发达，叶片通常没有表皮毛，或仅有较少表皮毛，甚至叶片上出现了大量的水孔，而且气孔的数量、大小也往往超过普通苗。由此可知，试管苗更适合于高湿的环境生长，当将它们移栽到试管外环境时，试管苗失水率会很高，非常容易死亡。因此，为了改善试管苗的上述不良生理、形态特点，则必须经过与外界相适应的驯化处理，通常采取的措施有：对外界要增加湿度、减弱光照；对试管内要通透气体、增施二氧化碳肥料、逐步降低空气湿度等。

【案例分析】

王刚是某种苗公司新聘的技术员，经理命他制作一个草花育苗方案，为“五一”用苗。已知信息：万寿菊“安提瓜”生长周期为10~13周，发芽适温为22~24℃，去尾毛种子每克粒数约400粒；矮牵牛“梦幻”从播种到开花所需的时间为15~16周，发芽适温为21~23℃，每克种子粒数约8000粒。根据市场部订单需要万寿菊100000株，矮牵牛50000株。王刚计划如下：播种日期为元旦左右，无土育苗基质采用草炭，覆土基质为蛭石，厚度为种子的2~3倍。你认为王刚的计划合理吗？为什么？

分析：不合理，播种日期不正确；覆土厚度也存在问题。

解决的方法：两种花卉的生育期是不一样的，万寿菊“安提瓜”生长周期为10~13周，而矮牵牛“梦幻”生育期为15~16周，应该元旦前后播种矮牵牛，十天后播种万寿菊。矮牵牛为微粒种子，在播种育苗过程中是不用覆土的，而万寿菊覆土可以为种子直径的2~3倍，生产上的经验是以看不见种子为宜。

【拓展提高】

植物细胞全能性

植物细胞的全能性是指植株体内任何具有完整的细胞核的细胞都拥有形成一个完整植株所必需的全部遗传信息，即一套完整的基因组，并具有发育成完整植株的能力。植物从一个受精卵进行有丝分裂，发育成具有一定形态、结构和功能的植株。植物的体细胞染色体与受精卵是一致的，也即它们所携带的遗传信息是一样的，这样体细胞由于在植物体上所处的位置不同，表现不同的形态，承担一定的功能，这是由于它们受到具体器官或组织所在环境的束缚，是细胞核中DNA链上不同基因按一定顺序选择性地活化和阻止的结果，但遗传潜能并未丧失，具有发育成完整植株的能力。

植物细胞的全能性包括两方面的含义：一是植物细胞，无论是体细胞还是生殖细胞，都具有该物种全部的遗传信息；二是每个植物细胞具有发育成完整植株的潜在能力。

离体培养的植物器官、组织或细胞之所以经培养能够再生出完整植株，其原因在于植物细胞具有全能性。

【任务小结】

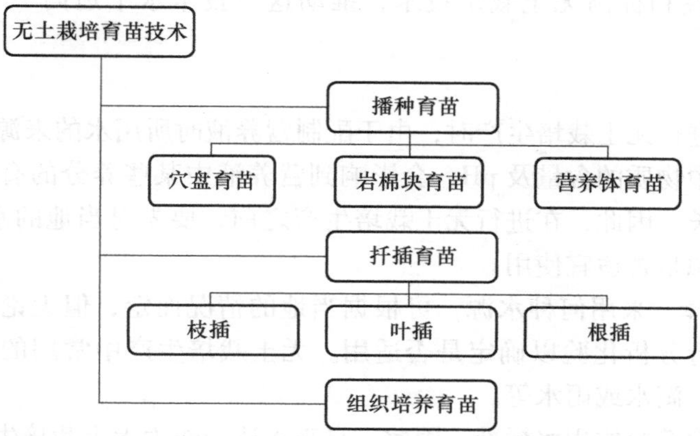

任务3　无土栽培营养液

【任务情景】

学校计划春季在 1500m^2 的现代温室中进行芹菜无土栽培，学生们在 3 月份开始制定计划并进行前期育苗工作，需要在两周内配制好芹菜的营养液。

【任务分析】

芹菜无土栽培前，学生们选择营养液配方，可根据实际需要来选择一种配制方法，但不论选择哪种配制方法，都要在配制过程中以不产生难溶性沉淀物质为总的指导原则来进行。学会制定营养液配制过程及方法。有两种方法：一种是先配制浓缩营养液（或称母液）然后用浓缩营养液配制成工作营养液；另一种是直接称取营养元素化合物直接配制成工作液。学生们能设计营养液的配制方法，正确处理营养液的管理。

【知识链接】

一、营养液的组成和要求

根据植物生长对养分的需求，把所需要的肥料和辅助物质按一定的数量和一定的比例溶解于水中所配制的溶液称为营养液。无论是无固体基质栽培还是有固体基质栽培的无土栽培形式，都要用到营养液来提供作物生长所需的养分和水分。因此，可以说营养液是无土栽培生产的核心问题。只有深入了解营养液的组成和变化规律及其进行调控的方法，才能够真正掌握无土栽培生产技术的精髓。生产中，有很多种适合作物生长的营养液配方已经形成，但由于在不同的地域，水质条件、气候条件和作物品种的差异，对营养液的肥料种类、用量和比例需求量也会不同，只有对营养液进行适当调配，才能最大限度地发挥营养液的使用效果。所以，每种营养液的配方组成和各种营养元素的浓度控制是无土栽培生产中的重要技术环节。它不仅直接影响到作物的生长，而且也涉及经济而有效地利用营养成分的问题。所以，只有很好地掌握营养液的配方组成和浓度控制这一基本的技术，才能根据当地种植的作物、水源（质）、肥源和气候条件等具体情况而有针对性地进行配方组成和浓度的调整，这对于灵活掌握和提高无土栽培技术，推动这一技术水平迈向一个新台阶，将是十分重要的。

1. 水的要求

全球不同地方进行无土栽培生产时，由于配制营养液时所用水的来源不同，会直接地影响到配制的营养液中物质的含量及pH，会影响到营养液中某些养分的有效性，有时甚至严重影响到作物的生长。因此，在进行无土栽培生产之前，要先对当地的水质进行分析检验，以确定所选用的水源是否适宜使用。

（1）水源的选择　采用何种水源，可根据当地的情况而定，但无论用哪种水源，使用前，都必须对其进行分析化验以确定是否适用。无土栽培生产中常用的水源有自来水、井水、水库水、泉水、湖水或雨水等。

自来水经过处理符合饮用水标准，因此，自来水适合作为无土栽培生产的水源，但因其价格较高而提高了生产成本。

如果以井水作为水源，生产成本低，但是，需要考虑当地的地层结构，打井开采出来的井水一定要经过分析化验，其中以软质的井水作为水源为宜。

如果将收集到一起的自然雨水作为水源，需要考虑在降雨过程中雨水会将空气中的尘埃和其他物质带入，所以要将收集的雨水进行澄清、过滤，必要时，可以在雨水中加入沉淀剂或其他消毒剂进行处理后，方可使用。如果当地空气污染严重，则不能够利用雨水作为水源。一般而言，如果当地的年降雨量超过1000mm以上，则可以通过收集雨水来完全满足无土栽培生产的需要。

有些地方在进行无土栽培生产时，如果湖水、水库水、河水、泉水没有受到工业和农业生产污染时，是完全可以用于营养液配制的。特别注意利用流经农田的水作为水源，一定要在使用前要经过处理并进行分析化验来确定其是否可用。

进行植物无土栽培时要求水量充足，尤其在夏天易缺水，如果单一水源的水量不足，可以将自来水和井水、河水、泉水、雨水等混合使用，以满足需水量。

（2）水质的要求　无土栽培的水质要求比国家环保局颁布的《农田灌溉水质标准》的要求高，但可低于或等于饮用水的水质要求。天然水中含有的有机质往往对无土栽培的植物有好处，但水中有机质的浓度不易过高，否则会降低pH和微量元素的供应。所以，在无土栽培时，必须检测水中多种离子的含量、测定电导率和酸碱度，作为配制营养液的参考。

营养液对水质要求的主要指标如下：

1）硬度。根据水中含有钙盐和镁盐的数量的多少，可将水分为软水和硬水两种类型。硬水中的钙盐主要是重碳酸钙［$Ca(HCO_3)_2$］、硫酸钙（$CaSO_4$）、氯化钙（$CaCl_2$）和碳酸钙（$CaCO_3$），而镁盐主要为氯化镁（$MgCl_2$）、硫酸镁（$MgSO_4$）、重碳酸镁［$Mg(HCO_3)_2$］和碳酸镁（$MgCO_3$）等。而软水中的这两种盐类含量较低。水的硬度统一用单位体积的CaO含量来表示，即每度相当于10mgCaO/L。水的硬度划分标准见表1-2。

表 1-2　水的硬度划分标准

硬　度	相当于 CaO 含量/(mgCaO/L)	水质类型名称
0～4°	0～40	极软水
4～8°	40～80	软水
8～16°	80～160	中硬水
16～30°	160～300	硬水
>30°	>300	极硬水

配制营养液时所用水源的水质硬度一般以不超过10°为宜，水质过硬，水的 pH 升高，水体偏碱，会降低 Fe、B、Cu、Zn、Mn 等离子的有效性，长时间使用此种营养液会导致植物出现缺素症，即营养不良症状。水中 Ca^{2+} 过多，植物对 K^+ 的吸收受到抑制。在石灰岩地区和钙质土地区的水多为硬水，我国华北地区的许多地方，水的水质都为硬水；而南方除了石灰岩地区之外，大多数地区的水质为软水。硬水由于含有钙盐、镁盐较多，因此，硬水 pH 较高，在配制营养液时如果按营养液配方中的用量来配制时，常会使营养液中的钙、镁的含量过高，甚至使营养液总盐分浓度也过高。因此，利用硬水配制营养液时，一定要将硬水中的钙、镁含量计算出来，并从营养液配方中扣除。一般地，利用15°以下的硬水来进行无土栽培较好，硬度太高的硬水不能够作为无土栽培生产的用水，特别是进行水培时更是如此。

2）酸碱度。在无土栽培时，植物生长所需的营养液 pH 范围较广，pH 在 5.5～8.5 之间的水均可使用。

3）悬浮物。无土栽培营养液中的悬浮物要求小于 10mg/L。所以，在利用河水、水库水、湖水等要经过澄清，然后才可以使用。

4）氯化钠含量。营养液中氯化钠含量≤200mg/L。不同作物在不同生育时期对水中氯化钠含量要求不同。如果水中氯化钠含量超过植物所需标准，会使植物生长不良，发生盐害而枯死。

5）溶解氧。最好是在未使用之前水的溶解氧≥3mgO_2/L。具体无严格要求。

6）氯。主要来自自来水中消毒时残存于水中的余氯和进行设施消毒时所用含氯消毒剂中残存的氯，如次氯酸钠（NaClO）或次氯酸钙［$Ca(ClO)_2$］残留的氯。因为，氯元素对植物根系有害，所以，将自来水导入设施系统之前，应将水放置半天以上，配制的营养液在进入栽培循环系统之前也要放置半天。对设施进行消毒后，要空置半天后，使余氯散尽再使用。

7）重金属及有毒物质含量。无土栽培的水中重金属及有毒物质含量不能超过国家标准（表 1-3），实际上，有些地区的地下水、水库水、河水等的水源可能含有重金属、农药等有毒物质。所以，在使用此水源之前一定要进行分析化验。

2. 原料化合物的要求

营养液是由提供营养元素的营养物质（肥料）和少量能使某些营养元素的有效性更为长久的辅助材料按一定的数量和一定的比例溶解在水中而成的溶液。在无土栽培生产中用于配制营养液的营养物质种类很多，根据不同植物的营养液配方不同而用不同的营养物质。在生产上必须根据当地的水质、气候条件和种植植物品种的不同，将前人使用的、合适的营养液中的营养物质的种类、用量和比例作适当的调整。要想灵活而有效地管理运用无土栽培的营养液，就必须全面地了解配制营养液所用的营养物质及辅助材料。

表 1-3　无土栽培水中重金属及有毒物质含量标准

重金属（毒物）名称	标准/(mg/L)	重金属（毒物）名称	标准/(mg/L)
铜（Cu）	≤0.10	铁	≤0.50
硒（Se）	≤0.01	汞（Hg）	≤0.001
锌（Zn）	≤0.20	苯	≤2.50
铅（Pb）	≤0.05	六六六	≤0.02
铬（Cr）	≤0.05	DDT	≤0.02
镉（Cd）	≤0.005	氟化物（F^-）	≤3.00
砷（As）	≤0.01	大肠菌群	≤1000（个/L）

（1）肥料的选择

1）根据栽培目的选择肥料。如果是研究营养液新配方及探索营养元素缺乏症状等试验，必须使用化学试剂。如果用于作物无土栽培生产，除了微量元素用化学纯试剂或医药用品外，大量元素的供给多采用低成本的农用品。如果没有合格的农业原料可用工业用品代替，但肥料成本会增加。

2）根据作物的特殊需要选择肥料。作物生长发育的良好氮源是铵态氮（NH_4^+）和硝态氮（NO_3^-）。铵态氮在植物光合作用快的夏季或植物缺氮时使用较好，而硝态氮在任何条件下均可使用。研究表明，无土栽培时施用硝态氮的效果远远大于铵态氮。现在大多数营养液配方中都使用硝酸盐作主要氮源，其主要原因是硝酸盐所造成的生理碱性比较弱且发生缓慢，而且植物本身有一定的抵抗能力，人工控制比较容易；而铵盐所造成的生理酸性比较强而发生迅速，植物本身很难抵抗，人工控制十分困难。所以，在进行配制营养液时，应根据植物的需要选用硝态氮或铵态氮，一般以选用硝态氮源为主，或者两种氮源肥料按适当的比例混合使用，一般比单用硝态氮效果好。

3）选用溶解度大的肥料。无土栽培中，植物所需的钙源选择时一定要考虑其溶解度的大小。例如：硝酸钙的溶解度大于硫酸钙，易溶于水，使用效果好，所以，在配制营养液时一般都选用硝酸钙。硫酸钙价格便宜，却难溶于水，生产上一般很少使用。

4）肥料的纯度要高。在无土栽培生产中，除了微量元素用化学纯试剂或医用药品外，大量元素的供给用农业用品较多。如果用含有大量惰性物质的劣质肥料配制营养液，就会产生沉淀，堵塞供液管道，并且妨碍植株根系吸收养分。在配制营养液时，营养液配方中标出的肥料用量都是以纯品表示的，所以要按各种化合物原料标明的百分纯度来折算出原料的用量。原料中本物以外的营养元素都作为杂质处理，但要注意这类杂质的量不能达到干扰营养液平衡的程度。

5）肥料无毒适用性。如果一种肥料中含有影响植物生长的有毒有害物质，即使其中所含的营养元素再多再容易被吸收利用，也不能使用。在无土栽培中营养液用量很大，所以肥料的来源供给一定要充足，购买方便，价格便宜。

6）肥料种类适宜。同一种营养元素的不同肥料种类选择使用时，要以最大限度地适合组配营养液的需要为原则。例如：选用硝酸钙作氮源就比用硝酸钾作氮源时多一个硝酸根离子。一种化合物提供的营养元素的相对比例，要与营养液配方中这些元素需要的数量进行比较后选用。

(2) 常用的肥料

1) 含氮营养物质。植物所需的含氮营养物质分为硝态氮和氨态氮两种，不同植物之间存在着对这两种氮的喜好程度的不同，所以就有“喜铵植物”和“喜硝植物”之分。无土栽培的蔬菜，多数是喜硝态氮的作物，硝态氮浓度大时不会对作物产生毒害，而铵态氮浓度过大时会使作物的生长受到阻碍，并且形成毒害现象。

① 硝酸铵。硝酸铵外观为白色结晶，分子式 NH_4NO_3，分子量为 80.05，其中氮含量为 34%~35%，铵态氮（NH_4^+-N）和硝态氮（NO_3^--N）含量各占一半。农用及部分工业用硝酸铵为了防潮常加入疏水性物质制成颗粒状，其溶解度很大，20℃时 100mL 水中可溶解 188.0~214.0g。

硝酸铵有助燃性和爆炸性，在贮运时不可与易燃易爆物质共同存放。硝酸铵的吸湿性很强，易板结，纯品硝酸铵暴露于空气中极易吸湿潮，受潮结块的硝酸铵，应用木锤或橡胶锤等非金属性材料来轻敲打碎，不能用铁锤等金属物品猛烈敲击。因此，在贮存时应密闭并置于阴凉处，不使其受潮结块。

在使用硝酸铵作为营养液的氮源时要特别注意其用量。因为硝酸铵中含有 50% 的铵态氮和 50% 的硝态氮，多种作物在加入硝酸铵初始阶段对铵离子的吸收速率大于硝酸根离子，因此，易使营养液产生较强的生理酸性，但当硝态氮和铵态氮都被作物吸收之后，其生理酸性逐渐消失。同时，有些作物对铵态氮较敏感，在硝酸铵用量较高时，会抑制作物对其他养分的吸收，从而影响作物的生长。

② 硝酸钙。硝酸钙外观为白色结晶，分子式 $Ca(NO_3)_2 \cdot 4H_2O$，分子量为 236.15，其中 N 含量为 11.9%，Ca 含量为 17.0%。极易溶解于水中，20℃时每 100mL 水可溶解 129.3g。硝酸钙吸湿性极强，暴露于空气中或高温高湿条件下极易吸水潮解。因此，储存时应密闭并放置于阴凉处。

硝酸钙是一种生理碱性盐，作物根系吸收硝酸根离子的速率大于吸收钙离子的速率，因此表现出生理碱性。由于钙离子也被作物吸收，其生理碱性表现得不太强烈，随着钙离子被作物吸收，其生理碱性会逐渐减弱。硝酸钙是目前无土栽培中用得最广泛的氮源和钙源肥料。绝大多数营养液配制时钙源都是由硝酸钙来提供的。

③ 硝酸钾。硝酸钾外观上为白色结晶，分子式 KNO_3，分子量为 101.10，N 含量为 13.9%，K 的含量为 38.7%，可提供氮源和钾源。硝酸钾是一种生理碱性肥料。在水中的溶解性较好，20℃时 100mL 水中可溶解 31.6g。

硝酸钾具有助燃性和爆炸性，贮运时要注意不要猛烈撞击，不要与易燃易爆物混存一处。硝酸钾吸湿性较小，贮存于潮湿的环境下会结块。

④ 硫酸铵。硫酸铵外观为白色结晶，分子式 $(NH_4)_2SO_4$，分子量为 132.15，N 含量为 20%~21%。易溶于水，在 20℃时，每 100mL 水可溶解 75g 硫酸铵。溶液中的硫酸铵被植物吸收时，由于多数作物根系对 NH_4^+ 的吸收速率比 SO_4^{2-} 来得快，而使溶液中累积较多的硫酸，呈酸性。所以，硫酸铵是一种生理酸性肥料。在作为营养液氮源时要注意其生理酸性的变化。

硫酸铵物理性状良好，不易吸湿。但是当硫酸铵中含有较多的游离酸或空气湿度较大时，长期存放也会吸湿结块。

⑤ 尿素。尿素纯品为白色针状结晶，分子式 $CO(NH_2)_2$，分子量为 60.03，N 含量高达

46%，是固体氮肥中含氮量最高的。尿素易溶于水，在20℃时，每100mL水中可溶解105.0g尿素。尿素为生理酸性肥，在植物根系分泌的脲酶作用下，由于加入营养液中的尿素，会逐渐转化为碳酸铵［$(NH_4)_2CO_3$］，并在水中解离为NH_4^+和CO_3^{2-}，作物对NH_4^+的选择吸收速率较快，致使溶液的酸碱度降低。

作为肥料用的尿素常因其吸湿性很强被制成颗粒状，外层包被一层石蜡等疏水物质，降低其吸湿性。所以，一般肥料尿素的吸湿性不大。

2）含磷营养物质。

① 磷酸二氢钾。外观为白色结晶或粉末，分子式KH_2PO_4，分子量为136.09，易溶于水，20℃时100mL水中可溶解22.6g。磷酸二氢钾性质稳定，不易潮解，但长时间贮藏在湿度大的地方会吸湿结块。由于磷酸二氢钾溶解于水中时，磷酸根解离成不同的价态，因此，对溶液pH的变化有一定的缓冲作用，它可以同时提供钾和磷二种营养元素，所以磷酸二氢钾是无土栽培中重要的磷源。

② 过磷酸钙。过磷酸钙外观为灰色或灰黑色颗粒或粉末，分子式为$Ca(H_2PO_4)\cdot H_2O+CaSO_4\cdot H_2O$，分子量为252.08+172.17，又称其为普通过磷酸钙或普钙。它是由粉碎的磷矿粉中加入硫酸溶解而制成的，其中含磷的有效成分为磷酸一钙［$Ca(H_2PO_4)_2$］，同时还含有在制造过程中产生的硫酸钙（石膏，$CaSO_4\cdot H_2O$），它们分别占肥料重量的30%~50%和40%左右，其余的为其他杂质。一级品的过磷酸钙的有效磷含量（P_2O_5）为18%，游离酸含量<4%，水分含量<10%，同时还含有Ca元素19%~22%，S元素10%~12%。过磷酸钙是一种水溶性磷肥，当把过磷酸钙溶解于水中时会在容器底部残留一些沉淀，这些沉淀就是难溶性的硫酸钙，但过磷酸钙不是一种缓效性的或难溶性的肥料。

在过磷酸钙的制造过程中，原来的磷矿石中的Fe、Al等化合物也被硫酸溶解而同时存在于肥料中，当过磷酸钙吸湿后，磷酸钙会与Fe、Al化合形成难溶性的磷酸铁和磷酸铝等化合物，其中磷酸的有效性就降低了，这个过程称为磷酸的退化作用。因此，在贮藏时要放在干燥处以防吸湿而降低过磷酸钙的肥效。

在无土栽培中，过磷酸钙主要用于基质栽培和育苗中，将其预先混入基质中以提供磷源和钙源。由于它含有较多的游离硫酸和其他杂质，并且有硫酸钙的沉淀，所以，不作为水培配制营养液的肥源。

③ 磷酸一氢铵。磷酸一氢铵纯品的外观为白色结晶，分子式为（$(NH_4)_2HPO_4$），分子量为132.07，也称为磷酸二铵或磷二铵。纯品含磷（P_2O_5）53.7%，含氮（N）21%。作为肥料用的磷酸一氢铵常含有一定量的磷酸二氢铵，这种肥料的含磷量（P_2O_5）为20%，氮(N)18%。它对营养液或基质pH的变化有一定的缓冲能力。

④ 磷酸二氢铵。磷酸二氢铵纯品的外观为白色结晶，作为肥料用的磷酸二氢铵外观多为灰色结晶。分子式为$NH_4H_2PO_4$，分子量为115.05，也称其为磷酸一铵或磷一铵。纯品含磷（P_2O_5）61.7%，含氮（N）11%~13%。易溶于水，溶解度大，20℃时100mL水中可溶解36.8g。它可同时提供氮和磷两种营养元素。对溶液pH变化有一定的缓冲能力。

⑤ 重过磷酸钙。重过磷酸钙外观为灰白色或灰黑色粉末，分子式为$Ca(H_2PO_4)_2$，分子量为252.08，其有效成分为磷酸二氢钙即磷酸一钙［$Ca(H_2PO_4)_2\cdot H_2O$］，含磷量（P_2O_5）为40%~52%，易溶于水，游离酸含量较高，可达4%~8%，故水溶液呈酸性，其吸湿性和腐蚀性都比过磷酸钙强，但不像过磷酸钙那样存在着磷酸的退化作用。可以将其混入无土栽

培固体基质中使用，很少作为水培营养液的磷源使用。

⑥ 偏磷酸铵。偏磷酸铵纯品外观为白色粉末或结晶，分子式为 NH_4PO_3，分子量为含磷（P_2O_5）70%～73%，含氮（N）17%左右，稍有吸湿性，不易结块，其水溶液呈弱酸性，是一种含氮、磷的高浓度肥料，在生产用得较少。

在无土栽培的基质和营养液中，磷元素过多会导致铁和镁的缺乏症状。

3）含钾营养物质。

① 硫酸钾。硫酸钾纯品的外观为白色粉末或结晶，分子式为 K_2SO_4，分子量为 174.26，作为农用肥料的硫酸钾多为白色或浅黄色粉末。纯品硫酸钾含钾（K_2O）52.9%。肥料硫酸钾含钾（K_2O）50%～52%，含硫（S）18%。较易溶解于水，但溶解度稍小，20℃时 100mL 水中可溶解 11.1g。吸湿性小，不结块，物理性状良好，水溶液呈中性，属于生理酸性肥料。

② 氯化钾。氯化钾纯品的外观为白色结晶，作为肥料用的氯化钾常为紫红色或浅黄色或白色粉末，分子式为 KCl，分子量为 74.55，这与生产时不同来源的矿物颜色有关。氯化钾含钾 50%～60%，含氯（Cl^-）47%，易溶于水，20℃时 100mL 水中可溶解 34.4g，吸湿性小，水溶液呈中性，属于生理酸性肥料。在无土栽培中也可作为钾源来使用，但用得较少，主要是由于氯化钾含有较多的氯离子（Cl^-），对于“忌氯作物”马铃薯、甜菜等的产量和品质有不良影响。

③ 磷酸一氢钾。见上述“含磷营养物质”部分。

④ 磷酸二氢钾。见上述“含磷营养物质”部分。

4）含镁、钙肥料。

① 硫酸镁。硫酸镁外观为白色结晶，分子式为 $MgSO_4 \cdot 7H_2O$，分子量为 246.48，含镁（Mg）量为 9.86%，含硫（S）量 13%，俗称泻盐。硫酸镁易溶于水，20℃时 100mL 水中可溶解 35.5g 硫酸镁。在水溶液中为中性，属于生理酸性肥料。有吸湿性，但吸湿性不强，吸湿后会结块。它是无土栽培中最常用的镁源。

② 氯化钙。氯化钙外观为白色粉末或结晶，分子式为 $CaCl_2$，分子量为 110.98，含钙（Ca）量为 36%，含氯（Cl）量为 64%。氯化钙吸湿性强，易溶于水，水溶液呈中性，属生理酸性肥料。在无土栽培中作为钙源用得较少，主要用于作物钙营养不足时叶面喷施使用，也可用于不用硝酸钙作为钙源的配方中。不宜在“忌氯作物”上使用。

③ 硫酸钙。硫酸钙又称石膏，外观为白色粉末状，分子式为 $CaSO_4 \cdot 2H_2O$，分子量为 172.17，含钙（Ca）23.28%，含硫（S）18.62%。它由石膏矿粉碎或加热制成。硫酸钙的溶解度很低，20℃时 100mL 水中只能溶解 0.26g 硫酸钙。水溶液呈中性，属于生理酸性肥料。一般在基质栽培中可将其混入基质中作为钙源的补充，而在水培营养液配制时只有极个别配方中使用硫酸钙作为钙盐。

④ 硝酸钙。见上述“含氮营养物质”部分。

5）含铁营养物质。

在无土栽培中，作物生长最易发生缺铁症状，引起这种现象的原因很多，如在营养液中钾元素含量不足，磷、锌、铜和锰元素含量过高以及 pH 偏高，都会导致作物缺铁病症。在生产中常用的含铁的营养物质有下列几种：

① 硫酸亚铁。硫酸亚铁又称为黑矾、绿矾，外观为浅绿色或蓝绿色结晶，分子式为

$FeSO_4 \cdot 7H_2O$，分子量为278.02，含铁（Fe）量为19%~20%，含硫（S）量为11.5%。由于硫酸亚铁在营养液中易被氧化和与其他化合物（特别是磷酸盐）形成难溶性磷酸铁沉淀，所以，大多数营养液配方中都不直接使用硫酸亚铁作为铁源，而是采用络合铁或硫酸亚铁与络合剂（如EDTA或DTPA等）先行络合之后才使用，以保证其在营养液中维持较长时间的有效性。同时，还要注意营养液的pH，应保持在7.0以下，否则会因高pH而产生沉淀，导致铁的有效性降低。如果发现硫酸亚铁被严重氧化（外观颜色变为棕红色）时，则不宜使用。

硫酸亚铁易溶于水，有一定的吸湿性。硫酸亚铁的性质不稳定，极易被空气中的氧氧化为棕红色的硫酸铁，在高温和光照强烈的条件下更易被氧化，因此，须将硫酸亚铁放置于不透光的密闭容器中，并置于阴凉处存放。硫酸亚铁来源广泛，价格便宜，是无土栽培中良好的铁源。

② 三氯化铁。三氯化铁外观为深黄色结晶，分子式为 $FeCl_3 \cdot 6H_2O$，分子量为270.30，含铁（Fe）20.66%，含氯（Cl）65.5%。三氯化铁易溶于水，吸湿性强，易结块。由于作物对三价 Fe^{3+} 的利用率较低，而且营养液的pH较高时，三氯化铁易产生沉淀而降低其有效性，所以在无土栽培生产中，较少单独使用三氯化铁作为营养液的铁源。

③ 螯合铁。络合剂（螯合剂）都可以与铁盐（铁离子）螯合形成螯合物（即螯合铁）。无土栽培中较常用的是乙二胺四乙酸二钠铁［$EDTA\text{-}Na_2Fe$］，它的分子量为390，含铁14.32%，外观为土黄色粉末，易溶于水。有时也用乙二胺四乙酸一钠铁［EDTA-NaFe］。螯合铁性状稳定，易溶于水。螯合铁作为营养液的铁源不易被其他阳离子所代替，不易产生沉淀，即在营养液pH较高时，仍可保持较高的有效性，易被作物吸收。所以，螯合铁可混入固体基质中使用，也可用于叶面喷施，来补充铁源。

6）微量元素。

① 硫酸锌。硫酸锌俗称皓矾，为无色斜方晶体，在干燥的环境下会失去结晶水而变成白色粉末。分子式为 $ZnSO_4 \cdot 7H_2O$，分子量为287.55。易溶于水，20℃时每100mL水中可溶解54.4g。含锌（Zn）22.74%、硫（S）11.15%，它是无土栽培重要的锌元素来源。

② 氯化锌。氯化锌外观为白色结晶体，分子式为 $ZnCl_2 \cdot 2.5H_2O$，分子量为181.4，纯品含Zn 34.5%。易溶于水，20℃时100mL水中可溶解367.3g。由于溶解在水中会水解而生成白色氯氧化锌沉淀，所以在无土栽培中较少用作锌源。

③ 硫酸铜。硫酸铜外观为蓝色或浅蓝色结晶体，呈块状或粒体，在干燥条件下会因风化而呈白色粉末状，分子式为 $CuSO_4 \cdot 5H_2O$，分子量为249.69，Cu的含量25.45%，S含量12.84%，易溶于水，20℃时100mL水中可溶解20.7g。它是无土栽培良好的铜素来源。

④ 氯化铜。氯化铜外观为蓝绿色结晶，分子式为 $CuCl_2 \cdot 2H_2O$，分子量为170.48，含Cu37.28%，易溶于水，20℃时100mL中可溶解72.7g。

⑤ 硼酸。硼酸外观为白色结晶，分子式为 H_3BO_3，分子量为61.83，B含量17.5%，易溶于水，但冷水中的溶解度较低，20℃时100mL水中溶解5.0g硼酸，热水中较易溶解，水溶液呈微酸性，是无土栽培营养液中良好的硼源。一般在营养液为酸性或弱酸性条件下，硼的有效性较高，在碱性条件下，硼的有效性降低，有效成分被固定而使作物发生缺硼症状。

⑥ 硼砂。硼砂外观为白色或无色粒状结晶，在干燥的条件下硼砂失去结晶水而呈白色粉末状，分子式为 $Na_2B_4O_7 \cdot 10H_2O$，分子量为381.37，硼含量11.34%。易溶于水，20℃

时100mL水中溶解2.7g，是营养液中硼的良好来源。

⑦ 硫酸锰。硫酸锰外观上为粉红色结晶体。四水硫酸锰分子式为$MnSO_4 \cdot 4H_2O$，分子量为223.06，锰含量24.63%；一水硫酸锰分子式为$MnSO_4 \cdot H_2O$，分子量为169.01，锰含量32.51%。二者都易溶解于水中，硫酸锰为无土栽培中的主要锰源，在20℃时100mL水中溶解62.9g。

⑧ 钼酸铵。钼酸铵为白色结晶体或蛋黄结晶体，分子式为$[(NH_4)_6Mo_7O_{24} \cdot 4H_2O]$，含钼54.34%，易溶于水，为无土栽培中配制营养液的钼源，由于作物对钼的需要量极微，基质或水中含有的钼就可以满足作物的需求，可不再另外加入。

3. 营养液的酸碱度（pH）

不同植物的根对营养液酸碱度的要求不同，植物能否在基质和营养液中正常吸收养分和水分，代谢后对营养液酸碱度也有影响。所以，营养液酸碱度的大小不仅影响植物对养分的吸收，而且对植物的根生长不利。所以，营养液的酸碱度是营养液非常重要的一个化学性质。

（1）营养液酸碱度概念　了解溶液的酸碱性对于无土栽培生产有着十分重要的意义。酸碱度（pH）的高低可能会影响到营养液中某些盐分的有效性，甚至可能对植物的生长产生不良的影响。

溶液的酸碱度（pH）是指溶液中氢离子（H^+）或氢氧根离子（OH^-）浓度（以mol/L表示）的多少。

溶液中的H^+浓度和OH^-浓度之间存在着严格的比例关系。一般用pH来表示溶液中H^+和OH^-离子之间的关系时，称为酸度；用pOH来表示时，称为碱度。溶液中H^+离子浓度越高，酸性越强，碱性越弱，pH越小，pOH值越大，反之，OH^-离子浓度越高，碱性越强，酸性越弱，pH越高，pOH值越小。不同的栽培作物对pH的要求不同（表1-4）。

表1-4　无土栽培作物根系的最适pH范围

作物名称	最适pH范围	作物名称	最适pH范围
苜蓿	7.2~8.0	萝卜	5.0~7.3
甜菜	7.0~7.5	番茄	5.0~8.0
白菜	7.0~7.4	菜豆	6.4~7.1
黄瓜	6.4~7.5	莴苣	6.0~7.0
甜椒	5.5~6.8	茄子	6.8~7.3
洋葱	6.4~7.5	胡萝卜	5.6~7.0
豌豆	6.0~7.0	三叶草	6.0~7.0
毛豆	6.5~7.5	香菜	6.0~7.6
甜瓜	5.5~6.8	西瓜	5.0~7.0
茼蒿	5.5~6.8	蕹菜	5.0~7.0

（2）营养液酸碱度的影响及测定

1）营养液酸碱度的影响。

① 营养液的酸碱度直接影响作物根系细胞质对矿质元素的透过性，同时也影响盐分的溶解度，从而影响营养液总浓度，间接影响根系吸收。无土栽培的营养液pH为5.8~6.2

的弱酸范围生长最适宜。pH >7 时 Fe、Mn、Cu、Zn 等易产生沉淀；pH <5 时营养液具有腐蚀性，部分元素溶出，引起植物中毒，使根尖发黄、坏死，严重者使植株的叶片失绿。

② 植物对营养液的 pH 比 EC 值的适应范围窄，而且影响营养液的 pH 的因素较多。例如根系优先选择吸收硝态氮，则营养液的 pH 上升；而优先选择吸收铵态氮，则 pH 下降。另外，营养液的 pH 也会受根系分泌物的影响而发生变化。

2）营养液酸碱度的测定方法。营养液酸碱度（pH）的测定方法最简单的是用 pH 试纸，既简单又准确的方法是用电导仪。营养液的 pH 多采用 NaOH、KOH、NH_4OH、HNO_3、H_2SO_4、HCl、H_3PO_4 调节。但是，在使用硬水配制营养液的地区，H_3PO_4 使用过多，营养液的 P 超过 50mg/L 会造成 Ca 沉淀，因此应磷酸与硝酸配合使用。使用硫酸成本低，但是营养液中硫酸含量过高会造成 SO_4^{2-} 积累，使营养液的离子浓度升高，但一般情况下对植物生长影响不大。

（3）营养液中酸碱度的变化及调控

1）营养液中酸碱度的变化。在未种植作物之前，营养液的酸碱度主要是营养液配方中的各种肥料的化学酸碱性。如果被选用的营养液配方中，各种肥料之间的化学酸碱性配合比例和数量较合适，一般不会偏离作物生长所要求的 pH 范围。但当营养液用于种植作物时，由于作物根系对营养液中的各种离子进行吸收，营养液中不同盐类的生理酸碱性反应的表现不一样，结果影响到营养液的酸碱性变化。

2）营养液中酸碱度的调控。在无土栽培植物的过程中对营养液的 pH 进行控制的方法主要有下面两种：

① 酸碱中和法。在无土栽培种植过程中，如果出现营养液的 pH 偏离了植物根系生长要求的适宜 pH 范围时，可采用稀酸或稀碱溶液来中和营养液，使其 pH 恢复到合适的水平。经中和调节之后的营养液经一段时间的种植，其 pH 仍会继续变化，因此，在植物的整个生长期内要经常进行酸碱的中和调节，而且加入的酸碱用量如果过多，还可能影响到作物的生长。

在进行营养液酸碱度调节时，所用的碱或酸的浓度一般可在 1 ~ 3mol/L 的浓度范围内，加入营养物质前，先要用水稀释，再加入到无土栽培系统的贮液池中，并且要边加边搅拌（或开启水泵）进行循环，以防止酸或碱溶液加入过快、过浓，使局部营养液过酸或过碱，而产生 $CaSO_4$、$Fe(OH)_3$、$Mn(OH)_2$ 等沉淀，从而使部分养分失效。

② 调整营养液配方的方法。此方法主要是通过调整营养液配方中所使用的生理酸性盐和生理碱性盐的种类、用量和相互之间的比例，使得营养液在无土栽培作物的过程中，本身的酸碱度变化可以稳定在一个适宜植物生长的范围之内，从而可以省去或减少用酸碱中和的麻烦，也可避免过量的酸液或碱液加入到营养液中造成对作物生长不良的影响。

在进行营养液配方的调整时，只有很好地掌握各种盐类的化学性质和生理反应性质，才能很好地把握这些盐类溶解于水中以及被植物选择性吸收之后的 pH 变化趋势，结合各种盐类的化学性质和前人的配方进行适当地改进。绝大多数的营养液配方是针对软水而设计的，如果在硬水的条件下使用，一方面可能需要根据硬水硬度的大小适当降低配方中 Ca、Mg 等的用量，另一方面可考虑提高生理酸性盐的用量、降低生理碱性盐的用量，以阻止营养液的 pH 上升。

4. 营养液的离子总浓度和离子比例

（1）营养液的总浓度

1）营养液浓度的表示方法。

① 化合物重量/升（g/L、mg/L）。这种方法可以直接称量化合物进行营养液配制，即每升（L）营养液中含有某种化合物重量的多少，常用克/升（g/L）或毫克/升（mg/L）来表示。由于在配制营养液的具体操作时是以这种浓度表示法来进行化合物称量的，因此，这种营养液浓度的表示法又称为工作浓度或操作浓度。

例如，一个配方中 $Ca(NO_3)_2 \cdot 4H_2O$、KNO_3、KH_2PO_4 和 $MgSO_4 \cdot 7H_2O$ 的浓度分别为590mg/L、404mg/L、136mg/L 和 246mg/L，即表示按这个配方配制的营养液中，每升营养液含有 $Ca(NO_3)_2 \cdot 4H_2O$、KH_2PO_4、$MgSO_4 \cdot 7H_2O$ 和 KNO_3 分别为 590mg、136mg、246mg和 404mg。

② 元素重量/升（g/L，mg/L）。这种方法不能直接用来配制营养液，必须换算成某种化合物才能应用。但是它可以用来与其他配方进行比较。

元素重量/升是指在每升营养液中某种营养元素重量的多少，常用克/升（g/L）或毫克/升（mg/L）来表示。

例如：一个配方中营养元素 N、P、K 的含量分别为 150mg/L、80mg/L 和 170mg/L，即表示这一配方中每升含有营养元素 N 150mg、P 80mg 和 K 170mg。

用这种单位体积中营养元素重量表示营养液浓度的方法在营养液配制时不能够直接应用，因为实际称量时不能够称取某种元素，因此，要把单位体积中某种营养元素含量换算成为某种营养化合物才能称量。

例如：配方中 K 的含量为 160mg/L（钾是由硝酸钾来提供的），查表或计算可知硝酸钾含 K 量为 38.67%，则该配方中提供 160mgK 所需要 KNO_3 = 160mg ÷ 38.67% = 413.76mg，也就是要提供 160mg 的 K 需要有 413.76mg 的 KNO_3。

③ 摩尔/升（mol/L）。摩尔/升是指在每升营养液中某种物质的摩尔数（mol）。而某种物质可以是化合物（分子），也可以是离子或元素。每一摩尔某种物质的数量相当于这种物质的分子量、离子量或原子量，其质量单位为 g。

例如：1mol 的钾元素（K）相当于 39.1g，1mol 的钾离子（K^+）相当于 39.1g，1mol的硝酸钾（KNO_3）相当于 101.1g。因为无土栽培营养液的浓度较低，用摩尔浓度或毫摩尔浓度表示更合适，即常用毫摩尔/升（mmol/L）来表示，1mol/L = 1000mmol/L。这种方法不能直接用来配制营养液。

在配制营养液的操作过程中，不能以毫摩尔/升来称量，需要换算成重量/升后才能称量配制。换算时将每升营养液中某种物质的摩尔数（mol/L）与该物质的分子量、离子量或原子量相乘，即可得知该物质的用量。

例如：2mol/L 的 KNO_3 相当于 KNO_3 的重量 = 2mol/L × 101.1g/mol = 202.2g/L

④ 电导率（EC）。电导率表示溶液导电能力的大小，国际上通常以毫西门子/厘米（ms/cm）或微西门子/厘米（μs/cm）来表示。由于配制营养液所用的原料大多数为无机盐类，多为强电解质，在水中电离为带有正负电荷的离子，因此，营养液具有导电作用。其导电能力的大小用电导率来表示。电导率可以用电导仪测定，简单快捷，是生产上常用的检测营养液总浓度（盐分）的方法。在一定浓度范围内，溶液的含盐量与电导率呈正相关，含

盐量越高，溶液的电导率越大，渗透压也越大。因此电导率能反映出溶液中的盐分含量的多少，但是不能反映出溶液中各种元素的浓度。

因为用于配制营养液的盐类溶解于水后会电离为带正负电荷的离子，因此，营养液的浓度又称为盐度或离子浓度。营养液中的盐度不同，其导电性也不相同。在一定的浓度范围之内，营养液的电导率随着营养液浓度的提高而增加；反之，营养液浓度较低时，其电导率也降低。

通过测定营养液的电导率只能够反映其总的盐分含量，不能够反映出营养液中个别无机盐类的盐分含量。当种植作物时间较长之后，由于根系分泌物、根系生长过程脱落的外层细胞以及部分根系死亡之后在营养液中腐烂分解和在硬水条件下钙、镁、硫等元素的累积也可提高营养液的电导率，此时通过电导率仪测定所得的电导率值并不能够反映营养液中实际的盐分含量。

为解决这个问题，应对使用时间较长的营养液进行个别营养元素含量的测定，一般在生产中可每隔一个半月或两个月左右测定一次大量元素的含量，而微量元素含量一般不进行测定。如果发现养分含量太高，或者电导率值很高而实际养分含量较低的情况，应更换营养液，以确保生产的顺利进行。

在无土栽培生产中，由于作物品种不同、生育期不同、栽培季节不同和水质、肥料原料纯度等的不同，会使得营养液的电导率也不相同。某种作物适宜的电导率水平，应根据当地的情况经试验后才能够确定，不同作物、不同栽培季节甚至同一作物不同的生育期也不尽相同，没有一个统一的标准。一般地，在植物生长前期和在作物蒸腾量较大的夏秋季节，营养液浓度可较低一些，将电导率控制在不超过 3ms/cm 范围；而在生长盛期、营养液吸收量最大的时期，电导率也不要超过 5 ~ 6ms/cm，否则可能造成营养液浓度过高而对作物产生伤害。

可根据下列经验公式，利用测定的电导率值来估计营养液中总盐分浓度：

$$营养液总盐分浓度\ (g/L) = 1.0 \times EC(ms/cm)$$

式中 1.0——多次测定总盐分浓度与营养液电导率值之间相互关系的近似值。

如果要准确地了解某一配方浓度与电导率值之间的关系，还得经过实际测定才行。

⑤ 渗透压。渗透压作为反映营养液浓度是否适宜作物生长的重要指标，是指半透性膜阻隔的两种浓度不同的溶液，当水从浓度低的溶液经过半透性膜而进入浓度高的溶液时所产生的压力。可以利用渗透压来反映溶液的浓度，溶液浓度越高，渗透压越大。

营养液的电导率值与其渗透压之间可用公式来表示：渗透压 $P_{atm} = 0.36 \times EC(ms/cm)$。

2）营养液浓度的要求。在设计营养液配方和配制营养液时，不但要求对组成元素进行精确计算而且要考虑营养液的总浓度是否适合作物生育要求。因为营养液的总浓度过高会直接影响植物根系吸收，造成生育障碍、萎蔫甚至死亡。营养液总的浓度范围见表 1-5。

表 1-5 营养液总的浓度范围

浓度单位	最高	最适	最低
mg/L	4200	2500	830
ms/cm	4.2	2.5	0.83
渗透压（Pa）	1.5×10^5	0.9×10^5	0.3×10^5
mmol/L	62	37	12
%	0.4 ~ 0.5	0.3	0.1

不同无土栽培系统要求营养液的总浓度不同。开放式无土栽培系统，营养液的 EC 值应控制在 2～3ms/cm；封闭式无土栽培系统，营养液的 EC 值应不低于 2ms/cm。

各种作物对营养液的总浓度的要求有所不同。甜椒 EC 值为 2.0 ms/cm；莴苣 EC 值为 1.4～1.7ms/cm；番茄 EC 值为 2～2.5ms/cm；黄瓜 EC 值为 1.8～2.5ms/cm，茄子 EC 值为 2.5ms/cm；叶菜 EC 值为 2ms/cm；甜瓜 EC 值为 2ms/cm。此外，苗期营养液的总浓度可略低于成株期，夏季营养液的总浓度低于冬季。

3）营养液配方的盐分总浓度要求。无土栽培植物的不同种类、同一植物的不同品种、甚至同一株植物不同的生长时期对营养液的总盐分浓度的要求不相同，见表 1-6。一般情况下，植物在营养液的总盐分浓度为 4‰～5‰以下时，都可以正常地生长。但不同的植物对营养液的总浓度要求还是有较大差异的。如果营养液的总盐分浓度超过 4‰～5‰，有些植物就会表现出不同程度的盐害。因此，在确定营养液配方的总浓度时要考虑到植物的耐盐程度。当然，在确定营养液的总盐害浓度时还要考虑到在较高浓度时是否会形成溶解度较低的难溶性化合物的沉淀。

表 1-6　不同植物对营养液总浓度的要求

总浓度（‰）	1	1.5～2	2	2～3	3
适宜种植的植物	仙人掌 杜鹃花 蕨　类 胡　椒	鸢　尾 仙客来 水　仙 百　合 非洲菊	唐菖蒲 昙　花 草　莓 葱　头 胡萝卜 花叶芋	甜　瓜 黄　瓜 康乃馨 一品红 文　竹	芥　菜 甘　蓝 芹　菜 番　茄

4）营养液的溶存氧。

① 营养液中氧气浓度。植物根系生长发育需要充足的氧气，要求营养液中能够充分的溶解氧气来满足根系生长及吸收的需求。可以用溶存氧浓度表示营养液中氧气溶解量。

溶存氧浓度（DO）是指在一定温度、一定大气压力条件下，单位体积营养液中溶解的氧气的数量，以 mg/L 表示。

氧的饱和溶解度是指在一定温度、一定压力条件下，单位营养液中能够溶解的氧气达到饱和时的溶存氧含量。由于氧气占空气的比例是一定的，所以，在一定温度、一定压力条件下，溶解于溶液中氧气也可以用空气饱和百分数（%）来表示，此时溶液中的氧气含量相当于饱和溶解度的百分比。在一个标准大气压下不同温度营养液中饱和溶存氧含量见表 1-7。

营养液中溶存氧的多少与液温和大气压有关，温度越高，大气压力越小，营养液的溶存氧含量越低；反之越高。另外，不同植物呼吸强度不同，需氧量不同。营养液中溶存氧的多少与植物根系和微生物的呼吸有关，温度越高呼吸强度越大，呼吸消耗营养液中的溶存氧越多。一般营养液中的溶存氧含量维持在 4～5mg/L 以上，都能满足大多数植物的正常生长。但是，无土栽培的水培营养液中的溶存氧很快就会消耗掉，因此必须采取一些方法补充植物根系对溶存氧的需求。

表 1-7　在一个标准大气压下不同温度营养液中饱和溶存氧含量

温度/℃	溶存氧/(mg/L)	温度/℃	溶存氧/(mg/L)	温度/℃	溶存氧/(mg/L)	温度/℃	溶存氧/(mg/L)
1	14.23	11	11.08	21	8.99	31	7.50
2	13.84	12	10.83	22	8.83	32	7.40
3	13.48	13	10.60	23	8.68	33	7.30
4	13.13	14	10.37	24	8.53	34	7.20
5	12.80	15	10.15	25	8.38	35	7.10
6	12.48	16	9.95	26	8.22	36	7.00
7	12.17	17	9.74	27	8.07	37	6.90
8	11.87	18	9.54	28	7.92	38	6.80
9	11.59	19	9.35	29	7.77	39	6.70
10	11.33	20	9.17	30	7.63	40	6.60

② 补充营养液中溶存氧含量的途径。

a. 喷雾：使营养液以喷雾的形式喷射出，在雾化的过程中与空气接触给营养液加氧，效果较好，是一种普遍采用的方法。

b. 落差法：在营养液循环流动进入贮液池时，用机械方法将营养液提高，造成落差，然后从高处落入贮液池中溅起水泡，溅泼面分散来给营养液加氧，效果较好，也是一种普遍采用的方法。

c. 营养液循环流动：通过水泵使营养液在贮液池和种植槽之间循环流动，液流过程中增加营养液和空气的接触面来提高营养液的溶存氧含量。但是不同的设施效果有差别。

d. 间歇供氧：利用停止供氧供液时，营养液从种植槽流回贮液池的间歇期间，使根系暴露于空气中吸收氧气，效果较好。

e. 增氧器：在进水口安装增氧器或空气混入器，提高营养液中的溶存氧，现在在较先进的水培设施中已经普遍应用。

f. 压缩空气：在压缩空气泵的作用下，通过气泡器，将空气直接以细微气泡的形式在营养液中扩散，提高营养液中的溶存氧量，效果好。但是，大规模生产中，需要在种植槽上安装大量通气管道和气泡器，施工难度大，成本高，不易应用。

g. 滴灌：采用基质无土栽培方式时，通过控制滴灌流量及时间，使根系得到充足的氧气，效果好。普遍应用于基质栽培中。

h. 搅拌：利用机械方法搅拌营养液让空气溶解于营养液中，空气中氧气在营养液中溶解的效果好。但是，操作困难，易伤根。

i. 反应氧：使用化学增氧剂，将其加入营养液中产生氧气的方法。如日本的过氧化氢缓慢释放装置。效果好，但价格昂贵，生产上很难使用。目前主要用于家庭用小型装置。

(2) 营养液配方中各种离子的浓度　营养液配方是根据植物正常生长发育，获得一定产量所需各种元素的量，配制成不同浓度，经过栽培试验筛选出能够满足植物生长发育的需要的最佳配方。然而，植物根系是以吸收离子的形式利用养分，而且并不是全部吸收，所以营养液中某种离子的浓度过高或过低都会引起作物的生育障碍。因此，在选用营养液的配方和配制营养液的时候，应考虑营养液中各种离子的浓度和总的离子浓度。

1）配方中营养元素用量和比例的确定。在进行营养液配方确定时，除了要先明确种植某种植物时的总浓度之外，还需要根据所要确定的配方对植物的生理平衡性及营养元素之间的化学平衡性来确定配方中各种营养元素的比例和浓度，只有确定了配方中各种营养元素的比例和浓度之后，才可以最终确定一个平衡的营养液配方。

① 营养液配方的生理平衡性。由于植物根系对营养元素的选择性吸收，使得正常生长在均衡的营养液中的植物，一生所吸收的营养元素的数量和比例在一个较小的范围内变动，当营养液中的营养元素的比例和浓度产生变化时，植物吸收的营养元素的数量和比例也会产生一些变化。以被动吸收为主的营养元素形态如 NO_3^--N，可能会在一个较大的范围之内随营养液中浓度的增加而增大。如果营养元素之间的比例和浓度超过了植物正常生长所要求的范围，有可能会影响到其生长。

影响营养液生理平衡的因素主要是营养元素之间的相互作用。营养元素的相互作用分为协助和拮抗两种。协助作用是营养液中一种营养元素的存在可以促进植物对另一种营养元素的吸收；拮抗作用是营养液中某种营养元素的存在会抑制植物对另一种营养元素的吸收，从而使植物对某一种营养元素的吸收量减少以致出现生理失调的症状。

② 利用植物正常生长吸收营养元素的含量和比例来确定营养液配方。用正常生长的植物进行化学分析的结果，来确定营养液配方是否符合植物生理平衡要求。由此确定的营养液配方不仅适用于某一种植物，而且可以适用于某一类植物。不同类的植物之间的营养液配方是不同的，因此，要选择这类植物中有代表性的一种植物来进行营养元素含量和比例的化学分析，从而确定出适用于该类植物的营养液配方。

通过化学分析确定的营养液配方中的各种营养元素的含量和比例并非严格固定的，它们可在 ±30% 的变幅范围内变动，仍可保持其生理平衡，也不会产生生理失调的症状，不影响植物的生长。这是因为植物对营养元素的吸收具有较强的选择性，只要营养液中的各种营养元素的含量和比例不是严重地偏离植物生长所要求的范围，植物基本上能够通过选择吸收其生理所需要的元素数量和比例。

由于种植季节不同，植物本身特性的不同以及供应的营养元素的数量和形态的不同，可能会影响到对植物的化学分析的结果。例如：硝态氮可能会由于外界供给量的增大而出现大量的奢侈吸收，导致植物体内含量大为增加，这样测定的结果可能并不真实地反映植物的实际需要量。

在大规模无土栽培生产中，不能够随意变动原有配方中的营养元素含量，必须经过试验证明对植物生长没有太大的不良影响时才可以大规模地使用。除了确定正常生长的植株体内营养元素的含量之外，还需要掌握整个植物生命周期中吸收消耗的水分数量，这样才可以确定出营养液的总盐分浓度。

二、营养液的配制

进行无土栽培时，首先要选定营养液配方，然后正确地配制营养液。一种均衡的营养液配方，都存在着相互之间可能产生沉淀的盐类，只有采用正确的方法来配制营养液，才可保证营养液中的各种营养元素能有效地供给植物生长所需，才可取得栽培的高产优质。配制方法不正确，不仅会使某些营养元素失效，也可能会影响到营养液中的元素平衡，严重时会伤害植物根系，甚至造成植物死亡。因此，要掌握正确的营养液配制的原则和方法。

营养液配制的原则是确保在配制和使用营养液时不会产生难溶性化合物的沉淀。因为每一种营养液配方中都有相互之间会产生难溶性物质的盐类，例如，任何的均衡营养液中都含有可能产生沉淀的 Ca^{2+}、Fe^{2+}、Mn^{2+}、Mg^{2+} 等阳离子和 SO_4^{2-}、$H_2PO_4^-$ 等阴离子，当这些离子在浓度较高时会互相作用而产生化学沉淀而形成难溶性物质。所以必须充分了解营养液配方中各种化合物的性质及相互之间产生的化学反应过程。如果选用的是均衡的营养液配方且遵循正确的配制方法，最终配制出来的工作营养液是不会有难溶性物质沉淀的。

1. 营养液中元素用量的计算

（1）原料和水中物质纯度计算　由于配制营养液的原料大多使用工业原料或农用肥料，常含有吸湿水和其他杂质，纯度较低，因此，在配制时要按实际含量来计算。

例如，营养液配方中硝酸钾用量为 0.6g/L，而原料硝酸钾的含量为 95%，通过计算得到实际原料硝酸钾的用量应为 0.63g/L。

微量元素化合物常用纯度较高的试剂，而且实际用量较少，可直接称量。

在软水地区，水中的化合物含量较低，只要是符合前述的水质要求，可直接使用。而在硬水地区，在使用前要分析水中的 Ca^{2+}、Mg^{2+} 等离子元素的含量，以便在配制营养液时按照配方中的用量计算实际用量时扣除水中所含的元素含量。在实际操作过程中，根据硬水中所含 Ca^{2+}、Mg^{2+} 数量的多少，将它们从配方中扣除。例如：配方中的 Ca、Mg 分别由 $Ca(NO_3)_2 \cdot 4H_2O$ 和 $MgSO_4 \cdot 7H_2O$ 来提供，这时计算实际的 $Ca(NO_3)_2 \cdot 4H_2O$ 和 $MgSO_4 \cdot 7H_2O$ 的用量要把水中所含的 Ca、Mg 扣除，而此时扣除 Ca 后的 $Ca(NO_3)_2 \cdot 4H_2O$ 中氮用量减少了，这部分减少了的氮可用硝酸（HNO_3）来补充，加入的硝酸不仅起到补充氮源的作用，而且可以中和硬水的碱性。扣除硬水中 Mg 的 $MgSO_4 \cdot 7H_2O$ 实际用量，也相应地减少了硫酸根（SO_4^{2-}）的用量，但由于硬水中含有较大量的硫酸根，所以一般不需要另外补充，如果有必要，可加入少量硫酸（H_2SO_4）来补充。

在中和硬水的碱性时，首先加入硝酸调节 pH，如果加入补充氮源的硝酸后仍未能够使水中的 pH 降低至理想的水平，可适当减少磷源的用量，而用硫酸来加入以中和硬水的碱性。

通过测定硬水中各种微量元素的含量，与营养液配方中的各种微量元素用量比较，在配制营养液时，如果水中的某种微量元素含量较高，可不加入，而不足的则要加入补充。

由于在不同的硬水地区水的硬度不同，含有的各种元素的数量不一样，因此要根据实际的情况来进行营养液配方的调整。

（2）营养液配方所用肥料数量的计算方法　目前有许多营养液配方可供选择，但是，由于化学制品的级别不同（分析纯、化学纯、工业纯和肥料），因而配制营养液所使用的化学药品的成本、纯度和溶解度方面有很大的差异。生产规模较小的无土栽培生产者可购买化肥生产厂家预先混配好的无土栽培专用肥料，使用时只需定量加入即可。无土栽培专用肥料的优点是：大大简化了配制过程和减少了配制时由于称重不准确而引起的错误；缺点是价格较高，并且在栽培过程中很难根据植物生长情况来对营养液配方进行调整。生产规模较大的无土栽培生产者可根据配方或稍微修改的配方来自己配制营养液。

现以荷兰温室园艺研究所 1986 年推荐的番茄营养液配方为例，来说明营养液配方所用肥料数量的计算方法，见表1-8。

表1-8 番茄营养液配方（荷兰）

浓度单位	大量元素						
	硝态氮	铵态氮	磷	硫	钾	钙	镁
	$N\text{-}NO_3^-$	$N\text{-}NH_4^+$	$P\text{-}H_2PO_4^-$	$S\text{-}SO_4^{2-}$	K^+	Ca^{2+}	Mg^{2+}
百万分率	189	7	46.5	120	362	185.4	42.5
mmol/L	13.5	0.5	1.5	3.75	9.25	4.625	1.75

在进行营养液配方计算时，以硝酸钙为唯一钙源，先从钙的量开始计算，再计算其他元素的量。一般是依次计算氮、磷、钾，最后算镁，因为镁与其他元素互不影响。微量元素需要量少，在营养液中的浓度又非常低，因而不重视其总离子浓度，所以每个微量元素均可单独计算，不用考虑对其他元素的影响。

无土栽培营养液配方的计算方法较多，现介绍两种较常用的方法。

1）以百万分率（10^{-6}）为单位配方的计算法。

① 计算所需硝酸钙的用量。按表1-10配方中要求百万分率浓度为185.4的钙（每升水中需要含钙185.4mg）。硝酸钙［$Ca(NO_3)_2\cdot4H_2O$］分子量为236，硝酸钙的纯度一般为90%，如果把结晶水作为杂质，则$Ca(NO_3)_2$的纯度为62.5%，236mg $Ca(NO_3)_2\cdot4H_2O$或164mg $Ca(NO_3)_2$中有40mg的钙。

根据公式：$W=(CM/A)\times(100/P)$可以求出钙百万分率浓度为185.4时需要的硝酸钙的重量。

式中 W——每升水中所需某化合物的毫克数；

A——某元素的原子量；

M——所用化合物的分子量；

C——营养液中某元素的百万分率浓度值；

P——化合物的百分纯度数值。

已知$C=185.4$，$M=164$，$A=40$，$P=62.5$，则：$W=(185.4\times164/40)\times(100/62.5)=1216mg$，即用1216mg硝酸钙［$Ca(NO_3)_2\cdot4H_2O$］溶于1L水中，则溶液中钙的百万分率浓度为185.4。

② 计算硝酸钙中同时提供的氮的浓度数。因为硝酸钙含有钙元素（Ca）和氮元素（N），当钙满足需要时，要算出加入氮的百万分率浓度值。当Ca百万分率浓度等于185.4时，$Ca(NO_3)_2\cdot4H_2O$同时提供的氮的百万分率浓度，可由下列公式来计算。

$$C_2=(A_2/A_1)\cdot C_1$$

式中 A_1——化合物中第一元素的总原子量；

A_2——第二元素的总原子量；

C_1——化合物中第一元素在营养液中的百万分率浓度值。

已知$A_1=40$，$A_2=14\times2=28$，$C_1=185.4$，所以$C_2=(28/40)\times185.4=130$

即硝酸钙提供的氮（硝态氮）百万分率浓度为130。

③ 计算所需硝酸铵的用量。营养液中需要铵态氮（$N—NH_4^+$）百万分率浓度为7，一般由硝酸铵（NH_4NO_3）提供，根据以下公式，可计算出当$N—NH_4^+$百万分率浓度等于7时所

需 NH_4NO_3 的量。

$$W=(CM/A)\times(100/P)$$

已知 $C=7$，$M=80$，$A=14$，$P=95$，则：$W=(7\times80)/14\times100/95=42.1\text{mg}$

由公式 $C_2=A_2/A_1\cdot C_1$，可计算出当 N—NH_4^+ 百万分率浓度等于 7 时，$C_2=7$（即 NH_4NO_3 提供的硝态氮的百万分率浓度）。

④ 计算硝酸钾的用量。N—NO_3^- 的总需求量百万分率浓度为 189，现在已有百万分率浓度为 130[$Ca(NO_3)_2\cdot4H_2O$ 提供的 N—NO_3^-] +7(NH_4NO_3 提供的 N—NO_3^-) =137，还需补充氮的百万分率浓度为 189 −137 =52。百万分率浓度差为 52 的硝态氮可用硝酸钾（KNO_3）来补充。

根据公式 $W=(CM/A)\times(100/P)$，可计算出提供百万分率浓度为 52 的氮（硝态氮）时所需硝酸钾（KNO_3）的用量。

已知 $C=52$，$M=101$，$A=14$，$P=95$，代入得：$W=(52\times101)/14\times100/95=395\text{mg}$

计算出 395mg 的 KNO_3 所供钾（K）百万分率的浓度，代入公式得：$C_2=39/14\times52=145$

配方中需要的钾百万分率浓度为 362，现已有 145，还需要 362 −145 =217 的钾。

⑤ 计算所需的磷酸二氢钾和硫酸钾的用量。如果仅用磷酸二氢钾（KH_2PO_4）来补充百万分率浓度为 217 的钾时，钾足够了，但磷的量超过需要。因此，现在首先计算出提供百万分率浓度为 46.5 的磷（P）所需的 KH_2PO_4 的量，即：

$$W=(CM/A)\times(100/P)=(46.5\times136)/31\times100/98=208\text{mg}$$

由 208mg 的 KH_2PO_4 所供应钾百万分率浓度值，代入公式：

$$C_2=A_2/A_1\cdot C_1=39/31\times46.5=58.5$$

前面已算出需要钾百万分率浓度为 217，现在 208mg 的 KH_2PO_4 已有百万分率浓度为 58.5 钾，还差百万分率浓度为 217 −58.5 =158.5 的钾，由硫酸钾（K_2SO_4）补充提供，根据公式：

$$W=(CM/A)\times(100/P)=(158.5\times174)/(2\times39)\times100/90=393\text{mg}$$

即补充 393mg 的 K_2SO_4。

⑥ 计算所需的硫酸镁的用量。营养液中镁的供应通常都由硫酸镁（$MgSO_4$）提供，按配方要求，溶液中百万分率浓度为 42.5 的镁所需 $MgSO_4$ 的用量为：

$$W=(CM/A)\times(100/P)=(42.5\times120/24.3)\times100/45=466\text{mg}$$

由 K_2SO_4 和 $MgSO_4$ 所提供的硫的总量百万分率浓度值为 120，符合配方要求。但由于植物对硫的多少反应不十分敏感，因此，硫的用量一般可以不计算。

⑦ 计算所需的微量元素的用量。微量元素的计算比较简单，由于微量元素的需要量较少，因此，各微量元素均可单独计算。用公式 $W=(CM/A)\times(100/P)$，即可算出其化合物的用量。

螯合铁 $W=(0.84\times421/56)\times(100/98)=6.44\text{mg}$

硫酸锰 $W=(0.05\times1691/55)\times(100/98)=1.57\text{mg}$

硫酸锌 $W=(0.33\times288/65.4)\times(100/99)=1.47\text{mg}$

四硼酸钠 $W=(0.27\times381/10.8\times4)\times(100/100)=2.38\text{mg}$

硫酸铜 $W=(0.05\times250/64)\times(100/99)=0.20\text{mg}$

钼酸钠 $W=(0.05\times242/96)\times(100/99)=0.13\text{mg}$

根据以上计算结果，可以得出番茄营养液配方每升水中应加入肥料的量为：硝酸钙［$Ca(NO_3)_2 \cdot 4H_2O$］1216mg，硝酸钾（KNO_3）395mg，硝酸铵（NH_4NO_3）42.1mg，磷酸二氢钾（KH_2PO_4）208mg，硫酸钾（K_2SO_4）393mg，硫酸镁（$MgSO_4 \cdot 7H_2O$）466mg，螯合铁（EDTA FeNa·$3H_2O$）6.44mg，硫酸锰（$MnSO_4$）1.57mg，硫酸锌（$ZnSO_4$）1.47mg，四硼酸钠（$Na_2B_4O_7 \cdot 10H_2O$）2.38mg，硫酸铜（$CuSO_4$）0.20 mg，钼酸钠（$Na_2MoO_4 \cdot 2H_2O$）0.13mg。

2）毫摩尔（mmol/L）计算法。仍以荷兰番茄营养液配方为例，用化合物摩尔平衡法，得出表1-9。

表1-9 番茄营养液毫摩尔法配方的化合物组配平衡

化合物	mmol/L	$N\text{-}NO_3^-$	$N\text{-}NH_4^+$	P	S	K	Ca	Mg
		13.5	0.5	1.5	3.75	9.25	4.625	1.75
硝酸钙	4.625	9.25					4.625	
硝酸钾	3.75	3.75				3.75		
硝酸铵	0.5	0.5	0.5					
磷酸二氢钾	1.5			1.5		1.5		
硫酸钾	2				2	4		
硫酸镁	1.75				1.75			1.75

用化合物的毫摩尔数乘以分子量，即得每升溶液中所需化合物的毫克数。但是由于化肥中通常含有杂质，故应先除以百分纯度，然后乘以毫摩尔数，现计算如下。

① 硝酸钙的用量计算：$Ca(NO_3)_2 \cdot 4H_2O$ 的分子量为 236，其中 $Ca(NO_3)_2$ 的纯度为 62.5%，分子量为 164，则：$164 \div 0.625 \times 4.625 = 1214$（mg/L）

② 硝酸钾的用量计算：$101 \div 0.95 \times 3.75 = 399$（mg/L）

③ 硝酸铵的用量计算：$80 \div 0.95 \times 0.5 = 42.1$（mg/L）

④ 磷酸二氢钾的用量计算：$136 \div 0.98 \times 1.5 = 208$（mg/L）

⑤ 硫酸钾的用量计算：$174 \div 0.90 \times 2 = 387$（mg/L）

⑥ 硫酸镁的用量计算：$120 \div 0.45 \times 1.75 = 467$（mg/L）

2. 母液的配制

（1）浓缩液的种类　在配制营养液时，有一些化合物同时加入在水中溶解会产生沉淀，所以，不能将配方中的所有化合物放置在一起溶解，而应将配方中的各种化合物进行分类，把相互之间不会产生沉淀的化合物放在一起溶解。一般将一个配方的各种化合物分为不产生沉淀的三类，用这三类化合物配制的浓缩液分别称为浓缩 A 液、浓缩 B 液和浓缩 C 液（或称为 A 母液、B 母液和 C 母液）。

在配制浓缩营养液（母液）时，要根据配方中各种化合物的用量及其溶解度来确定其浓缩倍数。因为化合物过饱和会易析出，所以浓缩倍数不能过高，而且浓缩倍数过高时，化合物溶解较慢，操作不方便。一般以方便操作的整数倍数为浓缩倍数，如大量元素一般可配制成浓缩 100 倍液、200 倍液、250 倍液或 500 倍液，而微量元素由于其用量少，可配制成 1000 或 2000 倍液。

浓缩 A 液（A 母液）是以钙盐为中心，不与钙盐产生沉淀的化合物［包括 KNO_3、

$Ca(NO_3)_2$] 均可放置在一起溶解，浓缩成100~200倍。

浓缩B液（B母液）以磷酸盐为中心，不与磷酸盐产生沉淀的化合物（包括$MgSO_4$、$NH_4H_2PO_4$）可与磷酸盐放置在一起溶解，浓缩成100~200倍。

浓缩C液（C母液）是将微量元素和铁（起稳定微量元素有效性的作用）的络合物，放在一起溶解，可将其浓缩到1000~3000倍。

（2）配制浓缩营养液（贮备液）的步骤（表1-10）

表1-10　华南农业大学叶菜类配方用量

分　类	化合物	用量/(mg/L)	浓缩250倍用量/(g/L)	浓缩500倍用量/(g/L)
A液	$Ca(NO_3)_2 \cdot 4H_2O$	472	118	236
	KNO_3	202	50.5	101
	NH_4NO_3	80	20	40
B液	KH_2PO_4	100	25	50
	K_2SO_4	174	43.5	87
	$MgSO_4 \cdot 7H_2O$	246	61.5	123
分　类	化合物	用量/(mg/L)	浓缩1000倍用量/(g/L)	
C液	$FeSO_4 \cdot 7H_2O$	27.8	27.8	
	EDTA-2Na	37.2	37.2	
	H_3BO_3	2.86	2.86	
	$MnSO_4 \cdot 4H_2O$	2.13	2.13	
	$ZnSO_4 \cdot 7H_2O$	0.22	0.22	
	$CuSO_4 \cdot 5H_2O$	0.08	0.08	
	$(NH_4)_6Mo_7O_{24} \cdot 4H_2O$	0.02	0.02	

1）按照要配制的浓缩营养液的体积和浓缩倍数计算出配方中各种化合物的用量后，依次准确称取A母液和B母液中的各种化合物，将称量后的各种化合物分别放在各自的容器中，当加入的一种肥料充分搅拌溶解后，再加入下一种肥料，一种一种地全部溶解后再加水至所需配制的体积，搅拌均匀即可。

2）在配制C液时，先量取所需配制体积的80%左右的清水，分为两份，分别放入两个塑料容器中，称取$FeSO_4 \cdot 7H_2O$和EDTA-2Na分别加入这两个容器中，搅拌溶解后，将溶有$FeSO_4 \cdot 7H_2O$的溶液缓慢倒入EDTA-2Na溶液中，边倒边搅拌。然后准确称取C母液所需的其他各种微量元素化合物，分别放在体积较小的塑料容器中溶解，分别缓慢地将溶解的各种微量元素化合物倒入已溶解有$FeSO_4 \cdot 7H_2O$和EDTA-2Na的溶液中，边倒边搅拌，最后加清水至所需配制的体积，搅拌均匀即可。

3）为了防止长时间贮存浓缩营养液产生沉淀，可加入1mol/LH_2SO_4或HNO_3酸化至溶液的pH为3~4左右。

4）将配制好的浓缩母液置于阴凉避光处保存。浓缩C液最好用深色或棕色容器贮存。

5）酸液配制，为调节母液酸度需配制浓度为10%的酸液，需要单独存放。

3. 工作液的配制

在无土栽培实际生产应用上，工作液配制方法有浓缩营养液（母液）稀释法和直接称量配制法两种。

（1）浓缩营养液（母液）稀释法　在配制营养液时，首先要把相互之间不会产生沉淀的化合物分别配制成浓缩营养液，然后根据浓缩营养液的浓缩倍数稀释成工作营养液。

浓缩营养液（母液）的配制过程如下：

1）将浓缩营养液（母液）稀释成工作营养液时，应在盛装工作营养液的容器或种植系统中放入大约需要配制体积的60%～70%的清水。

2）计算并量取配制所需的浓缩A液的用量，缓慢倒入容器或种植系统中，开启水泵循环流动或搅拌使其均匀。

3）计算并量取浓缩B液所需用量，用较大量的清水将浓缩B液稀释后，缓慢地将其倒入容器或种植系统中的清水入口处，让水泵将液体循环或搅拌均匀。

4）最后计算并量取浓缩C液，按照浓缩B液的加入方法加入容器或种植系统中，经水泵循环流动或搅拌均匀，加水至配制所需的体积，即完成了工作营养液的配制。

（2）直接称量配制法　在大规模生产中，因为需要的工作营养液的总量大，如果配制浓缩营养液后再经稀释来配制工作营养液，必需配制大量的浓缩营养液，这将给实际操作带来很大的不便，因此，常常称取各种营养化合物来直接配制工作营养液。

工作营养液的直接配制过程如下：

1）首先在种植系统中放入所需配制营养液总体积的60%～70%的清水，然后计算和准确称取钙盐及不与钙盐产生沉淀的各种盐类化合物（浓缩A液中的各种化合物），放在一个容器中溶解后，缓慢倒入种植系统中，开启水泵循环流动大约30min，使溶液均匀。

2）计算并准确称取磷酸盐及不与磷酸盐产生沉淀的其他化合物（浓缩B液中的各种化合物），放入另一个容器中，充分溶解后，用较大量清水稀释，缓慢地加入种植系统的水源入口处，开动水泵循环流动。

3）取两个容器分别称取铁盐和络合剂，倒入清水溶解，此时铁盐和络合剂的浓度为工作营养液中浓度的1000～2000倍液即可，然后，将溶解了的铁盐溶液缓慢倒入装有络合剂的容器中，边加入边搅拌。

4）另取一些小容器，分别计算并准确称取除了铁盐和络合剂之外的其他微量元素化合物置于小容器中，分别加入清水均匀溶解。

5）将溶解好的其他微量元素液缓慢倒入已经混合了铁盐和络合剂的容器中，边加边搅拌，然后，将已溶解了所有微量元素化合物的溶液用较大量清水稀释，从种植系统的水源入口处缓慢倒入种植系统的贮液池中，开启水泵循环，使整个种植系统的营养液浓度均匀。

以上两种配制工作营养液的方法可根据生产上的操作方便与否来进行，有时可将这两种方法配合使用。例如：配制工作营养液的大量营养元素时采用直接称量配制法，而微量营养元素的加入可采用先配制浓缩营养液再稀释为工作营养液的方法。

（3）配制工作液的注意事项

1）营养液原料的计算过程和最后结果要反复核对，确保准确无误。

2）称取各种原料时，要反复核对称取数量的准确，并保证所称取的原料名称和实物相符。特别是在称取外观上相似的化合物时更应注意。已经称量的各种原料在分别称好之后要进行最后一次复核，以确定配制营养液的各种原料没有错漏。

3）为了防止母液产生沉淀，可加硝酸或硫酸将母液酸化至pH为3～4，即可长时间贮存，同时应将配制好的浓缩母液置于阴凉避光处保存，C 母液最好用深色或棕色容器避光贮存。

4）建立严格的记录档案，将配制的各种原料用量、配制日期和配制人员详细记录下来，以备查验。

5）在直接称量营养元素化合物配制工作营养液时，在贮液池中加入钙盐及不与钙盐产生沉淀的盐类之后，应在水泵循环大约 30min 或更长时间之后再加入磷酸盐及不与磷酸盐产生沉淀的其他化合物。注意在加入大量营养元素之后，不要立即加入微量元素化合物。

6）在配制工作营养液时，如果发现有少量的沉淀产生，就应延长水泵循环流动的时间直到产生的沉淀溶解为止。如果配制过程中加入化合物的速度过快，产生局部浓度过高而出现大量沉淀，并且通过较长时间开启水泵循环之后仍不能使这些沉淀溶解时，应重新配制营养液。

三、营养液的使用与管理

1. 营养液的使用

在无土栽培过程中，根据栽培形式不同营养液的使用可分为循环使用和开放式使用两种。循环使用在大多数的水培中应用，营养液从贮液池中由水泵驱动，流入栽培床，又经栽培床、回液管道返回到贮液池。而开放式使用主要在大多数的基质培中应用，营养液灌溉到栽培床后，多余的营养液不回收利用。

在循环水培中，植物的根系大部分生长在营养液中，并吸收其中的水分、养分和氧气，从而使营养液浓度、成分、pH、溶存氧等不断变化。同时根系也分泌有机物于营养液中，并且少量衰老的残根脱落于营养液中，致使微生物会在其中大量繁殖，外界的温度也时刻影响着液温。因此，必须对上述诸因素的影响进行监测，并采取措施加以调整。对于开放式供液的营养液，供应给栽培床上的总是新配成的营养液，上述各种因素对营养液浓度影响相对较小，所以，不用对营养液浓度进行大的调整。

2. 营养液的管理

营养液管理主要是指循环式水培的营养液管理。营养液管理主要应包括营养液的浓度、酸碱度（pH）、溶存氧和营养液温的管理这四个方面。

（1）营养液的浓度调控　对于循环供液的无土栽培系统，营养液使用一段时间后，由于植物对养分的吸收和水分蒸腾，营养液浓度有可能发生改变。一般应用电导仪定期进行测定，如果电导率升高表明营养液浓度增加，应及时补充水分，直到所需浓度为止；相反，电导率下降，表明营养液浓度降低，应及时补充肥料。

水分的补充视植物蒸腾耗水的多少来确定。植株较大、干燥的气候条件、天气炎热的情况下，耗水量多，此时需补充的水分也较多。补充水分时，可在贮液池中划好刻度，将水泵停止供液一段时间，让种植槽中过多的营养液全部流至贮液池之后，如发现液位降低到一定的程度就必须补充水分，补充水位至原来的液位水平。

营养液浓度在植物吸收降低到一定的水平时，就要补充养分。而养分的补充与否以及补充数量的多少，要根据在种植系统中补充了水分之后所测得的营养液浓度来确定。营养液的浓度以其总盐分浓度即电导率来表示。除了严格的科学试验之外，在生产中一般不进行营养液中单一营养元素含量的测定，而且在养分的补充上，也不是单独补充某种营养元素，在补充养分时要根据所用的营养液配方全面补充。至于所用的营养液浓度降低至什么样的水平才需要进行养分的补充，这要根据所选用的营养液配方不同和种植作物种类及栽培技术不同来具体确定。

不同作物对营养液的浓度要求不同，这与作物的耐肥性有关。一般情况下，茄果类和瓜果类要求的营养液浓度要比叶菜的高。但每一种作物都有一个适宜的浓度范围，绝大多数作物的适宜浓度范围为0.5～3.0ms/cm，最高不超过4.0ms/cm。

在不同的生长时期，植物对营养液浓度的要求也不一样。一般而言，苗期植株小，浓度可低一些，生长盛期植株大，吸收量多，浓度应较高些。以番茄为例，在开花之前的苗期，适宜的浓度为0.8～1.0ms/cm，开花至第一穗果实结果时期的适宜浓度为1.0～1.5ms/cm，而在结果盛期的适宜浓度为1.5～2.2ms/cm。在结果期的浓度可调整到2.5～3.5ms/cm。

（2）营养液酸碱度的调节　除了在配制营养液时需调整酸碱度以外，循环系统的营养液在使用过程中，仍需不断测定酸碱度的变化，并且及时调整。一般情况下1周左右测一次营养液酸碱度。

如果营养液的pH上升或下降到作物最适的pH范围之外，就要用稀酸或稀碱溶液来中和进行调节。当营养液pH上升时，可用稀硫酸（H_2SO_4）或稀硝酸（HNO_3）溶液来中和。当营养液的pH下降时，可用氢氧化钠（NaOH）或氢氧化钾（KOH）稀碱溶液来中和。测定及调整方法，同配制营养液时调整酸碱度的方法相同。

（3）营养液溶存氧的调控　植物根系氧的来源有两种：一是通过吸收溶解于营养液中的溶解氧来获得；二是通过存在于植物体内的氧气的输导组织由地上部向根系的输送来获得。通过吸收溶解于营养液的溶解氧来满足生长的需要是无土栽培植物最主要的氧的来源，如果不能够使营养液中的溶解氧提高到作物正常生长所需的合适的水平，则植物根系就会表现出缺氧而影响到根系对养分的吸收以及根系和地上部的生长。

1）植物对溶存氧浓度的要求。不同的作物种类对营养液中溶存氧浓度的要求不一样，耐淹水的或沼泽性的植物，对营养液中的溶存氧含量要求较低；而不耐淹的旱地作物，对于营养液中的溶存氧含量的要求较高。而且同一植物的一天中，在白天和夜间对营养液中的溶存氧的消耗量也不尽相同，晴天时，温度越高，日照强度越大，植物对营养液中溶存氧的消耗越多；反之，在阴天，温度低或日照强度小时，植物对营养液中的溶存氧的消耗越少。一般地，在营养液栽培中维持溶存氧的浓度在4～5mgO_2/L的水平以上（相当于在15～27℃时营养液中溶存氧的浓度维持在饱和溶解度的50%左右），大多数的植物都能够正常生长。

2）营养液溶存氧的补充。营养液溶存氧的补充实质上就是营养液液相的界面与空气气相界面之间的破坏而让空气进入营养液的过程。在一定的温度和压力条件下，液-气界面被破坏得越剧烈，进入营养液的空气数量就越多，溶于营养液的氧气也越多。

补充营养液溶存氧的途径主要是来源于空气向营养液的自然扩散和人工增氧两种。在自然条件下，虽然空气中的氧气会通过扩散作用缓慢地溶入营养液，但远不能满足根系对氧的需求，所以需进行人工增氧。

目前，人工增氧的方法和途径有以下几种：

① 用压缩空气通过起泡器向营养液内扩散微细气泡。此法在小盆钵水培上使用效果较好。

② 将营养液进行循环流动。此法是生产中普遍采用的方法，效果很好。

③ 露根增氧法。在水培中可将植物根系上部分露在空气中，而下部根系浸在营养液中，上部分根系在空气相对湿度达饱和的空气中，形成很多根毛，可直接吸收空气中的氧气。

④ 控制营养液温度。因为营养液温度与溶氧量成反比，在植物适应的温度范围内，尽量控制营养液温度，避免营养液温度过高。

⑤ 经常清除营养液内残根落叶，以减少微生物在分解残根落叶过程中对氧气的消耗。

3）营养液的更换。循环使用的营养液中物质积累的来源有下列四个方面：

① 营养液配方所带的非营养成分（$CaCl_2$ 中的 Cl、$NaNO_3$ 中的 Na 等）。

② 使用硬水作为水源时所带的盐分。

③ 中和生理酸碱性所产生的盐分。

④ 植物根系的分泌物和脱落物以及由此引起的微生物的分解产物等。

更换营养液的原因：由于营养液中积累过多影响作物生长的物质，达到或超过一定程度时就会有碍作物正常生长；严重时可能会影响到营养液中养分的平衡、病原物的繁衍和累积、根系的生长甚至使植株死亡。而且这些物质在营养液中的累积也会影响到用电导率仪测定营养液浓度的准确性。

需要更换营养液的时间调控有以下几方面：

① 考察营养液电导率的变化情况。如测得的电导率很高，但植物生长缓慢，出现缺肥的症状，这就有可能在营养液中积累了较多的非营养成分，就要马上更换。

② 通过测定营养液的总盐分浓度或主要营养元素的含量来判断，用化学分析测定营养液中大量营养元素 N、P、K 的含量是最准确的。如果这些大量营养元素含量很低，而营养液的电导率又很高，这说明此时营养液中含有非营养成分的盐类较多，营养液需要更换。

③ 如果在营养液中积累了大量的病菌而致使种植的作物已经开始发病，而此时的病害已难以用农药来进行控制时，就需要马上更换营养液，更换时要对整个种植系统进行彻底的清洗和消毒。

④ 如果没有进行大量营养元素分析的仪器设备等条件，可以根据经验的方法来确定营养液的更换时间。种植植物的营养液要尽可能选用较为平衡的营养液配方，这样在种植过程中就不需要经常性地用稀酸或碱来中和。

在软水地区，生长期较长的作物（每茬 3～6 个月左右，如番茄、甜瓜、黄瓜、辣椒等）在整个生长期中可以不需要更换营养液，水分和养分消耗之后只要补充即可。当然，如果病菌大量累积而引起作物发病且难以用农药控制的情况除外。而生长期较短的作物（每茬 1～2 个月左右，如叶菜类），可连续种植 3～4 茬才更换一次营养液，在种植的前茬作物收获后，将种植系统中的残根及其他杂物清理掉之后，再补充养分和水分即可种植下一茬作物。这样可以节约养分和水分的用量。

如果用硬水配制营养液，经常需要调整酸碱度，并在生长旺盛时期每个月更换一次。如果水质的硬度偏高，更换的时间要缩短，这要根据实际情况来决定。如果一定要使用硬度较高的水源来进行无土栽培，管理人员必须有较高的知识水平和实践经验，并要求配备有电导仪和酸度计。

⑤ 营养液混浊，需要更换营养液。营养液的杀菌管理：无土栽培系统更换或排出的废液，如果经过杀菌和除菌、除去有害物质、调整离子组成后，可以重新循环利用，也可以回收用作肥料。

营养液杀菌和除菌的方法有紫外线照射、高温加热、砂石过滤器过滤、药剂杀菌等。除去有害物质可以采用砂石过滤器过滤或膜分离法。

（4）营养液液温的管理　植物根系与营养液相互接触，因此，营养液温度应该保持接近根系生长发育适温为宜。如果温度过高或过低会影响根系的吸收代谢，妨碍植物生长发育。一般来说，营养液的最高温度不应超过28℃，营养液的温度最低不应低于15℃。大多数植物的最适营养液的温度为18～20℃。

我国目前进行的无土栽培生产中，大多采用一些较为简易的设施来进行，没有温度的调控设备，难以人为地控制营养液的温度。但如果利用设施的结构和材料以及增设一些辅助的设备（增温或降温装置），可在一定程度上来控制营养液的温度。利用泡沫塑料或水泥砖砌等保温隔热性能较好的材料来建造种植槽，冬季温度较低时可起到营养液的保温作用，而在夏季高温时可以隔绝太阳光的直射而使营养液温度不至于过高。同时，不设地上贮液池和增大每株植物平均占有的营养液量，利用水这种热容量较大的物质来阻止液温的急剧变化。

营养液在贮藏或循环时，不易在阳光下直射。因为阳光直射容易促使营养液中的铁产生沉淀。另外，阳光下的营养液表面会产生藻类，与栽培作物竞争养分和氧气。

【案例分析】

张老师每年都带领学生们进行现代化温室中蔬菜无土栽培的管理，今年春季，蔬菜的幼苗个别植株出现了萎蔫现象，他立即带领实习学生进行调查。请你分析一下原因，并进行解决。

分析：蔬菜幼苗出现萎蔫的原因有多种，一种是前期消毒灭菌不彻底，发生了病害；另一种是在配制营养液时，采用自来水未做去氯处理；还有调节 pH 时，可能将大量的强酸或强碱送入培养液；在植株调整时，滴管头偏离位置，植株不能及时获得营养和水分；此外，虽供液正常，但水压过低，供液量少，也会造成作物萎蔫。

解决的方法：学生们根据以上分析原因一项一项排除，最后确定是学生在调整植株时，将滴管头偏离位置，植株不能及时获得营养和水分造成的萎蔫。首先让学生们将滴管头调整好，立即供给营养液，之后按照幼苗的正常管理进行，一段时间后，植株恢复正常生长。

【拓展提高】

溶　度　积

在溶液中是否会形成难溶性化合物要根据溶度积法则来确定。

溶度积法则是指存在于溶液中的两种能够相互作用形成难溶性化合物的阴阳离子，当其浓度（以 mmol 为单位）的乘积大于这种难溶性化合物的溶度积常数（Sp）时，就会产生沉淀，否则，就没有沉淀的产生。难溶性化合物的溶度积常数（Sp）可在有关的化学手册中查得。溶度积常数可表示为：

$$Sp\text{-}A_xB_y = [A^{m+}]x \times [B^{n-}]y$$

式中　Sp——溶度积常数；

A——阳离子的摩尔数（mol）；

B——阴离子的摩尔数（mol）；

x、y——难溶性化合物中阳离子和阴离子的数目；

m、n——阳离子和阴离子的价数；

A_xB_y——难溶性化合物的分子式。

例如，$Ca_3(PO_4)_2$ 在水中会解离为 Ca^{2+} 和 PO_4^{3-}，则 $Ca_3(PO_4)_2$ 的溶度积常数为：

$$[Ca^{2+}]3 \times [PO_4^{3-}]2 = Sp - Ca_3(PO_4)_2 = 2 \times 10^{-29}$$

根据营养液配方中的离子浓度，利用溶度积法则即可很方便地计算出该配方是否存在着产生难溶性化合物沉淀的可能。

任何平衡的营养液配方中都存在着以下产生沉淀的可能：Ca^{2+} 与 SO_4^{2-} 相互作用产生 $CaSO_4$ 沉淀；Ca^{2+} 与磷酸根（PO_4^{3-} 或 HPO_4^{2-}）产生 $Ca_3(PO_4)_2$ 或 $CaHPO_4$ 沉淀；Fe^{3+} 与 PO_4^{3-} 产生 $FePO_4$ 沉淀以及 Ca^{2+}、Mg^{2+} 与 OH^- 产生 $Ca(OH)_2$ 和 $Mg(OH)_2$ 沉淀。这些沉淀的产生与阴阳离子的浓度有关，而有些阴离子如磷酸根、氢氧根的浓度高低与溶液的酸碱度又有很大的关系。因此，要避免在营养液中产生难溶性化合物就要采取适当降低阴阳离子浓度的方法来解决，或者通过适当降低溶液的 pH 使得某些阴离子的浓度降低的方法。

【任务小结】

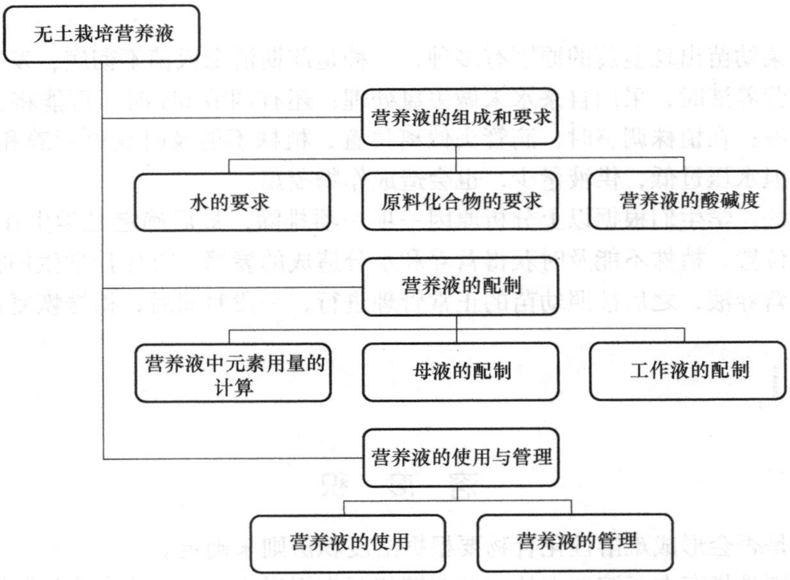

任务4　无土栽培固体基质

【任务情景】

年初大连某花卉公司要购买一批无土栽培基质，预计春季进行花卉扦插繁殖和播种繁殖，并对观叶盆花进行换盆，现在要求上报基质种类及数量。请设法完成此项任务。

【任务分析】

要完成此任务，首先要了解无土栽培固体基质的种类和性质，其次要掌握不同花卉的特性，针对不同的花卉选用不同的基质，最后要了解花卉生产的数量、基质的使用量等。完成该任务需要有设计生产方案的能力、花卉基质培的生产管理能力以及熟练掌握花卉的生物学特性和生态学习性的能力等。

【知识链接】

一、固体基质的认知

无土栽培分为固体基质栽培和非固体基质栽培，固体基质栽培是用固体基质（介质）固定植物根系，并通过基质吸收营养液和氧气的一种无土栽培方式。固体基质是根系生长的场所，固体基质种类很多，其性质和作用也各不相同，无土栽培生产中固体基质的使用非常普遍。

1. 固体基质的作用和要求

（1）固体基质的作用

1）锚定支撑植物的作用。这是固体基质最主要的一个作用，他使植物能够保持直立而不至于倾倒，同时给植物根系提供一个良好的生长环境。

2）保持水分的作用。固体基质都有一定的保水持水能力，不同基质的保水持水能力有所差异。例如：石砾只能吸持相当于其体积10%~15%的水分；泥炭可吸持相当于其本身重量10倍以上的水分；珍珠岩也可以吸持相当于本身重量3~4倍的水分。

3）透气作用。固体基质中透气和持水两者之间存在着对立统一的关系，即固体基质持水能力强时，透气能力就弱，反之亦然。植物根系生长过程中既需要水分供应，又需要充足的氧气供应，良好的固体基质必须较好地协调空气和水分两者之间的关系。

4）缓冲作用。它是指当植物根系生长过程中根系本身新陈代谢产生的一些有害物质或外加物质可能会危害到植物正常生长时，固体基质会通过其本身的一些理化性质将这些危害减轻甚至化解的能力。固体基质的缓冲作用能够给植物根系的生长提供一个较为稳定环境。但不是所有的固体基质都具有缓冲作用，如珍珠岩不具有缓冲作用，而具有物理化学吸收能力的固体基质都有缓冲作用，如泥炭、蛭石等。

（2）固体基质的要求

1）要有一定的透水性和保水性。基质的透水性和保水性是由基质颗粒的大小、性质、形状、孔隙度等因素决定的。

2）要求固体基质无毒或不含有毒物质。钠离子、钙离子的含量也不能过高。

3）要有稳定的化学性质。基质中加入营养液和水后，基质的pH要稳定，其化学性质也要稳定不变。

4）要求取材容易，价格便宜。

2. 固体基质的种类和性质

（1）固体基质的种类　无土栽培基质的种类较多，通常依据不同其分类方式也不同，一般按照以下几种方式进行分类：

1）按来源分类：分为天然基质和人工合成基质两类。如沙、石砾等为天然基质，而树皮、泡沫、秸秆等则为人工合成基质。

2）按组成来分类：分为无机基质和有机基质两类。沙、泡沫、岩棉、蛭石和珍珠岩等都是以无机物组成的，为无机基质；而泥炭、树皮、菇渣、砻糠灰等是以有机残体组成的，为有机基质。

3）按性质来分类：可以分为活性基质和惰性基质两类。活性基质是指基质具有阳离子代换量、可吸附阳离子的或基质本身能够供应养分的基质。如泥炭、蛭石、菇渣等；惰性基质是指基质本身不起供应养分的作用或不具有阳离子代换量、难以吸附阳离子的基质。如沙、石砾、岩棉、泡沫等。

4）按组分的不同来分类：可分为单一基质和复合基质两类。单一基质是指使用的基质是以一种基质作为植物的生长介质的，如沙培、砾培、岩棉培使用的沙、石砾和岩棉等；复合基质是指由两种或两种以上的单一基质按一定的比例混合制成的基质。如泥炭—珍珠岩混合基质。

（2）常见固体基质种类及性能

1）河沙。河沙的用途十分广泛，可以进行扦插、播种或移栽，河沙的通透性比较好，而且完全可以起到支撑作用，并且来源广泛，价格便宜。

使用时，根据用途不同选用适合粒径大小的河沙，如太粗易造成基质中通气过盛、保水能力较低，植株易缺水，营养液的管理麻烦；而如果河沙过细，则易在沙中积水，造成植株根际的涝害。

值得注意的是，海沙不适合作为无土栽培的固体基质来使用，因为海沙含较多氯化钠，如果要使用，需要进行处理，应用大量清水冲洗干净后才可使用。

用沙作为基质的主要优点在于其来源广泛，价格低廉，作物生长良好，但由于沙的容重大，给搬运、消毒和更换等管理过程上带来了很大的不便。

2）泥炭。泥炭是生产中最常用的栽培基质，也是被公认为最好的一种无土栽培基质。泥炭土含有大量的有机质，通透性好，质地轻，无病虫害孢子和虫卵，是优良的盆栽花卉用土。泥炭土在加肥后可以单独盆栽，也可以和珍珠岩、蛭石、河沙等配合使用。

用于园艺栽培的泥炭分为三种类型：苔藓泥炭、草炭和泥炭腐植酸。在国外所说的泥炭常指苔藓泥炭，而我国各地叫法有些混乱，草炭和苔藓泥炭叫法相互混淆。苔藓泥炭是泥炭类型中分解程度最低的，颜色从浅棕色到褐色，容重轻（$100kg/m^3$），有很高的吸水性，酸度很高（pH 3.8～4.3）。苔藓泥炭一般采用压缩包装，散开后体积比压缩包装体积大50%～100%。

草炭主要是由芦苇、莎草、禾本科草以及蒲苇等植物形成。我国大部分泥炭资源为草炭，广泛应用于园林土壤改良和植物生产。

泥炭腐殖酸是草炭或者苔藓泥炭进一步分解的产物，颜色深褐色到黑色，持水能力低。

苔藓泥炭较之于草炭，保水透气能力更好，在使用过程中分解速度慢，无杂草种子和泥土。因我国苔藓泥炭资源少，所以大部分苔藓泥炭介质都是从北欧或者加拿大北部进口。

3）石砾。以花岗石为最好。一般颗粒直径不小于1.6mm，大颗粒直径不大于2cm，此外，应有总体积的一半的石砾直径为13mm左右。含有石灰质的石砾不能作为培育基质。

石砾的容重大（1.5～1.8g/cm^3），搬运、清理和消毒等很麻烦，且需建一个坚固的水槽来进行营养液的循环。因此，石砾栽培在现代无土栽培中用得越来越少。

4）蛭石。蛭石是硅酸盐材料，在800～1100℃高温下膨胀而成。分不同型号，建材商店有售。配在培养土中使用容易破碎变致密，使通气和排水性能变差，最好不用作长期盆栽的材料。可用作扦插基质，应选颗粒较大的，使用不能超过一年。经高温膨胀后的蛭石其体积为原矿物的16倍左右，容重很小（0.09～0.16g/cm^3），孔隙度大（达95%）。

5）腐叶土。腐叶土是由阔叶树的落叶堆积腐熟而成。可于林下自然形成，也可人工堆制。腐叶土含大量有机质，质轻，通透性好，是优良的传统盆栽用土。适合于栽培多数常见的盆栽花卉。

自然形成的腐叶土以山毛榉科的落叶形成的比较好，山林中靠近沟谷底部可以收集。

人工堆制腐叶土：落叶20～30cm，厩肥或人粪尿10cm，园土厚10cm，每层间加入一定的水，如此层层堆积，形成高1.5～2.0m的堆，用园土封顶盖严。经过翌年夏季的高温腐熟后使用。

6）珍珠岩。珍珠岩是粉碎的岩浆岩加热至1000℃以上膨胀形成的，具封闭的多孔性结构。质轻，通气性好，容重小（0.03～0.16g/cm^3），孔隙度约为93%，其中空气容积约为53%，持水容积约为40%。无营养成分。在使用中容易浮在混合培养土的表面。

珍珠岩极易破碎，在使用时需要注意：粉尘污染较大，使用前最好先用水喷湿，以免粉尘纷飞；在种植槽或与其他基质组成混合基质时，在淋水较多时会浮在水面上，这个问题没有办法解决。

7）针叶土。它是由松科、柏科植物的落叶堆积腐熟而成的。以云杉属、冷杉属的落叶形成的针叶土较好，而松属、柏类较差。针叶土呈强酸性反应，pH为3.5～4.0，腐殖质含量多，适合栽培杜鹃等酸性土花卉。

8）岩棉。由60%辉绿石、20%石灰石和20%焦炭混合，然后在1500～2000℃的高温炉中熔化，喷成直径为0.005mm的细丝，再将其压成容重为80～100kg/m^{3}的片，然后再冷却至200℃左右时，加入酚醛树脂以减少丝状体的表面张力，使之能较好地吸水。岩棉吸水后，会根据厚度的不同，含水量从下至上而递减。岩棉理化性状优良，pH稳定，无阳离子代换量。

9）煤渣。煤渣为工矿企业的锅炉、食堂以及北方地区居民的取暖等的残渣，其来源丰富。透水性强，并富含微量元素。煤渣作盆栽基质最好粉碎过筛，去掉1mm以下的粉末和较大的渣块。最好是2～5mm的粒状物，多与其他盆栽用土配合使用，也可单独使用。通常煤渣容重为0.78g/cm^3；总孔隙度为55%，其中大孔隙为22%，小孔隙为33%；pH通常为6.8。

10）膨胀陶粒。又称多孔陶粒、轻质陶粒或海氏砾石，它是陶土在1100℃的陶窑中加热制成的，容重为1.0g/cm^3。膨胀陶粒坚硬，不易破碎。排水通气性能良好，常与其他基质混用，单独使用时多用在循环营养液的种植系统中，也有用来种植需要通气较好的花卉，如兰花等。膨胀陶粒在较为长期的连续使用之后，颗粒内部及表面吸收的盐分会造成通气和养分供应上的困难，且难以用水洗涤干净。

11）树皮。有些树皮含有有毒物质，大多数树皮中含有较多的酚类物质，而且树皮的C/N比值都较高。树皮使用前要堆沤处理至少1个月以上，最好有2~3个月。

12）锯木屑（木糠）。锯木屑的许多性质与树皮相似，但通常锯木屑的树脂、单宁和松节油等有害物质含量较高，而且C/N比值很高，因此锯木屑在使用前一定要经过堆沤处理，堆沤时可加入较多的速效氮混合到锯木屑中共同堆沤，堆沤的时间需要较长（至少需要3个月）。

13）菇渣。菇渣是种植草菇、香菇、蘑菇等食用菌后废弃的培养基质。刚种植过食用菌的菇渣一般不能够直接使用，要将菇渣加水至其最大持水量的70%~80%左右并堆沤3~4个月之后，筛去菇渣中的粗大的植物残体、石块和棉花等才可使用。

（3）固体基质的性质

1）基质的物理性质。

① 容重。单位体积固体基质的重量，以g/L或g/cm^3来表示。容重可反映基质的疏松或紧实程度。容重大，基质紧实，通气透水性能较差，易产生渍水，不利于根系生长；而容重过小，则过于疏松，通气透水性能较好，有利于作物根系伸展，但不易固定植物，易倾倒，在管理上增加困难。

容重的测定：取一个已知体积的容器（如量筒或带刻度的烧杯等），装满待测的基质，然后称其重量，用基质的重量除以容器的体积就得到基质的容重。

一般地，基质的容重在0.1~0.8g/cm^3范围内，作物的生长效果较好，最好容重为0.5g/cm^3。

② 总孔隙度。基质中持水孔隙和通气孔隙的总和，以相当于基质体积的百分数表示（%）。总孔隙度小的基质较重，水、气的总容量较少。如沙的总孔隙度约为30%。总孔隙度大的基质较轻，基质疏松，较为有利于作物根系生长，但固定和支撑作物的效果较差，容易造成植物倒伏。例如，岩棉、蛭石、蔗渣等的总孔隙度在90%~95%以上。为了克服某一种单一基质总孔隙度过大或过小所产生的弊病，在实际应用时常将二、三种不同颗粒大小的基质混合制成复合基质来使用。

总孔隙度的测定：取一个已知体积和重量的容器，体积记为V，重量记为W_1。装满待测基质，称其总重量，记为W_2。然后将装满基质的容器浸入水中1h，再称吸足水分后的基质及容器的重量，记为W_3。最后用下列公式计算基质的总孔隙度。

$$总孔隙度(\%)=[(W_3-W_1)-(W_2-W_1)]/V\times100\%$$

③ 大小孔隙比。大孔隙是指基质中空气所能够占据的空间，也称为通气孔隙；而小孔隙是指基质中水分所能够占据的空间，也称为持水孔隙。大小孔隙比是指通气孔隙和持水孔隙的比值。如果大小孔隙比大，则说明基质中空气容积大而持水容积较小。反之，则空气容积小而持水容积大。若大小孔隙比过大，则说明通气过盛而持水不足，基质过于疏松，种植作物时每天的淋水次数要增加，这给管理上带来不便。若大小孔隙比过小，则持水过多而通气不足，易造成基质内积水，作物根系生长不良，严重时根系腐烂死亡。

一般来说，固体基质的大小孔隙比在1:(1.5~4)的范围内作物均能较好的生长。

大小孔隙比的测定：取一个已知体积为V的容器，按上述方法测得总孔隙度后，将容器用一块湿润纱布（重量记为W_4）包住，然后将容器倒置，让基质中的水分向外渗出，放置2h后，直到容器中没有水分渗出为止，称重，记为W_5。最后用下列公式分别计算通气孔隙和持水孔隙。

$$通气孔隙(\%)=(W_3+W_4-W_5)/V\times100\%$$

$$持水孔隙(\%)=(W_5-W_2-W_4)/V\times100\%$$

$$大小孔隙比=通气孔隙/持水孔隙$$

④ 颗粒大小。颗粒的大小（即粗细程度）是以颗粒直径（mm）来表示的。颗粒大小直接影响到其容重、总孔隙度及大小孔隙比等其他物理性状。同一种固体基质其颗粒越细，则容重越小，总孔隙度越大，大小孔隙比越小，持水性好，通气性差，基质内易积水，则易沤根导致根系发育不良；反之，如果颗粒越粗，则容重越大，总孔隙度越小，大小孔隙比越大，通气性好但持水性差，因此要增加浇水次数。

2）基质的化学性质。对栽培植物生长发育有较大影响的基质的化学性质主要包括：基质的化学组成、化学稳定性、酸碱度、物理化学吸附能力（阳离子交换量）、缓冲能力和电导率等。

① 基质的化学稳定性。基质发生化学变化的难易程度。化学变化会引起基质中的化学组成以及原有的比例或浓度发生改变，从而影响到基质的物理性状和化学性状，同时也有可能影响加入到基质中的营养液的组成和浓度的变化，影响原先化学平衡的营养液，进而影响作物的生长。无土栽培基质要求有较强的化学稳定性，以减少其对营养液平衡的影响。基质的组成成分不同，其化学稳定性存在较大差异。由无机矿物构成的基质，如砂、石砾等，如果其组分由云母、长石、石英等矿物组成，则化学稳定性较强；而如果是由辉绿石、角闪石等矿物组成的，则次之；而以石灰石、白云石等碳酸盐矿物组成的，则化学稳定性最差。

由有机的植物残体构成的基质，如木屑、泥炭、甘蔗渣、稻壳等，其化学组分很复杂，对营养液的组成有一定的影响，同时也会影响到植物对营养液中某些元素的吸收。从有机残体内存在的物质影响其化学稳定性来划分其化学组成的类型，大致可分为三大类：一是易被微生物分解的物质，如糖、淀粉、有机物等，使用初期易引起N缺乏；二是对植物生长有毒害的物质，如单宁、酚类和某些有机酸等；三是难以被微生物分解的物质，如木质素、腐殖质等。这类基质最稳定，使用时最安全。

② 基质的酸碱性（pH）。不同基质的酸碱性不同，过酸过碱的基质都会影响营养液的平衡和稳定，基质适宜的pH为5.5~7.5。如发现其过酸（$pH<5.5$）或过碱（$pH>7.5$）时则需采取适当的措施来调节。

基质酸碱性（pH）的测定：称取风干基质10g于50mL烧杯中，加25mL蒸馏水后振荡5min，再静止30min，然后用pH计或精细广谱pH试纸测定基质浸提液的酸碱度。

③ 阳离子代换量。基质的阳离子代换量是以每100g基质能够代换吸收阳离子的毫摩尔数（mmol/100g）来表示。有的基质几乎没有阳离子代换量，有些却相当高。基质的阳离子代换量会对基质中营养液组成产生很大影响。基质的阳离子代换量高会影响营养液的平衡，但也能保存养分，减少损失，对营养液的酸碱反应有缓冲作用。

④ 基质的缓冲能力。基质的缓冲能力是指在基质中加入酸碱物质后，基质所具有缓和酸碱（pH）变化的能力。基质缓冲能力的大小主要受到基质阳离子代换量大小和基质中的化学组成的影响。一般基质的阳离子代换量大，其缓冲能力就较强，反之，则缓冲能力就

较弱。

基质缓冲能力的测定：向不同的基质浸提液中分别加入酸或碱，0.5h 后用 pH 计或精细广谱 pH 试纸测定不同浸提液的 pH，从而比较不同基质缓冲能力的大小。

⑤ 基质的电导率。是指在未加入营养液前基质原有的电导率。它反映了基质中所含有的可溶性养分浓度的大小，它直接影响到营养液的组成和浓度，也可能影响到作物的生长。

基质电导率的测定：取风干基质 10g，加入饱和氯化钙溶液 25mL，振荡浸提 10min，过滤，取其滤液用电导率仪测电导率（ms/cm）。

二、固体基质的选择

无土栽培中固体基质的种类很多，如草炭、珍珠岩、蛭石、陶粒、岩棉、炉渣、稻壳等，基质可以一种单独使用，也可多种混合使用，使用时可根据材料来源的难易、价格等条件，选择适合本地区需要的基质。在使用过程中对基质的选择和组配是一个极其重要的环节。

1. 固体基质选择的原则

固体基质选择的总体原则是：理化性质优良；来源广泛、价格便宜；宜采用复合基质。具体原则如下：

（1）根系的适应性　根际环境要求较高的湿度和透气性，一般空气比较干燥的北方地区，多选用保水性较好的基质，而以选用复合基质较多，效果也较好；空气湿度大的地区，通常可以选用透气透水性较好的基质，如松针、珍珠岩、河沙等。

（2）基质的适用性　基质的适用性是指选用的基质是否适合植物的生长发育。一般来说基质的容重在 0.5 左右，总孔隙度在 60% 左右，大小孔隙比在 0.5 左右，化学性质稳定，pH 接近中性，无有毒物质存在的都适合植物的生长发育。使用哪种基质更适合还要根据栽培的植物及栽培类型、当地的实际情况进行选择。

（3）基质的经济性　选用基质还需要考虑基质的资源及其价格，即要选择来源容易、价格便宜的基质。有些基质对植物的生长有很好的促进作用，但是来源不易或价格太高，不宜使用。选择基质既要考虑基质对作物生长的促进作用，又要考虑基质的来源容易，价格低廉、不污染环境、使用方便、可利用时间长等的特点，从而降低成本，提高经济效益。

（4）环保性原则　基质选用要考虑环境保护法，选用理化性质稳定的基质，对不可再生资源如泥炭要尽量少用。

（5）市场性原则　改变传统基质为有机基质栽培，从无公害产品生产到绿色产品生产，满足市场对绿色产品的需求。

2. 固体基质的组配

无土栽培的固体基质种类较多，在进行固体基质栽培时，可以选择单一基质也可以选用复合基质。

（1）单一基质　以一种基质如沙、石砾、岩棉、泥炭等单独作为植物生长的介质，在理化性质上往往存在不足，不能完全满足植物生长发育的需要。

为了克服单一基质可能造成的容重过小、过大；通气不良或保肥保水过差等的弊端，常将几种单一基质混合制成复合基质来使用。

（2）复合基质　生产上一般以2～3种基质混合为宜。基质材料的配比必须要有科学性，并应根据不同基质材料理化性质及幼苗生物学特性进行配制，否则混合基质生长效果不如单一基质。配制混合基质必须因地制宜，选择资源丰富，价格便宜，能满足根系养分、水分及空气供应的材料为基质。

三、固体基质的处理

无土栽培的基质长期使用，常易引起病菌滋生，特别是在连作的情况下，更容易发生病害，危害植物的生长发育，故每次栽培后都要对基质进行处理，以利于植物更好的生长。对于固体基质的处理主要有消毒和更换两种方式。

1. 固体基质的消毒

基质使用时间长了，会聚积病菌和虫卵，为了减少病虫害的发生，通常基质使用前要进行消毒处理，基质消毒常用的方法主要有蒸汽消毒、化学药剂消毒和太阳能消毒。

（1）蒸汽消毒　凡在温室栽培条件下通过蒸汽进行加热的，均可进行蒸汽消毒。具体方法是：将基质装入体积为1～2m^3的柜内或箱内，用通气管通入蒸汽进行密闭消毒。一般温度在70～90℃条件下持续进行15～30min即可。

蒸汽消毒简单易行，安全彻底，但需要专用设备，成本高，操作不便。

（2）化学药剂消毒　所用的化学药剂主要有福尔马林、甲基溴（溴甲烷）、威百亩、漂白剂等。

1）福尔马林。即40%甲醛，是一种良好的杀菌剂，但对害虫效果较差。使用时一般用水稀释成40～50倍液，然后将待消毒的基质均匀喷湿，喷洒完毕后用塑料薄膜覆盖24h以上。使用前揭去薄膜让基质风干两周左右，以消除残留药物危害。

2）氯化苦。氯化苦能有效地防治线虫、昆虫、一些杂草种子和具有抗性的真菌等。具体使用方法是：可将基质逐层堆放，然后加入氯化苦溶液，使基质在15～20℃条件下熏蒸7～10d，揭去塑料薄膜，把基质摊开晾晒7～8天后方可使用，以防止直接使用时对作物造成伤害。氯化苦对人体有毒，使用时要注意安全。

3）溴甲烷。该药剂能有效地杀死线虫、昆虫、杂草种子和一些真菌。使用时将基质起堆，然后用塑料薄膜管将药液喷注到基质上并混匀，用量一般为每立方米基质用药液100～200g。混匀后用薄膜覆盖密封2～5d，使用前要晾晒2～3d，使基质中残留的溴甲烷全部挥发后才可使用。溴甲烷对人体有毒，使用时要注意安全。

4）威百亩。威百亩是一种水溶性熏剂，对线虫、杂草和某些真菌有杀害作用。使用时1L威百亩加入10～15L水稀释，然后喷洒在10m^3基质表面，施药后将基质密封，半月后可以使用。

5）漂白剂。利用溶解在水中产生的氯气来杀灭病菌。该药剂适用于砾石、沙子消毒。一般在水池中配制0.3%～1%的药液（有效氯含量），浸泡基质半小时以上，最后用清水冲洗，消除残留氯。但不可用于具有较强吸附能力或难以用清水冲洗干净的基质上。

6）高锰酸钾。高锰酸钾是一种强氧化剂，只能用于石砾、粗砂等没有吸附能力且较容易用清水清洗干净的惰性基质的消毒上，而不能用于泥炭、菇渣和陶粒等有较大吸附能力的活性基质或难以用清水冲洗干净的基质上。具体消毒方法：先配制好浓度约为5000分之一的溶液，将要消毒的基质浸泡在配好的溶液中10～30min后，将高锰酸钾溶液排掉，然后用大量清水反复冲洗干净即可使用。

化学药剂消毒操作简单，成本较低，但消毒效果不如蒸汽消毒，且对操作人员不利。

（3）太阳能消毒　是一种安全、简单、经济、实用的消毒方式。具体方法是：将待消毒基质堆成20～25cm高，长度根据实际情况而定，用水将基质喷湿，使基质含水量超过80%，用塑料布覆盖，在温室或大棚内暴晒10～15d。

太阳能消毒能有效解决蒸汽消毒成本高、药剂消毒安全性差且污染环境的不足。

2. 固体基质的更换

（1）基质使用1～3年需要更换　固体基质使用一定年限后，各种病菌、虫卵、作物根系分泌物和烂根烂叶大量积累，使基质的理化性状变差，从而影响植物的正常生长发育。

（2）再处理后使用　被更换的固体基质需要经过洗盐、灭菌、离子导入、氧化的方法进行再生处理后，再重新用于无土栽培或施入大田进行土壤改良。对于难以分解处理的如岩棉，可进行掩埋处理，防止二次污染环境。

【案例分析】

某公司计划上一个新的项目：盆栽红掌的无土栽培。目前具备盆栽红掌栽培管理技术，相应设施设备基本齐全，但在选择无土栽培基质上大家有争议，现在领导把这项工作交给小李负责，请你帮助小李分析一下如何选择适合的无土栽培基质。

分析：这是一项综合性较强的问题，既要充分全面地掌握专业基础知识，同时又要了解市场，了解当地的实际情况，因地制宜选择最适合的基质或基质组配。

解决的方法：首先要掌握红掌的生态学习性，尤其是根系对基质理化性质的要求；其次要掌握基质的种类和特性，熟悉每种基质的理化性质；另外要掌握固体基质选择的原则和方法，按照基质选择的原则进行基质筛选并进行适当组配。

【拓展提高】

利用有机废弃物生产无土栽培基质注意问题

有机废弃物是较好的合成栽培基质的原料，但有机废弃物中含有的一些有害物质必须经过特定的工艺处理后，才能用于作物栽培。目前，有机废弃物的处理方法仍以堆制发酵为主，堆制化的本质是固体废弃物分解为相对稳定的腐殖质物质的过程，它是细菌、放线菌和真菌等在好氧或厌氧条件下完成的。作为栽培基质应达到三项标准：易分解的有机物大部分分解；栽培使用中不产生氮的生物固定；通过降解除去酚类等有害物质、消灭病原菌、害虫卵和杂草种籽。由于有些堆制基质仍含有许多对植物生长不利的物质，因此，这些基质必须与其他基质混合使用，并且不能超过一定的比例。另外，重金属含量也是必须检测的指标。

从目前的情况看，利用有机废弃物生产栽培基质的成本尚高，因此采用新技术、新工艺降低成本是有机栽培基质推广应用的关键。

【任务小结】

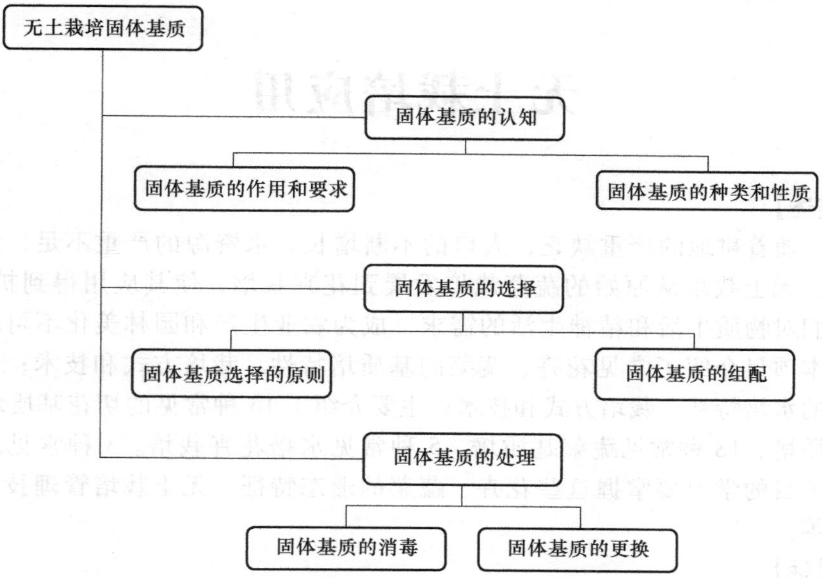
无土栽培固体基质
固体基质的认知
固体基质的作用和要求
固体基质的种类和性质
固体基质的选择
固体基质选择的原则
固体基质的组配
固体基质的处理
固体基质的消毒
固体基质的更换

项目2

无土栽培应用

【项目描述】

近年来，随着耕地的严重缺乏，人口的不断增长，水资源的严重不足，无土栽培技术应运而生。无土栽培从原始的蔬菜栽培发展到花卉栽培，使其应用得到扩大和发展，逐渐满足人们对物质生活和精神生活的需求，成为农业生产和园林美化不可缺少的一项栽培技术。本项目介绍了常见花卉、蔬菜的基质培特性、栽培方式和技术；介绍了常见花卉、蔬菜的水培特性、栽培方式和技术；主要介绍了13种常见的切花基质培、23种常见的盆花基质培、18种常见蔬菜基质培、5种常见水培花卉栽培。3种常见水培蔬菜栽培。通过本项目的学习要掌握这些花卉、蔬菜的形态特征、无土栽培管理技术以及在园林上的应用等。

【知识目标】

- 掌握常见花卉、蔬菜基质培的特性。
- 掌握常见花卉、蔬菜水培的特性。
- 掌握常见花卉、蔬菜基质培的栽培方式及技术。
- 掌握常见花卉、蔬菜水培的栽培方式及技术。
- 掌握常见花卉、蔬菜的无土栽培在园林上的应用。

【能力目标】

- 对常见花卉能够进行基质培和水培的栽培管理。
- 对常见蔬菜能够进行基质培和水培的栽培管理。
- 对常见花卉、蔬菜的无土栽培能够进行园林应用。

任务1　花卉基质培

【任务情景】

大连某花卉公司要进行一个切花无土栽培新项目，计划在一个4000m^2的现代化温室中进行非洲菊基质培栽培，非洲菊苗由外引进，请完成此任务。

【任务分析】

非洲菊进行基质培，适合槽培法；了解引进花苗的大小及品种；然后进行基质、栽培槽、贮液池、环境设施的准备；完成该任务需要有生产方案的设计能力、切花花卉基质培的生产管理能力以及熟练掌握花卉的生物学特性和生态学习性的能力等。

【知识链接】

一、切花花卉基质培

切花是指具有观赏价值且适用于插花装饰的植物的根、茎、叶、花、果或具有芳香宜人气味的植物体，包括切花、切叶、切枝和切果等。近年来，我国花卉产业中，切花生产迅猛发展，尤其是切花的无土栽培，可明显提高生产产品的产量和质量、减轻劳动强度和避免连作性生产等，大大提高了现代化温室的有效利用率，特别适宜于多年生花卉鲜切花的专业化、规模化生产。

1. 四大切花基质培

（1）月季（图2-1） 切花月季又称为现代月季，月季由于四季开花，色彩鲜艳，品种繁多，芳香馥郁，因而深受各国人民的喜爱，被列为四大切花之一。

图2-1 月季

1）生物学特性。月季为蔷薇科，蔷薇属，常绿或半常绿灌木，高可达2m，其变种最矮者仅0.3m左右。小枝具钩刺，或无刺，无毛。羽状复叶，小叶3或5片，少有7片，宽卵形或卵状长圆形，先端渐尖，具尖锯齿，托叶大部与叶柄合生，边缘有腺毛或羽裂。花单生或几朵聚生成伞房状，花径大小不一，一般可分为4级，大型花直径10~15cm，中型花直径6~10cm，小型花直径4~6cm，微型花直径1~4cm。月季花色丰富，通常切花月季可分为6个色系，即红色系、朱红色系、粉红色系、黄色系、白色系和其他色系。

2）生态学习性。月季对气候、土壤的适应性较强，我国各地均可栽培。长江流域月季的自然花期为4月下旬至11月上旬，温室栽培可周年开花。

① 温度：性喜温暖，大多数品种最适温度昼温为15~26℃，夜温为10~15℃，冬季气温低于5℃即进入休眠，一般能耐-15℃的低温和35℃高温，但大多品种夏季温度持续30℃以上时，即进入半休眠状态，植株生长不良，虽也能孕蕾，但花小瓣少，色暗淡而无光泽，失去观赏价值。

② 光照：要求日照充足。

③ 水肥：月季喜水、肥，在整个生长期中不能缺水，尤其从萌芽到放叶、开花阶段，应充分供水，土壤应经常保持湿润，才能使花大而鲜艳，进入休眠期后要适当控制水分。由于生长期不断发芽、抽梢、孕蕾、开花，必须及时施肥，防止树势衰退，使花开不断。

④ 土壤：月季对土壤要求不严格，但以疏松、肥沃、富含有机质、微酸性的壤土较为适宜。

3）繁殖方法。月季的繁殖方法有无性繁殖和有性繁殖两种。有性繁殖多用于培育新品种，无性繁殖有扦插、嫁接、分株、压条、组织培养等方法，其中以扦插、嫁接简便易行，生产上广泛采用。

① 扦插繁殖：扦插时间多在春、秋两季进行。春季一般在4月中旬～6月末进行，此时气候温暖，相对湿度较高，插后25d左右即能生根，成活率较高；秋季一般在8月下旬～10月末进行；此时气温仍较高，但昼夜温差较大，故生根期要比春插延长10～15d，成活率也较高。此外，月季也可在冬季扦插，可充分利用冬季修剪下的枝条。扦插时，用500～1000mg/L吲哚丁酸或500mg/L吲哚乙酸快浸插穗下端，有促进生根的效果。扦插基质可用砻糠灰、河砂、蛭石、炉渣、泥炭等单一基质或2～3种混合使用。扦插深度为插穗的1/3～2/3，早春、深秋和冬季宜深些，其他时间宜浅些。

② 嫁接繁殖：嫁接繁殖是月季繁殖的主要方法，该方法取材容易，操作简便，成苗快，前期产量高，寿命长。嫁接适宜的砧木较多，目前国内常用的砧木有野蔷薇、粉团蔷薇等。其一般多用芽接，在生长期均可进行；也可枝接，在休眠期进行，南方12月至翌年2月进行，北方在春季叶芽萌动以前进行。

如要求短期内繁殖大量特定品种，可进行组织培养，能培育出大量的保持原品种特性的组培苗。

4）品种选择。作为无土栽培的切花月季，具有其特殊的要求，主要包括以下几个方面：①植株生长强健，株形直立，茎少刺或无刺，直立粗壮，耐修剪。②花枝和花梗粗长、直立、坚硬；叶片大小适中，有光泽。③花色艳丽、纯正，最好具丝绒光泽。④花形优美，多为高心卷边或高心翘角；花瓣多，花瓣瓣质厚实坚挺。⑤瓶插寿命长，花朵开放缓慢，花颈不易弯曲。⑥抗逆性强，如抗低温能力、抗高温能力、抗病虫害能力，尤其是抗白粉病和黑斑病能力。⑦耐修剪，萌枝力强，产量高。

目前国内市场常见的品种中红色系的有：红衣主教、王威、卡尔红、萨曼莎、卡拉米亚、奥林匹亚等；粉红色系的有：索尼亚、婚礼粉、贝拉米、外交家、唐娜小姐、火鹤、甜索尼亚等；黄色系的有：金奖章、金徽章、阿斯梅尔金、黄金时代等；白色系的有：坦尼克、雅典娜、白成功等。

5）栽培技术。切花月季无土栽培可以采用营养袋培、栽培槽培和岩棉培三种方式。

① 营养袋培：可以用0.5mm厚的黑色塑料薄膜制成营养袋，长100cm、宽20cm、高8cm，每隔20cm开一个孔径10cm的种植孔，或用袋长120cm、宽30cm、高12cm，上面每隔30cm开一个孔径10cm的种植孔。下面两头各开两个0.5cm的排液小孔，袋中装入混合基质，每袋可栽种4株。营养袋栽培中大袋效果比小袋好，袋培营养液损失较少。

② 栽培槽培：栽培槽可用砖砌成，砖之间不用水泥衔接，底部呈“V”字形，也可以用石棉瓦或预制水泥板等材料制作。槽长5m、宽100cm、高25cm为宜。槽的沿长方向有5/100的斜度，一般北高南低有利于废液及时排除。槽内部铺防老化塑料膜以便与土壤隔开。每槽定植2行月季，株距30cm。槽培效果优于袋培和岩棉栽培，因为槽培基质容量大、透气性好。槽向以南北朝向较好，东西向不利于透光，影响月季生长。

③ 岩棉培：定植苗用的岩棉块一般由国外进口，长×宽×高 $=8\times8\times8m^3$，周围用黑色塑料膜包裹，上面有种植孔；栽培床岩棉层切成长150cm、宽20cm、高10cm的岩棉块，装入黑塑料中，上面塑料开孔，把小苗先种植在小的岩棉块中，再将岩棉块放在岩棉层上，用毛细滴管供液。采用进口岩棉块栽培效果最好，也可用国产建筑用岩棉，但栽培效果差。岩棉培较其他两种栽培方式成本都高。

6）营养液配方。月季无土栽培营养液配方见表2-1。

表2-1　月季无土栽培营养液配方

化合物名称	化合物（元素）浓度
硝酸钙［$Ca(NO_3)_2 \cdot 4H_2O$］	0.49g/L
硝酸钾（KNO_3）	0.19g/L
氯化钾（KCl）	0.15g/L
硝酸铵（NH_4NO_3）	0.17g/L
硫酸镁（$MgSO_4 \cdot 7H_2O$）	0.12g/L
磷酸（H_3PO_4，85%）	0.13g/L
氢离子	0.316～1.0μmol/L（pH 6.5～6）
乙二胺四乙酸二钠铁［Na_2Fe-EDTA（含Fe 14.0%）］	51.3～102.5μmol/L
硼酸（H_3BO_3）	46.3μmol/L
硫酸锰（$MnSO_4.4H_2O$）	9.5μmol/L
硫酸锌（$ZnSO_4.7H_2O$）	0.8μmol/L
硫酸铜（$CuSO_4.5H_2O$）	0.3μmol/L
钼酸铵［$(NH_4)_6Mo_7O_{24}.4H_2O$］	0.02μmol/L

7）营养液管理。在整个生长期内营养液的pH应控制在5.5～6.5之间。营养液的浓度和供应量根据月季植株的大小以及不同的生长季节而区别对待，一般在定植初期，植株较小，供液量可小些，营养液浓度也应稍低些，EC控制在1.5ms/cm左右；进入营养生长旺盛时期后，要逐渐加大供液量，每日供液5～6次，平均每株供液800～1200mL，EC可提高至2.2ms/cm；进入花期后，可增加到每天供液1200～1800mL。进入冬季或阴雨天，供液量要适当减少，夏季或晴天供液量要适当加大。此外，要定期测定营养液中的pH、EC和NO_3^-—N。根据测定结果，对营养液进行调整。

（2）香石竹（图2-2）　香石竹又名康乃馨，因其具有花朵秀丽、高雅，花期长，产量高，切花耐贮藏、保鲜和水养，又便于包装运输等的特点，所以在世界各地广为栽培，是四大切花之一。

1）生物学特性。香石竹为石竹科，石竹属，常绿亚灌木。株高30～80cm，茎细软，基部木质化，全身披白粉，节间膨大。叶对生，线状披针形，全缘，叶质较厚，基部抱茎。花单生或数朵簇生枝顶，苞片2～3层，紧贴萼筒，萼端5裂，花瓣多数，具爪。花色极为丰富，有大红、粉红、鹅黄、白、深红等，还有玛瑙等复色及镶边色等。自然花期5～10月，保护地栽培可周年开花。果为蒴果，种子褐色。

2）生态学习性。

① 温度：香石竹性喜温和冷凉环境，不耐寒，最适宜的生长温度昼温为16～22℃，夜温为10～15℃。

图2-2　香石竹

② 光照：喜空气流通、干燥的环境，喜光照，为阳性、日中性花卉，但长日照有利于花芽分化和发育。

③ 水肥：要求排水良好、富含腐殖质的土壤，能耐弱碱，忌连作。

3）繁殖方法。可采用扦插、组培方法进行繁殖。组培多用于香石竹的脱毒培养，切花生产上较少采用。

扦插繁殖：扦插时间多在春季或秋冬季，选择中部健壮、节间短的侧枝，长 10 ~ 14cm，具 4 ~ 5 对展开叶的插穗。插穗如不能及时扦插，可于 0 ~ 2℃低温下冷藏，一般可贮藏 2 ~ 3 个月。扦插基质多用泥炭、珍珠岩、蛭石或砻糠等，可单独使用，也可按一定比例混合使用。扦插前用 500 ~ 2000mg/L 的萘乙酸、吲哚丁酸或两者混合液处理，可促进生根，处理时间视浓度而异。一般插后 3 周左右生根。

4）品种选择。香石竹品种很多，依耐寒性与生态条件可分为露地栽培品种和温室栽培品种。依花茎上花朵大小与数目，可分为大花型香石竹（又称为单花型香石竹、标准型香石竹）和散枝型香石竹（又称为多花型香石竹）。大花型香石竹品种根据其杂交亲本的来源有许多品系，生产上常用品系有西姆系和地中海系两个品种群。西姆系又称为美洲系，其特点适应性强、生长势旺、节间长、叶片宽、花朵大，花瓣边缘多为圆瓣而少锯齿，但花易裂苞，抗寒性和抗病性较弱，产量较低，适宜温室栽培；地中海系其特点是节间较短，叶片狭长，花色和花形丰富，抗寒性和抗病性较强，产量较高，但花朵略小，更新也较快。

5）栽培技术。

① 栽植方式：通过栽培床方式进行栽培。栽培床宽 120 ~ 140cm、高 20 ~ 25cm。定植密度依品种习性不同而不同，分枝性强的品种可略稀植，分枝性弱的品种可适当密植，一般定植密度为 30 ~ 50 株/m^2 左右，株行距多在 15cm × 15cm ~ 15cm × 20cm 之间，春、夏季开花的可适当密植，秋、冬季开花的宜适当稀植。

② 栽培基质：通常采用泥炭、蛭石、砻糠、珍珠岩、河砂、锯末屑、炉渣等。

③ 栽培时间：香石竹定植时间主要根据预定产花期和栽培方式等因素而定，通常从定植至始花期约需要 110 ~ 150d。因此，一般秋冬季首次产花的栽培方式多在春季 5 ~ 6 月定植，而春夏季首次产花的栽培方式多在秋季 9 ~ 10 月定植。

④ 营养液供应：营养液和水分的供应多用滴灌方式进行。营养液的浓度和供应量应视具体情况而定，定植初期，浓度低而量小，旺盛生长期浓度高而量大。每日供液 4 ~ 5 次，平均每株日供液 200 ~ 400mL。

⑤ 植株调整：a. 摘心。定植后 20d 左右进行第一次摘心，切花生产中常用的摘心方式有 3 种。单摘心：仅对主茎摘心一次，可形成 4 ~ 5 个侧枝，从种植到开花时间短。半单摘心：当第一次摘心后所萌发的侧枝长到 5 ~ 6 节时，对一半侧枝作第二次摘心，该法虽使第一批花产量减少，但产花稳定。双摘心：即主茎摘心后，当侧枝生长到 5 ~ 6 节时，对全部侧枝作第二次摘心，该法可使第一批产花量高且集中，但会使第二批花的花茎变弱。b. 上网。侧枝开始生长后，整个植株会向外开张，应尽早立柱上网，否则易导致植株倒伏而影响切花质量。香石竹支撑网的网孔可因栽植密度或品种差异而定，通常在 10cm × 10cm 和 15cm × 15cm 之间。第一层网一般距离床面 15cm 高，通常需要用 3 ~ 4 层网支撑，网要用支撑杆固定。c. 抹侧芽。花芽分化后，其侧芽就开始萌动，需要及时抹除（多头型香石竹品种除外），抹侧芽需要分几次进行，才能全部抹除。d. 去侧蕾。随着花蕾的发育，在中间主

蕾四周会形成数个侧蕾，应及时去除，以保证主蕾的正常生长，如过迟，茎部木质化程度提高，不便于操作，且对植株损伤也较大。

6）营养液配方。香石竹无土栽培营养液配方见表2-2。

表2-2 香石竹无土栽培营养液配方

化合物名称	化合物浓度（mg/L）
硝酸钙［$Ca(NO_3)_2$］	950
硝酸钾（KNO_3）	500
磷酸二氢钾（KH_2PO_4）	170
硝酸铵（NH_4NO_3）	20
硫酸镁（$MgSO_4$）	250
螯合物	10
硫酸锰（$MnSO_4$）	2.2
硫酸铜（$CuSO_4$）	0.2
硼酸（H_3BO_3）	1.9
硫酸锌（$ZnSO_4$）	1.2
钼酸铵［$(NH_4)_6Mo_7O_{24}$］	0.15

7）营养液管理。要定期测定基质的pH和EC值，根据测定结果，对营养液进行调整。定植初期，营养液EC约为1.0ms/cm；旺盛生长至开花期逐渐提高到1.8～2.0ms/cm；夏季高温时，由于水分蒸发量大，营养液浓度应适当降低。此外，营养液的pH应调整为6.0～7.0。

（3）菊花（图2-3） 菊花又名九花、鞠花、节花、帝女花、秋菊，原产于我国，是我国栽培历史最悠久的传统名花之一。菊花以其色彩清丽、姿态优美、香气宜人、花期持久等特点深受人民喜爱，位居国际花卉市场产销量前列的四大切花之一。

图2-3 菊花

1）生物学特性。菊花为菊科，菊属，多年生宿根草本，有时长成亚灌木状。株高60～180cm。茎直立、粗壮、多分枝，青绿色或带有紫褐色，上被灰色柔毛，具纵条沟，呈棱状，半木质化，节间长短不一。叶形大、互生、呈绿色至浓绿色，叶片有深缺刻，基部楔形，表面较粗糙，叶背有绒毛，叶表有腺毛，能分泌一种特殊的菊叶香气。头状花序，花单生或数朵聚生，边缘为舌状花，中部为筒状花，共同着生在花盘上，也有全为舌状花或筒状花的。花色极其丰富，可分成黄、白、红、紫、粉等几个色系。种子为极细小的瘦果，黄褐色，种子寿命3～5年。

2）生态学习性。

① 温度：多数种类休眠期能耐－10℃左右低温，个别种类可耐－30℃低温。休眠期过

后，菊花在5℃以上萌芽，多数种类生长适温白天20～30℃，夜间10～15℃。花芽分化为15～20℃。27℃以上高温花芽分化受抑制。

② 光照：菊花喜光不耐荫，但遮去盛夏中午的强烈阳光生长更佳。秋菊和寒菊为典型的短日照植物，长日照下仅进行营养生长。秋菊日照短于13h花芽开始分化，短于12h花蕾生长开花。夏菊日中性，对日照长短不敏感，只要达到一定的生长时数，叶片16～17片时即可开花；也有一部分中间类型，如8～9月份开花的早秋菊，其花芽分化为日中性，花蕾生长短日性。

③ 土壤：偏酸性的沙质壤土为好，忌重茬，连作易发生病虫害和土壤养分缺乏症。

④ 水分：较耐干旱，不耐水湿，更忌低洼积水。

⑤ 气体：喜空气流通环境，通风不良易患病。

3）繁殖方法。常用扦插、分株养殖，也可嫁接、组培或播种繁殖，播种多用于育种。切花生产多以扦插繁殖为主。

扦插多在4～8月份进行，剪取健壮嫩枝顶梢7～10cm，去除下部叶片备用，插条宜随采随用，如采后不能及时扦插，可放入保湿透气的塑料袋中，于0～4℃低温下贮藏。扦插基质多用蛭石、泥炭、珍珠岩、砻糠灰、河沙等，其中蛭石、泥炭、珍珠岩、砻糠灰等基质温度上升较快，宜用于春季扦插，而河砂则宜于夏季扦插。插床应尽量采用全光照自动间歇喷雾装置，尤其高温季节应用，可保证成活率，提早生根。插后2～3周即可生根，成活后应尽快定植，留床时间过长会导致苗瘦弱、黄化甚至腐烂死亡。

4）品种选择。目前我国切花菊品种多引自日本、荷兰等国，品种混杂，缺少较为稳定的主栽品种，现较常见栽培品种有天家原系列、乙女樱、辉世界、早雪、秋之山、秋之华、黄云仙、金御园等。

作为无土栽培的切花菊花品种应具有其特殊的要求，主要包括以下几个方面：①植株生长强健，株形高大，直立挺拔，高度应在80cm以上。②花枝粗壮、直立而坚硬，节间均匀；花梗（颈）短而粗壮、坚硬。③叶片大小适中，厚实，浓绿而有光泽，并斜向上生长。④花色艳丽、纯正，无斑点，不易变色。⑤花大小适中，花形整齐，花瓣瓣质厚实坚挺。⑥水养寿命长，花朵开放缓慢，叶片不易枯萎。⑦抗逆性强，应根据不同的栽培类型的需要而具有较好的抗性，如抗低温能力、抗高温能力、抗病虫害能力等。

5）栽培技术。

① 栽植方式：通过栽培床进行基质栽培。栽培床一般宽100～120cm、高20～25cm，用砖块铺砌。定植的密度视栽培方式、品种特性等的不同而异。多本菊栽培密度一般在40～60株/m^2左右，株行距多在12cm×12cm～15cm×15cm间，一般分枝性强的品种株行距宜大，反之宜小；而独本菊栽培密度一般在80～100株/m^2左右，株行距在10cm×10cm～10cm×12cm间。

② 栽培基质：通常采用陶粒、泥炭、蛭石、砻糠、珍珠岩、河砂、锯木屑、炉渣等，多采用混合基质。

③ 栽培时间：定植的时间视栽培季节的不同而异。春菊（4月下旬至6月中旬开花）宜在12月至3月定植，夏菊（6月下旬至9月上旬开花）宜在3月至5月定植，早秋菊（9月上旬至10月上旬开花）宜在5月下旬至7月初定植，秋菊（10月中下旬至11月下旬开

花）和寒菊（12月上旬至翌年1月开花）宜在6月下旬至8月下旬定植。

④ 营养液供应：营养液的浓度和供应量应根据切花菊植株的大小以及不同的生长季节区别对待，一般在定植初期，供液量可小些，营养液浓度也应稍低些；进入营养旺盛生长期后，要逐渐加大供液量，每日供液3～4次，平均每株供液300～500mL。阴雨天，供液量要适当减少，晴天供液量要适当加大。

⑤ 植株调整：a. 摘心、整枝。多本菊应在苗定植后1～2周摘心，只需摘去顶芽即可。摘心后2周左右进行整枝，视栽植密度和品种特性，每株保留2～4个侧芽，其余剥除。b. 上网。由于切花菊茎秆较高而极易倒伏，因此，当植株长到一定高度时，应及时张网支撑，以防止因植株倒伏使茎秆弯曲而影响质量。支撑网的网孔可因栽植密度或品种差异而定，通常在10cm×10cm和15cm×15cm之间。一般需要用2～3层网支撑，网要用支撑杆绷紧、拉平。c. 抹侧芽。菊花开始花芽分化后，其侧芽就开始萌动，需要及时抹除（多头型小菊品种除外）。由于上部侧芽抹去后，会刺激中下部侧芽的萌发，因此，抹侧芽需要分几次进行，才能全部抹除。d. 去侧蕾。随着花蕾的发育，在中间主蕾四周会形成数个侧蕾，应及时抹除，以保证主蕾的正常生长，抹蕾宜早不宜迟，只要便于操作即可进行，如过迟，茎部木质化程度提高，反不便于操作。

6）营养液配方。菊花无土栽培营养液配方见表2-3。

表2-3 菊花无土栽培营养液配方

化合物名称	化合物浓度（mg/L）
硝酸钙［$Ca(NO_3)_2 \cdot 4H_2O$］	700
硝酸钾（KNO_3）	400
磷酸二氢钾（KH_2PO_4）	135
硝酸铵（NH_4NO_3）	40
硫酸镁（$MgSO_4 \cdot 7H_2O$）	245
螯合物	22
硫酸锰（$MnSO_4 \cdot 4H_2O$）	4.5
硫酸铜（$CuSO_4 \cdot 5H_2O$）	0.12
硼酸（H_3BO_3）	1.2
硫酸锌（$ZnSO_4 \cdot 7H_2O$）	0.8
钼酸铵［$(NH_4)_6Mo_7O_{24}$］	0.10

7）营养液管理。要定期测定基质的pH、EC和NO_3^-—N。根据测定结果，对营养液进行调整。在菊花定植初期，营养液浓度宜处于较低水平，EC约为0.8ms/cm；随着植株生长，可逐渐增加营养液浓度，EC可以提高到1.6～1.8ms/cm；夏季高温时，由于水分蒸发量大，营养液浓度应适当降低，EC为1.2～1.4ms/cm。此外，营养液的pH调整为5.5～6.5。

图2-4 唐菖蒲

（4）唐菖蒲（图2-4） 唐菖蒲花梗挺拔修长，着花多，花期长，花形变化大，花色艳丽多彩，花姿极富装饰性，是世界著名切花之一。

1）生物学特性。唐菖蒲为鸢尾科唐菖蒲属多年生球根类花卉。球茎膨大，外面包有4～6层干鳞片，每一鳞片下有一腋芽，顶部芽最大并首先发育，可萌发1至数芽。叶剑形，2列，7～8片，长达60cm，宽2～4cm。穗状花序直立，单生，每穗着花8～24朵。每朵花基部为2个叶状苞片所包；花被6片，上方3枚较大，花冠基部具短筒，呈偏漏斗状。花瓣边缘有皱褶或波状等变化。花大，直径7～17cm，花色有白、粉、黄、橙、红、蓝、紫等，还有洒金、斑纹等变化，下部花朵先开，逐次向上开到顶，先开的花朵亦较大。

2）生态学习性。

① 温度：唐菖蒲喜温暖，并具一定耐寒性，不耐高温，尤忌闷热，以冬季温暖、夏季凉爽的气候最为适宜。生长临界低温为3℃，4～5℃时，球茎即可萌动生长，生长适温，白天为20～25℃，夜间为10～15℃。

② 光照：要求阳光充足。唐菖蒲属长日照花卉，在长日照下有利于花芽分化，而短日照下则促进开花。

③ 土壤：唐菖蒲性喜深厚肥沃且排水良好的沙质壤土，不宜在黏重土壤或低洼积水处生长，土壤pH以5.6～6.5为佳。

④ 水分：不耐水湿，更忌低洼积水。

3）繁殖方法。唐菖蒲的繁殖以分球为主，新球第二年开花，为加速繁殖，也可将球茎分切，每块必须具芽及发根部位，切口涂以草木灰，略干燥后栽种；还可采用切球播种和组织培养方法繁殖。播种法常用于培育新品种和复壮老品种。一般在夏秋种子成熟采收后，立即进行盆播，发芽率较高。组织培养法用花茎或球茎上的侧芽作为外植体进行组织培养，可获得无菌球茎。

4）栽培技术。根据植株根系生长环境的不同，唐菖蒲的栽培分为水培与基质培两种基本方法。

水培法以水为培养基质，在水中加入各种植物生长所需的营养元素，配成营养液，使根系直接生长在营养液中。此法所需栽培设备的费用较高。因为植株根茎以上的枝叶，要用一层惰性基质或其他方法固定，根部要处在黑暗条件下，营养液还要有足够的通气条件。

基质培法用砂等材料作为基质固定植物，常用的有河砂、石砾、锯末、泥炭、珍珠岩、蛭石、岩棉、炉渣、稻谷壳、砻糠灰等。基质培常用的栽培槽，通常宽1.2m、深30cm。基质在栽培一次后需要继续利用时，必须进行消毒。可用蒸汽或药剂进行处理。

5）营养液配方。唐菖蒲无土栽培营养液配方见表2-4。

表2-4　唐菖蒲无土栽培营养液配方

化合物名称	化合物浓度（mg/L）
硫酸钙（$CaSO_4 \cdot 2H_2O$）	258
硝酸钠（$NaNO_3$）	620
氯化钾（KCl）	629
硫酸铵［$(NH_4)_2SO_4$］	158
硫酸镁（$MgSO_4$）	185
磷酸氢钙（$CaHPO_4$）	258
微量元素	按常量

6）营养液管理。唐菖蒲无土栽培营养液适宜浓度为2g/L。酸碱度一般以pH5.5~6.5为好，在使用过程中pH通常会逐步降低，约1~2周下降1个pH左右。因此在偏酸或偏碱情况下要适时校正，偏高用硫酸、磷酸、硝酸调整，偏低用氢氧化钠调整。另外，需要对营养液温度进行调控，唐菖蒲要求液温为15~18℃。

2. 高档切花基质培

（1）红掌 别名：安祖花、花烛、蜡烛花，天南星科花烛属。同属植物约600种以上。原产美洲热带。有许多园艺品种，主要是两大类，一类为切花品种，一类为盆花品种（以观花和观叶为主）。红掌是我国新兴的盆花，适合客厅、卧室、餐厅、书房等摆放观赏，也是我国常用的切花。在许多热带国家和地区被列为主要切花品种，是仅次于热带兰的第二大宗热带花卉商品（图2-5、图2-6）。

图2-5 红掌

图2-6 温室盆栽红掌

1）生物学特性。红掌原产南美洲哥伦比亚西南部热带雨林。多年生常绿草本。茎短缩、直立，节上多生气根，株高50~70cm。叶聚生茎顶，革质，长圆状椭圆形、长圆状披针形或卵圆形，长20~30cm、宽10~20cm，叶基凹心形，先端钝圆，具短突尖，掌状脉，中肋背面隆起，小脉网状，叶柄圆柱形，坚挺，长60cm。佛焰花序单生叶腋，花梗圆柱形，直立，长30~50cm，佛焰苞心状卵形，肥厚，平展，鲜红色或橙红色，有粉色、玫红色、白色、绿色等品种，长8~15cm，有明显网脉，表面凸起。肉穗花序无柄，黄色，下具白斑纹，长5~12cm，花两性。在适合条件下可以全年开花。品种甚多，如“密叶花烛”、“白色花烛”和“红色花烛”等。

2）生态学习性。

① 温度：适宜生长昼温为26~32℃，夜温为21~32℃，以19~22℃最合适，所能忍受的最高温为35℃，可忍受的低温为14℃。高于35℃植株便受害，低于15℃生长迟缓，低于12.8℃出现寒害，叶片坏死。根际温度15~20℃为宜，低于13℃易发生生理病害。

② 光照：怕干旱和强光暴晒，喜散射光，光照强度7500~25000lx为宜，低于5000lx，花品质与产量下降，超过20000lx则可能灼伤叶面。

③ 湿度：性喜温热多湿而又排水良好的环境，空气相对湿度以70%~80%为佳，苗期可达85%~90%，湿度过低易产生叶畸形、佛焰苞不平整等问题。根际环境要求基质透气

保水，含水量保持50%～75%，pH5.5～6.5，EC值0.5～1.5ms/cm。

3）繁殖方法。红掌的繁殖常用分株繁殖、扦插繁殖、播种繁殖、组织培养繁殖等方法。

① 分株繁殖。分萌蘖另行栽植即可。可选择春、夏、秋季的晴天，将植株从盆中用手轻轻剥离吸芽，双株（同等大小）进行盆栽。

② 扦插繁殖。用于叶不旺盛的植株，去掉叶子，将茎切成小段，保留芽眼，直立扦插在泥炭和沙的均等混合物中，全部覆盖到顶，加地温至25～35℃，2～3周即可生根出叶。扦插法只适用于有直立茎的品种，时间应选择在春天气温回升时结合换盆进行。该方法繁殖效率有限，周期长，增殖苗性状不整齐，且常导致母本严重带病，插穗生长不佳。

③ 播种繁殖。在红掌的原产地热带雨林，红掌可用种子繁殖，用新鲜成熟的种子，发芽适温约25℃，2～3周可发芽。但目前除品种选育外，很少采用种子播种法繁殖，主要原因包括：红掌花粉量很少，须人工授粉才能获得种子；种子成熟缓慢又不易保存；大多数种子实生的红掌需经2～3年以上才进入开花期；种子繁殖的后代会产生变异，影响花的商品性；从国外引进的品种多为杂交种，种子产量很低或不结种子，难以用种子法继续繁殖。

④ 组织培养繁殖。1990年北京市园林局花木公司花卉研究所首次建立离体培养批量生产红掌种苗的生产线。能成功诱导脱分化并再分化出植株的红掌外植体有茎尖、叶片、根、花序轴、叶柄等，但不同的外植体，愈伤组织的诱导率和芽分化率差异较大。研究发现MS、1/2MS、N6、B5、KC和Nitsch等基本培养基均可诱导红掌愈伤组织，大多数研究认为以1/2MS培养基诱导效果最好。红掌外植体对外源激素的反应较为敏感，较高浓度的细胞分裂素结合较低浓度的生长素对大多数品种的愈伤组织诱导有较好的效果。

4）品种选择。红掌同属植物约有200多种，其中有观赏价值的约有20多种。常见的有：大叶花烛、水晶花烛、剑叶花烛。依观赏目的不同，可分为3类。第一类为肉穗直立的切花类，以红鹤芋为代表；第二类为肉穗花序弯曲的盆花类，以花烛为代表；第三类为叶广心形，浓绿色有光泽，叶脉粗，银白色，具有美丽图案的观叶类，以晶状花烛为代表。栽培广泛，品系品种较多的是切花类。

常见切花品种：

发达：颜色为红色，花直径13～15cm，中小型叶片，种植密度14株/m²，瓶插期4～5周，产花量90支/m²。该花鲜艳、亮丽的红色佛焰苞同白色和黄色互相搭配，佛焰苞蜡质层厚，瓶插期长，周年高产。

鲁米亚：它是一个新的切花红掌品种，其特点是佛焰苞扭曲。其纤细的外形，加上乳白的花色，使它脱颖而出。扭曲佛焰苞上的细小纹脉与淡紫色的肉穗花序相得益彰，这样的组合使“鲁米亚”看起来自然、活泼且不失优雅。7～8cm的小巧尺寸使它成为婚庆用花及宴会用花中的主力军；平均41d的瓶插寿命使它更具吸引力。

真诚：颜色为粉色，花直径13～15cm，中型叶片，种植密度14株/m²，瓶插期4周，产花量80支/m²。粉色配以刚萌芽的绿色，如邻家女孩般清娴淡雅，可爱迷人。

爱威特（爱福多）系列：该系列颜色有红色、白色、粉色、酒红色等。花直径13～15cm，种植密度14株/m²，瓶插期4～5周，产花量91支/m²。爱威特系列为周年生产的大花型品种，生长势强，植株生长紧凑，开花早，花梗长，韧性强，抗病性强，根系发达，耐运输。产量特别高，瓶插期长。

绿光：颜色为苹果绿，直径14~16cm，中小型叶片，种植密度14株/m^2，瓶插期3~4周，产花量85支/m^2。绿光的佛焰苞颜色独特，如同苹果的绿色，清新脱俗。花柱由白色过渡到绿色，同佛焰苞形成对比，时尚中散发出一股自然的田园气息。品种抗逆性强，周年生产，产量高。

皇后：颜色为黄色，花直径14~16cm，叶片中等大小，种植密度14株/m^2，瓶插期4周，产花量80支/m^2。“皇后”花色纯正，佛焰苞晶莹剔透，而且植株紧凑，除了亮丽的外表外，其瓶插期可达4个星期，产量也很高。

陶醉：颜色为深红色，花直径14~16cm，种植密度14株/m^2，瓶插期4~5周，产花量85支/m^2。“陶醉”色泽浓重，古典而美丽，神秘中尽显高贵品质。瓶插期长，周年生产，产量高。

皇橙：颜色为橙色，花直径13~15cm，中型叶片，种植密度14株/m^2，瓶插期4~5周，产花量85支/m^2。橙色为荷兰皇家的颜色，高贵、奢华。植株生长快，色彩鲜艳，花高于叶片，易于采收。瓶插期长，产量高。

摩登：颜色为红色，花直径13~15cm，种植密度14株/m^2，瓶插期3~4周，产花量75支/m^2。“摩登”独特的花色伴随明艳的花柱，时尚中散发着一股奢华气息。

新橙：颜色为橙色，佛焰苞直径14~16cm，种植密度14株/m^2，瓶插期4周，产花量85支/m^2。“新橙”那甜美的色彩在黄色花柱的衬托下更加鲜艳夺目。植株生长快，花朵瓶插期长，周年生产，产量高。

骄阳：中花型，佛焰苞红色，株形丰满，大小盆径均适合种植。

真爱：中花型，生长速度快，株形饱满，色泽艳丽。

阿拉巴马：中花型，佛焰苞深红色，花径10cm，株高40~50cm，株形丰满，叶色深绿。

娃娃：中花型，佛焰苞红色，花多、叶繁，适合小盆径种植。

埃米斯：中花型，株高50~60cm，佛焰苞桃红色，花径10cm左右，花期长达4个月。

火焰：大花型，佛焰苞艳红色，花径10~15cm，花数4~7朵，株高50~60cm。

红国王：大花型，生长速度快，枝秆坚挺，色泽艳丽。

燕尾红：大花型，株高60cm以上，佛焰苞红色，花径10~15cm。

粉冠军：小花型，佛焰苞粉色，株形丰满，适宜小盆径种植。

白冠军：与“粉冠军”为同一个系列，小花型，佛焰苞白色，株形丰满。

育空：紫色小花型，株高20~30cm，佛焰苞和肉穗花序均为紫色，花多且分布均匀，株形丰满。

C小调：小花型，株高40~50cm，佛焰苞和肉穗花序均为绿色，花多且分布均匀。

香妃：小花型，佛焰苞和肉穗花序均为紫色，适合小盆径种植。

北京火炬：小花型，佛焰苞粉红色，肉穗花序粗大，株形丰满，适宜小盆径种植。

5）栽培技术。

① 基质选择：在红掌切花生产中，可选用的基质种类较多，应具有以下特性：能保水、保肥，易排水；不易腐烂，分解；不含有有毒成分；能够完全支撑作物的种类；基质颗粒不能太小，直径大小为2~5cm。通常红掌切花生产可以持续5~6年，种植时间较长，所选基质的性状应稳定，不能受外界影响而发生很大改变。常选用的基质有：花泥、岩棉、熔岩、

泥炭、椰子壳、珍珠岩等。

② 盆栽：红掌上盆种植时很重要的一点是使植株心部的生长点露出基质的水平面，同时应尽量避免植株沾染基质。上盆时先在盆下部填充4~5cm颗粒状的碎石等物作排水层，然后加基质2~3cm，同时将植株正放于盆中央，使根系充分展开，最后填充基质至盆面2~3cm即可，但应露出植株中心的生长点及基部的小叶。

③ 槽培：槽式栽培要求要求床宽1.0~1.2m、高0.2m、长45m以内，具有一定坡降，床底最好设排水层，铺设砾石、陶粒等较粗的基质，以达到最佳的排水和保湿效果。布设低位喷灌供液系统。

④ 切花采收：当红掌的肉穗花序有0.5~1.0cm未变色时即可采收，此时佛焰苞最大，色彩最艳，插花寿命也最长。由基部剪下后，将基部插入盛水的塑料管中，佛焰苞用塑料膜包裹，最后分出等级用胶带固定在专用包装箱中待出售。储运温度不得低于13℃，否则会出现冻害。

包装材料应能保护产品不受低温危害、高温灼伤和机械损伤。包装箱规格应便于装车和运输，坚固不易变形。宜使用薄膜袋和纸箱双层包装，其常用规格见表2-5。包装箱上应注明产品名称、数量、规格、质量等级、执行标准、生产单位、地址、电话等。包装前需保持基质湿润，保持植株和盆具洁净完整，产品质量达到或超过包装箱注明的质量等级标准。包装时先用薄膜袋完全套住植株整体，不露出叶、花序，不损伤叶片、花苞，再小心装箱。装箱方式有直立式和横卧式两种，每种方法应使用相应规格的纸箱装箱时每盆植株要紧靠排列，避免花序、佛焰苞及叶片的挤压折叠。装箱后封口，打包装带和通气孔。

表2-5 红掌盆花常见品种包装薄膜袋和纸箱规格

品种	包装薄膜袋规格（上口径×下口径×袋长）	纸箱规格（长×宽×高）
粉冠军、托金	33cm×25cm×50cm	98cm×64cm×22cm
亚丽桑娜、翡翠、甜梦	35cm×30cm×60cm	98cm×64cm×22cm
华伦天奴、幻想	32cm×28cm×80cm	60cm×60cm×85cm

6）营养液配方。红掌基质栽培时选用营养液配方见表2-6。

表2-6 红掌基质栽培时选用营养液配方

大量元素	用量（mmol/L）	微量元素	用量（μmol/L）
N NO_3^-	6.5	Fe	15
NH_4^+	1.0	Mn	3.0
P	1.0	Zn	3.0
K	5.5	B	10~20
Ca	1.5	Cu	0.5
S	1.0	Mo	0.5
Mg	1.0~1.5		

7）营养液管理。红掌属于对盐分较敏感的品种，因此，应尽量把基质pH控制在5.2～6.2，而最适红掌生长的pH是5.7。红掌缺N、P、K、Ca、Mg后都有不同的表现症状，缺N素时，老叶发黄并出现坏死斑；缺P时，老叶边缘焦枯发黄；缺K时，典型症状是红色品种的佛焰苞边缘发蓝，浅色品种则佛焰苞呈现玻璃化状；缺Ca时，叶片形状变尖，佛焰苞形状变尖；缺Mg时，老叶沿叶脉黄化，但叶脉仍保持绿色。其中红掌常会出现缺镁症状。适合红掌生长的EC值为1.2ms/cm。因为EC值高会导致花变小、花茎变短，从而降低观赏价值。天然雨水是红掌栽培中最好的水源。盆栽红掌在不同生长发育阶段对水分要求不同。幼苗期由于植株根系弱小，在基质中分布较浅，不耐干旱，栽后应每天喷2～3次水，要经常保持基质湿润，促使其早发多抽新根，并注意盆面基质的干湿度；中、大苗期植株生长快，需水量较多，水分供应必须充足；开花期应适当减少浇水，增施磷、钾肥，以促开花。上盆1个月左右，看根系露出基质外围4～5根时，即可施第一次肥，用EC值为0.8～1.0ms/cm的肥液浇灌，而后4个月到半成品时用EC值为1.4ms/cm的肥液浇灌直至出售。

（2）非洲菊 别名：扶郎花、灯盏花、大丁草，菊科大丁草属（非洲菊属）。原产南非及亚洲温暖地区。非洲菊因又称为扶郎花，为此常为婚礼用花，意为“扶持新郎，事业发达”之意。同属植物约45种，产于亚洲和非洲南部；中国有5种。现世界各地广为栽培。非洲菊花色丰富、花型多样，栽培用工省，在温暖地区能周年不断地开花，加之现代育种和组织培养苗商品化生产的应用成就，很快成为世界闻名的十大切花之一。目前其切花生产的主产地有：荷兰、意大利、德国、法国和美国等。非洲菊常用来盆栽装饰门庭、厅堂，是我国及国际重要的切花之一；也适合公园绿地大面积栽培观赏。非洲菊的亲缘关系来自菊属和紫菀属，它的头状花序是由许多小花组成的，外轮花为雌性舌状花，色彩艳丽；中部的花主要是雄性管状花，即所谓的花心。非洲菊虽为雌雄同株，但却是异花授粉植物。非洲菊如图2-7所示。地栽非洲菊如图2-8所示。非洲菊花境如图2-9所示。

图2-7 非洲菊

图2-8 地栽非洲菊

图2-9 非洲菊花境

1）生物学特性。多年生宿根常绿草本，基生叶丛状，全株有茸毛，老叶背面尤为明显。叶柄长12~30cm，叶长椭圆状披针形，具羽状浅裂或深裂。总苞盘状钟形，苞片条状披针形。花葶高20~60cm，有的品种可达80cm，头状花序顶生。舌状花条状披针形，1~2轮或重瓣，长2~4cm或更长；管状花呈上、下二唇状，花色多种，有白色、黄色、橙色、粉红色、玫红色、洋红色等。可四季开花，以春、秋为盛。品种众多，如栽培条件合适，全年均有花开。根据品种和栽培条件不同，每枝每年可产30~70支花不等。瓶插寿命10d左右。非洲菊根系较发达，主根系较长，不定根易形成。幼嫩的主根上常长有许多白色须根，随主根逐渐衰老，颜色变为棕褐色，须根能力也随之消失，衰老的主根体积也随之缩小，有向下牵引植株的能力，故称“收缩根”。非洲菊生长条件要求不太高，花期调控容易。

2）生态学习性。

① 温度：原产南非，喜温暖、阳光充足、空气流通的环境。在西南等亚热带无霜地区生长良好，昆明在有冬季保温条件下可周年栽培。在华南地区可作露地宿根花卉栽培；华东地区须覆盖越冬或在温室进行切花促成栽培。非洲菊最适生长的昼温为22~26℃，夜温一般要比白天低，最适为20~24℃，日平均温度为23℃，温差为1~4℃。若低于7℃会使花蕾停止发育，且根部容易发生病害；若低于0℃，则植株会受冻；当温度高于30℃，生长受阻、开花减少。

② 光照：原产地光照时间较长，夏季14.5h，冬季11.5h，日照仅差3h。非洲菊喜阳光充足的环境，每天日照时数不低于12h，当光照过强时（>60000lx），应适当遮阴。自然光照略有遮阴，可使花茎增长，对切花更为有利，但阳光充足时，共叶片生长健壮，花梗挺拔，花色鲜艳。因此，应根据地区、季节特点，以花卉质量为目的，灵活处理。冬季栽培非洲菊需全光照、阳光充足、空气流通的栽培环境。但夏季应注意适当遮阴，并加强通风，以降低温度，防止高温引起休眠，可用50%的遮阳网遮阴、降温。

③ 湿度：非洲菊的根是肉质根，含水量高，能抗旱而不耐湿，切忌积水。新植小苗应适当控水蹲苗，苗期后，生长旺盛应保持供水充足，夏季每3~4d浇一次，冬季约半个月浇一次。花期灌水要注意不要使叶丛中心沾水，尤其不能积水，不然会引起花芽腐烂。冬季水温最好较土温高出3~4℃；夏季高温切忌用很冷的水来灌溉，不然会引起病害，甚至造成植株死亡。在冬季温室内视温度和生长情况酌情浇水，最佳湿度为70%~85%。因此应注意室内的充分通风。浇水时间最好在清晨或日落后1h；浇水量则视天气和土壤情况而定，冬季和阴天尽量避免浇水过多，大棚等保护地每年的浇水量大致为550~650kg/m²。

④ 土壤：要求疏松、肥沃、微碱性砂质土壤。因非洲菊根系对土壤中的缺氧环境较为敏感，所以土壤要求充分疏松透气，并富含有机质。土壤pH在5.5~6.0之间最合适，不会影响其植株对矿质元素的吸收利用。忌黏重土壤，在碱性土中，叶片易产生缺素症状。

3）繁殖方法。随着我国花卉产业的蓬勃发展，切花非洲菊在花卉市场的占有量越来越大。繁殖通常用播种繁殖、分株繁殖、扦插繁殖、组培繁殖等方法。

① 播种繁殖：非洲菊种子结实力弱，种子发芽率也低，花期进行人工辅助授粉，可以提高其结实率。采收的种子风干1周左右即播种为宜，否则易丧失发芽力，发芽适温20~25℃。10~14d发芽。非洲菊种子约240~300粒/g，通常采用60%珍珠岩+40%泥炭土育苗效果最好，在35~45cm的苗板中撒播1000粒左右的种子，然后在上面覆盖一层蛭石。保持基质温度在20℃左右，避免阳光直射，始终保持空气湿度。发芽后马上提高光照强度，

冬季需要给小苗补光，大约四周以后，小苗长出两片真叶，就可以进行移栽。

② 分株繁殖：适应于一些分蘖力较强的非洲菊品种，分株在3~5月进行，此时不仅气候适宜，而且4~9月间，正逢切花市场非洲菊价格不高，且老株着花不良，母株被分株后不至于大幅度减产，当3~5月分株的小苗经过4~5个月的精心养护后，10月份即可上市。新分植株必须带有根和芽。操作方法是先将待分母株纵切成几株，等伤口愈合后，再将各个分株起出，每个新株带4~5个叶片，剪去下部多余叶片，去掉黑褐色老根、过长根。把各新植株根系浸入含有杀菌剂、发根剂的溶液中30min待栽。

③ 扦插繁殖：挖起健壮母株，截除部分粗大肥根，剪去叶片，切除生长点，保留根颈部，经药物消毒后种于栽植床。床温保持在22~25℃，空气相对湿度在70%~80%，以后将逐渐长出扦插用插条。当芽条在4~5片叶后带叶切下，蘸生根粉后，扦插于插床，控制室温25℃左右，相对湿度控制在80%~90%。3~4周生根即可移栽定植于大田。

④ 组培繁殖：用来快速繁殖和无性系批量生产商品苗。

4）品种选择。切花栽培大多选用荷兰选育的四倍体品种，其花葶粗，茎长60~80cm，花径直径12~14cm，舌状花宽而厚，色彩丰富，水养时间持久。一般每栋温室应选择多个品种，要做到花色搭配合理、主次分明。

① 非洲菊的花形。

窄花瓣型：舌状花瓣宽4~4.5mm，长约50mm，排列成1~2轮，花序直径为12~13cm，花形优雅，花梗粗5~6mm，长50cm，但花梗易弯曲。主要品种有佛罗里达等。

宽花瓣型：舌状花瓣宽5~7mm，花序直径为11~13cm，花梗粗6mm、长10cm，株形高大，观赏价值高，保鲜期长，是市场流行品种，尤其以黑心品种最流行，市场销路好。主要品种有白明蒂、白雪、基姆、声誉。

重花瓣型：舌状花多层，外层花瓣大，向中心渐短，形成丰满浓密的头状花序，花径达10~14cm，主要品种有考姆比、地铁、粉后。

托挂型与半托挂型：花序中心部位为两性花，全部或部分发育成较发达的两唇小舌状花，呈托挂型。

② 非洲菊切花品种。

红色系："特拉维撒"，单瓣，大花，分蘖力强，产量极高；"上海"，红色，黑心，花形大；"特拉玛西玛"，红色，大花，切花寿命长；"桑格瑞拉"，重瓣，大花，色彩鲜艳，出花率高；"卡默多迪"，重瓣，大花，色深红，分蘖力强，出花率高；"弗格"，红色，黑心，花瓣反面黄色，花美，产量高，可密植，叶短，但苗期耐热性差，易感病。

粉红色系："特拉克温"，重瓣，大花，花柄长，产量高，是主栽品种；"埃斯特利"，粉色，黑心，花形大，产量高，生长旺盛；"罗斯伯拉"，重瓣，大花，花型美丽，出花率高；"特伯姆巴"，重瓣，大花，花心黑色，花柄长，产量高。

黄色系："特拉费姆"，单瓣，大花，鹅黄色，出花率高；"黄点"，重瓣，大花，黄色；"米瑞高德"，重瓣，大花，黄色，花心黑色，十分美丽。

橙色系："特拉考姆比"，重瓣，大花，产量极高，是主栽品种；"加利福尼亚"，重瓣，大花，花型整齐，出花率高；"杰芳"，重瓣，大花，花瓣多，切花寿命大；"卡利玛特尼"，深橙色，花心黄绿色。

白色系："特拉明特"，重瓣，大花，产量中等；"奥西维亚"，重瓣，大花，产量高。

5）栽培技术。

① 槽培：定植畦宽90cm、高30cm，沟宽40cm。定植：植物具有5片真叶时，进行定植；一定要注意种植深度，切勿把苗尖埋住，行间距为35～45cm，株距25cm为宜，对光照条件好、湿度低的地方，还可以再密一些，一般在早晨或傍晚进行为宜（图2-10）。

② 盆栽：无土栽培非洲菊可以在春秋两季上盆。取消过毒的花盆，垫入棕片，盖上瓦片，加入河沙，将消毒的非洲菊苗移入，再加入河沙至离盆面2～3cm处，用手压实，浇透水，使基质和根能紧密接触，一周左右，待根恢复后，再浇营养液。浇灌营养液的时间可根据河沙的干湿情况而定，一般一周一次，冬季可两周一次，在浇灌营养液的间隔时间里，可清洗基质，以免盐分沉积造成毒害（图2-11）。

图2-10 槽培非洲菊

图2-11 盆栽非洲菊

③ 采花：当非洲菊的花瓣已充分展开，花盘上最外面二、三圈管状花已经开放，则标志此花可以采收，有些重瓣型的要等到花朵更成熟一些时再采收。过早采收，花瓣难以展开，过晚则保鲜期明显缩短。采摘时应用手抓住花茎，向外方向拉掰，使花茎从根茎处断离，不要用刀切或剪。采收后应立即将花茎浸入保鲜液中，并放在凉爽的地方。然后每10支一束，包装上市，长途运输时应竖直放置，不然会产生负向地性使花茎弯曲，但一般时间较短无须这样做。

6）营养液配方。非洲菊基质栽培时选用营养液配方见表2-7、表2-8和表2-9。

表2-7 非洲菊基质栽培时选用营养液配方（一）

化合物名称	用量/(g/L)
硝酸钙	0.708
硫酸铵	0.264
硝酸钾	0.404
磷酸二氢钾	0.488
硫酸镁	0.493

非洲菊营养液配制方法参照前面章节内容微量元素可以采用通用配方进行配制。

表2-8　非洲菊基质栽培时选用营养液配方（二）

化合物名称	用量/(g/L)
硝酸钙	0.74
硝酸钾	0.68
磷酸二氢钾	0.22
硫酸镁	0.20
硫酸铁	2.8mg
硫酸锰	2mg
硫酸铜	1mg
硼砂	2.1mg
硫酸锌	1mg
pH	6.0～6.5

表2-9　非洲菊基质栽培时选用营养液配方（三）

化合物名称	用量/(mg/L)
硝酸钙	760
硝酸钾	430
磷酸二氢钾	170
硝酸铵	60
硫酸镁	245
螯合铁	13
硫酸锰	1.2
硫酸铜	0.15
硫酸锌	1.2
硼酸	1.9
钼酸铵	0.10

营养液调整EC为1.5ms/cm，苗期400mL/株·日，花期600mL/株·日。

7）营养液管理。非洲菊喜微潮偏干的基质环境，忌渍水，给植株浇水最好采用滴灌，这样既可节水又能避免涝害。冬春二季低温阶段植株生长缓慢，可每隔4～6周浇灌一次营养液；夏秋二季生长旺盛阶段，要每隔10～15d浇灌一次营养液。

（3）百合　别名：百合蒜、中逢花，百合科百合属。百合花色艳丽，是我国重要的切花，有的品种适合盆栽观赏，也是我国重要的年宵花之一。因为百合意味着“百事合意”、“百年好合”等，象征着吉祥、圣洁、团圆、喜庆、幸福、美满的美好内涵，深受人喜爱。百合为古巴的国花；野百合为智利国花；姜黄色的百合为尼加拉瓜的国花。欧美人民把百合当作圣洁的象征。在法国百合花是古代王室权力的象征，法国人民为纪念他们的始祖从12世纪起便把百合花作为国徽图案。

1）生物学特性。百合为多年生草本无皮鳞茎类花卉。鳞茎球形、卵形、椭圆形或圆锥形，大小因种而异。多数种为直立性，少数为匍匐茎。叶片有线形、披针形、卵形、倒长卵形或心脏形，旋生或轮生，因种而异。叶脉平行，叶有柄或无柄。花单生于茎顶，多花种为总状花序或不典型伞形花序，辐射对称，花被片 6 枚，2 轮，每轮 3 片，雄蕊群 6 枚，2 轮排列，每轮 3 枚；花被片内、外两轮，各 3 枚。重瓣花有瓣 6～10 枚。雄蕊 6 枚，花药丁字形着生。柱头 3 裂，花瓣基部有蜜腺，芳香。子房上位，蒴果。花期初夏至早秋。常有香味，有白、黄、橙、粉、红、紫、绿等色，部分还有斑点、条纹或镶边（图 2-12～图 2-16）。

图 2-12　橙色百合

图 2-13　黄色百合

图 2-14　百合花境

图 2-15　百合插花

图 2-16　百合插花

2）生态学习性。

① 温度：百合类大多性喜冷凉、湿润气候，耐寒；大多数种类品种喜阴。生育和开花的适温为15~20℃，5℃以下或30℃以上时生育近乎停止。百合在开花后鳞茎进入休眠期，经过夏季一段时期的高温即可打破休眠，再经低温春化诱导，在适宜温度下形成花芽。打破休眠及低温春化的温度、时间因品种而异，打破休眠一般需20~30℃温度3~4周。亚洲系百合需在-2℃条件下冷藏，而东方系和麝香百合通常需在-1.5~-1℃条件下度过低温春化期，并在茎叶长到8~10cm时即开始形成花芽。生根期之后，东方百合的最佳气温是15~17℃，低于15℃则会导致落蕾和黄叶；亚洲百合的气温控制在14~25℃；铁炮百合的气温控制在14~23℃，为防止花瓣失色、花蕾畸形和裂苞，昼夜的温度不能低于14℃。

② 光照：百合为长日照植物，虽然在短日照下也能开花，但长日照能促进花芽分化。虽喜阳，但略有轻荫，才能生长良好。

③ 湿度：喜干燥，怕水涝，根际湿度过高则引起鳞茎腐烂死亡。多数种类喜凉爽湿润的环境，但少数种类（如王百合、山丹及渥丹）能耐干旱环境。定植前的基质湿度以手握成团、落地松散为好。高温季节如有条件应浇一次冷水以降低基质温度，定植后再浇一次水，使基质与种球充分接触，为茎生根的发育创造良好的条件。以后的浇水以保持基质湿润为标准，以手握成团但挤不出水为宜。浇水一般选在晴天上午。环境湿度以80%~85%为宜，应避免太大的波动，否则会抑制百合生长并造成一些敏感的品种如元帅等发生叶烧。如果设施内夜间湿度较大，则早晨要分阶段放风，以缓慢降低温度。

④ 土壤：要求腐殖质丰富、多孔隙疏松、排水良好的壤土，多数喜微酸性土壤，有些种和杂种能耐受适度的碱性土壤，适宜pH为5.5~7.5，忌土壤高盐分。忌连作，3~4年轮作1次。

3）繁殖方法。

① 播种繁殖：百合种子分为子叶出土类型和子叶留土类型两种。对于前者，播前需用60℃水浸种1d，然后将种子置20~24℃温箱中，约7d长出胚根，14d出芽，于出芽前播种。对于后者，在20~24℃条件下数星期后才能长出胚根，然后移到4~5℃冰箱中，三个月后移回定温箱中，经半月才能出芽。

② 小鳞茎繁殖：百合老鳞茎的茎轴上能长出多个新生的小鳞茎，收集无病植株上的小鳞茎，消毒后按行株距25cm×6cm播种，草炭、蛭石和细沙按2:2:1比例配成的复合基质栽培床或畦内。经1年的培养，一部分可达种球标准（50g），较小者，继续培养1年再作种球用。1年以后，再将已长大的小鳞茎种植在栽培床或畦中。小鳞茎的培养需要较多的肥料，施肥的原则是少而勤，同时养分要全。在栽培基质中加入长效有机肥料，是较理想的施肥方法。在鳞茎第2年的培养中，有些会出现花蕾，应及时摘除这些花蕾，以利于地下鳞茎的培养。小鳞茎经2年培养后，即可用作开花种球。在收获以后，应按规格分级，去除感病球并装箱。

③ 大球繁殖：大球繁殖法即花后养球。当百合开始开花时，地下的新鳞茎已经形成，但尚未成熟。因此，采收切花时，在保证花枝长度的前提下尽量多留叶片，以利于新球的培养。花后6~8周，新的鳞茎便成熟并可收获。

④ 组培快繁：以观赏百合莫娜、黄天霸、巴巴拉、索邦等4个品种的鳞片为材料进行组培快繁技术研究。结果表明：用75%酒精消毒10s，0.1%升汞消毒10min，再用无菌水清

洗5次的灭菌效果最好，污染率最低；MS + 6- BA0.5mg/L + NAA1.0mg/L 为最佳诱导培养基；MS + 6- BA1.0mg/L + NAA0.5mg/L 为最佳增殖培养基；MS + IBA0.5mg/L 为最佳生根培养基；蛭石∶黄心土 = 1∶1 为最佳移栽基质。整套组培快繁技术在莫娜、黄天霸、巴巴拉、索邦等4个观赏百合品种中均适用。

4）品种选择。百合是新兴的大宗切花之一，主要分布于中国、日本、北美和欧洲等温带地区。百合的园艺品种众多，北美百合协会曾将百合园艺品种划分为10个种系，这种系统已在很多的百合展览中采用。目前，切花生产的观赏栽培品种主要是3个种系，即亚洲系、东方系和麝香百合。

① 麝香百合杂种系。花形呈喇叭状，花色洁白高雅，有浓郁的芳香气味。白色系：白森、白美国、新铁炮百合。

② 亚洲百合杂种系。花形反卷或碗形，少有喇叭形，花色以黄色和橙色为主，花无芳香气味。黄色系：新中心、超级康巴斯、乡情、变色龙；白色系：新波；红色系：伙伴、黑鸟；橘红色：地平线、康巴斯、精粹、布鲁拉诺。

③ 东方百合杂种系。花形为碗形或星状碗形，花色丰富以红色、粉红色、白色为主，花具有芳香气味。白色系：埃德先生、火百合、西伯利亚；红色系：元帅、索邦；粉色系：蒙娜丽莎；复色系：早恋、名士、奇迹。

5）栽培技术。

① 基质选择：珍珠岩、蛭石（1∶1）、草炭和蛭石（1∶1）、草炭和珍珠岩（1∶1）3种基质适合百合切花生产栽培；草炭、森林土、珍珠岩、蛭石、草炭与蛭石（1∶1）、草炭与珍珠岩（1∶1）、蛭石与珍珠岩（1∶1）、细砂与草炭（1∶1和1∶2）基质适合切花百合种球的生长。基质的pH和通透性是基质筛选中应首先考虑的因子，要求基质有良好的通透性，pH 5.4左右。

② 槽培：百合无土栽培方式有基质槽培、箱式基质培、盆栽和水培等，但主要以基质槽为主。根据实际情况搭建宽6～8m、长20～30m的大棚，若是单棚，棚间距1.5m。用大棚专用薄膜覆盖，同时大棚裙部设围高约1.2m的防虫网。棚内设宽1m、深25～30cm、长度不限的栽培槽和宽50cm的走道，栽培槽底部垫一层薄膜，然后用泥炭、椰糠、珍珠岩按6∶2∶1配比的基质栽培，基质厚度为25～30cm，该基质疏松，透气性好，对百合生长十分有利。因此选择好百合种球的下种时间很关键，种球一般在需花前75～90d之前下种，冬季需加长10～20d。

③ 盆栽：盆栽百合时常用12～15cm的深盆，每盆栽一个种鳞茎，或用15～18cm深盆，每盆栽3个鳞茎，开花时会形成茂密的花丛。定植时在盆底多垫些碎瓦片，然后加基质，鳞茎顶芽距离盆口2cm，顶芽上覆土1cm。目前，在荷兰都采用催芽鳞茎，催芽部分必须露出土面。如果种植前鳞茎已萌发则无须催芽，如尚未发芽，可将鳞茎排放在盛木屑的木框内催芽。播种时间以9月下旬至10月份为宜。

④ 采收：当花蕾膨大而呈乳白色时，为采花的适期，也就是冬季开花前1～2d。1株平均2、3枝花，售价较高。包装时按每株的不同朵数，10支一束，使蕾朝上，用包装纸包好，装入纸板箱、木箱上市。已开的花，由于花瓣损伤，花粉污染花瓣，在采花之前去掉花药以防止污染，但商品价值显著降低。已采过花的球根，再放到露地管理3～4周，使其受低温的感应，然后收藏于温室或温床，可于5～6月再次开花。

6）营养液配方。百合基质栽培时选用营养液配方见表2-10。

表2-10 百合基质栽培时选用营养液配方

肥料	50kg水中肥料含量
硝酸钙	18.9kg
硝酸钾	8.8kg
磷酸二氢钾	5kg
硫酸镁	9.6kg
硫酸亚铁	0.25kg
硼砂	0.35kg
硫酸铜	5g
硫酸锌	5g
硫酸锰	5g
钼酸铵	5g
pH	5.5~6.5

7）营养液管理。基质栽培定植初期可只浇灌清水，5~7d后当有新叶长出时，改浇营养液，用标准配方的0.5个剂量浇灌。地上茎出现后改用标准配方的1个剂量浇灌，并适当提高营养液中P、K的含量，在原配方规定用量的基础之上，P、K的含量再增加100mg/L。开花结实期用标准配方的1.5~1.8个剂量浇灌。在此期间，还可适度进行叶面施肥。基质栽培时，冬季每2~3d浇灌1次营养液，夏季可每1~2d浇灌1次营养液、1次清水。

（4）郁金香　别名：洋荷花、草麝香，百合科郁金香属。现在世界各国栽培的郁金香是高度杂交的园艺杂种，其花色、花形是春季球根花卉中最丰富的。

郁金香花大美丽，是著名的球根花卉，园林中常用于布置花坛、花境，盆栽适合阳台、窗台及案几摆放观赏（图2-17~图2-20）。

图2-17　郁金香包装

图2-18　含苞待放的郁金香

图 2-19 郁金香插花

图 2-20 郁金香花境

1）生物学特性。地下具鳞茎，由 4 ~ 5 层鳞片互相抱合，还有幼芽及缩短的茎盘共同组成。鳞茎卵形或偏圆锥形。郁金香无主根，在缩短的茎基部着生白色须根，须根再生能力极差，故不耐移栽。茎、叶光滑，被白粉。叶 3 ~ 5 枚，带状披针形至卵状披针形，基部抱茎，全缘并呈波状，常有毛，质地较厚实，叶长 10 ~ 21cm、宽 2.5 ~ 5.5cm。花单生茎顶，大型，花冠杯状或盘状，花被内侧基部常有黑紫色或黄色色斑。形状多样：花被 6 片，离生，颜色极为丰富，有白色、黄色、橙色、红色、紫红色等各单色或复色，并有条纹、重瓣品种。雄蕊 6 枚，花药基部着生，紫色、黑色或黄色。子房 3 室，柱头短，蒴果背裂，种子扁平，栽培品种多无种子。单花开放时间为 8 ~ 10d，花白天开放，傍晚或阴雨天闭合。郁金香按器官发育顺序可划分为：根系伸长期，即从催根开始到萌发为止；叶生长期，即从萌芽开始至现蕾为止；花茎伸长期，即从现蕾至开花为止；花期，即从花朵展开到花谢为止；子球充实期，即从花谢到叶枯，生长周期结束为止，全生长期约 80d。

2）生态学习性。

① 温度：郁金香原产地中海沿岸，耐寒，可露地自然越冬，但忌暑热。9 月下旬至 10 月上旬种植，在春季地上部分伸长之前，需要 3 个月的 5 ~ 9℃的低温阶段，生长期适宜温度为 11 ~ 15℃。6 月中下旬收获后，鳞茎完成花芽分化。花芽分化时的适宜温度为 20℃，以后花芽发育时以 9℃最好。因而以早期开花为目标的促成、半促成栽培，就是由人为地促进花芽生长、发根、发芽而实行的球根冷藏处理。

② 光照：喜光照充足。郁金香性喜强光，在栽培过程中，应该保证种植地点每天有不少于 8h 的直射日光。

③ 湿度：郁金香喜微潮偏干的基质环境，特别是在定植后新根尚未长出前，浇水不宜过多。平时要掌握气温低少浇水、气温高多浇水的原则进行管理。在郁金香的鳞茎里有着较多的贮藏物质，因此营养液的补给对于它的生长来说影响相对较小。

④ 土壤：郁金香适宜富含腐殖质、排水良好的沙土或沙质壤土，最忌黏重、低湿的冲积土。

3）繁殖方法。郁金香可以采用播种繁殖、分球繁殖、组织培养繁殖等方法繁殖。

① 分球繁殖：在无土栽培中，最好采用分球法育苗，所用种球为当年 5 ~ 6 月采收的鳞茎。此项操作可在每年 5 ~ 6 月进行，但所分栽的种球要经过几个月的贮藏后，于 9 月下旬至 10 月上旬进行定植。郁金香每年更新，花后即干枯，其旁生出一个新球及数个子球。子

球数目因品种不同而有差异，早花品种子球数量少，晚花品种子球数量多。栽前整地作畦，先将畦内土挖出15cm厚，铺上腐熟的厩肥及草木灰等作基肥。基肥上面铺一层细土，将子球栽植其上，行距14～16cm，株距5～15cm。然后覆土，厚度以高出子球2倍为宜。栽后浇水促生根。盆栽时每盆可栽4～5个充实、肥大的子球，埋土与球顶平齐即可，盆底加基肥。一般在秋季播种种球后，可把盆埋入土中促进生根，待到次年春天掘出灌水，进行盆栽正常管理。如想提早开花，可于12月份起随时掘出，盆栽后放在温室内，可在春节开花。

② 播种繁殖：应在秋季播种，经过冬季低温于春季发芽。郁金香的果实为蒴果，具有3室，室背开裂。必须等到果实成熟到采收标准时才能采收，即整个果实的颜色已经变黄，顶端略微裂开。在收获果实时，使用剪刀或解剖刀在果实下端8cm左右割断（有利于后期取种子工作），再用解剖刀顺着开口缝隙向下划开，目的是促进果实内部的水分快速蒸发，保证杂交种子迅速干燥，降低种子的霉变。播种箱选择四壁为实心，不透基质和水，箱底为筛网状的黑箱，箱子长宽不限，高度要大于18cm，以保证箱内栽培基质的深度达到15cm。如选用百合运输箱，必须对箱子四周进行处理，防止浇水时种子和基质从侧面流失。

③ 组织培养繁殖：对4个郁金香品种检阅、风流寡妇、金色检阅、粉红印象的鳞片组织培养进行系统的研究。结果表明：0.1% $HgCl_2$ 10min＋5% NaClO20min是最佳的消毒方法。Parade适宜诱导愈伤组织的培养基为MS＋NAA1.0mg/L＋BAmg/L，诱导率可达100%。Parade和Merry Widow适宜诱导芽的培养基分别为MS＋NAA2.0mg/L＋BA0.5mg/L和MS＋NAA0.5mg/L＋BA1.0mg/L，芽的直接再生率均为15.4%。中层鳞片易诱导成愈伤组织，诱导率为8.0%，内层鳞片较易直接诱导生芽，再生率可达26.7%。培养基中添加50～200mg/L的维生素C有利于直接再生芽，而不利于愈伤组织的诱导。鳞片接种后暗处理5d和15d可以使芽的直接再生率分别达到12.5%和10.3%。

4）品种选择。郁金香的园艺栽培品种多达8000余个，多为杂交培育而成，亲缘关系极为复杂，有些是由许多原种经多次杂交培育而成，也有些是通过芽变选育而成。因此极富变异性，表现在花期、花形、花色及株形上的不同。按花期可分为早、中、晚；按花形分有杯形、球形、百合花形、皱边形、鹦鹉花形及重瓣形等：花色有白、粉、红、紫、褐、黄、橙、黑、绿斑和复色等，花色极繁多。

1976年郁金香国际分类会议将其划分为15个类型：早花类：单瓣早花型、重瓣早花型；中花类：孟德尔型、胜利型、达尔文杂种型、达尔文型、百合花型、长卵形花型、伦布朗型、鹦鹉型、牡丹花型；野生种及其具有显著野生性的杂种类：睡莲花型、斯特型、格立基型、其他种及其变种和杂种。常见的切花品种（包括促成栽培品种），主要属于中花型的凯旋系、达尔文杂交种和晚花型的单瓣种等，具体如图2-21～图2-35所示。

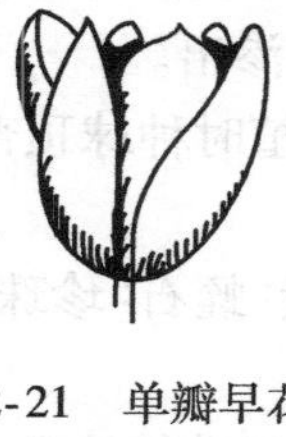

图2-21　单瓣早花型

图2-22　重瓣早花型

图2-23　胜利杂种型

图 2-24　达尔文杂种型

图 2-25　单瓣晚花型

图 2-26　百合花型

图 2-27　达尔文型

图 2-28　乡趣型

图 2-29　瑞木班特晚花型（又称伦布朗型）

图 2-30　鹦鹉型

图 2-31　重瓣晚花型

图 2-32　考夫曼型

图 2-33　福斯特型

图 2-34　格雷格型

图 2-35　其他型

5）栽培技术。

① 盆栽：无土栽培以移栽小苗为好，种子播于经消毒处理而不用有机肥的培养土内，幼苗长出 3~5 片叶后移入无土栽培盆内。扦插苗应扦插在珍珠岩或沙里，扦插生根后移入无土栽培盆。选口径 20cm 的花盆栽培，先用碎瓦片盖住排水孔，接着往盆中填入一定量的种植土，然后取 5 颗健壮种球按“×”形排列放入盆内，填土压实，最后铺上 2cm 粗砂，以防表土土壤板结和种球顶土。装盆时，盆土不宜装得太满，以略低于盆面为适，浇水下沉后，土面以低于盆口 2cm 左右为好。上盆后立即浇透水，至盆底有水渗出。

② 槽培：选取郁金香种球进行地栽，株行距为 10cm×15cm，种植时种球顶部与土面相平或略低，盖 2cm 厚粗沙，然后及时浇透水，促其生根。

③ 基质配方：不同基质对郁金香生长的影响有明显差异，以草炭∶蛭石∶珍珠岩 =1∶1∶1 为基质栽培郁金香效果最好。

④ 切花和上市：等待花蕾充分着色，即可切花上市。用稍低的温度进行管理，可逐渐着色。但用高温提早开花，着色差。同时着色迟的，在运输和市场成交时容易损伤。因此，临近

开花时，要避免过高的高温，在充分晒光的同时要通风良好。切花时选拔球根，用钳夹切割，尽可能带上球根内部的茎。切花根据高矮和花的大小分选，10 支一束。远距离运输的切花，使其稍许萎凋之后再包装，对于距离近的市场，要充分吸水后，装箱或装纸盒上市。

6）营养液配方。郁金香基质栽培时选用营养液配方见表2-11。

表2-11　郁金香基质栽培时选用营养液配方

化合物名称	用量（g/L）
硝酸钙	0.354
硫酸铵	0.264
硝酸钾	0.68
氯化钾	0.074
硫酸镁	0.493

注：郁金香营养液配制方法参照前面章节内容，微量元素可以采用通用配方进行配制。

7）营养液管理。在无土基质中浇入营养液后，根系不会缺水，但应注意通气和加大湿度，可以在地面洒水或叶面喷雾，减少蒸腾。生长期每7～10d浇营养液一次，休眠期每月1～2次，处于含苞待放的应停浇或少浇。每半年至1年将植株连同根系取出，将根系和基质冲洗一次，以清除聚集在根部和基质里的盐分。

（5）洋桔梗　洋桔梗为龙胆科的多年生宿根草本，又称为草原龙胆，原产于北美洲德克萨斯、亚布拉罕、路易斯安纳、北墨西哥等州的草原之上，故得名草原龙胆。因其花型似一风铃，花色多为蓝色，当地人称其为德克萨斯蓝风铃。洋桔梗花色淡雅，花形优美，花色有紫、白、黄、粉及白底镶紫边、粉边等多种，清新娇艳，加上其切花吸水性好，瓶插寿命长，且多数花蕾采后仍能继续生长、依序开放，花姿、花色颇具现代感，近年来发展很快（图2-36，图2-37）。作为一种商业切花，在栽培上已获得巨大成功。并成为荷兰鲜花拍卖市场中的十大切花之一。国内的鲜花需求量也不断增长，可用于园林绿地，也可布置花境或植于花坛、花台中，极具现代感，是一种有高贵感的优良花材，颇具发展潜力。其切花于70年代就流行于日本、朝鲜，台湾地区在70年代后期试种成功后，已在台中、台南等地进行大规模生产。

图2-36　洋桔梗

图2-37　洋桔梗盆栽

1）生物学特性。洋桔梗别名丽钵花、土耳其桔梗、德州蓝铃花，宿根草本花卉、多作一二年生栽培，茎直立、分枝性强，株高为50～80cm。叶卵形至长椭圆形，全缘，基部抱茎、对生、灰绿色。花大，呈漏斗状（钟铃形），径约5～7cm，花瓣5～6枚，瓣缘顶端稍波状向外反卷，花色丰富，基本花色有白色、粉红色、紫色等。野生的洋桔梗是耐寒的一二年生草花，于7～9月开花，植株高度仅30～40cm。其基部有簇状叶，簇状叶上部有花梗，花梗上的叶片无叶柄，花芽着生于顶部叶片的叶腋间。花瓣5片，花柱两裂，花螺旋形开放，野生花朵大至6～9cm，花色蓝里透紫。

2）生态学习性。

① 温度：洋桔梗从播种到开花需6～7个月的时间，通常于夏季开花，开花前需经一段低温期，7月份播种，常于秋季定植，翌年4～6月开花；秋冬季播种，于翌年2～3月定植，6～7月开花。花芽分化期温度，以13～25℃为宜。生育初期对温度较敏感，尤其是夜间温度对生长发育影响更大，若夜温低于15℃时，生长速度缓慢，10℃以下时，则几乎停止发育，并常伴有“簇状化”现象发生，即植株行间缩短，叶片密集丛生。

② 光照：生育中期，逐渐对日照长度反应敏感，长日照（16h）可促进茎节和提前开花，一般在第8节上开始着生花蕾，花期主要在春夏。

③ 湿度：洋桔梗原产于北美内布拉斯加至德州一带，为年降雨量仅300～800mm的干燥环境，所以洋桔梗忌湿涝。

④ 土壤：要求通风良好，宜肥沃、富含腐殖质的微酸性壤土，pH以6.5～6.8为佳。

3）繁殖方法。

① 组培繁殖：以MS为基本培养基，附加不同浓度的6-BA、KT、NAA和IBA诱导洋桔梗叶片外植体的再生植株。结果表明：MS+6-BA0.5～1.0mg/L（单位下同）+NAA0.2和MS+6-BA0.5～1.0+IBA0.2培养基都能诱导外植体产生愈伤组织，但6-BA的浓度必须小于1.0mg/L，否则会导致组织的严重玻璃化；MS+KT 1.0～2.0+NAA 0.2或MS+KT 1.0～2.0+IBA 0.2培养基也能诱导外植体产生愈伤组织，愈伤组织出现的时间较早且质地较好，适合分化。继代培养时，MS培养基中仅加6-BA 0.5mg/L或KT 0.5mg/L，即能获得较高的分化率。生根培养研究中，培养液为1/2mS+50 g/L糖+IBA 2mg/L的前处理，生根效果较好，生根率接近基质生根培养的生根率。

用无菌水洗去种子外部的粉质人工包衣，无菌杯内倒入75%乙醇消毒3～5s，再用0.1% $HgCl_2$ 溶液消毒5min，最后用无菌水冲洗6次，洗毕用无菌滤纸吸干水分，然后在超净工作台内均匀地播在培养基上，置于弱光下培养约20d，有部分种子开始萌发，经过40～50d培养，可长成2～3cm高并具3～4片真叶的种子苗。

② 播种繁殖：常采用室内盆播，洋桔梗种子细小，约20000粒/g，包衣种子1000粒/g左右。一般泥炭∶蛭石∶珍珠岩=6∶3∶1为宜。属喜光性种子，播后不覆土，发芽适温为22～24℃。播后10～14d发芽，一般矮生盆栽品种从播种至开花需120～140d，切花品种从播种至开花需150～180d。

4）品种选择。洋桔梗的花形有单瓣、重瓣等类型。单瓣类型中又可分为小花和大花品种；按花期有早（春）、中（夏）、晚（秋）等类型，同时也选育出几个盆栽品种；在花色上，已发展至十余种花色，主要有蓝（紫）色、白色、黄色、紫色、粉色和复色（双色），而尤以复色花最为流行，白花镶蓝边（紫边）更是深受人们的青睐。

由于洋桔梗的育种主要在日本进行，所以日本的分类是依据早晚生性、花色、单重瓣性及花数多少等特性，分为9个系列：①极早生系，多供促成栽培用；②早生系，供一般栽培用；③中晚生系，供冷凉地春播栽培用；④杂种一代（F1），只有杂种优势，供经济栽培用；⑤中间色系，花色介于紫、红、白色之间，如淡粉红等；⑥复色系，一般指白底双色花；⑦重瓣品种，洋桔梗具5~7枚花瓣者属于单瓣种，8~15瓣者，则属于重瓣种；⑧多花型品种，花朵娇小可爱，如多雷米、天龙乙女等；⑨矮性品种，主要供盆栽用，如矮性紫等。

我国主要生产地为云南省昆明等地，上市的品种多为重瓣类型，主要有如下几个品种：

超级魔术：早花品种，特点是花枝粗壮，花梗较长，花色鲜艳，分枝多，有粉红色、白色、深蓝色、浅蓝色、深紫色等，花开持久，花瓣不易脱落。

丽枝：早花品种，从播种到开花约22~26周，株高约30cm，花期较为一致，多分枝，花色有白色、紫色、蓝色和粉红色等，可盆栽也可作为切花品种应用。

闪耀：早花品种，特点是早熟，从播种到开花约需22~26周，花朵在顶部丛生，自然成束，有蓝色、白色、粉红色和蓝白双色系列。

阿利娜：中花品种，特点是花多，花型紧凑，分枝多，花枝粗壮、较高，有绿白色、白色、浅红色、浅黄色、蓝色等系列。

典礼：晚花品种，特点是花朵较大，花多，花期一致，适合于春秋播种，花色有白色、浅黄色、桃红色、蓝色、橙红色等系列。

国王：早花品种，特点是花多成束，分枝多，花型紧凑，有蓝色、白色、浅黄色以及蓝白双色等系列。

回音：中花品种，特点是植株粗壮高大，花多，分株匀称，花色有粉红色、紫蓝色、浅黄色、白色和白花蓝边或红边等系列。

美国Sakata种子公司的洋桔梗Mariachi系列："quadruple"是理想的混合或纯花束花材，它独特的花形，坚硬的花梗和众多的花瓣使它成为消费者喜爱的花卉品种。该系列包括紫色、黄色、蓝色以及深红色花卉品种。

美国Sakata种子公司的洋桔梗Wonderous系列："Wonderous Purple"属于早花品种，重瓣花使其在运输过程中不易受损严重，瓶插寿命长。该系列包括紫色和浅褐色花卉品种。

美国Sakata种子公司的洋桔梗Floretti系列："Floretti Green"属于早花品种，花序上有15~20朵小花，是很好的花束花材，重瓣花使其在运输过程中不易受损严重，瓶插寿命长。该系列包括白色、绿色和黄色花卉品种。

美国泛美种子公司的洋桔梗"ABC 2-3 Green"：是F1代重瓣花品种，白绿色花瓣和独特的花形十分惹人喜爱。

美国泛美种子公司的洋桔梗"Laguna 2-4 Purple"：是F1代单瓣花品种，深紫色的花瓣使其具备高贵的气质。

701品种：花瓣边缘呈蓝色的一个很受欢迎的新品种。此品种株高80~90cm，茎直立，单叶对生，卵圆形，绿色，花序圆锥状，花冠漏斗形，有粉红、纯白、蓝色、蓝白等。每枝花茎着花20~40朵，花枝长50~70cm，7月份播种，秋季定植，翌年4~6月可开花；秋冬育苗，2～3 月定植，则在 6～7 月开花。

5）栽培技术。

① 槽培：将畦内的土壤层铲除 20cm 深，然后将表层土和珍珠岩、蛭石以 1:1:1 的比例混合每畦（6.5m×1.2m）加入复合肥 1kg 有机粪肥 15kg 混匀铺在畦内 20～25cm 厚耙平备用。定植时株行距为 15cm×15cm，定植后浇透水，并用遮阳网覆盖温度控制在 16～18℃，湿度控制在 80%左右。缓苗期间应控制浇水量（间干间湿），以利于幼苗根系的生长。待缓苗期结束后再进行正常管理。

② 采收：洋桔梗的采收适期为植株上至少有 2 朵花开放时。有些品种的第一朵花往往开得较早，可以将其先行摘去。如果运输距离短，则在 5～6 朵花开放时采收最好，这样可使消费者拿到后有更多的花开放，瓶插时间稍长。在采收后，植株底部会有 2～3 个新芽曲出，去掉较弱的 1 个，植株在 2～3 个月内会开第二批花。如果使新长出的花枝健壮，应尽量在枝底部切取花枝。

6）营养液配方。洋桔梗基质栽培时选用营养液配方见表 2-12。

表 2-12　洋桔梗基质栽培时选用营养液配方

化合物名称	用量/(mg/L)
硝酸钙	600
硝酸钾	378
硝酸铵	64
磷酸二氢钾	204
硫酸镁	148

注：洋桔梗营养液配制方法参照前面章节内容，微量元素可以采用通用配方进行配制。

7）营养液管理。胚根萌发阶段：保持 pH 6.2～6.5 之间，EC 值小于 0.75ms/cm，由于洋桔梗对高盐很敏感，应保持铵的浓度小于 10mg/kg；茎秆和子叶出现期间：保持 pH 6.5～6.8 之间，EC 值小于 0.75ms/cm。待子叶完全展开后，开始施肥，采用 14-0-14 的肥料，每周 1～2 次，氮肥浓度 50～75mg/kg。但必须保持铵态氮浓度低于 10mg/kg；真叶生长和发育阶段：保持 pH 6.5～6.8，EC 值 1.0ms/cm 左右。20-10-20 和 14-0-14 的肥料交替使用，氮的浓度为 100～150mg/kg。每浇 2～3 次清水就施 1 次肥；移植或运输的准备：保持 pH 6.5～6.8，EC 值 0.75ms/cm 左右。

3. 其他切花基质培

（1）肾蕨　别名：圆羊齿、蜈蚣草、篦子草、石黄皮、肾鳞蕨、铁鸡蛋、夜吐明珠，骨碎补科肾蕨属。肾蕨原产于热带、亚热带地区，中国华南各地山地林缘有野生。肾蕨为多年生常绿草本，叶形奇特，碧绿而有光泽，株型美观，四季常青，园林中常植于路边、墙边或草地边缘观赏，既可作为室内盆栽观叶植物，又可作为地栽切叶生产供应花市做插花配料（图 2-38～图 2-41）。肾蕨具有生产技术简单，栽培年限长，生长势强，价格较高，销路较好等特点。

图2-38　肾蕨盆栽

图2-39　肾蕨吊盆栽培

图2-40　肾蕨温室栽培

图2-41　肾蕨插花

1）生物学特性。常绿植物，植株高30～80cm。根状茎被淡棕色、长钻形鳞片，具主轴并有从主轴向四周横向伸出的匍匐茎。匍匐茎棕褐色，疏被鳞片，由其上短枝可生出块茎。根状茎和主轴上密生鳞片。叶密集簇生，叶柄暗褐色，直立，具短柄，其基部和叶轴上也具鳞片；叶披针形，一回羽状全裂，羽片无柄互生，密集并呈覆瓦状排列；以关节着生于叶轴，基部不对称，一侧为耳状突起，一侧为楔形；叶浅绿色，近革质，具疏浅钝齿。

2）生态学习性。

① 温度：要想周年获得切叶，环境温度需保持在20～30℃之间，新叶才会不断萌发。有升降温条件的、可调节栽培地温度，使昼夜温差为5℃左右，有利于肾蕨积累营养物质，加快生长速度。当环境温度高于35℃（或低于15℃时，肾蕨生长都会受到抑制，要采取有效措施控制。在整个冬季，环境温度不能低于冰点，否则植株易受冻害。

② 光照：肾蕨喜阴蔽、通风、空气湿度大的环境，盛夏要避免阳光直射，冬季可适当接受直射光照。在中等阴蔽下生长良好。无论采用自然遮阴还是遮阳网阴蔽，都应将光照强度控制在400～1500lx之间，早晨和傍晚可以不用遮阴。光照强度对叶片颜色深浅有一定的影响，因此为了提高切叶质量，应维持恒定的光照。

③ 湿度：肾蕨性喜温暖湿润的环境，相对湿度以60%左右为宜。肾蕨栽后浇透水放半阴处培养。夏季除保持盆土湿润外，按天气情况，光照充足时每天向叶上喷水数次。增加空

气湿度，保证叶片清新碧绿。空气干燥，羽叶易发生卷边焦枯现象，影响切叶质量；若浇水过多，则易造成叶片枯黄脱落。

④ 土壤：肾蕨喜排水良好、富含钙质的沙质壤土，地栽时做高畦，雨后积水容易烂根导致黄叶、落叶。如果土壤过于板结，可掺入少量粗砂、碳酸钙进行改良。

3）繁殖方法。肾蕨可以采用孢子繁殖、分株繁殖、组织培养繁殖等方法。在无土栽培中，最好采用分株法育苗。

① 孢子繁殖：在蕨类植物成熟叶子的背面，有许多排列规则的褐色小点，这就是蕨类的孢子囊群（未成熟的孢子囊群呈白色或浅褐色），每个孢子囊内都含有许许多多的孢子。蕨类植物的孢子是经过减数分裂形成的单个细胞，含有单倍数的染色体，只有在一定的湿度、温度及 pH 下，才能萌发成原叶体，原叶体微小，只有假根，不耐干燥与强光，必须在有水的条件下才能完成受精作用，发育成胚再萌发成蕨类的植物体（孢子体）。蕨类的孢子非常细微（似灰尘状），培养期中抗逆力弱，需精心管理，在空气湿度高及不受病害感染的环境条件下才易成功。

孢子多在春、夏季成熟，选取囊群已变褐色但尚未开裂的叶片（用手执放大镜检查）剪下，放薄纸袋内于20℃左右温室下干燥 1 周，孢子便自行从孢子囊中散出。将叶片取出并清除杂物后，准备播种或移入密封玻璃瓶中冷藏备用。将收集的孢子均匀的抖撒在盆土表面，不要覆土，立即盖上玻璃保湿，放 18 ~24℃无直射光处培养。播种时，为防止飘浮在空气中的其他孢子落入盆土中，最好先在室内喷水，减少或消灭空气中的粉尘。发芽期间用不含高盐的水喷雾，始终保持盆土湿润和高的空气湿度，并适当蔽荫。孢子约 30d 左右开始发芽，从绿色小点逐渐扩展成平卧基质表面的半透明绿色原叶体，直径不及 1cm，顶端略凹入，腹面以假根附着基质吸收水分养料。若原叶体太密，在生长期间可移栽 1 ~2 次。第 1 次在原叶体已充分发育尚未见初生叶时；第 2 次在初生叶生出后进行。用镊子将原叶体带土取出，不使受伤，按 2cm 株行距植于盛有与播种相同基质的浅盘中。移栽后仍按播种期间相同的方法管理，至有 2 ~4 片复叶时再分栽。一般经过 2 ~3 个月的培养，即可抽生出大型羽状叶片。

② 组织培养繁殖：常用顶生匍匐茎、根状茎尖、气生根和孢子等作外植体。在母株新发生的匍匐茎（3 ~5cm）上切取 0.7cm 匍匐茎尖，用75%酒精中浸 30s，再转入 0.1%氯化汞中表面灭菌 6min，无菌水冲洗 3 次，再接种。培养基为 MS 培养基加 6-BA2mg/L + NAA0.5mg/L，茎尖接种后 20d 左右顶端膨大，逐渐产生一团绿色球状物，切成 1mg 左右，接种到不含激素的 MS 培养基上，经 60d 培养产生丛生苗。将丛生苗分植，可获得完整的试管苗。

③ 分株繁殖：分株繁殖是蕨类植物无性繁殖的最常用的方法。其过程简单，将蕨类植物用利刀分成两个或多个独立的植株（图 2-42），每个小植株至少要保留 1 个芽，剪掉过大的根系和枯叶。蕨类分株以后应栽于排水良好的基质中并适当遮阴，注意保护好新的拳芽和未展开的小叶。全年均可进行，以 5 ~6 月为好。此

图 2-42　切分植株

时气温稳定，将母株轻轻剥开，分开匍匐枝，每 10cm 盆栽 2～3 丛匍匐枝，15cm 吊盆用 3～5丛匍匐枝。栽后放半阴处，并浇水保持潮湿。当根茎上萌发出新叶时，再放遮阳网下养护。

④ 匍匐茎繁殖：肾蕨属的匍匐茎是气生的，常常悬挂于空中（图 2-43），只有落到地面接触到土壤时，才能长成小植株，因为它需要继续从母体上汲取水分和养分，所以不能急于将它与母体分离，待其能够自养独立生存时，在接近母株的部位切段匍匐茎，将小植株移栽到新的培养基质中就可成活。

⑤ 块茎繁殖：块茎是地下根或匍匐茎膨大而成的变态结构，具有储藏营养和再生功能。具有块茎的蕨类植物很少，最具有代表性的就是肾蕨。肾蕨的块茎为卵圆形或球形，肉质、充满水分，直径 1～2cm。肾蕨的块茎着生在匍匐茎上，繁殖时可以切取带有一部分匍匐茎的块茎移栽于疏松透水的土壤中就可以长出新的植株（图 2-44）。

图 2-43　肾蕨横走茎及珠芽

图 2-44　球茎可独立长成新植株

4）品种选择。国内常见的肾蕨有 8 种：波士顿、兰色贝尔、珍珠、玛莎、少年特迪、德利卡、鱼尾、超人。

根据预期上市时间和当地的气候环境条件，选择植株健壮、株形紧凑、抗病性强、耐寒、耐热性好、易于管理、适应性广，适宜本地区气候栽培种植的品种。

5）栽培技术。

① 盆栽：可选用的基质为腐殖土、椰糠（或花生壳），其中腐殖土、粗沙、椰糠（或花生壳）按 1:1:1 比例混匀。在花盆底部先垫一层碎陶片（蛭石或碎石），以增加花盆透气性。再往盆内填土至盆高 4/5 高度，然后将植株放置于盆中央，往盆内均匀添加栽培基质，厚度以盖过根茎 1cm 为宜。为防止栽培材料中携带病菌及有害虫卵，所有栽培材料应在太阳下暴晒 1～2d。

② 槽培：栽培地点选择阴蔽、长条状的苗床为宜。苗床不宜过宽，以方便切叶。株距不超过 30cm，直立茎埋入土壤的深度在 2cm 左右，以增强植株稳定性。

吊篮悬挂栽培：可根据不同的喜好选择吊篮，吊篮底部铺一层椰丝或苔藓，然后填入适当的栽培基质，将植株基部压稳。浇水方法为喷淋。每次喷淋之后，土壤会往下渗落，因此每隔一段时间就必须添加腐殖土，直到植株生长稳定为止。

③ 采收：肾蕨一年四季均可切叶，剪叶时间最好是在清晨或傍晚。选择植株上长的最

健壮叶片切下，保留过嫩过老叶片，以免影响切叶质量。切下叶片每 10 ~ 20 枝 1 扎，以保鲜预处理液浸泡 1 夜后，装箱上市。

6）营养液配方。肾蕨基质栽培时选用营养液配方见表 2-13。

表 2-13　肾蕨基质栽培时选用营养液配方

化合物名称	用量/(g/L)
硝酸钙	0.59
硫酸铵	0.529
硝酸钾	0.303
磷酸二氢钾	0.204
硫酸镁	0.492

注：肾蕨营养液配制方法参照前面章节内容，微量元素可以采用通用配方进行配制。

7）营养液管理。定植后待抽生 3 ~4 片新叶时，每两周追施一次营养液，生长旺季中，每隔 10d 对叶面喷施一次 0.1% 的碳酸氢铵。

（2）凤尾竹　别名：米竹、筋头竹、蓬莱竹、观音竹，禾本科簕竹属。凤尾竹植株丛生，叶细纤柔，弯曲下垂，宛如凤尾。凤尾竹是灌木型丛生竹，为孝顺竹的一种变异。观赏价值较高，为优良的观叶树种，适合公园的路边、墙垣边种植观赏，也适合作绿篱。盆栽可用于阳台、客厅装饰，宜作庭院丛栽，也可作盆景植物，配以山石、摆件，很有雅趣。凤尾竹为小型丛生竹，竹秆直径间于牙签和筷子之间，叶色浓密成球状，粗生易长，年产竹可达 100 支。此竹由于富有灵气而被命名为“观音”竹，正所谓山有水则灵，庙旁有观音竹球则有仙气（图 2-45、图 2-46）。

图 2-45　凤尾竹

图 2-46　凤尾竹组合盆栽

1）生物学特性。凤尾竹丛生、秆高 1 ~ 3m、径 0.5 ~ 1cm、梢头微弯、节间长 16 ~ 20cm，壁薄、竹秆深绿色、被稀疏白色短刺、幼时可见白粉、秆环不明显、箨环具木栓环而显著隆起或下翻、其上密被向下倒伏的棕色长绒毛。分枝多数，呈半轮生状，主枝不明显。具叶小枝下垂，每小枝有叶 9 ~ 13 枚，叶片小型，叶片线状披针形，长 3.5 ~ 6.5cm，宽 0.4 ~0.7cm。箨鞘厚革质、短于节间、背面密被黄棕色刺毛、鞘口略呈弧形隆起、两肩稍隆起；箨耳缺、燧毛发达、长达 10mm；箨叶披针形至三角状披针形，中上部边缘内卷、顶端是锥状。笋期较长，从 4 ~ 10 月不断萌发新笋，出笋期可以延续 3 ~ 6 个月。

2）生态学习性。

① 温度：凤尾竹为常绿丛生灌木。喜温暖湿润和半阴环境。耐寒性稍差，冬季温度不低于0℃。地栽的凤尾竹，春后抽长新叶（这是畏寒的反映），在暖地则四季常青。

② 光照：喜光，稍耐阴，不耐强光曝晒。冬天应该搬到室内有阳光的地方。凤尾竹喜向阳高爽之地，有“向阳则茂，宜种高台”之说；春、夏、秋三季只需放置在窗口通风处，入冬放置在向阳处，就可良好生长。

③ 土壤：凤尾竹喜酸性、微酸性或中性土壤，以 pH 4.5 ~ 7.0 为宜，忌黏重、碱性土壤。北方土壤碱性强，可加入0.2%的硫酸亚铁。土壤最好为疏松肥沃、排水良好的沙质壤土，或者可用蛭石或泥炭拌珍珠岩作为基质，成活率较高。

④ 水分：凤尾竹喜湿怕积水，装盆后第一次水要浇透，以后保持盆土湿润，不可浇水过多，否则易烂鞭烂根。从装盆至成活阶段还要经常向叶片喷水。如果盆土缺水，竹叶会卷曲，此时，应及时浇水，则竹叶又会展开。夏天平均1 ~ 2d浇水一次，冬天少浇水，但要保证盆土湿润，以防“干冻”。

3）繁殖方法。凤尾竹可用分株繁殖、种子繁殖和扦插繁殖。但因竹类不易得到种子，扦插又难以发根，故分株是主要的繁殖方法。

① 分株繁殖：可在早春（2 ~ 3月）结合换盆时进行。分株时将生长过密的株丛，从盆中倒出，从根茎处用刀切开，另行上盆。注意不要伤根。切分时至少要让每个笋芽都带有一枝老竹，并尽量保留须根，以保证成活。新分的植株要栽在大小适中的盆内，培以沃土，注意灌水，保持湿润，置于半阴处养护，笋芽将迅速成长。

② 种子繁殖：宜在4 ~ 5月进行，播种前应用温水浸种1 ~ 2d。播后约40d就可发芽。幼苗生长很慢，约前半年后才能移栽培养。

③ 扦插繁殖：原产长江流域以南，属于丛生竹类，常用分株法繁殖。但因其丛生竹秆每节多簇生枝条，主枝及侧枝皆具隐芽，在特定条件下也有不定根产生，故也可以扦插繁殖。在生长期（一般为4 ~ 9月）结合修剪进行。从剪下的枝条中选取带节、带叶的顶梢，长10 ~ 15cm，插入装有育苗基质（腐叶土∶珍珠岩∶草木灰 = 1∶1∶1）的扦插盆内，深度达1/3 ~ 1/2，立即浇透水，并罩上广口玻璃瓶或剪去瓶口的无色透明饮料瓶，也可连盆套上塑料袋，置半阴处，保持盆土微湿。自扦插至插穗生根的时间因季节而异，30 ~ 60d不等。一般自30d起每天晚上除去覆盖物，自第40d起完全不用覆盖，使其逐渐适应外部环境。待到60d过后，如见插穗有新叶萌出且无萎蔫现象，即可确定已成活，便可选择空气湿度较大的阴雨天移栽上盆。

4）栽培技术。

① 盆栽：采用通常的方法，先将凤尾竹栽于盆中，要求盆底透气孔要大一些，可用砂石垫底，创造有利于竹根向底孔外边伸展的条件。然后取一只大于花盆2 ~ 3倍的盛水浅盆，加入清水，将盆栽凤尾竹置于其中。初养时水要少加，视盆底孔露出须根时再逐步加大水量，并在水中加入适量易溶于水的肥料（如尿素等），诱发根须向盆外不断生长。盆栽每2 ~ 3年换盆1次，将老竹取出，扒去宿土，剪除细小地下茎和老竹，加入肥土。生长期保持盆土湿润，放半阴处养护，勤向叶面喷水，每月施肥1次。冬季搬入室内向阳处。

② 蛭石栽培法：将凤尾竹植株根部用清水清洗干净。需选用有底孔花盆，因蛭石保水性特别强，不适合使用无底孔花盆。可以事先用水浸泡蛭石降低碱性，而后达到手握成团，松开后即可散开的标准后进行使用。先用瓦片将盆底部孔隙堵住，撒上一层陶粒，放上一层细纱网或编织袋，蛭石撒入编织袋的上部，将凤尾竹植株栽入盆中央，四周填上蛭石，第一次浇营养液，花盆底部渗出营养液为好。掌握见干见湿的原则。

珍珠岩栽培法：采用有托盘的花盆。使用前适当用水淋湿珍珠岩，避免珍珠岩在空气中飘浮。花盆底部放上一层陶粒，其上放细纱网，少量放入珍珠岩，植株栽入盆中央，四周填入珍珠岩，使植株不倒，其上撒上陶粒，防止珍珠岩随水上浮。浇营养液，底盘中保留有营养液即可。

复合基质栽培：套盆栽培法，内盆中放入塑料管，底部放入陶粒，高度在标准液面以下，放入纱网，其上放入陶粒和蛭石等体积的复合基质。植株放入花盆中央，四周填上混合好的复合基质，上面撒上一层陶粒，浇营养液。7d 左右养护时间，避免阳光直射的地方，用塑料袋盖住保湿有利于缓苗。

5）营养液配方。凤尾竹基质栽培时选用营养液配方见表 2-14。

表 2-14　凤尾竹基质栽培时选用营养液配方（参照观叶植物营养液通用配方）

化合物名称	用量/(mg/L)
硝酸钙	492
硝酸钾	202
硝酸铵	40
磷酸二氢钾	136
硫酸钾	174
硫酸镁	120
硫酸锰	2.5
硫酸锌	0.5
钼酸钠	0.12
硫酸铜	0.08
硼酸	2.5
硫酸亚铁	13.9
EDTA-2Na	18.6

6）营养液管理。凤尾竹喜微潮偏干的基质环境。在冬春二季气温低于 18℃时，无须浇灌营养液，而在夏秋二季生长旺盛阶段，可以每隔 10～15d 浇灌一次营养液作为追肥。

（3）芍药　别名：将离、婪尾春、余容、犁食、没骨花、殿春花、白芍，芍药科芍药属。芍药是中国的传统名花之一，具有深厚的历史文化内涵和民族特色，被尊为草花之首。早在夏商周“三代时期”就以风雅流咏著称于世，是深受中国人民喜爱的一种花卉。芍药花大色艳，具有很高的观赏价值。园林中应用广泛，可植于园路边、山石旁、水畔及林下，也是布置庭院的良好材料，还可盆栽及用于切花（图 2-47～图 2-50）。

图2-47　芍药栽培

图2-48　粉池滴翠

图2-49　粉盘托金簪

图2-50　凤羽落金池

1）生物学特性。芍药是多年生宿根草本花卉。它的主根肉质，粗壮，纺锤形和长柱形，粗0.6～3.5cm，浅黄褐色或灰紫色。茎高0.5～1m，无毛。芍药的芽是混合芽，丛生在根茎上，肉质，水红色至浅紫红色，也有黄色的，外有鳞片保护。芽的长短、大小依孕芽至萌芽时间，逐渐增大。叶为二回三出羽状复叶，枝梢部分成单叶状。叶片长15～23cm；顶生小叶长圆状卵形至长圆状倒卵形，长11～16cm、宽5～6.5cm，顶端尾状渐尖，基部楔形，常下延，全缘，两面无毛；侧生小叶长圆状狭卵形，长7～9cm、宽3～3.5cm，基部偏斜；叶柄长4～9cm，无毛。芍药的花蕾，形状有圆桃、平圆桃、扁圆桃、尖圆桃、长圆桃、尖桃、歪尖桃、长尖桃、扁桃等数种。芍药花单生茎顶，直径6.5～12cm；苞片线状披针形，比花瓣长；萼片5，宿存，宽卵形，瑚白色、绿色、黄色、粉色、紫色及混合色，长1～1.5cm、宽0.9～1.2cm，外轮萼片叶状，内萼片3枚（有时增至7枚），绿色或黄绿色，有时夹有黄白条纹或紫红条纹，倒卵形、椭圆形或歪形。花瓣7～9，红色，倒卵形，长3.5～6.5cm、宽2～4.5cm，顶端圆形，有时稍具短尖头；花丝无毛，花盘浅杯状，包住心皮基部；心皮通常2～3，密生黄褐色短毛，少有无毛，花柱短，柱头外弯，干时紫红色。花色有白色、黄色、绿色、红色、紫色、紫黑色、混合色等多种。芍药的果实，叫作蓇葖，

2~8 枚离生，呈纺锤形、椭圆形、瓶形等，光滑，有小突尖，长 3~3.5cm，直径 1~1.2cm，生有黄褐色短毛或近无毛，顶端具外弯的喙。花期 4~5 月，芍药的种子，黑色或黑褐色。每枚有 1~5 粒。种子呈圆形、长圆形或尖圆形。果期 6~8 月。

2）生态学习性。

① 温度：芍药具有冬季休眠的特性，是典型的温带植物，其生态适应幅度大、分布广，耐寒也耐热，冬季可耐 −46.5℃的低温，在中国北方地区可露地栽培越冬，夏季可耐极端最高气温为 42.1℃、在年均温 14.5℃、7 月均温 27.8℃、极端最高温 42.1℃的条件下生长良好。

② 光照：芍药喜光照。在充足的光照下，生长旺盛、花色艳丽；但在轻荫条件下也可正常生长发育，并能免受强烈日光灼伤，延长花期。在光饱和点以下，随着光照度的增加，光合速率也会迅速增加，800~1000μmol/(m·s) 光照比较适合芍药的生长。达到光饱和点后，光合速率随着光照的增强有下降的趋势。抽枝后每天转盆（180°）一次，以使株丛匀称丰满，展叶后及时调整株行距，以利于芍药生长。

③ 湿度：芍药喜空气湿润，忌土壤积水，缺水则花朵瘦小，花色不艳丽。进入温室后浇 1 次透水。前期每 6d 浇透水 1 次，后期使基质持水量保持在 70% 左右。

④ 土壤和肥料：芍药为深根性植物，要求栽培土壤土层深厚，有良好的保水性与排水性，无腐烂，保肥力强，支撑能力强，水、空气维持一定的平衡。基质环境 pH 7~7.5 为宜，EC 保持在 0.8~1.0ms/cm 之间。最适宜的基质配方为玉米秸秆:菇渣:炉渣 =3:4:3（体积比）。也可采用草炭:蛭石:珍珠岩 =3:1:1（体积比）。芍药栽植后第一年，由于底肥充足，小苗消耗养分少，一般不再追肥。第二年开始追肥。芍药展叶后，还可以进行叶面追肥。一般每 15~20d 喷施 1 次 400 倍磷酸二氢钾或其他叶面肥料，连续喷施 4~6 次。

3）繁殖方法。芍药的繁殖方法一般采用分株繁殖、扦插繁殖及播种繁殖，通常以分株繁殖为主。因为芍药园艺品种播种产生的后代性状要发生分离，不能保持原品种的优良性状，所以播种法不能用于品种苗株的繁殖。

① 分株繁殖。

a. 分株的时间。芍药的分株，理论上讲，从越冬芽充实时到土地封冻前均可进行。但适时分株栽植，地温尚高，有利于根系伤口的愈合，并可萌发新根，增强耐寒和耐旱的能力，为次年的萌芽生长奠定基础。不可过早分株，以免发生秋发现象，影响翌年的生长发育；也不宜过迟分株，否则地温已不能满足芍药发根的需要，以致次年新株生长不良；若迟至春天分株栽植，芽萌发出土，因春季气温渐高、空气湿度小，蒸腾量大，分株后根系受伤，不能正常吸收水分和养分，造成断株生长十分衰弱，甚至死亡，所以中国农谚有“春分分芍药，到老不开花”之说。

b. 分株的方法。分株时细心挖起肉质根，尽量减少伤根，挖起后，去除宿土，削去老硬腐朽处，用手或利刀顺自然缝隙处劈分，一般每株可分 3~5 个子株，每子株带 3~5 个或 2~3 个芽；母株少而栽植任务大时，每子株也可带 1~2 芽，不过恢复生长要慢些，分株时粗根要予以保留。若土壤潮湿，芍药根脆易折，可先晾一天再分，分后稍加阴干，蘸以含有养分的泥浆即可栽植。在园林绿地中，芍药栽植多年，长势渐弱急待分栽，又不能因繁殖影响花期时游人观赏，可用就地分株的方法，用锹在芍药株旁挖一深穴，露出部分芍药根，然后，用利铲将芍药株切分，尽量减少对原株的震动，取出切分下来的部分，进行分株栽植，方法同上。一般以切下原株的一半为宜。挖出的深穴，可加入适量肥料掺土压实。也可以用隔行分栽或隔株分栽的方法，这样，可在不影响景观的前提下，分株复壮，只是要连续分株 2～3 年而已。但是，因为芍药忌连作，隔行或隔株分栽的方法，不可连续应用，否则病虫害发生严重，生长不良，甚至死亡率大为增加。

c. 分栽方法。栽植深度以芽入土 2cm 左右为宜，过深不利于发芽，且容易引起烂根，叶片发黄，生长也不良，过浅则不利于开花，且易受冻害，甚至根茎头露出地面，夏季烈日暴晒，导致死亡。如果分株根丛较大（具 3～5 芽），第二年可能有花，但形小，不如摘除使植株生长良好。根丛小的（2～3 芽），第二年生长不良或不开花，一般要培养 2～5 年。

② 播种繁殖：芍药的果实为蓇葖果，每个蓇葖果含种子 1～7 粒。待种子成熟，蓇葖果开裂，散出种子。各地果实成熟期不一，如黑龙江省牡丹江在 9 月上旬、河南洛阳在 8 月上中旬。种子宜采后即播，随播种时间延迟，种子含水量降低，发芽率下降。种子有上、下胚轴双重休眠特性，播种后秋天的土壤温度使种子的下胚轴解除休眠状态，胚根发育生根。当年生根情况愈好，则来年生长愈旺盛；若播种过迟，地温不能解除下胚轴休眠，不能生根，则第二年春天发芽率大大降低。秋天播种生根后，经过冬天长时间的低温，可解除上胚轴的休眠。翌年春天气温上升，湿度适宜时，胚芽出土。

a. 种子采收。当蓇葖果变黄时即可采收，过早种子不成熟，过晚种皮变黑、变硬不易出苗。果实成熟有早有晚，要分批采收，果皮开裂散出种子，即可播种，切勿曝晒种子，使种皮变硬，影响出苗。如果不能及时播种，可行沙藏保湿处理，但必须于种子发根前取出播种。

b. 播种时间。芍药须当年采种及时播种，如菏泽地区于 8 月下旬至 9 月下旬播种，若迟于 9 月下旬，则当年不能生根，次年春天发芽率会大大降低；而且，即使出苗，因幼苗根系不发达，难于抵抗春季的干旱，容易死亡。

c. 播种方法。种子处理：播种前，要将待播的种子除去瘪粒和杂质，再用水选法去掉不充实的种子。芍药种子种皮虽较牡丹薄，较易吸水萌芽，但播种前若进行种子处理，则发芽更加整齐，发芽率大为提高，常达 80% 以上。方法是用 50℃ 温水浸种 24h，取出后即播。

整畦播种：播种育苗用地要施足底肥，深翻整平，若土壤较为湿润适于播种，可直接做畦播种；若墒情较差，应充分灌水，然后再做畦播种。畦宽约 50cm，畦间距离 30cm，种子按行距 6cm、粒距 3cm 点播；若种子充足，可行撒播，粒距不小于 3cm；播后用湿土覆盖，厚度约 2cm。每 666.7m^2 用种约 50kg，撒播约 100kg。播种后盖上地膜，于次年春天萌芽出土后撤去。也可行条播，条距 40cm，粒距 3cm，覆土 5～6cm；或行穴播，穴距 20～30cm，每穴放种子 4～5 粒，播后堆土 10～20cm，以利防寒保墒。于次年春天萌芽前耙平。

③ 扦插繁殖。

a. 茎段扦插：选地势较高、排水良好的圃地做扦插床，床土翻松后，铺 15cm 厚的河沙，河沙要用 0.5% 的高锰酸钾消毒。扦插基质也可用蛭石或珍珠岩。在床上搭高 1.5m 的遮阳棚，以 7 月中旬截取插穗扦插效果最好。插穗长 10～15cm，带两个节，上一个复叶，留少许叶片；下一个复叶，连叶柄剪去，插深约 5cm，间距以叶片不互相重叠为准。插后浇透水，再盖上塑料棚。据观察，基质温度 28～30℃，湿度 50% 时生根效果最好。扦插棚内保持温度 20～25℃，湿度 80%～90%，则插后 20～30d 即可生根，并形成休眠芽。生根后，应减少喷水和浇水量，逐步揭去塑料棚和遮阳棚。扦插苗生长较慢，需在床上覆土越冬，翌年春天移至露地栽植。

b. 根插法：利用芍药秋季分株时断根，截成5~10cm的根段，插于深翻并平整好的沟中，沟深10~15cm，上覆5~10cm厚的细土，浇透水即可。

4）品种选择。常见栽培品种如下：

种生粉：花粉白色，皇冠型，瓣质软，柔润，基部浅粉紫色，成花率高，花期中，株形高，茎硬，叶绿色，生长势强。

莲台：花复色，托桂型。有时呈皇冠型，外瓣形大，圆整平展，偶有齿裂，淡紫红色，内瓣初开黄色，盛开淡黄，成花率高，花期中早且长；株形中高，茎短，叶茂盛，生长势强，传统品种中的佳品，已经国家级鉴定。

红鹤：花紫红色，皇冠形，外瓣大而平展，内瓣碎小紧密，端部稍粉，成花率高，花期中晚，株形高，茎细直，叶黄绿，生长势强。

五花龙玉：花复色，千层台阁形，瓣质硬，粉白色，雌蕊呈有红色条纹的彩瓣，成花率高，株形矮，茎硬，暗紫色，叶小，有紫晕，生长势弱，传统品种。

红绣球：花红色，皇冠形，瓣稠密，端部边缘渐粉，形态丰满富丽，成花率中，花期中，株形高，茎细直，叶深绿，生长势强，传统品种。

铁杆紫：又名乌龙集盛，花墨紫色，皇冠形，有时呈蔷薇形。瓣质硬，平展，有光泽，成花率高，花期早；株形中，茎细软，暗紫红色，叶深绿，生长势中，传统品种。

紫凤朝阳：花墨紫色，菊花形或千层台阁形，瓣细小，较稀疏，有光泽，成花率高，花期早，株形中，茎细软挺拔，暗紫色，叶深绿，有光泽，生长势强，传统品种。

白玉盘：花白色，单瓣形，瓣质硬，平展。基部具浅红晕，成花率高，花期早，株形中，茎硬，叶深绿，生长势中。

大红袍：又名红艳飞霜，花红色，千层台阁形。瓣圆整平展，盛开时端部粉白色，故名，成花率高，花期中；株形中高，茎硬直。叶浅绿，生长势强，传统品种。

红玉奴：花浅红色，单瓣形，瓣质硬，成花率高，花期早，株形中高，茎细直，叶稠密，深绿，根品质好，产量高，是生产中药白芍的主要品种，生长势强，传统品种。

粉玉楼：花浅粉色，千层台阁形，瓣大，较稀疏，形态丰满，成花率高，花期晚，株形中，茎稍软，叶深绿，生长势中，传统品种。

夕霞映雪：花紫红色，绣球台阁形，瓣质软，紧密，端部渐白，故名。成花率高，花期中晚；株形中，茎软，叶深绿，生长势强。菏泽赵楼牡丹园1970年育出，已经国家级鉴定。

杨妃出浴：花白色，少有红色斑点，花形端庄、整齐，花朵横径16cm，纵径6cm；花瓣多轮、质硬，房衣乳白色，雌蕊变小，花朵直立、硬挺，花朵直上，有侧蕾，晚花品种。其株形中高、直立，当年生枝硬、粗壮，高达70cm，叶背面、枝外被绒毛，叶黄绿色，生长势强，成花率高，株形紧凑，萌芽少但大。根皮颜色深褐色，根质纤维多，粗而开叉多。本品种适合于园林绿化美化，庭院栽植，切花栽培。

雪白紫玉：花粉白色，花朵大，横径17cm，纵径8cm，外瓣一轮大瓣，粉紫色、质硬，内瓣褶皱、丰满，花初开为粉白色、盛开为白色，花朵直立、硬挺，中花偏晚品种。其株形高、直立，当年生枝硬、粗壮，高达90cm，叶片深绿色，生长势强，成花率高，萌芽少且大，根皮颜色黄褐色，根长，质地好。本品种适合于园林绿化美化、庭院栽植、切花栽培，药用栽培。

绿宝石：花初开粉绿色，盛开浓绿色，至百色，皇冠形，瓣细腻润泽。雄雌蕊完全瓣化，成花率较高，花期晚，株形高，茎细软，叶浅绿，窄长，生长势强。

5）栽培技术

① 营养袋培：可以用0.5mm厚的黑色塑料薄膜制成营养袋，长100cm、宽20cm、高8cm，每隔20cm开一个孔径10cm的种植孔，或用袋长120cm、宽30cm、高12cm，上面每隔30cm开一个孔径10cm种植孔。下面两头各开两个0.5cm的排液小孔，袋中装入混合基质，每袋可栽种4株。营养袋栽培中大袋效果比小袋好，袋培营养液损失较少。

② 栽培槽培：可用水泥或砖砌成长方形的栽培池，宽约80～120cm、长200～300cm，深度为42cm，在池的长向有一定的坡度，以利排水，比例为1∶0.75。槽内铺塑料薄膜，填入40cm厚的栽培基质（可在下面先铺上沙或炉渣）。一般每池栽4行，株行距40cm×40cm，利于管理。

③ 盆栽：芍药盆栽前主要做好培养土的配制和备齐花盆。芍药盆栽一般以素烧泥盆、瓦缸为宜。初栽时花盆可选用小些的，口径30cm、深25cm的瓦盆即可；开花时可再换成口径35cm、深30cm的大瓦盆。但作为陈设装饰用的时候，宜选用档次较高的紫砂盆、缸，其形状可选圆形、方形或某种几何形，既可单置又可以组合装饰。芍药盆栽前，先将苗木挖出晾晒1～2d，使根失水变软，便于修剪和栽植；栽植前，将花盆放在水池中吸足水分；栽植时，先在盆底排水孔垫一片瓦片，防止漏基质，再铺上2～5cm厚的小石子或废棕绳等物，以利于排水。栽植前还要对芍药苗木进行整形修剪，使地上地下部分均衡，造型美观大方，又便于栽培管理。首先剪去枯枝败叶和过长的根，并用1%的硫酸铜液将根部进行5～10min的消毒，然后把苗木放在盆中央进行填基质栽植。边填土边用手压实、至距盆上沿3～5cm时不再填基质。

④ 采收及采后：作为商品出售的肉质根株丛，应于秋季休眠期挖起，贮藏在0～2℃冷库中，用潮湿的泥炭或其他吸湿材料包裹保护。切花芍药于花蕾未开放时剪切，切后水养在0℃可贮藏2～6周，已松散初开的花蕾可贮藏3周。切花的等级按花枝长度、茎秆硬度、茎秆挺直与弯曲程度等标准分级，特级花茎长80cm以上，一级75～80cm，二级65cm以上。

6）营养液配方。芍药基质栽培时选用营养液配方见表2-15。

表2-15　芍药基质栽培时选用营养液配方（参照荷兰岩棉培花卉通用配方）

化合物名称	用量/(mg/L)
硝酸钙	786
硝酸钾	341
硝酸铵	20
磷酸二氢钾	204
硫酸镁	185

注：芍药营养液配制方法参照前面章节内容，微量元素可以采用通用配方进行配制。

7）营养液管理。芍药在秋季9～10月份定植在栽培槽中后，初期可10d浇1次营养液。到11月末，芍药开始落叶，此时不需浇营养液，只浇水。入冬前浇足水，在栽培池上盖一些帘子，防止冬天大风及灰土弄脏栽培池，确保栽培槽干净。早春芍药萌芽后，开始浇营养液，每7d浇1次，花前及花后每5d浇1次。

图 2-51　袖珍椰子盆栽

(4) 袖珍椰子　别名：矮生椰子、矮棕、玲珑椰子，棕榈科袖珍椰子属。同属植物约有120种，原产于墨西哥、危地马拉等中南美洲热带地区。现在世界各地均有盆栽种植。袖珍椰子盆栽植株小巧玲珑，株形优美，姿态秀雅，叶色浓绿光亮，耐阴性强，是优良的室内中小型盆栽观叶植物(图2-51)。叶片平展，成龄株如伞形，端庄凝重，古朴隽秀，叶片潇洒，玉润晶莹，给人以真诚纯朴，生机盎然之感。小株宜用小盆栽植，置案头桌面，为台上珍品，也宜悬吊室内，装饰空间。大株形盆栽可供厅堂、会议室、候机室等处陈列，为美化室内的重要观叶植物，已风靡世界各地。

袖珍椰子是最小型的椰子类植物，株形酷似热带椰子树，形态小巧别致，置于室内另有一番轻快、悠闲的热带风情。同时，它是室内保健花卉，非常适合摆放在室内或新装修好的居室中，能够净化空气中的苯、三氯乙烯和甲醛，并有一定的杀菌功能，蒸腾作用效率高，有利于增加室内负氧离子浓度。另外，它还可以提高房间的湿度，有益于皮肤和呼吸健康。由于袖珍椰子擅长改善室内空气质量，也被称为生物中的“高效空气净化器”。

1）生物学特性。常绿小灌木，高30～60cm，袖珍椰子盆栽时，株高不超过1m。雌雄异株。株形小巧，茎干独生，直立，不分枝，上有不规则的环纹。叶深绿色，有光泽，羽状复叶成披针形，叶鞘筒状抱茎。叶一般着生于枝干顶，羽状全裂，裂片披针形，互生，深绿色，有光泽。长14～22cm，宽2～3cm，顶端两片羽叶的基部常合生为鱼尾状，嫩叶绿色，老叶墨绿色，表面有光泽，如蜡制品。叶片平展，成龄株如伞形。植株为春季开花，肉穗状花序腋生，雌雄同株，雄花稍直立，雌花序营养条件好时稍下垂，花黄色呈小珠状；结小浆果卵圆形，成熟时多为橙红色或黄色。

2）生态学习性。

① 温度：不耐寒，冬季温度不低于10℃；生长适温为20～30℃，冬季应保持12～14℃的温度，才可安全越冬。

② 光照：怕强光直射，宜放室内明亮散光处栽培。高温期应置于荫棚下，遮去50%的阳光。袖珍椰子耐阴性强，最忌直接日晒，即使短时间也会引起叶片焦枯，叶色变黄，失去观赏价值。相反即使较长时间放在室内明亮处也能保持叶色翠绿，因此必须格外注意遮阴。室内盆养，若放置窗边等光线明亮的地方，可长期不必移动。若放在较阴暗的地方，时间过长叶色会变淡，光泽度会减弱，故2～3个月后须移至窗边或阳台无直接光照处，调养一段时间，待叶色恢复翠绿，可重新移回原处观赏。

③ 湿度：袖珍椰子不耐干旱，吸水力较强，生长期间需经常保持盆土湿润，休眠期要控制浇水，夏季浇水要多，并向植株或周围喷水，保持一定的空气湿度，以利于降温越夏。

④ 土壤：要求肥沃、排水良好的砂质壤土。其根系较纤细，故宜栽于疏松肥沃的培养土中。袖珍椰子主要供室内观赏，需要控制植株高度，故施肥不宜过多，苗期春秋两季，施3～4次稀薄液肥即可。每隔2～3年于早春换盆，添加新的营养土。

3）繁殖方法。袖珍椰子可以采用播种、分株等方法繁殖。

① 播种繁殖：袖珍椰子在无土栽培中，最好采用播种法育苗（图2-52），繁殖基质宜选用细沙，此项操作多在每年春季2～4月进行。当小苗高约10cm左右时，便可进行移栽。生长健壮的植株3～4年可开花，开花时经人工授粉可结子，果实需6～7个月才成熟。播种宜即采即播，以春季播种为宜，选择饱满大粒新鲜种子，播种前用35～40℃的温水浸泡种子36h，待种子充分吸水膨胀发亮后点播，播种后覆土1.5cm，用细孔喷壶喷透水，将播种盆盖上塑料薄膜，以提高温度，温度控制在22～25℃，经过30～40d后种子萌发。当幼苗长出2～3片真叶，便可带土团上盆。土壤应保持湿润为宜，温度应控制在24～26℃，一般经3～6个月才发芽出苗。次年春天可间苗，幼苗可上盆培育养护。

图2-52　袖珍椰子塑料钵育苗

② 分株繁殖：袖珍椰子苗期分蘖较多，应及时分株。分株多在冬末春初植株恢复生长前进行。将1年生以上的盆栽袖珍椰子，结合换盆进行分株，定植于上述混合基质的花盆里，每盆栽3～4株。一般根蘖可达30余株，一次就可分得几十盆。

压条繁殖：压条的适宜时间是6～8月，压条时使用潮湿的水苔。发根后种植时可将园土6份、河沙2份、腐叶土2份混合使用，然后浇足水。

4）栽培技术。

① 陶粒盆栽袖珍椰子。陶粒盆栽特点：通常将株形较大、根系发达的花卉栽种于颗粒度较大的陶粒中，而将株形较小、根系纤弱的花卉种植在颗粒度较小的陶粒中。由于陶粒有着很好的吸水性，因此用它作为栽培基质时，浇水的间隔可适当加大。但是经过2～4个月的使用后，最好对陶粒进行一次洗盐处理，以防止其间积累过多的有害离子。在高温环境中，陶粒的表面往往会生有青苔，从而给花卉的生长造成一定的影响，因此最好将这些已经变绿的陶粒拣出，经过晾晒处理后再进行使用。陶粒保水性差，要经常保持湿润。使用套盆栽培袖珍椰子时，可将内盆取出，放在盛满水的水盆中，内盆浸入水盆中，往上浇清水，使得陶粒充分湿润。放回外盆中，再浇营养液，营养液的高度停留在标准水位即可。不选择使用套盆栽培袖珍椰子时，不能直接在陶粒表面浇营养液。把浮标取出，用一盆清水，让一截胶皮管内充满水，一端插入花盆的底部，另一端低于花盆，盆中的营养液随即可以被抽出。把浮标再放回去，营养液从上端浇下去。

盆栽方法1：选择有内盆的套盆，即外盆不漏水，内盆可以漏水。选择一截硬塑料管截段后，底部做3~4个缺口，放在内盆中一侧，高度和花盆深度一致。利用吸管和塑料泡沫小方块制作浮标，吸管长度和硬塑料管长度一致，在吸管上端每隔1cm做一个刻度标记（用记号笔画出即可），吸管底端插上塑料泡沫小方块，再放入已经制作好的塑料硬管中。在内盆底部放入一些陶粒，将提前清洗干净根系的袖珍椰子栽入，放在花盆中央，在四周填上陶粒，浇营养液，浮标高度在2cm处。

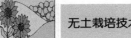

盆栽方法2：选择无套盆的花盆、塑料桶、瓷盆等也可以进行陶粒栽培。将事先制作好的浮标（浮标制作方法同上，要根据所选花盆的高度来进行制作）放在花盆中央，先放入一些陶粒，将提前清洗干净根系的袖珍椰子栽入，栽植在花盆中央，适当调整其高度，四周填上陶粒。加上相应的无土栽培营养液，浮标高度在适合的高度即可。

②复合基质盆栽袖珍椰子。可以选择的基质有河沙、1/2蛭石+1/2珍珠岩、1/2蛭石+1/2陶粒等。栽植方法同上。

5）营养液配方。袖珍椰子基质栽培时选用营养液配方见表2-16。

表2-16　袖珍椰子基质栽培时选用营养液配方

化合物名称	用量/(g/L)
硝酸钙	0.708
硫酸铵	0.264
硝酸钾	0.505
磷酸二氢钾	0.136
硫酸镁	0.492

注：袖珍椰子营养液配制方法参照前面章节内容，微量元素可以采用通用配方进行配制。

6）营养液管理。袖珍椰子喜微潮的基质环境，不耐干旱。冬春二季低温阶段植株生长缓慢，可每隔4~6周浇灌一次营养液；夏秋二季生长旺盛阶段，要每隔10~15d浇灌一次营养液。

二、盆花花卉基质培

1. 观花盆花基质培

（1）山茶花　山茶花是山茶科山茶属观赏植物，原产我国、朝鲜、日本等国。山茶属植物全世界约有300种，我国产200余种，云南产约64种。山茶属植物中作观赏栽培的主要是华东山茶、云南山茶和茶梅三个种。山茶花是我国十大传统名花之一，排名第七。它花大、色艳，花形丰富，花期又长，是极好的庭园美化和室内装饰花卉。我国云南、广西两省区是山茶花的主要产区，江苏、浙江、广东等省有栽培。云南省山茶有“云南山茶甲天下，何处茶花甲云南”之赞美，山茶花是云南省的省花（图2-53）。

图2-53　山茶花

1）生物学特性。山茶花为常绿阔叶灌木，树皮灰褐色光滑无毛。叶片革质，互生，椭圆形、长椭圆形、卵形至倒卵形，长5~10cm，边缘有锯齿，叶片正面为深绿色，多数有光泽，背面较淡，叶片光滑无毛，叶柄粗短，有柔毛或无毛。花大，径5~12cm，近无柄，子房无毛，原种为单瓣红花，但经过长期的栽培后，在植株习性、叶、花形、花色等方面产生极多的变化。目前品种多达一两千种，花朵有着从红到白，从单瓣到完全重瓣的各种组合，花期2~4月。

2）生态学习性。

① 温度：喜凉爽气候，最适生长温度为18~24℃，不耐严寒和高温酷暑，高于35℃以上的炎热和低于0℃以下的长期寒冷会造成灼伤、冻害、落花落蕾和花芽无法分化。

② 光照：山茶花耐阴、喜光。

③ 湿度：抗干旱，不耐湿。

④ 土壤：喜排水良好、疏松肥沃、富含有机质且pH 5~6.5的壤土。

3）繁殖方法。山茶花的繁殖方法主要有播种繁殖、扦插繁殖和嫁接繁殖。

① 播种繁殖：10月蒴果成熟，采收后经晒干待果皮裂开，收集暴出的种子，经沙藏后于次年春季播种。

② 扦插繁殖：山茶花扦插繁殖多在夏季进行。在扦插前，选取树冠外围组织充实、幼芽饱满、无病虫害的当年生半木质化新梢作插枝，插枝长度为5~10cm，先端保留1~2片小叶。山茶花扦插应用植物生长激素处理后，可促进和加快插枝生根，增加插枝生根率、生根数，提高成活率和加快插枝苗的生长，提早成苗。山茶花在苗床的扦插密度，依据品种和叶片的大小而定，要求扦插后叶片相互不重叠，一般采用株距为4~5cm，行距为10cm左右，插入床土3cm左右，浅插有利于生根。扦插后要及时喷水、遮阴，防止阳光直射，保持温度为25~30℃，相对湿度为85%~95%。山茶花苗期需要遮阴，可以用遮阴网或帘子来遮阴。在整个扦插过程中，要注意提高插床温度，降低气温，增大空气湿度。这样处理有利于加速生根，促进成活。

③ 嫁接繁殖：可用嫩芽劈接、半木质化枝条嫁接等。砧木可用山茶、油茶及茶梅的实生苗，嫁接方法多用靠接。常用于扦插生根困难或繁殖材料少的品种。以5~6月、新梢已半木质化时进行嫁接成活率最高，接活后萌芽抽梢快。砧木以油茶为主，10月采种，冬季沙藏，翌年4月上旬播种，待苗长至4~5cm，即可用于嫁接。采用嫩枝劈接法，用刀片将芽砧的胚芽部分割除，在胚轴横切面的中心，沿髓心向上纵劈一刀，然后取山茶接穗一节，也将节下基部削成正楔形，立即将削好的接穗插入砧木裂口的底部，对准两边的形成层，用棉线缚扎，套上清洁的塑料口袋。约40d后去除口袋，60d左右才能萌芽抽梢。

4）品种选择。山茶花品种繁多，但园艺品种基本源于三大类：红山茶、云南山茶、茶梅，以及它们间的杂交后代。还有一些是用红山茶、云南山茶以外的物种或品种杂交或变异得到的优秀品种，称为非云南山茶的杂交种。

红山茶品种约占山茶花品种的80%，其花形、花色丰富多彩，株形紧凑，枝叶繁茂，栽培简单，因而栽培广泛。主要的品种有：雪塔、凤仙、四面景、倚阑娇、绿珠球、苍悟幻境、提笼、鲤鱼珠、红十八学士、秋牡丹、花牡丹、洛神、东方亮、丽春八宝、金盘荔枝、大吉祥、葡萄红、五彩、赤丹、鸳鸯凤冠、六角大红、醉杨妃、大朱砂、丹芝、猩猩红、小桃红、红珍珠、红台阁、逸春、雪牡丹、点雪、星桃牡丹、赛洛阳、花佛鼎、花碧桃、花凤尾、花露珍、白十八学士、白十样锦、白宝珠等。

云南山茶主要分布于我国云南省，多为大乔木，花朵硕大，色彩鲜艳，花期长，生长快，虽有枝叶较稀、抗逆性差等缺点，依然深受人们喜爱。金花茶全世界共有24种，分布范围特别狭窄，几乎集中在同一地区，其中20种为我国特有，主要分布在我国的广西、云南及贵州。越南有4种，其中2种为越南特有。金花茶多为小乔木，为山茶属植物中花色最黄的一类。主要品种有：童子面、菊瓣、大玛瑙、莫昌、大桃红、早桃红、恨天高、六角恨天高、靖安茶、狮子头、牡丹茶、松子鳞、紫袍、大理茶、柳叶银红、麻叶蝶翅、独心蝶翅、赛芙蓉、情人节、欢腾、和尚、牡丹魁、雪皎、花魂、五角绣球、娇艳、红鹅绒、张家茶、归霞、早牡丹、大桂叶、宝珠花、小桂叶、厚叶蝶翅、皮特、库泊、金花茶、大叶金花茶、小果金花茶、显脉金花茶、四季金花茶、凹脉金花茶、东兴金花茶、淡黄金花茶、平果金花茶、五室金花茶、毛瓣金花茶、薄叶金花茶等。

茶梅产于我国与日本，多为灌木，主要品种有黄海内宝珠、晚霞、小玫瑰、丹玉、朝日鹤、丁字车、游蝶、绯司、满月、雪月花、酒中花、富士之峰、明媚等。非云南山茶杂交品种，主要品种有：黑牡丹、珍珠茶、白头翁、金黄山茶、花舞会、埃维、惊粉、威赤、香港、哈氏笑等。

5）栽培技术。山茶花喜酸性介质，因此其无土栽培基质，可以泥炭为主要成分，再配以珍珠岩或蛭石、木屑等为好。山茶花无土栽培基质的配方以下：1/3 泥炭土 +1/3 珍珠岩 +1/3 木屑；或者 1/2 泥炭土 +1/2 珍珠岩；或者 1/2 泥炭土 +1/2 木屑。此外，山茶花无土栽培常用基质的配方还有：2 份蛭石 +2 份木屑 +1 份沙；2 份草炭 +2 份蛭石 +1 份沙；2 份草炭 +1 份蛭石 +1 份珍珠岩；1 份蛭石 +1 份木屑。

山茶花无土栽培基质的具体配制方法是，先按比例混合 $1m^3$ 某配制基质，再加入一些底肥。底肥包括 0.9kg 硝酸钾、0.6kg 过磷酸钙、3kg 石灰粉、0.07kg 微肥、吸湿剂 85g。将它们和匀后拌入基质中。植株定植三个星期后，即浇灌全元素营养液或复合肥。如果基质中加入长效复合肥以后管理时就只要浇清水即可。

6）营养液配方。山茶无土栽培营养液配方见表 2-17。

表 2-17 山茶无土栽培营养液配方

化合物名称	化合物（元素）浓度/(mg/L)
硝酸钾（KNO_3）	850
二水氯化钙（$CaCl_2 \cdot 2H_2O$）	220
硝酸铵（NH_4NO_3）	825
硫酸镁（$MgSO_4 \cdot 7H_2O$）	185
磷酸二氢钾（KH_2PO_4）	85
氯化钾（KCl）	0.83
乙二胺四乙酸二钠［EDTA-2Na］	37.3
硼酸（H_3BO_3）	6.2
硫酸锰（$MnSO_4.4H_2O$）	22.3
硫酸锌（$ZnSO_4.7H_2O$）	10.6

（续）

化合物名称	化合物（元素）浓度/(mg/L)
硫酸铜（$CuSO_4.5H_2O$）	0.025
钼酸钠［$Na_6Mo_7O_{24}.2H_2O$］	0.25
氯化钴（$CoCl_2$）	0.025
泛酸钙	2
肌醇	100
烟酸	0.5
盐酸吡哆醇	0.5
盐酸硫胺素	0.1
甘氨酸	2
pH	5.8

7）营养液管理。在整个生长期内营养液的pH应控制在5.8，注意调整不同生育期的EC值。

（2）四季秋海棠　四季秋海棠原产南美巴西，是秋海棠植物中最常见和栽培最普遍的种类。姿态优美，叶色娇嫩光亮，花朵成簇，四季开放，且稍带清香，为室内外装饰的主要盆花之一（图2-54）。

图2-54　四季秋海棠

1）生物学特性。四季秋海棠为秋海棠科秋海棠属多年生花卉，又名四季海棠。四季秋海棠为多年生草本。茎直立，多分枝，肉质，光滑。叶互生，有光泽，卵形，边缘有锯齿，绿色或带淡红色。花淡红色，腋生，数朵成簇。栽培品种繁多，株形有高种和矮种；花有单瓣和重瓣；花色有红色、白色、粉红色；叶有绿色、紫红色和深褐色等。

2）生态学习性。

① 温度：喜温暖，生长适温18~20℃，冬季温度不低于5℃，否则生长缓慢，易受冻害。夏季温度超过32℃，茎叶生长较差。但耐热品种前奏曲、鸡尾酒和安琪等系列，在高温下仍能正常生长。

② 光照：四季秋海棠为喜光植物，喜欢阳光充足环境。

③ 湿度：喜欢湿润的环境。

3）繁殖方法。四季秋海棠繁殖方法常用播种繁殖、扦插繁殖和组培繁殖。

① 播种繁殖：以春、秋季为宜。种子细小，每克种子有70000粒左右，短命，隔年种子发芽率显著下降。采用穴盘法播种，发芽适温为20~22℃，播后不覆土，覆膜保湿，约7~10d发芽。秋播，温室越冬，翌春开花。一般播种后130~150d开花。

② 扦插繁殖：春、秋季进行最好，剪取长10cm的顶端嫩枝作插条，基质可用河沙、蛭石、珍珠岩等，插穗一半插入基质中，保持较高的空气湿度，室温20~22℃，插后16~20d

生根。若用0.005%吲哚丁酸处理2s，可促进插穗生根。

③ 组培繁殖：外植体可用嫩茎段，先以清水轻轻擦洗，在无菌室用70%酒精表面消毒30s，再用5%～10%漂白粉过滤清液浸泡消毒10min，最后用无菌水冲洗4～6次。将外植体接种于MS培养基加6－BA0.5mg/L和NAA0.1mg/L，促进不定芽的产生。再使用1/2MS培养基加入IBA0.2mg/L，促使不定根的分化，成为完整植株。从外植体接种至完整小植株产生需4个月。

4）品种选择。常见品种有：绿叶系的大使，株高20～25cm，分枝性强。奥林匹克，花有粉色、红色、橙红色、白色、混色等。洛托，株高10cm。华美，株高20～25cm。胜利，株高20～25cm。琳达，株高15～20cm。另外有大花、绿叶的翡翠和大花绿叶、耐热、耐雨的前奏曲。铜叶系的鸡尾酒系列，耐阳光，不怕晒，有花粉红色的白兰地、花玫瑰红色的杜松子酒、花纯白色的威士忌、花鲜红色的伏特加、花白色具玫瑰红边的朗姆酒。聚会，花大，花径5cm，分枝性好，株高30cm。里奥，株高20～25cm，是铜叶系中颜色最深的系列，适应性强，适合室外栽培。参议员分枝性强。安琪，株高20～25cm，早生种，多花系列，适应性广。

5）栽培技术。四季秋海棠无土栽培可选用草炭:珍珠岩=2:1作为基质，基质上盆前要消毒。生产用苗常选用穴盘苗，以保所生产花卉的质量。四季秋海棠的枝叶柔嫩多汁，含水量较高，生长期对水分的要求较高，除浇水外，通过叶片喷水增加空气湿度是十分必要的。但盆内积水或空气过于干燥，同样对四季秋海棠的生长发育极为不利。特别在苗期阶段，易招致幼苗腐烂和病虫危害。

6）营养液配方。四季秋海棠无土栽培营养液配方见表2-18和表2-19。

表2-18　四季秋海棠无土栽培营养液配方（营养生长用）

化合物名称	化合物（元素）浓度/(mg/L)
硝酸钙［$Ca(NO_3)_2 \cdot 4H_2O$］	1180
硝酸钾（KNO_3）	506
磷酸二氢钾（KH_2PO_4）	153
硫酸镁（$MgSO_4 \cdot 7H_2O$）	693

表2-19　四季秋海棠无土栽培营养液配方（生殖生长用）

化合物名称	化合物（元素）/浓度/(mg/L)
硝酸钙［$Ca(NO_3)_2 \cdot 4H_2O$］	945
硝酸钾（KNO_3）	809
磷酸二氢铵（$NH_4H_2PO_4$）	136
硫酸镁（$MgSO_4 \cdot 7H_2O$）	493

7）营养液管理。四季秋海棠生长期间根据不同阶段选择不同的营养液，在营养生长阶段可选用表2-18营养液配方，在生殖生长阶段可选用表2-19营养液配方，营养液pH控制在5.5～6.5。

（3）叶子花　叶子花又名三角花、宝巾花，紫茉莉科叶子花属常绿藤本或小灌木。

叶子花可作攀缘植物，生长健壮，在热带地区露地栽培能攀缘10余米高，常在被攀缘的树木上开花，花期极长，十分壮观。叶子花是园林绿化十分理想的垂直绿化树种，用作花架、拱门、棚架或墙垣攀缘材料，也适于在河边、护坡等作为彩色的地被材料应用，在我国北方地区作盆栽花卉，也常用来制作盆景，可布置春、夏、秋花坛，是“五一”、“十一”的重要花材，有时也用于切花(图2-55)。

图2-55　叶子花

1）生物学特性。叶子花茎木质化，有强刺。叶全缘平滑，绿色有光泽，呈长椭圆披针形或卵状长椭圆形乃至阔卵形，长10～20cm，基部楔形。苞片大型，椭圆状披针形，红色或紫色，长2.5cm以上，苞片脉显著。

2）生态学习性。

① 温度：叶子花性强健，喜温暖气候，不耐寒，耐高温。在3℃以上才可安全越冬，15℃以上方可开花。

② 光照：叶子花为喜光性植物，喜充足光照，如光线不足或过于荫蔽，新枝生长细弱，叶片暗淡。

③ 湿度：喜湿润，怕干燥。叶子花对水分的需要量较大，特别盛夏季节，水分供应不足，易产生落叶现象，直接影响植株正常生长或延迟开花。

④ 土壤：对土壤要求不严，在排水良好、含矿物质丰富的黏重壤土中及排水良好的砂质壤土生长良好，耐贫瘠、耐碱、耐干旱、忌积水，耐修剪。

3）繁殖方法。叶子花可采用扦插繁殖、高空压条繁殖及嫁接繁殖。

① 扦插繁殖：叶子花的主要繁殖方式。一般3～7月，选发育充实，腋芽饱满的枝条剪成插穗，插后保持25℃左右、空气湿度70%～80%的条件，扦插基质可采用河沙、草炭等。生产上可用0.002%的IBA处理24h，有促进生根的作用。

② 高空压条繁殖：对于名贵及不宜生根的品种，也可采用高空压条的方法繁殖，此法适用于春、秋季节。选择距离顶端15～20cm处的已木质化的枝条，环剥0.5～1.0cm的树皮宽度，然后用湿的水苔藓或草炭包覆在去皮处，外用塑料薄膜包好。大约1～2个月可发根。

③ 嫁接繁殖：选择茎干粗壮，直立性好、无病害的叶子花做砧木，嫁接的枝条要粗壮、芽眼饱满、无病虫害。嫁接后的植株放在半阴的环境中养护，并及时去除砧木上的新芽。

4）品种选择。叶子花品种繁多，可用于无土栽培的品种有：大红（深红）三角梅，叶大且厚，深绿无光泽，呈卵圆形，芽心和幼叶呈深红色，枝条硬、直立，茎刺小，花苞片为大红色，花色亮丽，花期为3～5月、9～11月；金斑大红三角梅，叶宽卵圆形至宽披针形，先端渐尖或急尖，叶基部楔形或截平，叶长达7cm，叶缘具黄白色斑块，新叶的斑块为黄色，渐变为黄白色；苞片单瓣，深红色，先端急尖至圆钝，整苞片近圆形；萼管红色，长约1cm，萼管顶端裂片白黄色；皱叶深红三角梅，叶圆，叶片带银边斑纹，叶缘皱卷，花较大，叶状花苞呈深红色；金斑重瓣大红三角梅，叶片外缘金黄色，花重瓣，红色；金叶三角梅叶较小，叶面光亮，叶片金黄色，枝上刺较多，花苞片淡紫色。银边浅紫（粉粧）三角梅，叶片椭圆，银边斑叶，开浅紫色花，花量较少，花形较小；金斑浅紫三角梅，长形叶较大金边斑叶，开浅紫色花；白苞（色）三角梅，叶色浅绿，卵圆形、长卵圆形至披针形，先端渐尖至急尖，基部楔形至宽楔形，多数叶长约5.5cm，苞片白色，略带红斑，苞径长约4cm，宽2cm，萼管白色，略带绿，长约2cm，基部较大，直径约0.4cm。

5）栽培技术。叶子花喜偏酸性基质，因此无土栽培基质可选用草炭、稻壳、河沙等。叶子花开花量大，必须保证充足的养分。一般4月份至7月份为生长旺期，每隔7~10d施通用营养液一次，以促进植株生长健壮。8月份开始，为了促使花蕾的孕育，施以磷肥为主的营养液，每10d追施一次。自10月份开始进入开花期，从此时起到11月中旬，每隔半个月需要施一次以磷肥为主的营养液。每次开花后都要加施通用营养液一次，这样使叶子花在开花期不断得到养分补充。叶子花忌积水，不耐涝，浇水要根据“不干不浇、浇则浇透”的原则，开花前必须进行控水，时间半个月，这样可以保证开花整齐、多花。叶子花生长迅速，生长期要注意整形修剪，以促进侧枝生长，多生花枝，修剪次数一般为1次至3次。

6）营养液配方。叶子花无土栽培选用通用营养液配方即可。

7）营养液管理。根据不同生长时期选择合适的营养液，花期要注意磷肥的施用，保证充足的营养。

（4）君子兰　君子兰叶碧绿或墨绿色，向两侧对称展开，具有生机盎然、富有朝气之感，是居室装饰的上品花卉。花成簇聚生枝顶，颇壮观，是家庭宴会、喜庆之典的烘托花品，深受我国北方群众欢迎（图2-56）。

图2-56　君子兰

1）生物学特性。君子兰为石蒜科君子兰属多年草本花卉。肉质根粗壮，茎分根茎和假鳞茎两部分。叶剑形，互生，排列整齐，长30~50cm，聚伞花序，可着生小花10~60朵，冬春开花，尤以冬季为多，小花可开15~20d，先后轮番开放，可延续2~3个月。每个果实中含种子一粒至多粒。

2）生态学习性。

① 温度：喜温暖、凉爽气候。生长温度15～35℃。冬季保持5～8℃不会冻死，夏季不超过35℃。最适温度为15～25℃。

② 光照：君子兰喜半阴，忌烈日直射。

③ 湿度：喜湿润。

④ 土壤：喜疏松、透气、排水良好的微酸性腐殖质土壤。土壤相对湿度20%～40%，有一定耐旱性。

3）繁殖方法。君子兰常用播种繁殖，也用分株繁殖和组织培养繁殖方法。

① 播种繁殖：种子需人工授粉，因其自花授粉结实力低。播种在11月份至翌年1月间进行。将种子均匀地点撒在沙床或腐殖质土上，覆盖沙土1～1.5cm。浇透水，保持20～25℃及土质湿润，大约45d萌发，以后适当控制水分，给予适当光照。播种后第一年只长2片叶子。

② 分株繁殖：分株繁殖可于春季进行，将母株根茎周围产生的15cm以上的分蘖苗分离，栽种到小盆中，浇透水置于阴凉处，7d后转移到半阴处。如果分蘖苗没有根，可先插入河沙里，待长出新根后再上盆。

③ 组织培养繁殖：君子兰组织培养常用茎尖、幼叶、花柱、子房等为外植体，以MS为基本培养基，初代培养可用MS + KT2～3mg/L + NAA0.5mg/L，继代培养采用MS + BA2mg/L + NAA0.1mg/L，生根培养采用1/2MS + NAA0.1mg/L。生根后的君子兰小苗采用常规方法驯化移栽，基质可选择苔藓、树皮、珍珠岩等。

4）品种选择。君子兰主要有三个种，大花君子兰、垂笑君子兰及窄叶君子兰，广泛栽培的为前两种。大花君子兰为多年生草本，肉质根白色，不分枝。基生叶多数，革质，互生，排列整齐，呈扇形，常绿。茎为短缩茎。花为有限花序，呈伞形排列，花茎扁平、肉质、实心，小花有柄，漏斗状，颜色有橙黄色、淡黄色、橘红色、浅红色、深红色等。未成熟葫果为绿色，成熟后为紫红色。种子大，球形。主要品种有胜利、和尚、染厂、油匠、花脸和尚、圆头、春城短叶、黄技师等栽培品种。

垂笑君子兰的叶非常硬和粗糙，呈条带状，大约300～800mm长，25～50mm宽。叶端非常钝。花序上一般有20～60朵小花，下垂状。花为多为暗橘色，花瓣尖端为绿色。但也有粉黄色到暗红之间色彩的花。它的果实中一般有1～2个种子，果皮是红色的，红果实要9个月才成熟。从种子育出的小苗叶片很细长，大约1.5mm厚。

5）栽培技术。君子兰无土栽培技术已经很成熟，常用的基质配方较多。常用的有：腐熟柞树叶、松针、河沙（直径3～5mm）配合使用，比例为6∶2∶2；腐熟柞树叶、松针、炉渣（直径3～5mm）配合使用，比例为6∶2∶2；腐熟柞树叶、河沙配合使用，比例为7.5∶2.5或8∶2；腐熟柞树叶、稻壳（炭化处理）、河沙配合使用，比例为6∶2∶2；腐熟柞树叶、稻壳（炭化处理）、炉渣配合使用，比例为6∶2∶2；粗锯末（电刨花）与炉渣（河沙）配合使用、比例为8∶2；河沙、稻壳（炭化处理）配合使用，比例为2∶8；炉渣、稻壳（炭化处理）配合使用，比例为2∶8。

君子兰为喜肥花卉，当植株定植完成后，即可浇灌已配制好的营养液，直到盆底部的排水孔中有水渗出为止，同时给叶面喷淋些清水。君子兰对光照、温度、空气湿度的要求，同一般的土培，凡在浅碟中接收到的渗出液应及时倒回盆中，直至其不再有营养液渗出为止。

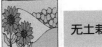

一般大盆每2周补施一次营养液，用量为200~300mL，中小盆每周浇施一次营养液，用量为50~100mL。

君子兰适宜在偏酸性基质中生长，所以水的pH最好在7以下。浇水量的大小和间隔时间，根据基质、花盆的透气性不同以及空气的温度和湿度不同而灵活掌握。气温低，湿度大，花盆和基质透气性小的情况下，则10d左右浇透一次水为宜。反之，则5d左右为宜。在气温高时，2年生以下小苗于早晚淋浮水。

6）营养液配方。君子兰无土栽培营养液配方见表2-20。

表2-20 君子兰无土栽培营养液配方

化合物名称	化合物（元素）浓度/（mg/L）
硝酸钙［$Ca(NO_3)_2 \cdot 4H_2O$］	236
磷酸二氢钾（KH_2PO_4）	68.5
硫酸镁（$MgSO_4 \cdot 7H_2O$）	246
硫酸铵［$(NH_4)_2SO_4$］	132
硫酸钾（$K_2SO_4 \cdot 4H_2O$）	174
乙二胺四乙酸二钠铁［EDTA-Na_2Fe（含Fe14.0%）］	20
硼酸（H_3BO_3）	6
硫酸锰（$MnSO_4 \cdot 4H_2O$）	4
硫酸锌（$ZnSO_4 \cdot 7H_2O$）	1
硫酸铜（$CuSO_4 \cdot 5H_2O$）	2
钼酸铵［$(NH_4)_6Mo_7O_{24} \cdot 4H_2O$］	0.4

7）营养液管理。营养液pH为6.5左右为宜，如pH偏高，要加硫酸校正；偏低，加氢氧化钠校正。营养液不宜用污水配制，应无毒、无臭、清洁卫生，可长期保存使用。

（5）仙客来（图2-57） 仙客来原产南欧及地中海一带，为多年生球根花卉，为世界著名盆花品种之一，现已成为世界各地广为栽培的花卉，为重要的年宵花，品种繁多。

1）生物学特性。仙客来别名萝卜海棠、兔耳花、兔子花、一品冠、篝火花、翻瓣莲，是报春花科仙客来属多年生草本植物。仙客来块茎扁圆球形或球形、肉质；叶片由块茎顶部生出，心形、卵形或肾形，叶缘有细锯齿，叶面绿色，具有白色或灰色晕斑，叶背绿色或暗红色，叶柄较长，红褐色，肉质；花单生于花茎顶部，花朵下垂，花瓣向上反卷，犹如兔耳；花有白、粉、玫红、大红、紫红、雪青等色，基部常具深红色斑；花瓣边缘多样，有全缘、缺刻、皱褶和波浪等形。

图2-57 仙客来

2）生态学习性。

① 温度：喜凉爽，半耐寒，能忍受0℃低温，生长最适温度为15～18℃，休眠期温度不宜超过30℃，以防止发病。

② 光照：仙客来喜阳光充足。

③ 湿度：喜湿润的环境。

④ 土壤：要求疏松、肥沃、排水良好，pH以微酸性为好。

3）繁殖方法。仙客来可以用播种、分割块茎和组织培养等方法养殖，生产上多以种子繁殖为主。

① 播种繁殖：时间一般在9～10月份。仙客来种子较大，每克约100粒，一般发芽率为85%～95%，种子常发芽迟缓，出苗不齐。为促进种子发芽，可于播前浸种催芽，用冷水浸种一昼夜或30℃温水浸泡2～3h，然后清洗掉种子表面的黏着物，包于湿布中催芽，保持温度25℃，经1～2d，种子稍微萌动即可取出播种。仙客来喜疏松肥沃、排水良好而富含腐殖质的沙质壤土，播种用土可用腐叶土、壤土、河砂等量混合或腐叶土3份、砻糠灰1份、黄泥1份混合使用。播种时种子间距为2cm，播于浅盆浅箱中，覆土厚0.5～1cm，用浸盆法浇水，上盖玻璃保湿，玻璃上最好再覆盖遮光物，以确保种子处在黑暗之中。播种后将苗盆置于15～22℃的环境中，约28～40d苗可陆续出齐。出苗后分步除去遮光物使幼苗逐步见光。当幼苗真叶长到2～3枚时，移植于小营养钵内，栽植深度为球茎的1/2～2/3。待根系稳定后可进行施肥，氮、磷、钾比例为2:1:1；小苗长至6～8枚真叶时，可进行第二次移植，定植于大一号的盆中。

② 分割块茎繁殖：仙客来的块茎不能自然分生子球，因而不能像一般球根花卉那样分球繁殖。但可以通过切割处理，人为促进块茎增殖来繁殖新个体。一般在8月下旬块茎即将萌动时，将块茎自顶部纵切分成几块，每块都应带有芽眼，将切口涂以草木灰，稍微晾干后，即可分植于花盆内，精心管理，不久即可展叶开花。但此法有如下缺点：繁殖系数小；易腐烂，管理困难；植株开花少、株形不美、块茎不圆整等，实际中应用较少。

③ 组织培养繁殖：近年来仙客来的组培快繁技术在生产中也得到了广泛的应用。仙客来组培快繁可采用花蕊、块茎、叶片、幼茎等作为外植体，一般从一二年生幼株上采集，其中以块茎作为外植体最易诱导产生幼苗。以块茎为外植体可选用MS培养基，以MS+6-BA3mg/L+NAA1mg/L为诱导培养基，以1/2MS+NAA0.3mg/L为生根培养基，以MS+6-BA3mg/L+NAA0.4mg/L为继代培养基。组织培养具有较高的技术要求，繁殖时应确定适宜的外植体采集时期、采集部位，筛选最佳的培养基配方，快繁过程中各步骤应严格按照操作规程来进行，要严格防止病苗及弱苗的产生。组培繁殖对于市场销路好的新优品种的快速推广有着强大的优越性。

4）品种选择。仙客来的园艺品种繁多，其品种分类至今没有统一的标准，但按花的形状可分为6种类型：

① 大花类型。花朵大，花瓣全缘平展，开花时反卷。叶缘锯齿浅或不明显。为仙客来中最有代表性的类型。

② 平瓣类型。花朵较大，花瓣平展，边缘细缺刻或波皱，较窄，花蕾尖。叶缘锯齿明显。

③ 钟形。花下垂呈半开状态，花瓣不反卷，较宽，顶部扇形，边缘细缺刻或波皱。花浓香，花蕾端部圆。叶缘锯齿显著。

④ 皱边类型。为平瓣类型和钟形的改良品种。花朵较大，花瓣边缘细缺刻或波皱，开花时不反卷。

⑤ 杂种同类型。其为近年来新育成的杂交一代品种。植株高约50cm。长势旺，株丛紧凑，生长一致。花朵大，花朵多，花期早。目前栽培最多，也最受欢迎。

⑥ 迷你类型。植株矮小。已有栽培，目前正流行。

5）栽培技术。仙客来无土栽培主要以基质盆栽为主，栽培基质可选用蛭石、泥炭、炉渣、锯末、砂、炭化稻壳等按不同比例混合作基质，如蛭石:锯末:砂为4:4:2或炉渣:泥炭:炭化稻壳为3:4:3。苗期宜用泥盆，盆底垫3~4cm厚的粗粒煤渣，上部用混合基质。栽苗时要小心操作，注意勿伤根系，使须根舒展后添加基质，轻轻压实，使球茎1/3露出，浇透营养液（稀释3~5倍）。仙客来喜肥，但需施肥均匀，平日每周浇1次营养液，并根据天气情况每2~3d喷1次清水。由于基质疏松透气、保水保肥，能满足小苗生长的各种需求。仙客来长到10片叶时是一个重要时期，一般出现在5~6月份，此时进入营养生长和生殖生长并进阶段。凉爽地区可于此时进行第二次移栽，栽植于直径为15cm的塑料盆、陶盆或瓷盆中，方法同前。进入夏季要注意降温、通风，保存已有叶片，控制肥水，以防植株徒长。此外，要注意防病、防虫，可喷洒多菌灵、甲基托布津、乐果、敌敌畏等杀菌杀虫剂。

8月底随天气渐凉，仙客来逐渐恢复生长，长出许多新叶，此时要注意加强光照和施肥，按正常浓度每周浇1次营养液，每10d左右叶面喷施0.5%磷酸二氢钾溶液。进入10~11月，叶片生长缓慢，花蕾发育明显加快，进入花期，此时适宜的条件为光照2.4万~4万lx，温度12~20℃，湿度60%左右，温度是控制花期的主要手段，一般品种在10℃条件下，花期可推迟20~40d。花期易发生灰霉病，要加强通风和药物防治。

仙客来无土栽培要比在土壤中栽培生长快，开花多，开花早，花大色艳，花期长。

6）营养液配方。仙客来无土栽培营养液配方见表2-21。

表2-21 仙客来无土栽培营养液配方

化合物名称	化合物（元素）浓度/(mg/L)
硝酸钾（KNO_3）	400
硝酸钙［$Ca(NO_3)_2 \cdot 4H_2O$］	250
尿素［$(NH_2)_2CO$］	200
硫酸镁（$MgSO_4 \cdot 7H_2O$）	150
磷酸二氢钾（KH_2PO_4）	100
硫酸亚铁（$FeSO_4 \cdot H_2O$）	100
硼酸（H_3BO_3）	10
硫酸钙（$CaSO_4 \cdot 2H_2O$）	50
硫酸锌（$ZnSO_4 \cdot 7H_2O$）	10
钼酸铵［$(NH_4)_6Mo_7O_{24} \cdot 4H_2O$］	10

7）营养液管理。营养液通常先配成浓缩液，使用时再根据不同生长时期稀释不同倍数，通常浓缩10倍，用时稀释3～5倍，pH调到6.5左右。

（6）一品红（图2-58）一品红花色鲜艳，花期长，正值圣诞、元旦、春节开花，是冬春重要的盆花和切花材料，深受国内外群众的欢迎。常用于盆栽装饰室内，布置花坛、会场，制作插花等。采用短日照处理，可使一品红在“国庆节”开花，满足节日布置的需要。无土栽培清洁卫生、病虫害少、易于管理、高产优质，同时可有效解决土培中常遇到的水分矛盾及盆土供应问题，具有广泛的发展前景。

图2-58　一品红

1）生物学特性。一品红又名圣诞花、猩猩木、老来娇，为大戟科大戟属落叶亚灌木。茎直立，叶互生，形态如戟。茎顶部花序下的叶较窄，苞片状，通常全缘，开花时呈朱红色。顶生环状花序聚伞状排列，花小，着生在绿色的杯状总苞内。蒴果，种子3粒，褐色。

2）生态学习性。

① 温度：性喜温暖的环境，不耐寒冷和霜冻。

光照：要求充足的光照，光照不足时，往往茎弱叶薄，苞片色泽变淡。一品红属于典型的短日照植物，花芽分化在10月下旬开始。

② 湿度：喜湿润环境。

③ 土壤：对土壤要求不严，但以疏松肥沃、排水良好的微酸性土壤为好。

3）繁殖方法。一品红生根容易，生产上以扦插繁殖为主。

春末气温稳定回升时，花凋谢后修剪下来的枝条，每2～3节截成一插穗进行扦插，或于5月下旬至6月上旬利用嫩枝扦插，每段带有2枚剪去1/2的叶片。剪插条时剪口有白色乳汁流出，要用草木灰或硫黄粉封住阴干，或用清水洗净后，待剪口干燥后再插入河沙或蛭石中。插后保持基质湿润，在25℃温度条件下约经1个月即可生根。

4）品种选择。适合无土栽培的一品红品种有：一品白，苞片乳白色；一品粉，苞片粉红色；一品黄，苞片淡黄色；深红一品红，苞片深红色；三倍体一品红，苞片栎叶状，鲜红色；重瓣一品红，叶灰绿色，苞片红色、重瓣；亨里埃塔·埃克，苞片鲜红色，重瓣，外层苞片平展，内层苞片直立，十分美观；球状一品红，苞片血红色，重瓣，苞片上下卷曲成球形，生长慢；斑叶一品红，叶淡灰绿色、具白色斑纹，苞片鲜红色；保罗·埃克小姐，叶宽、栎叶状，苞片血红色。

近年来上市的新品种有喜庆红，矮生，苞片大，鲜红色；皮托红，苞片宽阔，深红色；胜利红，叶片栎状，苞片红色；橙红利洛，苞片大，橙红色；珍珠，苞片黄白色；皮切艾乔，矮生种，叶深绿色，苞片深红色，不需激素处理。

5）栽培技术。无土栽培一品红可用直径15~20cm的塑料花盆，基质最好选用草炭∶珍珠岩或蛭石为1∶1的混合基质。上盆时，盆底铺一层用水浸透的陶粒，以利排水和通气，然后加入混合基质，将花苗栽在盆中，盆上面要加盖一层陶粒，以防长青苔和浇水或浇液冲起基质。定植后第一次加液要充足，至盆底有渗出液流出为止，盆底托盘内不可长期存留渗出液以防影响通气而烂根。平日补液每周1~2次，每次约100mL，注意喷水保湿，切勿浇水过大。

北方冬季室温要保持在15℃以上，可用塑料袋罩在盆上保温。供暖后，一般室内温度可达15~20℃，也正是一品红花芽分化期，每天保持8~9h光照，50d左右开花。一般将于10月下旬至12月下旬开花，观花期可延续至翌年3~4月。

清明前后（4月上旬）开过花后，减少浇水浇液，促其休眠。剪去上部枝条，促使其萌发新的枝条。一般每个花盆可保留5~7个枝条，每个枝条顶端开1朵花。其他的萌芽及时摘除，以免影响观赏效果。一品红当年生枝条常可达1m多长，不仅株形不美，而且影响开花。为使株形美观，应及时整枝作弯，使植株变矮，枝叶紧凑，花叶分布均匀。也可使用植物生长抑制剂如矮壮素喷洒叶面，效果较好。

6）营养液配方。一品红无土栽培选用通用营养液配方即可。

7）营养液管理。根据不同生长时期选择合适的营养液，保证充足的营养。定期检测营养液的pH和EC值。

（7）茉莉花（图2-59） 茉莉花为木犀科茉莉属多年生常绿小灌木，原产于热带、亚热带地区。茉莉叶色翠绿、花朵洁白玉润、香气清婉柔淑，被人们誉为众香花之首，具有极好的观赏价值。同时也具有很高的经济价值，茉莉花是我国最重要的茶用香花。

图2-59 茉莉花

1）生物学特性。茉莉花（*Jasminum sambac*（L.）Ait.）为直立或攀缘灌木，高达 3m。小枝圆柱形或稍压扁状，有时中空，疏被柔毛。单叶对生，叶片纸质，圆形、椭圆形、卵状椭圆形或倒卵形，长 4～12.5cm，宽 2～7.5cm，两端圆或钝，基部有时微心形，侧脉 4～6 对，在上面稍凹入，下面凸起，细脉在两面常明显，微凸起，除下面脉腋间常具簇毛外，其余无毛；叶柄长 2～6mm，被短柔毛，具关节。聚伞花序顶生，通常有花 3 朵，有时单花或多达 5 朵；花序梗长 1～4.5cm，被短柔毛；苞片微小，锥形，长 4～8mm；花梗长 0.3～2cm；花极芳香；花萼无毛或疏被短柔毛，裂片线形，长 5～7mm；花冠白色，花冠管长 0.7～1.5cm，裂片长圆形至近圆形，宽 5～9mm，先端圆或钝。果球形，径约 1cm，呈紫黑色。花期 5～8 月，果期 7～9 月。

2）生态学习性。

① 温度：茉莉花喜温暖环境，怕冻，日平均温度达 19℃以上才萌芽，25℃以上才孕育花蕾，从花蕾形成到开花蕾 15d 左右，32～35℃最适宜花蕾成熟开放，超过 37℃，香味变淡，花会产生闷黄现象，－3℃左右，地上部枝条有冻坏的危险。

② 光照：喜阳光充足环境，在过于荫蔽的地方生长不良，出现叶大节稀、叶色淡色、枝干细弱、花少等现象。

③ 湿度：喜湿润环境，怕旱不耐涝。

④ 土壤：茉莉花喜肥沃疏松排水良好的微酸性沙壤土，忌碱性土和黏重土。

3）繁殖方法。通常采用扦插繁殖和压条繁殖。

① 扦插繁殖：于 4～10 月进行，选取成熟的 1 年生枝条，剪成带有两个节以上的插穗，去除下部叶片，插在泥沙各半的插床，覆盖塑料薄膜，保持较高空气湿度，约经 40～60d 生根。

② 压条繁殖：选用较长的枝条，在节下部轻轻刻伤，埋入盛沙泥的小盆，经常保湿，20～30d 开始生根，2 个月后可与母株割离成苗，另行栽植。

4）品种选择。目前我国茉莉品种约有 60 多个，其中栽培品种主要有单瓣茉莉、双瓣茉莉和多瓣茉莉 3 种。

单瓣茉莉：植株较矮小，高 70～90cm，茎枝细小，呈藤蔓型，故有藤本茉莉之称，花蕾略尖长，较小而轻，产量比双瓣茉莉低，比多瓣茉莉高，不耐寒、不耐涝，抗病虫能力弱。

双瓣茉莉：植株高 1～1.5m，直立丛生，分枝多，茎枝粗硬，叶色浓绿，叶质较厚且富有光泽，花朵比单瓣茉莉、多瓣茉莉大，花蕾洁白油润，蜡质明显。花香较浓烈，生长健壮，适应性强，鲜花产量（3 年以上）每亩可达 500kg 以上。

多瓣茉莉：叶片浓绿，花紧结、较圆而小，顶部略呈凹口。多瓣茉莉花开放时间长，香气较淡，产量较低。

5）栽培技术。茉莉花喜光，耐高温、高湿，但必须通风透气。其生长环境温差不可过大，否则会出现紫红色花朵（俗称“红粒”）或畸形枝叶。无土栽培的茉莉最好放在光照充足的温室里养护管理。

盆栽茉莉花可选用塑料盆或陶瓷盆。盆内先垫一层无土栽培专用的陶粒，把生根苗放入盆内，然后加陶粒盖住全部根系，注意放入陶粒时勿砸伤根系，放入陶粒能固定住苗株即可，不宜过多，也不可露出根系。栽植好后浇施 0.2% 浓度的营养液，一周后改为 0.4% 浓度的营养液。平时注意给叶面喷水，生长初期应遮住直射光，地面洒水保湿。新的枝叶长出后，应加强光照，并增加营养液的用量和次数。出现花蕾后要增加营养液的磷、钾量，减少氮的用量，以促盛花。出现第一次花蕾时，应及时摘除花蕾和枝条顶芽。这是保证茉莉花多开花、开好花的关键措施之一。

6）营养液配方。茉莉花无土栽培营养液配方见表2-22、表2-23。

表2-22　茉莉花无土栽培营养液配方（苗期）

化合物名称	化合物（元素）浓度/(mg/L)
硝酸钾（KNO_3）	350
硝酸钙［$Ca(NO_3)_2\cdot 4H_2O$］	350
过磷酸钙	400
硫酸镁（$MgSO_4\cdot 7H_2O$）	140
硫酸亚铁（$FeSO_4\cdot H_2O$）	60
硼酸（H_3BO_3）	0.3
硫酸锰（$MnSO_4\cdot 4H_2O$）	0.3
硫酸锌（$ZnSO_4\cdot 7H_2O$）	0.3
硫酸铜（$CuSO_4\cdot 5H_2O$）	0.3
钼酸铵［$(NH_4)_6Mo_7O_{24}\cdot 4H_2O$］	0.3
硫酸铵［$(NH_4)_2SO_4$］	110

表2-23　茉莉花无土栽培营养液配方（繁花期）

化合物名称	化合物（元素）浓度/(mg/L)
硝酸钾（KNO_3）	700
硝酸钙［$Ca(NO_3)_2\cdot 4H_2O$］	700
过磷酸钙	800
硫酸镁（$MgSO_4\cdot 7H_2O$）	280
硫酸亚铁（$FeSO_4\cdot H_2O$）	120
硼酸（H_3BO_3）	0.6
硫酸锰（$MnSO_4\cdot 4H_2O$）	0.6
硫酸锌（$ZnSO_4\cdot 7H_2O$）	0.6
硫酸铜（$CuSO_4\cdot 5H_2O$）	0.6
钼酸铵［$(NH_{46}Mo_7O_{24}\cdot 4H_2O$］	0.6
磷酸二氢钾（KH_2PO_4）	300

7）营养液管理。以上营养液配方皆可配成50倍浓缩液，用时加水稀释即可，pH为6.2，不同生育期采用不同的营养液配方。

（8）长寿花（图2-60）　长寿花叶片密集翠绿，临近圣诞节日开花，拥簇成团，花色丰富，是惹人喜爱的室内盆栽花卉。长寿花是由德国人波茨坦自非洲南部引入欧洲。但直到20世纪30年代才在欧洲较广泛的栽培观赏。至今长寿花列盆花生产的第三位。在丹麦，盆栽长寿花已成为丹麦盆栽花卉之冠，产量与产值均列第一位。长寿花在盆栽花卉中占有重要的地位，并成为国际花卉市场中发展最快的盆花之一。

1）生物学特性。长寿花景天科伽蓝菜属为多年生肉质草本。茎直立，株高10～30cm。叶对生，长圆状匙形，深绿色。圆锥状聚伞花序，苞片小，花多，有绯红、桃红、橙红、黄、橙黄和白等；花为4基数；萼片分离至基部，三角形或披针形，常短于花冠管；花冠高脚碟形；雄蕊8；鳞片线形至半圆形；心皮直立，花柱长或短。花期2～5月。

图2-60 长寿花

2）生态学习性。

① 温度：长寿花喜温暖环境，不耐寒，生长适温为15～25℃，夏季高温超过30℃，则生长受阻，冬季室内温度需12～15℃。低于5℃，叶片发红，花期推迟。冬春开花期如室温超过24℃，会抑制开花，如温度在15℃左右，长寿花开花不断。

② 光照：长寿花喜阳光充足环境。长寿花为短日照植物，对光周期反应比较敏感。生长发育好的植株，给予短日照（每天光照8～9h）处理3～4周即可出现花蕾开花。

③ 湿度：长寿花喜稍湿润环境。

④ 土壤：对土壤要求不严，以肥沃的沙壤土为好。

3）繁殖方法。通常采用扦插繁殖和组织培养繁殖。

① 扦插繁殖：在5～6月或9～10月进行效果最好。选择稍成熟的肉质茎，剪取5～6cm长，插于沙床中，浇水后用薄膜盖上，室温为15～20℃，插后15～18d生根，30d能盆栽。常用10cm盆。如种苗不多时，可用叶片扦插。将健壮充实的叶片从叶柄处剪下，待切口稍干燥后斜插或平放沙床上，保持湿度，10～15d，可从叶片基部生根，并长出新植株。

② 组织培养繁殖：美国和法国从20世纪70年代末开始应用长寿花的茎顶、叶、茎、花芽和花等作为外植体，进行组织培养法繁殖长寿花。生产上用MS＋2mg/LKT＋0.1mg/LNAA，诱导不定芽。再用1/2MS＋1mg/LIBA诱导生根。在室温25～27℃、光照16h下，经4～6周就能长出小植株。

4）品种选择。现在市场上长寿花的品种越来越多，按照花型可分为重瓣、单瓣、宫灯，按照叶片的形状可分为裂叶、羽叶、玫瑰叶。长寿花可大致分为三个系列，丰花系列、迷你系列、垂吊系列。

常用于无土栽培的品种有卡罗琳，叶小，花粉红；西莫内，大花种，花纯白色，9月开花；内撒利，花橙红色；阿朱诺，花深红色；米兰达，大叶种，花棕红色；块金系列，花有黄、橙、红等色；四倍体的武尔肯，冬春开花，矮生种。另外，还有新加坡、肯尼亚山、萨姆巴、知觉和科罗纳多等流行品种。

5）栽培技术。盆栽后，在稍湿润环境下生长较旺盛，节间不断生出淡红色气生根。过于干旱或温度偏低，生长减慢，叶片发红，花期推迟。盛夏要控制浇水，注意通风，若高温多湿，叶片易腐烂，脱落。生长期每半月浇施营养液1次。为了控制植株高度，要进行1～2次摘心，促使多分枝、多开花。长寿花定植后2周用0.2% B_9 喷洒1次，株高12cm再喷

1次。这样能有效控制植株高度，达到株美、叶绿、花多的效果。在秋季形成花芽过程中，可增施1~2次磷钾肥。

6）营养液配方。长寿花无土栽培营养液配方见表2-24。

表2-24 长寿花无土栽培营养液配方

化合物名称	化合物（元素）浓度/(mg/L)
硝酸钾（KNO_3）	455
硝酸钙［$Ca(NO_3)_2 \cdot 4H_2O$］	478
磷酸二氢铵［$(NH_4)_2H_2PO_4$］	77
硫酸镁（$MgSO_4 \cdot 7H_2O$）	257
硫酸亚铁（$FeSO_4 \cdot 7H_2O$）	15
硼酸（H_3BO_3）	2.86
硫酸锰（$MnSO_4 \cdot 4H_2O$）	2.13
硫酸锌（$ZnSO_4 \cdot 7H_2O$）	0.22
硫酸铜（$CuSO_4 \cdot 5H_2O$）	0.05
钼酸铵［$(NH_4)_6Mo_7O_{24} \cdot 4H_2O$］	0.02
EDTA-Fe	20~40
硼砂	4.5

7）营养液管理。常规管理即可。

（9）蝴蝶兰（图2-61） 蝴蝶兰属于兰科蝴蝶兰属，又称为蝶兰，是一种多年生附生植物。其花形如彩蝶飞舞，多年常绿草本，单轴分枝。茎短而肥厚，无假鳞茎。叶短而肥厚，多肉。根系发达，成扁平丛状，从节部长出。总状花序腋生，下垂，着花10朵左右。花色常见有白色、紫色、粉色等。色彩鲜艳，花期持久，素有“洋兰皇后”的美誉，是观赏价值和经济价值很高的著名盆栽植物。

图2-61 蝴蝶兰

1）生物学特性。蝴蝶兰茎很短，常被叶鞘所包，叶片稍肉质，常3~4枚或更多，正面绿色，背面紫色，椭圆形、长圆形或镰刀状长圆形，先端锐尖或钝，基部楔形或有时歪斜，具短而宽的鞘。花序侧生于茎的基部，长达50cm，不分枝或有时分枝；花序柄绿色，被数枚鳞片状鞘；花序轴紫绿色，常具数朵由基部向顶端逐朵开放的花；花苞片卵状三角形，长3~5mm；花梗连同子房绿色，纤细，长2.5~4.5cm；花色丰富，美丽，花期长，花期4~6月。

2）生态学习性。

① 温度：由于蝴蝶兰出生于热带雨林地区，本性喜暖畏寒，喜高气温的环境；生长适温为22～28℃，越冬温度不低于15℃，10℃以下就会停止生长，低于5℃容易死亡。在岭南各地如要进行批量生产，必须要有防寒设施，实行保护性栽培。

② 光照：耐半阴环境，忌烈日直射，要求光照强度为5000～20000lx。

③ 湿度：喜高湿度、通风透气的环境，要求空气湿度为60%～80%。

④ 土壤：不耐涝，忌积水。

⑤ pH：5.5～6.5。

⑥ EC值：0.5～1.5ms/cm。

3）繁殖方法。蝴蝶兰繁殖方法主要采用组织培养的方法。生产上采用花梗作为外植体，繁殖率较高。初代培养采用B_5+GA 2mg/L+NAA 0.1mg/L，一般培养2周后切口处开始膨大，产生淡绿色瘤状愈伤组织，并不断增大；四周后将愈伤组织切下转接到继代培养基进行增殖培养，继代培养采用B_5+6-BA 1mg/L+NAA 0.2mg/L；当丛生苗长到3～4cm、具有4～5片叶时，将其转移到生根培养基上培养，生根培养采用1/2MS+IBA 1.2mg/L+NAA 0.05mg/L，一个月左右可生根。

4）品种选择。全世界原生种约有70多种，但原生种大多花小不艳，作为商品栽培的蝴蝶兰多是人工杂交选育品种。经杂交选育的品种有530多种，以开黄花的较为名贵，“天皇”为黄花品种中的超级巨星，至于蓝花品种也较为珍稀。常用于无土栽培的品种有：

① 小花蝴蝶兰。蝴蝶兰的变种，花朵稍小。

② 台湾蝴蝶兰。蝴蝶兰的变种。叶大，扁平，肥厚，绿色，并有斑纹；花径分枝。

③ 斑叶蝴蝶兰。别名席勒蝴蝶兰。叶大，长圆形，长70cm、宽14cm，叶面有灰色和绿色斑纹，叶背紫色；花径8～9cm，淡紫色，边缘白色。花期春、夏季。

④ 曼氏蝴蝶兰。别名版纳蝴蝶兰。叶长30cm，绿色，叶基部黄色；萼片和花瓣橘红色，带褐紫色横纹，唇瓣白色，3裂，侧裂片直立，先端截形，中裂片近半月形，中央先端处隆起，两侧密生乳突状毛。花期3～4月。

⑤ 阿福德蝴蝶兰。叶长40cm，叶面主脉明显，绿色，叶背面带有紫色；花白色，中央常带绿色或乳黄色。

⑥ 菲律宾蝴蝶兰。花茎长约60cm，下垂，花棕褐色，有紫褐色横斑纹。花期5～6月。

⑦ 滇西蝴蝶兰。萼片和花瓣黄绿色，唇瓣紫色，基部背面隆起呈乳头状。

5）栽培技术。蝴蝶兰为附生性兰花，栽培时要求根部通气好，盆栽基质必须疏松、排水和透气，常用苔藓、蕨根、树皮块、椰壳或蛭石等。新株栽植后约30～40d长出新根。

生长期每旬施肥1次，花芽形成至开花期，多施磷钾肥。并经常在地面、叶面喷水，提高空气湿度，对茎叶生长十分有利。每年5～6月花后新根开始生长时换盆，生长温度应在20～25℃。若温度太低，新株恢复慢，而且易腐烂。32℃以上高温对蝴蝶兰生长不利，会促使其进入半休眠状态，影响花芽分化，结果不开花。蝴蝶兰花序长，花朵大，盆栽时需立支架，防止倒伏。

蝴蝶兰无土栽培花盆大小也很重要，如花卉的根部很大，花盆也要适当增大，如根部较小，则用较小的花盆，如花盆较大内装基质则多，容易使基质通透性较差。

6）营养液配方。蝴蝶兰营养液配方见表2-25。

表 2-25　蝴蝶兰营养液配方

化合物名称	化合物（元素）浓度/(mg/L)
硝酸钙［$Ca(NO_3)_2 \cdot 4H_2O$］	1000
硝酸钾（KNO_3）	600
硫酸钾（K_2SO_4）	200
磷酸二氢钾（KH_2PO_4）	200
硫酸镁（$MgSO_4 \cdot 7H_2O$）	600
磷酸铵［$(NH_4)_3PO_4$］	400
乙二胺四乙酸二钠铁［EDTA-Na_2Fe（含 Fe 14.0%）］	20
硼酸（H_3BO_3）	6
硫酸亚铁（$FeSO_4$）	15
硫酸锰（$MnSO_4 \cdot 4H_2O$）	4
硫酸锌（$ZnSO_4 \cdot 7H_2O$）	1
硫酸铜（$CuSO_4 \cdot 5H_2O$）	0.2
钼酸铵［$(NH_4)_6Mo_7O_{24} \cdot 4H_2O$］	0.4

7）营养液管理。营养液无毒、无臭，清洁卫生，可长期存放。生产上将微量元素扩大100倍形成浓缩溶液，然后提取其中1%溶液，即所需之量。

（10）杜鹃花（图2-62）　杜鹃花是世界名花，中国十大名花之一，排名第六。全世界的杜鹃花约有900种，中国是杜鹃花分布最多的国家，约有530余种。杜鹃花种类繁多，花色绚丽，花、叶兼美，地栽、盆栽皆宜。传说杜鹃花是由一种鸟吐血染成的。重庆西南，酉阳、秀山等地，盛产杜鹃花，大多都叫映山红。

图 2-62　杜鹃花

1）生物学特性。杜鹃花又称为山踯躅、山石榴、映山红，为杜鹃花科杜鹃花属花卉。在不同自然环境中形成不同的形态特征，既有常绿乔木、小乔木、灌木，也有落叶灌木，其基本形态是常绿或落叶灌木。分枝多，叶互生，表面深绿色。总状花序，花顶生，腋生或单生，花色丰富多彩，有些种类品种繁多。在自然条件下，春杜鹃花期大都在4~5月；夏杜鹃花期在5~6月间；春夏杜鹃花的花期在春夏鹃之间；花期可持续一月以上。

2）生态学习性。

① 温度：杜鹃花喜温，其生长的适宜温度为12~25℃，冬季秋鹃为8~15℃，夏鹃为10℃左右，春鹃不低于5℃即可。

② 光照：杜鹃花大都耐阴，最忌烈日暴晒，适宜在光照不太强烈的散射光下生长。

③ 湿度：杜鹃喜干爽，畏水涝，忌积水。

3）繁殖方法。可以采用扦插繁殖、压条繁殖及嫁接繁殖等。

① 扦插繁殖：扦插时期以梅雨季节，气温适中时成活率高。插穗选取当年新枝并已木质化而较硬实的枝条作插穗。插穗长约2~3节，摘除下部叶片，保留顶部2~3片叶即可。将插穗插入经湿润的河沙、蛭石、草炭等基质中，保持插床通风避阳，晚上开帘。白天可喷水1~2次。扦插后1个月左右即可生根，逐渐见光后可以上盆。

② 压条繁殖：这种方法的优点是所得苗木较多。方法是将母本基部的枝条弯下压入盆内基质中，经5~6个月的时间，生根之后，断离上盆。如果枝条在上端，无法弯下时，则采用高空压条方法，即用塑料薄膜包裹，填充湿润的水苔藓等，约1个月左右可生根。

③ 嫁接繁殖：嫁接是繁殖杜鹃最常用的方法。其砧木宜选用健壮隔年生生命力强、抗寒性好的毛鹃，而接穗多利用花色艳丽、花形较好的西洋杜鹃。

嫁接方法有靠接、劈接和腹接三种。

a. 靠接。选定砧木与接穗的杜鹃花各一盆，并排靠在一起，选用生长充实，枝条粗细（砧木和接穗）基本相同的光滑无节部位，各削一刀，削面长约3~4cm，深达木质部，削面两者要大小相同，然后将两者的形成层对准贴合，再用麻皮或塑料膜带依次捆扎，捆扎松紧适度，约经5~6个月，伤口愈合并联成一体。然后将接穗断离母体，待翌年春季再解除包扎上盆。

b. 劈接。选用二年生毛鹃作砧木，选取枝干光滑的地方平截，在正中劈一刀，深度为4cm左右，接穗基部两侧削成长约3cm左右的楔形，插入砧木，使形成层对准密合，用塑料条捆扎接口处，放置在阴凉架上，20余天左右可以成活，然后见光，一个月后即可上盆。

c. 腹接。取长4~5cm的接穗，顶部留3~4片叶，下部叶片全部去掉，在茎的两面用利刀削成楔形，长度0.5~1cm，削面要平、滑、清洁，防止弄污。然后在砧木基部6~7cm处，斜劈一刀，深度比接穗的削面略长，插入接穗时，使两者的形成层对准吻合。然后用线将两者接合处包扎，再用小塑料薄膜袋将接穗连同接口套入袋中，扎紧袋口，既防风又保湿，移植到蔽阴处后，约1个月后可成活上盆。

4）品种选择。适合无土栽培的品种有：

① 西洋鹃。花叶同放，叶厚有光泽，花大而艳丽，多重瓣，花期5~6月。

② 夏鹃。先展叶而后开花，叶片较小，枝叶茂密，叶形狭尖，密生绒毛。花分单瓣和双层瓣，花较小，花期6月。

③ 映山红。先开花后生长枝叶，耐寒，常以3朵花簇生于枝的顶端，花瓣5枚、鲜红色，花期2~4月。

④ 王冠。半重瓣，白底红边，花瓣上3枚的基部有绿色斑点，非常美丽，被誉为杜鹃花中之王。

⑤ 马银花。四季常绿，花红色或紫白色，花上有斑点。5~6月开花。

5）栽培技术。杜鹃花栽培基质以混合基质为好，有多种基质配方可供选用。用于栽培西鹃的基质必须满足以下几个条件：提供酸性环境如松针、泥炭、锯末等，均属于酸性基质；基质中的根系不因天气干燥而风干，如在丹东和江浙一带，采用松针或锯末都是很好的栽培基质，因空气湿度大，基质有足够的通透性才有利于杜鹃花生长，而在北京等天气干燥的北方地区如果选用松针作为基质，杜鹃花根系很容易因风干而死亡，最好选用泥炭与蛭石或珍珠岩的混合物；保水保肥透气这是所有的栽培基质的共同要求。鉴于上述几种情况，在杜鹃花栽培实践中，要正确处理好酸性、通气、保水保肥的关系。

杜鹃花根系细弱，既不耐旱又不耐涝。若生长期间不及时灌水，根系即萎缩，叶片下垂或卷曲，尖端变成焦黄色，严重者长期不能恢复日渐枯死。若浇水过多，通气受阻，则会造成烂根，轻者叶黄、叶落，生长停顿，重者死亡。因此，杜鹃花浇水不能疏忽，气候干燥时要充分浇水，正常生长期间盆土表面干燥时才适当浇水。若生长不良，叶片灰绿或黄绿，可在施肥水时加用或单用1/1000 硫酸亚铁水浇灌 2 ~3 次。

杜鹃花浇水时需要注意水质。必须使用洁净的水源，浇水时注意水温最好与空气温度接近。城市自来水中有漂白粉，对植物有害，须经数天贮存后使用。而含碱的水不宜使用。北方水质偏碱性，可加硫酸，调整好 pH 再用。

杜鹃花无土栽培过程中，始终要求半阴环境，春、夏、秋三季均需遮阴夏季高温闷热常导致杜鹃花叶片黄化脱落，甚至死亡，因此要注意通风降温或喷水降温，冬季室温以10℃左右为宜。

6）营养液配方。杜鹃花无土栽培营养液配方见表 2-26。

表 2-26　杜鹃无土栽培营养液配方

化合物名称	化合物（元素）浓度/(mg/L)
农用复合肥	2000
硫酸镁（$MgSO_4 \cdot 7H_2O$）	500
乙二胺四乙酸二钠铁［EDTA-Na_2Fe（含 Fe 14.0%）］	20
硼酸（H_3BO_3）	6
硫酸锰（$MnSO_4 \cdot 4H_2O$）	4
硫酸锌（$ZnSO_4 \cdot 7H_2O$）	0.2
硫酸铜（$CuSO_4 \cdot 5H_2O$）	0.1
钼酸铵［$(NH_4)_6Mo_7O_{24} \cdot 4H_2O$］	0.2
氢离子（H^+）	3.16 ~31.63μmol/L

7）营养液管理。栽培西鹃的营养液主要有以下几个方面的要求：杜鹃花为酸性花卉，因此营养液要求为强酸性，pH 4.5 ~5.5 适宜。营养液的各种成分要求全面且比例适当以满足杜鹃花生长开花的需要。可选用杜鹃花专用营养液或通用营养液。定植后第一次营养液（稀释 3 ~5 倍）要浇透。置半阴处半个月左右缓苗后，进入正常管理。平日每隔 10d 补液 1 次，每次中型盆 100 ~150mL，大型盆 200 ~250mL。期间补水保持湿润。杜鹃花不耐碱，为调节营养液 pH，可用醋精或食用醋调节水的 pH，用 pH 试纸测定营养液的酸碱性。

（11）马蹄莲（图 2-63）　马蹄莲为近年新兴花卉之一，作为鲜切花市场需求较大，前景广阔。由于马蹄莲叶片翠绿，花苞片洁白硕大，宛如马蹄，形状奇特，是国内外重要的切花花卉，用途十分广泛。

1）生物学特性。马蹄莲为天南星科马蹄莲属的球根花卉，具肥大肉质块茎，株高约 0.6 ~1m。叶基生，具长柄，叶柄一般为叶长的 2 倍，上部具棱，下部呈鞘状折叠抱茎，质地松软，内部海绵状；叶卵状箭形，新叶从老叶叶鞘中生出，叶片盾片形，先端渐尖，中央主脉部分略下陷，全缘，鲜绿色。花梗着生叶旁，高出叶丛，肉穗花序包藏于佛焰苞内，佛焰包形大、开张呈马蹄形；肉穗花序圆柱形，鲜黄色，花序上部生雄蕊，下部生雌蕊。果实肉质，包在佛焰包内；自然花期为3～8月，而且正处于用花旺季，在气候条件适合的地方可以收到种子，一般很少有成熟的果实。

图2-63　马蹄莲

2）生态学习性。

① 温度：性喜温暖气候，不耐寒，不耐高温，生长适温为20℃左右，0℃时根茎就会受冻死亡。在我国长江流域及北方栽培，冬季宜移入温室，冬春开花，夏季因高温干旱而休眠；而在冬季不冷、夏季不干热的亚热带地区全年不休眠。

② 光照：冬季需要充足的日照，光线不足时花少，稍耐阴。夏季阳光过于强烈灼热时适当进行遮阴。

③ 湿度：其原产于非洲南部，常生于河流旁或沼泽地中。喜潮湿，稍有积水也不太影响生长，但不耐干旱。

④ 土壤：喜疏松肥沃、腐殖质丰富的粘壤土。

3）繁殖方法。马蹄莲繁殖采用分株法和组织培养法，分株繁殖四季可进行，萌蘖苗分割后种植在沙、珍珠岩、岩棉或陶粒中，在20℃的遮阳条件下养护20d后，进入正常管理。

组织培养法则可以大量生产马蹄莲种苗。

4）品种选择。马蹄莲常见的品种有白柄种、绿柄种及红柄种等，其中，马蹄莲白柄种块茎较小，叶柄基部白绿色，长势缓慢，佛焰苞白色，花期早，花数多，直径1～2cm的块茎就能开花；绿柄种块茎粗大，叶柄基部绿色，生长势旺，植株高大，花黄白色，花开迟，块茎直径要达5～6cm以上才能开花；红柄种生长势中等，叶柄基部带红色，佛焰苞白色，花期介于白柄种和绿柄种之间。其他品种如银花马蹄莲、红花马蹄莲、黄花马蹄莲等也比较常见。

5）栽培技术。马蹄莲无土栽培有盆栽和槽培两种方式。

盆栽一般选用植株矮小紧凑的白柄种、红花马蹄莲和银花马蹄莲，如以大形植株为目的，可选用植株高大的绿柄种或黄花马蹄莲。

以收获佛焰苞作为切花的马蹄莲，适宜采用槽培形式。

马蹄莲常用栽培基质配方：①腐叶土4份，沙砾2份，甘蔗渣2份，地衣1份，饼肥1份。②泥炭5份，细沙3份，锯木屑2份。③细沙4份，泥炭2份，腐叶土2份，炭化稻壳1份，锯木屑1份。④蛭石3份，塑料泡沫粒3份，腐叶土4份。

栽培中要因地制宜选取以上基质配方中的一种，混合均匀并消毒。马蹄莲春秋均可栽培，春栽时，秋季开花；秋栽时，冬季开花。冬季室温维持在15～20℃，4月下旬或5月上旬可以出室，放置荫棚下。6～9月避免日光直射，生长期每隔3～4d浇一次营养液。

平日保持基质湿润，进入开花期后，除浇灌营养液外，每隔10d可喷施1次0.2%的磷酸二氢钾溶液。夏季注意适时向叶面喷水，使空气湿度保持在80%～90%。

6）营养液配方。马蹄莲营养液配方见表2-27。

表2-27　马蹄莲营养液配方

化合物名称	化合物（元素）浓度/(mg/L)
硝酸钙［$Ca(NO_3)_2 \cdot 4H_2O$］	800
硫酸镁（$MgSO_4 \cdot 7H_2O$）	246
磷酸二氢钾（KH_2PO_4）	156
硫酸亚铁（$FeSO_4 \cdot H_2O$）	27.8
硼酸（H_3BO_3）	5.8
硫酸铵［$(NH_4)_2SO_4$］	187

7）营养液管理。马蹄莲生长初期，营养液浓度可控制在1.2ms/cm；生长中后期可适当提高到1.5ms/cm，整个生长期间，营养液pH均要调到5.6～6.5。营养液供应量主要根据天气情况与植株大小而定，一般一天供液2～3次，保证栽培基质层湿润，槽底有一层浅水层即可。

2. 观叶盆花基质培

（1）竹芋（图2-64）　竹芋是竹芋科中栽培最普及的种类之一，枝叶生长茂密、株形丰满；叶面浓绿亮泽，叶背紫红色，形成鲜明的对比，是优良的室内喜阴观叶植物。竹芋用来布置卧室、客厅、办公室等场所，显得安静、庄重，可供较长期欣赏。在公共场所列放走廊两侧和室内花坛，翠绿光润，青葱宜人。

图2-64　孔雀竹芋

1）生物学特性　竹芋是竹芋科竹芋属多年生草本植物，属高档观叶花卉。根为须根系，有的具有块茎，具较强的分蘖特性。在根茎部位直接分生多个生长点，长出叶片。叶片形状各异，具有各色花纹、绒毛不等。短日照下可以开花。竹芋品种特性和栽培技术决定生长速度，一般从小苗到成品约需6～12个月。成品苗高度为40～80cm，株形丰满，叶片有光泽，无病叶。

2）生态学习性。

① 温度：竹芋为热带植物，喜温暖的环境，不耐寒。

② 光照：喜光线明亮的环境，怕烈日暴晒，若阳光直射会灼伤叶片，使叶片边缘出现局部枯焦，新叶停止生长，叶色变黄，因此栽培中要注意遮光。但要注意遮光度，弱光会造成植株长势弱，叶面上的花纹减退，甚至消失。

③ 湿度：喜湿润的环境，竹芋对水分反应较为敏感，生长期应充分浇水，以保持盆土湿润，但土壤不宜积水，否则会导致根部腐烂，甚至植株死亡。

3）繁殖方法。竹芋繁殖以分株和组织培养方式为主。

分株宜于春季气温回暖后进行，沿地下根茎生长方向将丛生植株分切为数丛，然后分别上盆种植，置于较荫蔽处养护，待发根后按常规方法管理。分株繁殖种苗易感染根结线虫，而且长势较弱，成苗不齐，只能做小规模栽培，而商品化栽培种苗都采用组培方式繁殖，具有长势好、无病毒、株形好、易控制等特点。

4）品种选择。竹芋常见的栽培种有四大类：①肖竹芋属：紫背、天鹅绒、玫瑰竹芋等；②锦花竹芋属：锦竹芋、青苹果等；③卧花竹芋属：卧花竹芋、三色竹芋等；④竹芋属：花叶竹芋等。肖竹芋属、锦花竹芋属、卧花竹芋属株形高大，容易种植；竹芋属株形较矮，有些品种种植有难度。

5）栽培技术。孔雀竹芋无土栽培以塑料盆或仿古陶瓷花盆均可，基质可采用珍珠岩：蛭石为1：1或珍珠岩：泥炭：炉渣为1：1：1混合基质。上盆时盆底铺一层陶粒为排水层，然后放正苗，加入配好的基质至花盆八分满，用手压实，最后在盆上面再加一层陶粒，以防日晒后生长藻类和冲走基质或冲倒苗。营养液可选用观叶植物营养液或复合花肥。第一次浇营养液要稀释3~5倍，一次浇透，至盆底托盘内有渗出液为止。平日补液每周1~2次，每次100mL；平日补水保持基质湿润。补液日不补水，盆底托盘内不可长时间存水，以利通气，防止烂根。

竹芋栽培方式根据品种特性分为1次定植和换盆2次定植二种。常规生长速度快的大株型品种如紫背、青苹果、卧花、猫眼竹芋等可直接定植于盆径17~19cm盆中，竹芋属类小株形矮生品种直接定植于12~14cm盆中，而对生长较慢的大株形竹芋如双线、孔雀、豹纹等一般换盆2次定植。首先定植于10~12cm盆中约6个月，然后换到17~19cm盆中。

幼苗定植后喷甲托1500倍+农用链霉素3000~4000倍，防止苗期病害。定植初期适当遮阴，光强以5000~8000lx为宜；白天温度25~27℃，夜间17~20℃；空气湿度70%~80%，基质湿度60%~75%。缓苗后正常管理，如果白天湿度过大（RH>80%），叶片细胞水分积累过多，容易破裂，叶片形成棕色斑点，似病斑状，降低观赏价值；光照强度9000~15000lx，最高20000lx，夏季注意遮阴，光照过强易出现卷叶和烧叶边现象；前期适当增施N肥，可每周补充浇施1次0.1%的硝酸钙和硝酸钾液（轮换施用），保持基质湿润状态，2~4周苗已长出新叶后，开始有规律的水肥管理，即在保持基质湿度50%~70%相对稳定的状态下，持续性供应营养液或复合肥液，N：P：K=10：4：18+微量元素（硼素过多易发生“烧叶”现象）。注意：为防止烧“管”现象（管：指未打开、卷曲的新叶），施肥后用清水冲洗叶片，可采取喷施冲肥法。

总的栽培规律是，幼苗上盆时，要盆间紧密摆放，随着植株长大，经过2~3次逐渐拉开盆距，目的是保证株形的形成，既有高度又有冠幅。每次拉开距离一般保证叶尖距离大约10~15cm。对于常规生长速度的品种来说，盆间距一般按照种植后10~12周、24周、36周三个时间段逐步拉开，植株密度约达到12盆/m^2。值得注意的是，不同品种拉开盆间距的时间不同，一定要适时拉开间距，太早植株失去生长动力，太晚植株缺少空间，易徒长成“瘦苗”，判断的标准是叶片互相遮掩，有徒长倾向时及时拉开间距。

成株期管理注意竹芋的养护，此时一般在冬季，保证温度最低在15℃以上，湿度60%~75%为宜。光照可适当增强，可达10000~20000lx，基质不可过湿保持60%即可。肥料以增施氮、钾为主，如0.1%~0.2%的磷酸二氢钾溶液，增加植物抗性。为防止病害发生，可每隔2~3周喷1次保护性药剂，注意选择不能污染叶片的药剂，以免影响观赏效果。

6）营养液配方。营养液可选用观叶植物营养液或复合花肥。

7）营养液管理。不同品种间 pH 略有差异，如玫瑰竹芋喜酸，要求 pH 为 4.8～4.9，双线竹芋 pH 为 5.1，猫眼和莲花竹芋 pH 为 5.8～6.0，多数品种 pH 为 5.3～5.5，施肥周期为 1～2 次/周，因植株大小和需肥量而异。EC 值随着植株的生长而提升，一般 EC 控制在 0.5～1.5ms/cm 内，苗期 EC 0.5～0.8ms/cm，成株期 EC 0.8～1.5ms/cm。

（2）龟背竹（图 2-65） 龟背竹叶形奇特、光亮、浓绿，翠竹状的多节茎秆和漫长的气生根，能为人类生活环境创造出热带雨林的氛围，又因其耐阴，是室内观叶植物中的佼佼者。北方以盆栽为主，室内摆放以单株为佳。大型盆栽宜放在宾馆、饭店，但忌成行摆放，并且盆的大小应与空间相协调。在南方可用于庭院美化中，散植于水池旁，让气生根围绕池壁生长；栽植假山脚下，让茎秆顺着山石向上生长。

图 2-65 龟背竹

1）生物学特性。龟背竹属天南星科，龟背竹属，别名蓬莱蕉、龟背芋、电线兰、龟背蕉等。大型常绿多年生蔓性草本植物。

2）生态学习性。

① 温度：性喜温暖，最适生长温度 20～25℃，不耐高温，32℃以上停止生长。不耐寒，冬季入室，温度保持在 10℃以上，最低温度不能低于 5℃，否则易受冻害。

② 光照：性喜充足的光照，耐阴，忌阳光直晒。

③ 湿度：性喜潮湿的气候，忌干燥，不耐干旱。

④ 土壤：适宜在疏松、肥沃的沙质壤土中生长。

3）繁殖方法。龟背竹常用扦插法繁殖。一般春末夏初进行。首先剪取较大株的茎干，截成每段含 2 个节的插穗，将叶片剪去 1/2，自基部剪掉气生根。扦插在用保水性强的泥炭土混入 1/3 大粒河沙或者用蛭石、珍珠岩作基质的盆土中。每盆扦插 1 株或者数株，然后放在温暖及半阴处。扦插后要经常保持盆土及空气湿润，温度保持 25～30℃。一般插后 30～40d 生根，60～70d 长出新芽，成为新的植株。

4）品种选择。龟背竹常见的栽培品种有：斜叶龟背竹别名迷你龟背竹，植株较小，生长势弱，直立性差，叶全缘，叶面偏斜，绿色，常作中、小型悬垂植物盆栽，与龟背竹比较，不耐低温，更喜潮湿、高温。多孔龟背竹为同属常见种，叶面浓绿，光滑，叶片长卵形，中肋至叶缘间有椭圆形或卵圆形孔，孔外缘到叶缘距离稍宽，叶肉较薄，软革质。窗孔龟背竹为斜叶龟背竹的变种，叶长椭圆形至长卵形，叶基钝歪，与多孔龟背竹比较，窗孔数目多，窗孔外缘距叶缘更近，孔洞总面积比例更大，叶片比较瘦长。斑叶龟背竹为龟背竹的花叶变种，叶片上有大面积的黄白色斑块、斑点，很美观。长茎龟背竹为龟背竹的变种，直立性不如龟背竹，叶片稍小。

5）栽培技术。龟背竹原为寄生性植物，发达的根系为肉质根，对土壤的疏松透气性要求较高，因此，无土栽培常采用陶粒、草炭、珍珠岩等。春季栽植或翻盆换基质。南方地区可地栽，北方地区冬季寒冷需盆栽。新栽苗木不要施基肥，待 1～2 年换盆时可在盆土中施些基肥或在盆底部施用少量腐熟的饼肥。

在旺盛生长季节，每月施2~3次稀薄的液肥。要薄肥勤施，因龟背竹的气生根能直接吸收空气中的氧，为使茎干坚实，叶片挺拔，施肥应以磷、钾肥为主。冬季温度降低，生长停止，不再施肥。龟背竹喜湿润的环境，夏季白天宜给叶片及周围环境喷水，并经常保持盆土湿润。除冬季外，应掌握宁湿勿干的浇水原则。冬季应减少浇水，待盆土稍干时再浇水。长江以北地区，春、秋、冬季室内外尘土较多，应及时清洗叶片，这样既美观又利于其生长。

龟背竹养护前期要设立支架，使其不易倒伏。如果不需要植株太高时，可根据自己的需要进行修剪，以便达到培养目的。

6）营养液配方。龟背竹无土栽培营养液配方见表2-28。

表2-28　龟背竹无土栽培营养液配方

化合物名称	化合物（元素）浓度/(mg/L)
磷酸二氢钾（KH_2PO_4）	136
硝酸钾（KNO_3）	267
硝酸钙［$Ca(NO_3)_2$］	472
硝酸铵（NH_4NO_3）	80
硫酸镁（$MgSO_4 \cdot 7H_2O$）	246
乙二胺四乙酸二钠铁［EDTA-Na_2Fe（含Fe 14.0%）］	37.2
硼酸（H_3BO_3）	5.72
硫酸钾（K_2SO_4）	2.23

其他微量元素按照常理加入。

7）营养液管理。营养液保证干净，无污染，pH为6~6.5。

（3）花叶芋（图2-66）　花叶芋叶形似象耳，色彩斑斓，绚丽多姿，甚为美观，是室内盆栽观叶的珍品之一。既可单盆装饰于客厅小屋，又可数盆集于大厅内，构成一幅色彩斑斓的图案。用它装饰点缀室内，会把人引入优美的自然境界。花叶芋也是良好的切花配叶材料。

图2-66　花叶芋

1）生物学特性。花叶芋为天南星科花叶芋属多年生草本植物，又名叶芋。株高30~60cm。地下具膨大块茎，扁球形。基生叶盾状箭形或心形，绿色，具白、粉、深红等色斑，佛焰苞绿色，上部绿白色，呈壳状。有红脉镶绿，红脉绿叶，红脉带斑，绿脉红斑，有的叶色纯白而仅留下绿脉或红脉，有的绿色叶面布满油漆或水彩状斑点。夏季是它的主要观赏期，叶子的斑斓色彩充满着凉意。入秋叶渐零乱，冬季叶枯黄，进入休眠期，到春末夏初又开始萌芽生长。5~9月是它的旺盛生长期。

2）生态学习性。

① 温度：花叶芋喜高温环境，不耐寒冷和低温，在热带地区可全年生长，不休眠，适

宜生长温度为22～28℃。

② 光照：花叶芋喜半阴环境，忌强光直射。

③ 湿度：花叶芋喜高湿环境，忌空气干燥。

3）繁殖方法。花叶芋主要用分块茎法和组织培养法繁殖。

① 分块茎法：春季将大块茎周围的小块茎剥下，另行栽植即可。若块茎数量较少时，可用利刀将大块茎切成带1～2个芽眼的小块，切口用0.3%的高锰酸钾溶液浸泡消毒，植于湿沙床内催芽，发苗生根后再上盆定植。

② 组织培养法：大量育苗可采用组织培养法，外植体可选幼叶、叶柄、花序等，一般常采用刚抽出的卷成筒状的幼叶或刚展开的嫩叶作为外植体，初代培养采用MS＋BA 2～4mg/L＋NAA 0.5～1mg/L培养基进行诱导，继代培养采用MS＋BA 2～4mg/L＋NAA 0～0.5mg/L，生根培养采用1/2MS＋NAA 0.1mg/L。

4）品种选择。目前广泛栽培的花叶芋大多是园艺杂交品种，常见的有：白叶芋，叶片白色，叶脉为绿色；两色花叶芋，绿色叶片上有许多白色和红色斑点（纹）；约翰·彼得，叶片金红色，叶脉较粗；红云，叶片具大面积红色；海欧，叶片深绿色，叶脉白色而突出；车灯，叶边缘绿色，叶部绛红色；白皇，白色叶片上有红色叶脉。

5）栽培技术。花叶芋无土栽培基质可用珍珠岩、蛭石、岩棉。花叶芋每年通常在4～5月份定植种球，每盆种植3～5球，小球可多些。在肥水管理上因花叶芋较喜肥，所以要增加补液次数，每周1～2次，平日浇水保持基质湿润即可。花叶芋喜散射光，怕强光直射。室内装饰用的盆花可在其上安置日光灯辅助光照，商业性生产可在温室内用节能光源高压钠灯增加光照，这样可促其提前上市。秋末温度降至14℃以下时，叶片开始枯黄，进入休眠。此时，要停止补液，并减少浇水，保持14～18℃温度越冬。待翌年4月下旬重新种植。

6）营养液配方。花叶芋无土栽培营养液配方见表2-29。

表2-29　花叶芋无土栽培营养液配方

化合物名称	化合物（元素）浓度/(mg/L)
硝酸钙［$Ca(NO_3)_2 \cdot 4H_2O$］	1790
硝酸钾（KNO_3）	526
氯化钾（KCl）	620
硝酸铵（NH_4NO_3）	82
硫酸镁（$MgSO_4 \cdot 7H_2O$）	540
磷酸二氢钾（KH_2PO_4）	620
硫酸铵［$(NH_4)_2SO_4$］	187

微量元素按常量加入即可。

7）营养液管理。营养液pH调至6.0～6.8，使用时稀释5～10倍。

（4）巴西木（图2-67）

1）生物学特性。巴西木学名香龙血树，别名巴西铁树、巴西千年木、金边香龙血树，为百合科龙血树属常绿乔木。株高6m以上，盆栽高50cm～150cm，有分枝；叶簇生于茎顶，长40cm～90cm，宽6cm～10cm，弯曲呈弓形，鲜绿色有光泽。花小不显著，黄绿色，芳香。

2）生态学习性

① 温度：巴西木喜高温气候，畏寒冻，冬天应放室内阳光充足处，温度要维持在 5℃～10℃。

② 光照：对光线适应性很强，稍遮阴或阳光下都能生长，但春、秋及冬季宜多受阳光，夏季则宜遮阴或放到室内通风良好处培养。

③ 湿度：巴西木喜多湿气候，耐旱不耐涝，生长季节可充分浇水。

图 2-67　巴西木

3）繁殖方法。巴西木可播种和扦插繁殖，生产常用扦插繁殖。5～6 月选用成熟健壮的茎干，截成 5～10cm 一段，平放在沙床上，保持 25～30℃室温和 80% 的空气湿度，约 30～40d 可生根，50d 可直接盆栽。也可将长出 3～4 片叶的茎干新芽剪下作插穗，插入沙床，保持高温多湿，插后 30d 可生根。

还可用水插和高压法繁殖，但必须在 25℃以上条件下进行。

4）品种选择。常用于无土栽培的品种有：黄边香龙血树，叶缘淡黄色；中斑香龙血树，叶面中央具黄色纵条斑；金边香龙血树，叶缘深黄色带白边；三色龙血树，叶绿色，有黄白色和红色纵条纹；彩虹龙血树，叶中脉淡黄色，边缘深红色，中脉与边缘间呈淡褐色；密叶龙血树，其中栽培品种鲍西，叶片深绿色，中央具乳白色宽条带；珍妮特·克雷格，叶金黄色；罗鲁斯，叶面绿白色，具金黄色条纹；金色罗鲁斯，叶缘米黄色，中央灰绿色；银线龙血树，叶长剑形，先端扭曲，边缘浓绿色，中脉淡绿色，具白色斑纹；星点木，叶深绿色，具黄色和乳白色斑点，其栽培品种佛州美，叶面密布乳黄色斑点；醉人，叶深绿色，中央具白色斑带，边缘密布乳白色斑点；皇后龙血树，叶卵形，具横向浅绿色和灰白色斑带。

5）栽培技术。巴西木无土栽培基质要选择保肥、保水力强，排水性好，对植株机械支撑力强的基质，生产选用陶粒为栽培基质，外表美观，且能满足上述要求。

巴西木生长旺盛期，要保持基质湿润，但不能积水。冬季适量浇水，保持基质略湿，不干旱即可。空气相对湿度保持在 70%～80%，为此应经常向叶面喷水。巴西木对光线的要求不严，斑叶品种要求日照充足，否则斑叶不明显。生长期间每隔 10d 左右浇一次营养液，冬季 25～30d 浇一次，并控制使用量，以保护根系安全越冬。营养液的使用量应视所用花盆而定：若为无土专用花盆，将营养液直接倒入下面的盘中，用量不超过底盘高的 2/3，靠灯芯向上输送；没有底孔的容器，营养液的使用量以容器容积的 13%～14% 为度；其他塑料花盆以盆底孔流出营养液为止。

6）营养液配方。巴西木无土栽培营养液配方见表 2-30。

表 2-30　巴西木无土栽培营养液配方

化合物名称	化合物（元素）浓度/(mg/L)
磷酸二氢钾（KH_2PO_4）	136
硝酸钾（KNO_3）	505
氯化钙（$CaCl_2$）	333

（续）

化合物名称	化合物（元素）浓度/(mg/L)
硝酸铵（NH_4NO_3）	80
硫酸镁（$MgSO_4 \cdot 7H_2O$）	246
氢离子	0.316～3.163μmol/L（pH 5.5～6.5）
乙二胺四乙酸二钠铁［EDTA-Na_2Fe（含 Fe 14.0%）］	24
硼酸（H_3BO_3）	1.24
硫酸锰（$MnSO_4 \cdot 4H_2O$）	2.23
硫酸锌（$ZnSO_4 \cdot 7H_2O$）	0.864
硫酸铜（$CuSO_4 \cdot 5H_2O$）	0.125
钼酸铵［$(NH_4)_6Mo_7O_{24} \cdot 4H_2O$］	0.117

7）营养液管理。营养液最好现配现用，也可配成100倍的母液，装在棕色瓶中放阴凉处保存。配母液时要用蒸馏水，并要测试酸碱度，巴西木适宜的pH范围为5.5～6.5，如不符合标准，可用硫酸或氢氧化钾稀溶液调节。配一次母液可使用数月至几年，使用时只需按比例加水配成营养液即可。配母液时要注意把含钙化合物与磷酸盐、硫酸盐分开溶解，以免产生沉淀。最好将钙盐、其他大量元素、微量元素、铁盐的母液分别配制，分装在4个玻璃瓶中，用时再按比例混合于大量水中。

（5）散尾葵（图2-68） 棕榈科丛生常绿热带灌木。叶羽状披针形，先端柔软。姿态优美婆娑，适宜室内摆放。枝条开张，枝叶细长而略下垂，姿态潇洒自如，是著名的热带观叶植物。它较耐阴，适合于室内绿化装饰。一般中小盆可布置客厅、书房、卧室、会议室等，可供较长期观赏。

图2-68 散尾葵

1）生物学特性。散尾葵为棕榈科散尾葵属丛生常绿灌木或小乔木，又名黄椰子。茎干光滑，黄绿色，无毛刺，嫩时披蜡粉，上有明显叶痕，呈环纹状。叶面细长，羽状复叶，全裂，长40～150cm，叶柄稍弯曲，先端柔软；裂片条状披针形，左右两侧不对称，中部裂片长约50cm，顶部裂片仅10cm，端长渐尖，常为2短裂，背面主脉隆起；叶柄、叶轴、叶鞘均淡黄绿色；叶鞘圆筒形，包茎。肉穗花序圆锥状，生于叶鞘下，多分支，长约40cm、宽50cm；花小，金黄色，花期3～4月。果近圆形，长1.2cm，宽1.1cm，橙黄色。种子1～3枚，卵形至椭圆形。基部多分蘖，呈丛生状生长。

2）生态学习性。

① 温度：散尾葵原产于马达加斯加岛，为热带植物，喜温暖环境，耐寒力较弱，气温20℃以下叶子发黄，越冬最低温度需在10℃以上，5℃左右就会冻死。故中国华南地区尚可露地栽培，长江流域及其以北地区均应入温室养护。

② 光照：耐荫性强。

③ 湿度：喜多湿环境。

④ 土壤：适宜疏松、排水良好、肥沃的土壤。

3）繁殖方法。散尾葵可用播种繁殖和分株繁殖。

播种繁殖所用种子国内不宜采集到，多从国外进口。

常规的多用分株法繁殖，于每年4月左右，结合换盆进行，选基部分蘖多的植株，去掉部分旧盆土，以利刀从基部连接处将其分割成数丛。每丛不宜太小，须有2~3株，并保留好根系，否则分株后生长缓慢，且影响观赏。分栽后置于较高湿温度环境中，并经常喷水，以利恢复生长。

4）品种选择。常见的同属观赏种有卡巴达葵，茎干细长，基部膨大，叶片交互排列，小叶细长，亮绿色，果实小，红色。

5）栽培技术。散尾葵定植基质应选用排水透气性良好、保水保肥的复合基质，如蛭石：珍珠岩：泥炭为1：2：1，定植前将珍珠岩用水浸透。分株时，先在盆底垫排水口，防基质随水流出，之后再铺2~3cm厚陶粒作为排水层，然后栽植，将苗放于盆中心，边加基质边用手压实，最后盆表面加一层用水浸透的陶粒，以防浇水冲出基质，同时防止产生藻类。

定植后第一次浇营养液，要浇透，以后约每半月补液1~2次，大盆每次500~1500mL，中盆每次100~200mL。平日补水，喷浇为宜，以防表层基质盐分积累。

夏季高温季节，应将植株放在室内散射光处或荫棚下，避免阳光直晒。因天气热温度高，故浇水次数要增加，并要往叶面上喷水降温，但易使基质中营养液浓度降低，因此要增加补液次数，每周补液1~2次，同时可保持基质pH的稳定。北方地区9月下旬，室外气温逐渐降低，放在室外的盆花要及时移入室内光照充足处，注意保温防寒，室内温度不低于10℃。此期间应注意减少补液补水的次数，以免温度低、湿度大而发生烂根、黄叶。

6）营养液配方。同巴西木无土栽培营养液配方。

7）营养液管理。同巴西木无土栽培营养液管理。

（6）变叶木（图2-69）

图2-69　变叶木

1）生物学特性。变叶木为大戟科变叶木属常绿灌木，高可达2m。单叶互生，有柄，革质，色彩鲜艳、光亮，叶片含花青素，单色或绿、黄、白、橙、粉红、红、大红及紫等，诸色相杂。叶长10～15cm，形态因品种不同而异。变叶木以其叶片形色而得名，其叶形有披针形、卵形、椭圆形，还有波浪起伏状、扭曲状等等。其叶色有亮绿色、白色、灰色、红色、淡红色、深红色、紫色、黄色、黄红色等。

2）生态学习性。

① 温度：喜高温的环境，不耐寒。变叶木的生长适温为20～30℃，3～10月为21～30℃，10月至翌年3月为13～18℃。冬季温度不低于13℃。短期在10℃，叶色不鲜艳，出现暗淡，缺乏光泽。温度在4～5℃时，叶片受冻害，造成大量落叶，甚至全株冻死。

② 光照：变叶木属喜光性植物，整个生长期均需充足阳光，茎叶生长繁茂，叶色鲜丽，特别是红色斑纹，更加艳红。若光照长期不足，叶面斑纹、斑点不明显，缺乏光泽，枝条柔软，甚至产生落叶。

③ 湿度：变叶木喜湿怕干。生长期茎叶生长迅速，给予充足水分，并每天向叶面喷水。但冬季低温时盆土要保持稍干燥。如冬季半休眠状态，水分过多，会引起落叶，必须严格控制。

3）繁殖方法。变叶木常用扦插法繁殖。北方地区多在5月下旬气温较高时进行，以一年生带顶芽的枝条作插穗，长度10cm左右，去掉枝条基部叶片，浸入清水中，洗净切口的汁液，插在珍珠岩或蛭石基质中，覆盖塑料薄膜保温保湿，在25℃以上温度条件下约1个月即可生根。生根后要逐渐打开塑料薄膜，以便通气防止烂根。

4）品种选择。变叶木的常见品种有：长叶变叶木，叶片长披形。其品种有黑皇后，深绿色叶片上有褐色斑纹；绯红，绿色叶片上具鲜红色斑纹；白云，深绿色叶片上具有乳白色斑纹。复叶变叶木，叶片细长，前端有1条主脉，主脉先端有匙状小叶。其品种有飞燕，小叶披针形，深绿色；鸳鸯，小叶红色或绿色，散生不规则的金黄色斑点。角叶变叶木，叶片细长，有规则的旋卷，先端有一翘起的小角。其品种有百合叶变叶木，叶片螺旋3～4回，叶缘波状，浓绿色，中脉及叶缘黄色；罗汉松叶变叶木，叶狭窄而密集，2～3回旋卷。螺旋叶变叶木，叶片波浪起伏，呈不规则的扭曲与旋卷，叶先端无角状物。其品种有织女绫，叶阔披针形，叶缘皮状旋卷，叶脉黄色，叶缘有时黄色，常嵌有彩色斑纹。戟叶变叶木，叶宽大，3裂，似戟形。其品种有鸿爪，叶3裂，如鸟足，中裂片最长，绿色，中脉淡白色，背面淡绿色；晚霞，叶阔3裂，深绿阔叶变叶木色或黄色带红，中脉和侧脉金黄色。阔叶变叶木，叶卵形。其品种有金皇后，叶阔倒卵形，绿色，密布金黄色小斑点或全叶金黄色；鹰羽，叶3裂，浓绿色，叶主脉带白色。细叶变叶木，叶带状。其品种有柳叶，叶狭披针形，浓绿色，中脉黄色较宽，有时疏生小黄色斑点；虎尾，叶细长，浓绿色，有明显的散生黄色斑点。

近年来，又有莫纳利萨、布兰克夫人、奇异、金太阳、艾斯汤小姐等品种。

5）栽培技术。变叶木无土扦插生根后第一次浇营养液要浇透，盆底托盘内见到渗出液时为止。盆底托盘内不可长期积水，在无烂根的情况下，渗出液可循环使用。中等大小（15～20cm）花盆每周补液1～2次，每次100mL；平日补水，保持基质湿润，每次浇水前要把托盘内渗出液先倒入盆中，见到渗出液流出即可不浇。

变叶木生长期间宜放在阳台上或朝南的窗台上，除夏季中午前后需适当遮阴外，其他时间和季节可让其多见些阳光。冬季室温应保持在15℃以上，否则极易引起叶片脱落。较长时间10℃左右的低温，常导致变叶木死亡。

变叶木易遭红蜘蛛、介壳虫危害，应注意及时防治，可喷施氧化乐果1000~1500倍液。

6）营养液配方。常规观叶植物营养液配方。

（7）鹅掌柴（图2-70）

图2-70 鹅掌柴

1）生物学特性。鹅掌柴为五加科鹅掌柴属的常绿灌木或小乔木，又名鸭脚木。枝叶光亮翠绿，侧枝细长，生有褐色孔皮。叶互生掌状复叶，全缘，小叶倒卵状长椭圆形，7~9枚，长8~15cm，小叶与叶柄间具关节。伞形花序作总状排列，全体呈圆锥状，顶生，秋季开淡绿白色小花。果实浆果，呈小球形，成熟橙黄色，外有纵沟5~6条，内含种子5~7粒。

2）生态学习性。

① 温度：鹅掌柴喜温暖环境。生长适温为16~27℃，3~9月为21~27℃，9月至翌年3月为16~21℃。在30℃以上高温条件下仍能正常生长，冬季温度不低于5℃。

② 光照：鹅掌柴喜半阴环境。

③ 湿度：鹅掌柴喜湿润环境，不耐干旱，在空气湿度大、土壤水分充足的情况下，茎叶生长茂盛。如盆土缺水或长期时湿时干，会发生落叶现象。

④ 土壤：土壤以肥沃、疏松和排水良好的砂质壤土为宜。盆栽土用泥炭土、腐叶土和粗沙的混合土壤。

3）繁殖方法。鹅掌柴繁殖可采用扦插繁殖、高空压条繁殖。

① 扦插繁殖：在春季新梢生长前，剪取1年生枝条作插穗，穗长8~10cm。去掉下部叶片，保留顶端1~2层叶，插穗下端斜剪。用河沙或蛭石做成苗床，插穗插入2/3，搭拱棚高10~15cm，用塑料薄膜覆盖，保持充足水分，底温25℃时，4~6周可生根上盆栽植。

② 高空压条繁殖：于4月下旬~6月中旬均可进行。选2年生枝条，先环状剥皮，宽1~1.5cm，深见绿色的形成层为宜，用潮湿的苔藓、草炭或腐叶土等包在伤口周围，最后用塑料膜包紧并扎好上下两端。40d左右生根，此法费工费时，但根系好，成活率高。

4）品种选择。鹅掌柴常见栽培的品种有：鹅掌藤，常绿蔓性灌木，分枝多，茎节处生有气生根，掌状复叶互生，有小叶7~9片，长椭圆形。放射状鹅掌藤，掌状复叶，有小叶5~8片，长椭圆形，深绿色，耐寒性强，耐旱。香港鹅掌藤，分枝多，小叶宽阔，叶端钝圆。叶柄短。圆锥状大花序，小花黄绿色，浆果橙红色。香港斑叶鹅掌藤，叶绿色，具不规则黄色斑块或斑点，茎干及叶柄常为黄色。新西兰鹅掌藤，掌状复叶，小叶5~10枚，长卵圆形，深绿色，新叶淡绿色带褐色，花淡紫色，果紫黑色。长穗鹅掌藤，掌状复叶，幼叶时3~5枚，成熟株可多至16枚小叶，小叶长椭圆形，深绿色有光泽，花鲜红色。斑叶鹅掌柴，叶绿色，叶面具不规则乳黄色至浅黄色斑块。小叶柄也具黄色斑纹。星光鹅掌柴，掌状复叶似棕榈叶，小叶9~12枚，长披针形，叶柄长，深绿色。星叶鹅掌柴，掌状复叶，小叶7~8枚披针形，深绿色。常见的还有白花鹅掌柴、异叶鹅掌柴、台湾鹅掌柴等。

5）栽培技术。鹅掌柴无土栽培基质以陶粒、珍珠岩、草炭等透气性基质为好。鹅掌柴小苗起苗后，用自来水冲洗苗木根系的泥沙和盐分，立即栽入准备好的花盆中，要使根系舒展，植株稳固，浇1次稀释营养液，置于荫棚下或室内弱光处缓苗，并经常往植株上喷水，保持空气相对湿度60%左右。过渡约10d之后，可逐渐加强光照，以适应摆放环境的小气候条件。鹅掌柴采用无土栽培方式，根系既透气又能满足生长发育所需要的弱酸性环境，因此植株长势茁壮，叶色亮绿，枝繁叶茂。

6）营养液配方。鹅掌柴无土栽培营养液配方见表2-31。

表2-31　鹅掌柴无土栽培营养液配方

化合物名称	化合物（元素）浓度/(mg/L)
硝酸钙［$Ca(NO_3)_2 \cdot 4H_2O$］	1060
硝酸钾（KNO_3）	300
硫酸钾（K_2SO_4）	220
硫酸镁（$MgSO_4 \cdot 7H_2O$）	400
磷酸二氢钾（KH_2PO_4）	150

（8）绿萝（图2-71）　绿萝又名黄金葛、魔鬼藤、黄金藤等，原产热带雨林地区，为天南星科常绿藤本植物。绿萝具有很高的观赏价值，人们常将其做成绿萝柱、壁挂、悬吊、水插和装饰石山等。蔓茎自然下垂，既能净化空气，又能充分利用空间，为呆板的柜面增加活泼的线条、明快的色彩。绿萝被誉为“海陆空植物”。

图2-71　绿萝

1）生物学特性。绿萝为多年生常绿藤本。茎叶均肉质，茎节具气生根。叶互生，卵状长椭圆形，呈心形，蜡质，长10~15cm，叶深绿色，光亮。有镶嵌着金黄不规则条纹或斑点的花叶品种。

2）生态学习性。

① 温度：绿萝喜温暖环境，生长适温白天25℃左右，冬季适温应保持在10~13℃，一般不低于7℃。华南及西南冬季温暖地区可露地栽培。

② 光照：绿萝喜半阴环境，光照反应敏感，怕强光直射。

③ 湿度：绿萝喜湿润环境。

④ 土壤：土壤以肥沃的腐叶土或泥炭土为好。

3）繁殖方法。绿萝不易开花，常采用扦插和压条法繁殖。

扦插繁殖：在5~7月，取茎顶端或基部的萌条，剪成10cm左右的一段，插入湿沙床或其他基质中，保持适当的湿度和21~25℃的温度，经常向插穗叶面喷水，在半阴环境中约3周左右即可产生新根。生根后即可上盆，每盆栽3~4株。也可用较老的枝条扦插，把带有芽眼的枝，剪成2~3节一段，按上法插之，也可长成新植株。也可将嫩茎的顶端茎段插入清水中，发根后用于水培或瓶养。

压条繁殖：可在春、夏、秋三季中进行，将近地藤条每隔2~3节于茎节处压入基质中，约经15～20d生根后，将茎段分割成数株幼苗。

4）品种选择。银葛：叶上具乳白色斑纹，较原变种粗壮。金葛：叶上具不规则黄色条斑。三色葛：叶面具绿色、黄乳白色斑纹。

5）栽培技术。绿萝性强健，常盆栽，也可作吊篮，或种于室内的种植槽中。一般盆中再立以支柱，使其藤蔓攀附其上，最好用附有苔藓的枯木或蛇木（树蕨之干），也可用铁丝网做成圆筒栽种。若种于吊篮或种植槽中，一般都任其茎蔓自由垂挂，不必立支架。通常2～3年换盆一次。在每年5～6月，进行适当修剪更新，促进基部茎干萌发新枝，使树丛更茂。培养土以腐叶土、园土混合为好，水栽也能生长。

可四季在室内盆栽，置于盆内阳光明亮处可长期摆放。若长期于阴暗处，会使叶片变小，节间变长，对于色叶变种则叶色会淡化，影响观赏价值。夏季需在半阴环境中度过，避免阳光直射。

6）营养液配方。绿萝无土栽培营养液配方见表2-32。

表2-32　绿萝无土栽培营养液配方

化合物名称	化合物（元素）浓度/(mg/L)
母液A：NH_4NO_3	100～250
KCl	100～200
$CaCl_2 \cdot H_2O$	100～250
母液B：KH_2PO_4	300～550
$MgSO_4 \cdot 7H_2O$	400～650
母液C：EDTA-Fe（螯合铁）	1～5
$FeSO_4 \cdot 7H_2O$	0.120～0.180

7）营养液管理。生产上应用时按照母液A：母液B：母液C＝1000：800：20的体积比配合，使用时，再用水稀释到100倍。

3. 观果盆花基质培

（1）石榴（图2-72）

图2-72　石榴

1）生物学特性。石榴是落叶灌木或小乔木，在热带则是常绿树。树冠丛状自然圆头形。生长强健，根际易生根蘖。树高可达5~7m，一般3~4m，但矮生石榴仅高约1m或更矮。树干呈灰褐色，上有瘤状突起，干多向左方扭转。树冠内分枝多，嫩枝有棱，多呈方形。小枝柔韧，不易折断。芽色随季节而变化，有紫色、绿色、橙色三色。叶对生或簇生，呈长披针形至长圆形，或椭圆状披针形。石榴花期5~6月，石榴花似火，果期9~10月。

2）生态学习性。

① 温度：石榴有一定的耐寒能力。

② 光照：石榴性喜光。

③ 湿度：石榴耐旱，喜干燥的环境。

④ 土壤：喜湿润、疏松通气、排水良好土壤。

3）繁殖方法。石榴常用扦插繁殖、分株繁殖、压条繁殖。

① 扦插繁殖：春季选二年生枝条或夏季采用半木质化枝条扦插均可，基质可选用河沙，插后15~20d生根。

② 分株繁殖：在早春4月芽萌动时，挖取健壮根蘖苗分栽。

③ 压条繁殖：春、秋季均可进行，不必刻伤，芽萌动前用根部分蘖枝压入土中，经夏季生根后割离母株，秋季即可成苗。

4）品种选择。石榴经长期的人工栽培和驯化，已出现了许多变异类型，现有6个变种：白石榴：花大，白色；红石榴（重瓣石榴）：又称为四瓣石榴，花大、果也大；重瓣石榴：花白色或粉红色；月季石榴（四季石榴）：植株矮小，为观赏石榴的品种之一，树姿优美，株形紧凑，叶碧绿而有光泽，花色艳丽如火且花期极长，花果兼美，四时皆宜观赏，具有很高的观赏价值；墨石榴：枝细软，叶狭小，果紫黑色，味不佳，主要供盆栽观赏用；彩花石榴（玛瑙石榴）：花杂色。

5）栽培技术。石榴无土栽培基质生产上可选用腐叶土、砂、蛭石、草炭等，浇水应掌握“干透浇透”的原则，使盆土保持“见干见湿、宁干不湿”。露地栽培应选择光照充足、排水良好的场所。生长过程中，每月施肥1次。需勤除根蘖苗和剪除死枝、病枝、密枝和徒长枝，以利通风透光。盆栽，宜浅栽，需控制浇水，宜干不宜湿。生长期需摘心，控制营养生长，促进花芽形成。在开花结果期，不能浇水过多，盆土不能过湿，否则枝条徒长，导致落花、落果、裂果现象的发生。雨季要及时排水。

6）营养液配方。石榴无土栽培营养液配方见表2-33。

表2-33 石榴无土栽培营养液配方

化合物名称	化合物（元素）浓度/(mg/L)
硝酸钙［$Ca(NO_3)_2 \cdot 4H_2O$］	732
硝酸钾（KNO_3）	384
硫酸钾（K_2SO_4）	22
磷酸氢二钾（K_2HPO_4）	520
磷酸二氢钾（KH_2PO_4）	109
氯化钠（NaCl）	12
硝酸铵（NH_4NO_3）	160

7）营养液管理。石榴对酸碱度要求不严，一般以pH 7.0左右为宜。

（2）佛手（图2-73）佛手花芳香宜人，色泽洁白。佛手的果实形态奇异，挂果时间达6～8个月，幼果颜色深绿，随着佛手果的生长，逐渐转为浅黄，成熟时为诱人的金黄色，具有很高的观赏价值。

图2-73　佛手

1）生物学特性。佛手为芸香科柑橘属，常绿灌木或小乔木。新梢呈三菱形，随着生长嫩枝变圆，表面光滑，绿色，有棘刺。叶互生，叶片长椭圆状卵形或矩圆形。短总状花序，5～7朵顶生或簇生。单生于叶腋，有雌花（两性花）和雄花（单性花）之分，两性花的雌蕊即为果实雏形，果实先端开叉如手指或握拳。因此，有指佛手和拳佛手之分。

2）生态学习性。

① 温度：佛手为热带、亚热带植物，喜温暖的环境，不耐严寒、怕冰霜，最适生长温度22～24℃，越冬温度5℃以上。

② 光照：喜阳光充足的环境。

③ 湿度：喜湿润的环境，怕干旱，耐瘠，耐涝，以雨量充足，冬季无冰冻的地区栽培为宜。

3）繁殖方法。佛手一般采用扦插、嫁接和压条方法繁殖。

① 扦插繁殖：春、夏、秋3季均可，选取上年或当年生长健壮的青绿色枝梢（但不能选徒长枝），剪取约15cm长，具有3～5个芽眼，除去枝上的刺，上端剪平，下端削成呈45°的斜面。然后按约20cm的株行距，将枝条的2/3入土斜插入深耕的沙壤土中，然后压实。

② 嫁接繁殖：利用香橼、柠檬等柑橘类做砧木，剪取结果多、生长健壮的佛手枝条作接穗，常规的劈接、芽接或靠接都可获得良好种苗。

③ 高空压条：由于佛手果形奇特且有芳香，人们将传统的高空压条技术运用到佛手的盆景制作中来。选择健壮佛手植株2～3年生枝条，上、下环剥树皮2～3cm，刮净黄色的形成层，用2/3无草根、草籽的肥土加1/3的干牛粪、腐熟的锯木、草木灰，用水均匀调成泥团，以手紧捏泥团、手指缝间不能有水流出、丢在地上容易松散为宜。用相当于树枝4倍的泥团包住环剥部位，再用长、宽约30cm的塑料薄膜密封包扎好，约3～5个月发根老化后，便可移栽。

4）品种选择。佛手的花、果、叶、枝都具有比较高的观赏价值。我国的佛手品种可按颜色分为两大类共4个品种：一类为红花佛手，因其花为红色而得名，可分为大种、小种两个品系。大种又称为“福建种”，由福建漳州一带引入而得名，果实大，产量高。另一类为白花佛手，最早从南京一带引入，又称为“南京种”，根据其枝干的颜色又可分为白皮和青皮两个品系。

5）栽培技术。佛手无土栽培是近年来新实验成功的一种栽培技术，有机生态型无土栽培佛手已经成功推广，栽培基质可选用锯末、泥炭、砂、岩棉、椰糠、珍珠岩等，选出3个较为适合佛手生长的基质配方为单纯珍珠岩基质，珍珠岩与椰糠2∶1混合基质，珍珠岩与泥炭1∶2混合基质。选用营养钵为栽培盆，用20cm×20cm的塑料纱布网做成滤网，铺垫于营养钵底部，然后再铺上1层2cm的无土栽培基质，纱布网起排水滤水作用。佛手苗移栽前可根据自已的审美观及园艺盆景的修枝方法，将植株主干顶端剪去1部分（约全株的1/3左右），留下20~25cm的主干为宜，目的是引发侧芽，促使向四周发展，增强树势树冠，同时减少水分蒸发，利于植株成活，值得注意的是，佛手苗在整个栽植过程中一定要保持根部（根系）的湿润，金佛手根过干容易坏死，应经常喷水，用湿物覆盖。

佛手苗无土栽培套盆移栽完毕，必须浇水，且要浇透，使小苗根系与基质紧密地黏合在一起。由于基质轻，浮力大，浇水时要留意，要用喷壶喷洒，不可泼浇，不然会将基质冲出盆外，有条件的可安装滴灌系统，成本并不太高，可大大减轻劳动强度。浇水时间可根据经验进行，保持基质干干湿湿有利于佛手生长。

6）营养液配方。采用有机生态型无土栽培，不使用营养液，突破了无土栽培必须使用营养液的传统观念，使无土栽培中的难度最高的关键性技术变成了佛手盆景生产过程中最简便的一项技术，以固态肥取代营养液，无土栽培苗定植浇水后可马上放上进口复合肥25粒左右，以后间隔15d左右施复合肥1次，肥料均匀撒在基质表面，即可随滴灌水或浇水渗入基质。平时多观察佛手树苗生长情况，根据需要可以拉长或缩短施肥时间。如发现佛手树苗长势不旺及缺微量元素现象，可喷施一些叶面肥及微量元素肥补助，叶面肥一般选用稀土复合肥、喷绿、喷施宝、叶面宝等。微量元素肥一般选用硫酸型为好，可以增加佛手肥分利用率，根据缺少微量元素种类，可选用硫酸锌、硫酸亚铁、硫酸镁等。

（3）金橘（图2-74） 金橘四季常青，树姿优美，碧叶、白花、金果，是花、果、叶均美的佳品。金橘代表着吉祥如意，更可点缀节日气氛，所以倍受人们的喜爱。

1）生物学特性。金橘属常绿灌木或小乔木。株高可达3m。叶长圆状披针形，两渐尖，长4~9cm，尖端具不明显锯齿；叶柄具狭翅；花生叶腋内，白色，花瓣5枚。果实小，呈倒卵形，长约3cm，熟时呈黄色，汁多味美可连皮食用。

图2-74 金橘

2）生态学习性。

① 温度：金橘属喜温暖的环境，不耐寒。

② 光照：金橘属阳性花卉，喜阳光，稍耐阴。

③ 湿度：喜湿润的环境，耐旱。

④ 土壤：要求排水良好的肥沃、疏松的微酸性砂质壤土。

3）繁殖方法。一般采用嫁接法繁殖，以一二年生枸橘或酸橙实生苗为砧木，接穗采用当年的春梢或夏梢，不宜用秋梢。春季3~4月用切接法枝接，也于6~9月进行芽接，均易接活。

4）品种选择。金橘适合无土栽培的品种有：牛奶金橘，果实长圆，金黄，可食用；四季橘，果扁圆，四季开花，可观赏；长叶金橘，果球形，可观赏；圆金橘，果球形，可食用；金豆，果圆形，小，可观赏。

5）栽培技术。金橘无土栽培所用基质要求疏松透气、具有良好的保持水分或营养液的功能，且呈酸性。可以选择草炭和珍珠岩按1∶1的比例混合作为基质。为了预防病虫害的发生，必须对基质做消毒处理。处理方法可采用微波消毒法：把草炭和珍珠岩的混合物装入密封袋或容器，然后放入微波炉中，加热消毒10～15min即可。

上盆时先在盆底铺一层3～5cm厚的陶粒作为排水层，然后将盆栽金橘苗洗根后定植于经过消毒处理的基质中。注意要将植株扶正，不要窝根，装完基质后轻轻震动花盆，使基质充分与苗根接触。最后再在基质表层薄薄铺上一层陶粒，且距盆的上部边缘1～2cm。定植完成后将配制好的营养液灌入盆中，浇足但不要渗出。

早春新叶未长时，剪去枯枝，对去年生的枝条也要剪短，这样可以促使生侧枝和花枝。否则，开花结果少。为了提高坐果率，在花期可喷0.2%硼砂加0.5%尿素，花谢后再喷50mg/L赤霉素。在叶片变绿，枝条发育充实后进行控水，花芽形成后停止控水。

6）营养液配方。金橘无土栽培营养液配方见表2-34。

表2-34　金橘无土栽培营养液配方

化合物名称	化合物（元素）浓度/(mg/L)
磷酸二氢钾	136
硫酸镁（$MgSO_4 \cdot 7H_2O$）	160
硝酸钙	400
硝酸钾	400
硫酸亚铁	100
过磷酸钙	400

微量元素按照常规用量加入。

7）营养液管理。首先，用于配制营养液的水pH介于6.0～8.0之间，NaCl含量小于2.5mol/L，Cl^-离子含量小于0.3mg/L。其次，配制营养液时为减少因矿质元素之间的化学反应而降低其有效性，可先配制母液，然后再进行混合。营养液配制好以后，还要对pH做进一步调整，控制在5.0～6.5之间。

（4）杧果（图2-75）

1）生物学特性。杧果为常绿乔木，树干粗壮，直立。叶革质，单叶互生，披针形或椭圆状披针形，颜色多变，从幼嫩时的古铜色至紫红色至成熟后的绿色。圆锥花序顶生或腋生，花小，白色，黄白色或绿白色。浆果状核果，果皮橙黄至粉红，果肉黄白色或橙黄、橙红色，肉质嫩软或粗糙，味香甜或淡，有的品种具特殊香味（图2-75）。

2）生态学习性。

① 温度：原产自北印度和马来半岛，性喜高温天气，营养生长期（根、茎、叶）最适合温度为24～30℃，气温降到18℃以下时生长缓慢，10℃以下停止生长，生殖生长期（花、果）需较高温度。

② 湿度：性喜干燥。

图 2-75 杧果

③ 土壤：以排水良好且含腐殖质的砂质土壤最适宜，pH 以 5.5 ~ 7.5 为佳。

3）繁殖方法。可用播种和补片芽接法繁殖。

① 播种繁殖：通常将种子两端扁平无胚乳的外壳剪去，平放在基质上，然后盖上 1 ~ 2cm 厚的基质。浇足水，以后保持湿润状态，大约 20d 即可长出紫红色的嫩芽。

② 补片芽接法繁殖：先在砧木上切开宽 0.8 ~ 1.2cm、长 3 ~ 4cm 的芽接位，再削取接穗，除去木质部，削成比芽接位稍小的长方形薄片，迅速置于芽接位中，立即用塑料膜绑牢。芽接后 20 ~ 30d 可以解绑，经 2 ~ 3d，如芽片保持原状并紧贴其上，说明已成活，可以在其上方 2cm 处剪断砧木，进行定植，或待其抽稍后再移植。

4）栽培技术。杧果苗木的移栽要注意避开抽梢时期，在其顶芽没有萌动时再移植。无土栽培的盆最好是泥盆，最近几年流行的塑料花盆，要设法解决通气问题，简单的方法是，在基质中混入陶粒（约 1∶1），或在盆的底层用颗粒大的砾石或轻型材制。杧果苗木移植后要立即浇定根水，定根水可用稀释 50 ~ 100 倍的营养液代替。然后在荫蔽处养护 7d，在北方如北京地区，夏季的烈日有灼伤叶片的危险，最好设置一层遮阴网。一旦发现叶片有干枯斑点或叶缘枯焦表明光线过强，需要重新调整遮阴强度。杧果本应生长在热带高温高湿的环境下，作为盆栽花卉也可以在北方干燥的地区种植，但环境温度 18 ~ 30℃ 为宜。

如果发现杧果叶缘有灰白色，表明盐分已在其体内积累，应立即采取措施：①用清水清洗叶片，②停止浇营养液，仅补充水分，到顶芽略发黄时方可补充营养液。在营养液中增加磷的比例，有利于花芽分化。

5）营养液配方。杧果无土栽培营养液配方见表 2-35。

表 2-35 杧果无土栽培营养液配方

化合物名称	化合物（元素）浓度/(mg/L)
硝酸钾	202
硫酸镁（$MgSO_4 \cdot 7H_2O$）	246
硝酸钙	472
硝酸铁	80
硫酸亚铁	27.8

（续）

化合物名称	化合物（元素）浓度/(mg/L)
过磷酸钙	400
磷酸二氢钾	136
硫酸钾	174
EDTA 二钠盐	37.2

微量元素按常量加入。

6）营养液管理。氢离子浓度为0.316～1.0μmol/L，pH（6.0-6.5），使用时稀释10～20倍，每2～3周浇1次，稀释100倍时可以作为水溶液经常浇。

【案例分析】

小王一直负责公司蝴蝶兰大苗的养护管理，成绩突出，最近被调到小苗区，小王仍是像在大苗区一样，按部就班地工作，勤勤恳恳，但不久，蝴蝶兰小苗出现黄叶、腐烂等现象，请你分析一下原因，并进行解决。

分析：虽然同样是蝴蝶兰，但不同的生长发育时期对环境条件的要求是不同的，如果仍然按照大苗区的管理方式进行小苗的管理，小苗就会出现各种症状。

解决的方法：首先去除黄叶，挑出腐烂的小苗销毁，然后喷施杀菌剂，之后按照小苗的生态学习性对其温度、湿度、光照、水分、营养液进行调整。在调整营养液时注意营养液的pH、EC值的测定。

【拓展提高】

秋菊温室遮光栽培

秋菊温室遮光栽培适用于6～9月开花上市的切花栽培。通过人工遮光变自然长日照为短日照，促使秋菊形成花芽而使花期提前。特殊技术要点如下。

（1）定植时间　在花前110d左右定植。

（2）遮光方法　遮光网要求阻挡80%以上的自然光，还要注意城市夜晚高亮度的路灯、交通灯光、工地及娱乐场所强光等对遮光效果的影响。遮光网拉在铁丝上组成窗帘式，可手工收卷和铺开，也可配套设计自动控制开关装置。从预定花期的前50～60d开始遮光，每天17：00时至凌晨7：00时为遮光时间，使菊花白天见光时间保持在9～11h，遮光10d后花芽分化，约40d左右花芽分化完成，花蕾稍微显色，此时即可停止遮光，10d以后可进入采花期。

（3）温度控制　此季节正值炎热夏天，要注意控制温室温度，白天也要适当遮去一部分日光，使温室温度降低。温度超过28℃，花芽也不分化。

【任务小结】

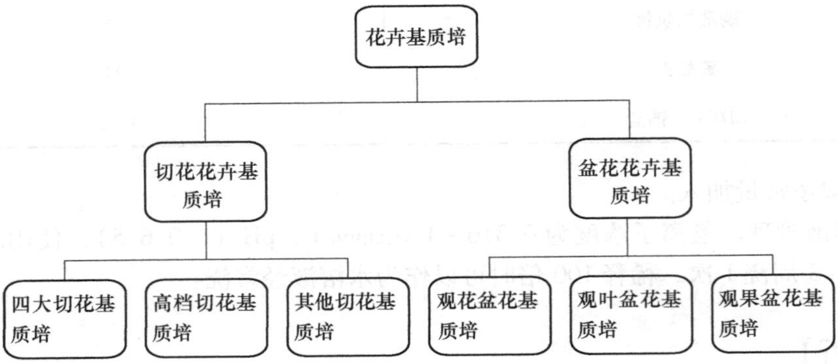

任务 2　蔬菜基质培

【任务情景】

在北方一年四季都可以在现代化温室中进行生菜基质培栽培，在市场上可以购买大叶生菜种子，现在是春季，请根据所学的知识设计出大叶生菜的周年生产计划，并进行科学预算出年收益。

【任务分析】

大叶生菜进行基质培，适合槽培法；选择适合基质栽培品种；然后进行基质、栽培槽、贮液池、环境设施的准备；完成该任务需要有生产方案的设计能力、大叶生菜基质培的生产管理能力以及熟练掌握大叶生菜的生物学特性和生态学习性的能力等。

【知识链接】

一、叶菜类基质培

在现代温室栽培中，采用土壤栽培容易引起次生盐渍化，一般采用无土栽培，而无土栽培中的水培方法因其管理操作技术要求很高而使用较少，因此目前普遍采用无土基质栽培。无土栽培的蔬菜主要有茄果类、瓜类、叶菜类和芽苗菜。目前无土栽培面积较大的叶菜有生菜、豌豆、蕹菜、芹菜、小白菜等。

1. 菠菜

菠菜（图 2-76）为藜科，一二年生草本植物。我国南北各地普遍种植。它适应性广，耐寒力强，耐贮藏，供应期长，且易种快收，产量较高，产品可在早春及秋冬淡季供应，是北方秋、冬、春 3 季的重要蔬菜之一。

（1）生物学特征　菠菜有较深的主根，较发达。直根略粗稍膨大，上部红色，贮藏养分，味甜可食。侧根不发达，不适于移栽。

图 2-76 菠菜

菠菜的花为单性花，雌雄异株，少数有两性花和雌雄同株。雄花穗状花序，无花瓣，花萼4~5裂，雄蕊数和花萼相同，着生在花茎顶端或叶腋中。花粉多，黄绿色，属于风媒花。雌花簇生在叶腋内，无花瓣，花萼2~4裂，包被着子房，子房1室，内有1个胚珠。有雌蕊1个，柱头4~6个。

菠菜的果实为胞果，圆形，坚硬的外果皮内有种子1粒。种子分有刺和无刺两种。内果皮木栓化，透水、气性差，发芽较慢。种子千粒重9.5~12.5g，在一般贮藏条件下，种子可保存3~5年，以1~2年的种子发芽力强。

（2）生态学习性

1）温度：菠菜是绿叶菜类蔬菜中耐寒力最强的一种蔬菜，菠菜的耐寒力和植株生长发育、苗龄有密切关系。4~6片叶的植株，其宿根可耐短期－30℃低温，在－40℃时只有外叶受冻枯黄，根系和幼芽不会受到损伤，当幼苗只有1~2片叶、幼苗过大及将要抽薹的植株，越冬时易受冻害而死亡。菠菜的适应性广，生长适温为15~30℃，最适温度为15~20℃，菠菜种子在4℃时就可发芽，适宜温度为15~20℃，4d就可以发芽，发芽率达90%以上。随着温度的升高，发芽率则降低。

2）光照：菠菜属于低温长日照作物，但在长日照和高温下容易通过光照阶段，在长日照下低温有促进花芽分化的作用。花芽分化后，温度升高，日照加长时有利于抽薹、开花加快。越冬菠菜进入翌年春夏季，植株就会迅速抽薹开花。

3）湿度：菠菜在空气湿度80%~90%、土壤湿度70%~80%的环境条件下，生长最旺盛，叶片厚，品质好，产量高。菠菜在生长过程中需要大量水分，生长期缺水，长势减缓，叶肉老化，纤维增多，易发生霜霉病，尤其在高温、干燥、长日照下，会促进花器官发育，提早抽薹。

4）土壤：菠菜宜种植在保水，保肥，潮湿（夜潮地）肥沃、pH 6~7.5中性或微碱性壤土中为宜，应在氮磷钾全肥的基础上增施氮肥，促进叶丛生长，以提高产量。

（3）育苗　在生产上常采用浸种催芽的方法，先将种子用温水浸泡5~6h，捞出后放在15~20℃的温度下催芽，每天用温水清洗1次，3~4d便可出芽。一般采取撒播的方法，春菠菜的生长期短，植株较小。早春播种时最好采用湿播（“落水播种”），先灌足底水，等水渗完后撒播种子，然后覆土，厚约1cm。由于畦面有一层疏松的土壤覆盖，既减少了土壤水分的蒸发，又有保温的作用。种子处在比较温暖湿润而且通气良好的环境中，可以较早出苗。

（4）品种选择

1）北京尖叶菠菜。其属于北京地方品种。叶片箭头形，基部有一对深裂的裂片，绿色对肉稍薄，纤维较少，品质较好。果实菱形有刺。耐寒、不耐热，适合根茬越冬和秋季栽培。

2）日本大叶菠菜。叶片椭圆形至卵圆形，先端稍尖，基部有浅缺刻。叶片宽而肥厚，浓绿色。耐热力强，不耐寒，适于夏、秋栽培。产量高，品质好。

3）大圆叶菠菜。从美国引入，属无刺种。叶片卵圆形至广三角形，叶片肥大，叶面多皱褶，色浓绿。品质甜嫩，春季抽薹晚，产量高，品质好，但不耐寒，单株重0.5kg。缺点是抗霜霉病及病毒病能力弱。东北、华北、西北均有栽培。

（5）栽培技术

1）基质配方：菇渣：锯木屑：珍珠岩：0.27：0.5：0.23。

2）田间管理。春菠菜前期要覆盖塑膜保温，可直接覆盖到畦面上，出苗后即撤除薄膜或改为小拱棚覆盖，小拱棚昼揭夜盖，晴揭雨盖，让幼苗多见光。采取湿播法播种的春菠菜，由于土壤水分充足，一般可以在苗子长出2~3片真叶时浇第一水。浇水根据气候及土壤的湿度状况进行，原则是经常保持土壤湿润。

3）适时收获。一般播种后40~60d便可采收，5月上中旬就可达到采收标准。

（6）营养液配方　菠菜无土栽培营养液配方见表2-36。

表2-36　菠菜无土栽培营养液配方

化合物名称	化合物（元素）浓度/(mg/L)
硝酸钾	150
硫酸镁（$MgSO_4 \cdot 7H_2O$）	120
硝酸钙	186
硫酸铜（$CuSO_4 \cdot 5H_2O$）	0.08
硫酸锌（$ZnSO_4 \cdot 7H_2O$）	0.22
硫酸锰（$MnSO_4$）	1.54
磷酸二氢钾	306
硫酸铵	379
EDTA二钠盐	22
钼酸铵	0.02

（7）营养液管理　菠菜生长的营养液浓度和EC值应随生育进程适当进行调整。定植初期植株小，需养分少，营养液浓度可适当降低，EC值以0.8~1.3ms/cm为宜，到生长中后期，EC值控制为1.3~2.0ms/cm。每隔7d左右检测一次，记录耗水量及EC值变化，并及时补充和调整，每次补充量约为初始量的20%~30%。

在栽培过程中，随着植株的生长，营养液的pH呈下降趋势，应定时用酸度计检测。当pH低于5.8时可用0.5%~1.0%的NaOH液加以调整。

2. 生菜

生菜（图2-77）属于菊科莴苣属莴苣种中的叶用莴苣变种，学名叶用莴苣，俗称生菜，属于一、二年生草本植物，是世界广泛栽培和食用的叶类蔬菜，也是无土栽培四大类蔬菜之一。

（1）生物学特性　生菜是直根系，根系分布在15~25cm土层中。叶用莴苣在营养生长时期茎短缩，后期抽生花茎；叶互生，倒卵形，绿色或紫色。茎用莴苣幼苗期茎短缩，莲座叶形成后，茎伸长膨大。花为圆锥形头状花序，黄色，舌状。果实属于瘦果，细小，扁平锥形，灰白色，千粒重0.8～1.2g。

(2) 生态学习性

1) 温度：生菜喜冷凉气候，比较耐寒，不耐高温。生菜种子发芽要求适宜的低温，以15～20℃为宜，高于25℃种子发芽不良。叶球生长适宜温度为13～16℃，0～5℃以下会产生冷害，结球期对温度要求严格，适宜温度为白天20～22℃、夜间12～15℃。日平均温度超过20℃以上即会造成生长不良，易发生徒长，口感、品质变差，叶色变淡，粗纤维增加，不能正常结球，并由于球内温度过高引起心叶腐烂坏死。

2) 光照：生菜要求有较强光照，光照充足有利于植株生长，叶片厚，叶球紧实。光照弱则叶片薄，叶球松散，产量低。生菜为长日照植物，长日条件下，特别是伴有高温环境可促进生菜抽薹开花，影响产量和品质。

图2-77 生菜

3) 湿度：生菜生长迅速，含水量高，组织脆嫩，整个生长期要求有均匀而充足的水分。特别是叶球膨大期，水分供应一定要充足，否则容易造成叶球开裂，影响品质。

4) 土肥：生菜根系对氧气要求较高，适宜微酸性根际环境，pH为6.5左右。生长时要有充足的氮素供应，并配合适宜的磷、钾元素，适当增加磷的施用量。因为，生菜幼苗期缺磷会引起叶色暗绿和生长衰退。结球时应注意补充钾素，同时还应补充钙、硼、镁等，因为缺钙容易引起生理病害干烧心，导致叶球腐烂。

(3) 育苗　进行穴盘育苗，由于生菜种子小且发芽要求温度低，播种前应进行种子处理。具体方法是用20℃左右清水浸泡3～4h，搓洗沥干水分后，置于清洁湿纱布上，在15～20℃下催芽。催芽过程中，每天用清水冲洗2次，约2～3d后即可发芽。穴盘育苗可将发芽种子直接播入基质中，一穴一粒种子。根据育苗的大小确定穴盘，育3～4片真叶苗选用288孔穴盘，育4～5片真叶苗选用128孔穴盘。由于生菜种子发芽具有需光特性，因此种子播后不宜覆基质过厚，播种深度不宜超过0.5cm，播后上面覆盖一层蛭石，浇水后种子不露出即可。苗期温度控制为白天18～20℃，夜间8～10℃。苗龄一般为25～30d。

育苗基质可用草炭与蛭石按2:1比例或草炭:蛭石:珍珠岩按1:1:1比例的混合基质，配制基质时可在每立方米基质中加入15:15:15的氮磷钾三元复合肥0.7～1.2kg。出苗后，前期只浇清水即可，三片真叶后，结合喷水施两次叶面肥。

(4) 品种选择　莴苣按结球与否可以分为结球、散叶、直立三类。结球莴苣与甘蓝外形相似，叶全缘，有锯齿或深裂，叶面平滑或皱缩，外叶开展，心叶形成叶球，叶球有球形，扁圆或圆锥形等。食用器官是叶球，质地鲜嫩，口感好；散叶莴苣不结球，叶长卵形，叶缘波状有缺刻或深裂，叶面皱缩，叶色有绿色、黄色、紫色等，色泽鲜艳，是点缀餐宴的好材料，品质中等；直立莴苣也不结球，叶直立、狭长，叶全缘或有锯齿，肉质粗，口感差。

无土栽培可选用散叶或结球生菜品种：紫叶生菜、玻璃生菜、法国奶油生菜、翡翠生菜、意大利生菜、美国大速生菜等。

（5）栽培技术　生菜生长期短，生长速度快，苗期一般15～20d。可采用各种不同类型的无土栽培方式。采用立体柱式栽培结合地面NFT栽培系统，可提高土地利用率4.7倍。生菜NFT栽培形式可采用特制的栽培床进行，由输液槽和盖板组成，这种栽培床除用于生菜之外，还可用于其他各种绿叶蔬菜栽培。栽培系统除栽培床外，还包括贮液池（罐）、供液系统等。

由于生菜株形小，最适宜进行水培形式栽植，营养液膜、雾培可以，也可以采用基质培方式进行种植。

基质栽培方式以基质槽培较普遍，可采用无机基质、有机基质或混合基质等方式。散叶生菜定植密度一般为30～35株/m^2，即株行距为15cm×20cm；结球生菜定植密度为20～25株/m^2，即株行距为20cm×20cm。定植后，散叶生菜约15～40d即可收获，结球生菜50～70d左右也可收获。

生菜无土栽培时注意环境调控，主要是温度管理，通过通风、遮阳、微喷等技术使生长环境温度控制在白天15～20℃、夜间10～12℃。尽量增加昼夜温差，当温度高于25℃时，应采取措施降温，营养液温度调节为15～18℃。

生菜无土栽培常发生的病害主要有灰霉病、霜霉病、根腐病、白绢病和菌核病等。菌核病主要在茎基部和叶柄发病，病斑初期为褐色水浸状，叶柄受害时叶片萎蔫下垂，在潮湿条件下，病部布满棉絮状毛霉，后期产生鼠粪状菌核；霜霉病先在老叶上产生圆形或多角形病斑，潮湿时病斑背面有白色霉层，发病后期病斑连成片呈黄褐色，干枯，可用甲霜灵、百菌清等防治；灰霉病从近地叶开始发病，呈水渍状腐烂，有灰色霉层，可以用甲基托布津防治。软腐病从叶缘先发病，发病初期，受害部位呈水浸状，而后变褐色，干燥时呈薄纸状，病部渗出黏液，有臭味，可以用农用链霉素防治。

生菜无土栽培常发生的害虫主要有温室白粉虱、蚜虫、红蜘蛛、菜青虫和棉铃虫等，可以用吡虫啉、康复多、齐螨素或菊酯类农药进行防治。

（6）营养液配方　许多营养液配方均可用于生菜种植，如日本山崎莴苣配方、园试配方1/2剂量等。

（7）营养液管理　生菜耐酸性差，pH过低（低于5.0）易造成根系生长不良，地上部分出现焦状缺钙症状，结球生菜反应最为敏感。pH过高，由于造成离子吸收障碍，导致出现缺素症，表现全株黄化，生长缓慢。

营养液浓度影响生菜对水分和养分的吸收。生菜整个生长期内对钙、镁需求变化不大，尤其是对镁的需求从定植到收获维持在30mg/kg左右，对磷、钾需求在结球后期大幅度增加，否则易因缺钾而引起黄化。综合考虑营养液对生菜生长、产量及品质的影响，定植后到结球前期浓度适当低些，结球期浓度适当增加。根据刘增鑫研究，认为在结球期前（11片叶）营养液浓度为2.0ms/cm，进入结球期为2.0～2.5ms/cm。

生菜栽培如果从定植到收获没有出现大的生理病害，营养液一般不必更新，只需定期补充即可。在收获前1周左右不必再补充营养，这样不会降低产量，但可显著降低生菜的硝酸盐含量。

3. 茼蒿

茼蒿（图2-78）又叫蓬蒿、蒿菜、同蒿菜、义菜（鹅菜）、艾菜，菊科一年生或二年生草本植物，原产于我国。食用部位为嫩茎，营养丰富，纤维少，品质优，风味独特，有清血、养心、降压、润肺清痰功效。茼蒿整个植株具有特殊的清香气味，对病虫有独特的驱避作用，因此，很少喷施农药，是理想的无公害蔬菜。

图2-78 茼蒿

（1）生物学特性 茼蒿属浅根性蔬菜，根系分布在土壤表层。茎圆形，绿色，有蒿味。子叶互生，叶长形，叶缘波状或羽状深裂，叶肉厚。花为头状花序，黄色或白色，瘦果，有棱角。平均千粒重1.85g。

（2）生态学习性

1）温度：茼蒿性喜冷凉，不耐高温，属于半耐寒性蔬菜，生长适宜温度为20℃左右，12℃以下生长缓慢，29℃以上生长不良。

2）光照：茼蒿对光照要求不严，一般以较弱光照为好。属长日照蔬菜，在长日照条件下，营养生长不能充分发展，很快进入生殖生长而开花结籽。因此在栽培上宜安排在日照较短的春秋季节。

3）湿度：对水分要求不严，但以不积水为佳。

4）土壤：土壤相对湿度保持在70%～80%的环境下，有利于其生长。

（3）育苗

1）播前准备。播种前将育苗盘或种植盆清洗消毒，然后在育苗盘或种植盆底部铺上一层报纸，用水湿润，使报纸平整。在报纸上覆盖约2～3cm厚度的栽培基质。栽培基质的厚度可以根据育苗盘或种植盆的大小而异。铺好后把栽培基质用手铺平，然后洒透水，放置几分钟。

2）浸种催芽。将种子放入用25～30℃的温水中浸泡24h，再淘洗晾干，置于25℃条件下催芽，也可以用小布袋包裹种子，冲洗干净，然后用水浸泡，中间可以换清水淘洗1～2次。

将浸泡后的茼蒿种子滤起控干，滤起温度最好保持在25～28℃，待种子表面干爽后，可催芽数小时，也可直接播种。但茼蒿种子水分未干，会粘在一起，造成播种不均匀，同时也容易造成早期烂种。

3）播种。最好是在阴天播种。播种方式可采用撒播、条播两种。条播时先按行距15～20cm，深1～2cm开沟，顺沟灌水后撒入种子，每667m^2播种量2～4kg。在播种覆盖后可以进行镇压处理。然后用喷水壶雾状洒水，保持基质湿润。

（4）品种选择。茼蒿品种按叶片大小，分为大叶茼蒿和小叶茼蒿两类。小叶茼蒿比较耐寒，香味浓郁，嫩枝细，生长快，成熟早，生长期为40～50d，缺点是产量低。大叶茼蒿又称板叶茼蒿，叶片宽大，产量较高，嫩枝短而粗，纤维少，品质好，缺点是生长慢，成熟期较晚。

（5）栽培技术。播种后要保持地面湿润，以利出苗，苗高3cm时浇大水，全生育期浇2～3次水，并防止湿度过高。旺盛的生长期追肥以速效氮肥为主，结合浇水，每667m^2施尿素15kg；以后每采收一次要追一次，每次667m^2施尿素10～20kg或硫酸铵15～20kg，以勤施薄肥为好。但下一次采收距上一次施肥应有7～10d以上间隔期，以确保产品质量。

茼蒿主要病害有猝倒病、叶枯病、霜霉病、炭疽病、病毒病等，虫害有蚜虫、白粉虱、菜青虫、小菜蛾、夜蛾等。在病虫害防治上要坚持“预防为主、综合防治”，做到农业防治、生物防治、物理机械防治有机相结合的原则，从而达到无公害防治的效果。

（6）营养液配方　茼蒿无土栽培营养液配方见表2-37。

表2-37　茼蒿无土栽培营养液配方

化合物名称	化合物浓度/（mg/L）
四水硝酸钙	427
硝酸钾	909
磷酸氢二铵	153
七水硫酸镁	493
元素名称	元素浓度/（mmol/L）
NH_4^+ －N	1.33
NO_3^- －N	12.0
P	1.33
K	8.0
Ca	2.0
Mg	2.0
S	2.0

（7）营养液管理　定期测定营养液的pH，使pH保持在5.5～5.6，并随时调整EC值，满足不同时期对营养液浓度的需求。

4. 芹菜

芹菜（图2-79）又名水芹、鸭儿芹、药芹等，属于伞形花科二年生蔬菜。芹菜的适应力较强，在我国广泛栽培，深受人们欢迎。芹菜用无土栽培的方法栽培，在提高产量和改善品质方面都有明显作用。

（1）生物学特性　芹菜根系浅而少，叶为二回羽状复叶，叶柄肥大，是主食部分，有空心和实心两种。叶柄上有纵棱，叶柄颜色为深绿色、黄绿色或白色。西芹叶柄颜色多较浅，叶柄也较肥厚。芹菜种子小、种皮厚。

(2) 生态学习性

1) 温度：芹菜喜冷凉的环境，生长适温为15～20℃，当温度高于26℃以上生长不良，其纤维含量高，具苦涩味，品质低劣。种子发芽温度为4℃，发芽最适温度为15～20℃，高温下发芽缓慢而不整齐，在苗期既耐高温，又能耐低温（在-7℃时也无大碍）。

2) 光照：芹菜要求低温通过春化阶段，在长日照下通过光照阶段就可抽薹开花。

3) 湿度：芹菜喜湿润的环境。

(3) 育苗　播种前要先用清水浸种12～24h，然后用湿纱布或毛巾包住，催芽3～4d，当有80%左右种子露白时，把种子播在已放好基质的穴盘中，然后再洒上一薄层基质覆盖种子，浇水即可。

图2-79　芹菜

在穴盘中育好的小苗长至5～6cm高时就可移入定植杯中。移苗时先在定植杯中放入约1/2的小石砾，然后把一株小苗放入杯中，再用少量小石砾固定即可。

定植时可按照大约20cm×20cm的株行距定植，大约每平方米的种植槽定植25～30株。如果种植本芹，且要在植株较小时收获，可密一些；如果是西芹，可疏一些定植。

(4) 品种选择　我国种植的芹菜可分为本芹和西芹两大类。本芹的叶柄细长，粗纤维的含量相对较高，而西芹的叶柄宽厚，粗纤维含量较低，食用较脆，口感较好，产量也较高，但西芹的香味不及本芹。

因为无土栽培水肥供应充足，所以一般均选用叶柄肉质肥厚、宽大的西芹品种，可使粗纤维含量降低，产量高，生长迅速，经济效益高。

我国北方地区栽培的芹菜有两个类型：

1) 实秸芹菜。叶柄充实，质地脆嫩，产量高而耐贮藏，适应力较强，不易抽薹，但生长速度较慢，适于秋冬及越冬保护地栽培。代表品种有上海青梗芹、天津黄苗芹菜、桓台实秸芹菜等。

2) 空秸芹菜。叶柄中空，质地较粗，生长速度快，代表品种有烟台大花叶芹菜、山东福山芹菜等。

(5) 栽培技术　芹菜采用NFT、DFT、岩棉栽培或其他基质栽培等方式均可。我国用无土栽培芹菜可以采用“芹菜岩棉无土栽培”；其方法是：整平地面，打实土层，做成深20cm，宽60～100cm，长10m左右的槽体，槽为南北延长，坡降1∶70，槽距30cm。内铺一层0.1mm厚聚乙烯薄膜，装填岩棉、蛭石或河沙等基质。

芹菜生长期间控制好温度，以适应芹菜喜冷凉的需要。芹菜苗对温度适应力较强，而在产品形成阶段，则对温度要求相对严格，白天环境气温应保持在18～25℃，夜间气温应保持在12～15℃。芹菜根系温度长期在低于15℃时，不利于其生长，所以营养液温度应控制在18～20℃。

芹菜生长过程中主要发生的病害有斑枯病、烂心病、叶斑病和病毒病等。在幼苗时进行喷施20%病毒A可湿性粉剂500倍液预防病毒病。生长期可用70%甲基托布津（或80%大生）可湿性粉剂800倍液或77%可杀得可湿性粉剂500倍液叶片喷施防治叶斑病；可用40%福星乳油8000倍液、70%代森锰锌（或80%大生）可湿性粉剂600倍液喷施防治斑枯病；可用农用链霉素5000倍液或30%络氨铜水剂350倍液或77%可杀得可湿性粉剂500倍液喷施防治烂心病。棚室中芹菜上如果发生蚜虫、红蜘蛛和蓟马等害虫，最好选用杀虫烟雾剂；也可以每667m^2用250～500g尿素，洗衣粉100g，兑水50kg，喷洒芹菜，对红蜘蛛、蚜虫等害虫的防治效果很好；也可以用碳酸氢铵、氨水等喷施对红蜘蛛、蚜虫、蓟马等形体小的害虫有杀伤作用，而且无残留无污染。

（6）营养液配方　芹菜无土栽培营养液配方见表2-38。

表2-38　芹菜无土栽培营养液配方

化合物名称	化合物浓度/(mg/L)
硝酸钙	295
硝酸钾	404
重过磷酸钙	725
硫酸钙	123
硫酸镁	492

微量元素按常量添加使用。

（7）营养液管理　在芹菜不同的生育期，供液量和次数不应一样。生长盛期每天（滴灌或浇灌）营养液2～3次，前期和后期可适当减少。如果营养液不回收，隔几天需浇清水一次。芹菜由于生长量大，对养分的需求量较高，但又不特别耐肥，因此向基质内浇灌的营养液的浓度控制在不超过2.5ms/cm的范围。

5. 香菜

香菜（图2-80）又名芫荽、胡菜，因其具有特殊香味，其具芳香健胃，祛风解毒，利尿和促进血液循环等功能。深受人们喜爱，各地均有栽培。

图2-80　香菜

（1）生物学特性　香菜为伞形花序，每小伞形花序有可孕花3～9朵，花白色，花瓣及雄蕊各5，子房下位。双悬果球形，果面有棱，内有种子2枚，千粒重2～3g。芫荽按种子大小分为两个类型，大粒型的果实直径7～8mm，小粒类型的果实直径仅3mm左右。

（2）生态学习性

1）温度：香菜喜冷凉，具有一定的耐寒力，但不耐热，生长适温为15～18℃，不耐高温，30℃以上停止生长，高温季栽培，易抽薹，产量和品质都受影响，应以秋种为主。因此，夏秋季栽培必须采取保护性设施进行遮光降温，才能使其正常生长。

2）湿度：不耐旱。

3）土壤：香菜对土壤要求不严，但土壤结构好、保肥保水性能强、有机质含量高的土壤有利于香菜生长。

（3）育苗　香菜种子在高温下发芽困难。因香菜种果为圆球形，内包2粒种子，播种前须将果实搓开，以利出苗均匀。将种子用1%高锰酸钾液处理10min后捞出洗净，再用干净冷水浸种20h左右，在20～25℃条件下催芽后播种。进行直播。秋季播种前宜进行低温处理，打破种子的热休眠，使香菜种子能较好地萌发。

（4）品种选择　常见香菜有大叶和小叶两个类型。大叶品种植株较高，叶片大，产量较高；小叶品种植株较矮，叶片小，香味浓，耐寒，适应性强，但产量较低。

（5）栽培技术　香菜有机无土栽培主要有露地栽培、大棚栽培和夏秋季栽培几种形式。有机无土栽培主要以槽式基质栽培为主，可以利用大棚进行设施栽培。

1）建栽培槽，铺塑料膜。以红砖、塑料泡沫板等建栽培槽，槽内径宽0.8～1.0m，槽间距40cm左右，槽高15～20cm，建好槽以后，在栽培槽的内缘至底部铺一层0.08～0.1mm厚的聚乙烯塑料薄膜。

2）配制栽培基质。复合基质的配方有三种：①草炭：炉渣：沙比例为4：6：5；②葵花秆：炉渣：锯末的比例为5：2：3；③草炭：珍珠岩的比例为7：3。有机基质可供选用的有玉米秸秆。无机基质有泥炭土、珍珠岩、煤渣等，有机基质经高温发酵后与无机基质按一定配比混合。复合基质按每立方米加入8kg膨化鸡粪、2kg腐熟豆粕和80kg左右有机肥料和2～3kg的草木灰、磷矿粉、钾矿粉等并充分拌匀装槽，基质以装满槽为宜。基质的原材料和复合基质应注意经过处理和消毒。

3）栽培准备。定植前15d，将配制好的复合栽培基质装槽。把准备好的滴灌管放在填满基质的槽上，滴灌孔朝上，在滴管上再覆一层薄膜，防止水分蒸发，以增强滴灌效果。

4）栽培管理。幼苗长到3cm左右时进行间苗定苗。香菜不耐旱，根据基质的实际情况进行滴灌，保持基质湿润。一般施足基肥不需追肥。

（6）营养液配方　香菜无土栽培营养液配方见表2-39。

表2-39　香菜无土栽培营养液配方

化合物名称	化合物（元素）浓度/(mg/L)
硝酸钾（KNO_3）	908
硫酸镁（$MgSO_4 \cdot 7H_2O$）	248
硝酸钙［$Ca(NO_3)_2 \cdot 4H_2O$］	1080
硫酸铜（$CuSO_4 \cdot 5H_2O$）	0.12
硫酸锌（$ZnSO_4 \cdot 7H_2O$）	0.11
硫酸锰（$MnSO_4$）	0.9
磷酸二氢钾（KH_2PO_4）	270
硝酸铵（NH_4NO_3）	39
乙二胺四乙酸二钠	37.2
硼酸（H_3BO_3）	1.25
硫酸亚铁（$FeSO_4 \cdot 7H_2O$）	27.8

6. 木耳菜

木耳菜（图2-81）又名落葵、胭脂菜、滑腹菜、胭脂豆、藤菜、御菜、紫角叶等。落葵为落葵科落葵属中以嫩茎叶供食用的一年生缠绕性草本植物。幼苗或肥大的叶片和嫩梢作蔬菜食用。落葵鲜嫩软滑，其味清香，清脆爽口，如木耳，营养丰富，有清热解毒、利尿通便、健脑、降低胆固醇等作用。

（1）生物学特性　全株肉质，光滑无毛。茎缠绕，叶肉质，近圆形，根系发达，分布深而广，吸收力很强。茎在潮湿的地上易生不定根，可行扦插繁殖。

木耳菜蔓生，茎光滑，肉质，无毛，分枝力强，长达数米。穗状花序腋生，长5~20cm。花无花瓣，萼片5枚，淡紫色至淡红色，下部白色，或全萼白色。雄蕊5枚，花柱3枚，基部合生。花期6~10个月。果实为浆果，卵圆形，直径5~10mm。果肉紫色多汁。种子球形，紫红色，直径4~6mm，千粒重25g左右。

图2-81　木耳菜

（2）生态学习性

1）温度：喜温暖环境，不耐寒，怕霜冻，耐高温，生长发育适温为25~30℃。

2）光照：喜半阴环境，为短日照作物。

3）湿度：喜湿润环境，耐湿性较强，高温多雨季节仍生长良好。多数地区在高温多雨季节生长更旺盛。

4）土壤：宜生长于肥沃疏松和排水良好的土壤条件上。

（3）育苗　木耳菜种皮坚硬，发芽困难，播种前必须进行催芽处理。先用35℃的温水浸种1~2d后，捞出放在30℃的恒温箱中催芽。4d左右，种子“露白”即可播种。播种宜采用直播方式，直播可用条播或撒播。条播的行距为20~30cm，每667m^2播量4~5kg，撒播每667m^2用种量6~7kg。播前均应浇足水，播后覆土2~3cm，覆盖好地膜和草帘保温，以保证出苗。播种后待70%幼苗出土后揭去地膜。出苗整齐后根据气候情况白天揭去小拱棚，夜间覆盖。适时敞开大棚通风、换气，控制棚内温度在35℃以下。

（4）品种选择　根据花的颜色，落葵可分为赤色落葵、白花落葵、黑花落葵。作为蔬菜无土栽培的主要为前2种。

1）赤色落葵。又叫红叶落葵、红梗落葵，简称红花落葵。茎淡紫色至粉红色或绿色，叶片深绿色，叶脉附近为紫红色。叶片长与宽近乎相等，卵圆形至近圆形，侧枝基部的几片叶较窄长，叶基部心脏形。顶端钝或微有凹缺。叶形较小，长宽均6cm左右。穗状花序，花梗长3~4.5cm。

2）白花落葵。又名白落葵、细叶落葵。茎淡绿色，叶绿色，叶片卵圆形至长卵圆披针形，基部圆或渐尖，顶端尖或微钝尖，边缘稍作波状。其叶最小，平均长2.5~3cm，宽1.5~2cm。穗状花序有较长的花梗，花疏生。

（5）栽培技术　落葵有机无土栽培，以露地基质栽培为主。可以利用温室、日光温室、大棚设施进行生产。一般采用槽式栽培。但要注意播种育苗时期，因地区和栽培设施的差异，灵活掌握。

木耳菜生长速度快，又是多次采收的蔬菜，应及时追肥浇水。一般每7d浇水1次，每次收获后及时追施复合肥或其他速效性肥料。

以采食叶片为主的搭架栽培时，在植株高20~30cm时，应搭架引蔓上架。以改善通风透光条件，使植株在空间得到均匀、合理地分布。搭架一般用1.5~2m的竹竿，每穴一竿扎成“人”字架或篱壁架。开始应引蔓上架，后植株自动攀缘上架。

生长期应进行整枝。以采收嫩叶为目的的整枝方法是：选留一条主蔓为骨干蔓，当骨干蔓长到架顶时摘心。再从骨干蔓基部选留强壮侧芽形成的侧蔓。原骨干蔓采收结束后，要在紧贴新蔓处剪去。收获后期，可根据植株的生长势，减少骨干蔓数。同时要尽早抹去花茎幼蕾。单叶重量大，叶片肥厚柔嫩，品质好，总产量高，商品价值高。

木耳菜整枝的关键是摘除花茎和过多的腋芽，防止生长中心的过快转移，减少过多的生长中心，保证稳产和高产。

木耳菜的病虫害较少。病害主要有褐斑病，虫害主要有蚜虫。防治方法主要有基质消毒、种子处理与药剂防治等。

使用常规的叶菜类营养液配方进行肥料补充即可，管理较简单。

7. 空心菜

空心菜（图2-82）又名蕹菜，竹叶菜，属于旋花科，一年生蔬菜，其叶及蔓茎可供食用。

图2-82 空心菜

（1）生物学特性 空心菜为须根系，属于浅根性作物，根再生力较强。茎蔓性，圆形或扁圆形，中空，匍匐生长，旱生类型节间短，水生类型节间较长，易生不定根，扦插易成活。子叶对生，马蹄形；真叶互生，长心脏形，叶面光滑，浅绿或浓绿色。花腋生，漏斗状，白色或微带紫色，完全花。蒴果，每果具圆形种子2~4粒，种皮厚而硬，呈褐色，千粒重32~37g。

（2）生态学习性

1）温度：空心菜性喜高温环境，种子在15℃以上开始发芽。幼苗期生长适温20~25℃，10℃以下生长受阻；茎、叶在25~30℃条件下生长旺盛，能耐温度为35~40℃的高温；15℃以下，茎叶生长缓慢，10℃以下则停止生长。蕹菜不耐寒，遇霜地上茎叶枯死。

2）光照：空心菜属于短日照作物，并较耐强光，开花结籽要求短日照和充足光照。籽蕹对光周期适应范围较广，藤蕹对短日照要求比较严格。

3）湿度：空心菜喜湿润土壤及较高的空气湿度，若土壤水分不足，空气干燥，则产品纤维发达，甚至粗老不堪食用，产量和品质降低。

（3）育苗

1）浸种催芽。播种前用50～60℃热水浸种30min，再用清水浸种24h。浸种后捞出洗净，在30℃条件下催芽。催芽期间，每天用温水冲洗1次，大约5～7d后，种子露白即可播种。

2）穴盘与基质的准备。空心菜育苗的穴盘规格，一般选用72孔或者128孔的。基质宜使用草炭、蛭石或珍珠岩等轻型基质，这类基质的比重小，保水透气性好。采用轻型基质育苗，基质配制比例一般为草炭：蛭石=2：1，加1份腐熟有机肥。基质必须进行杀虫灭病，以培育出无病壮苗。一般1m^3混合基质用量为50%多菌灵水粉剂和辛硫磷乳油150g。

3）基质装盘及播种。播种时应首先把育苗基质装在穴盘内，刮除多余的基质；浇透基质，等待水分下渗后，用同等规格的2～3个空穴盘叠起来，压出播种穴。播种后覆盖1层蛭石。用薄膜覆盖保湿。出苗后，及时揭除覆盖物，透风透光。

4）苗床管理。白天温度保持25℃左右，夜间10℃以上。水分管理是育苗成败的关键，整个育苗期间，应保证育苗基质始终处于湿润状态，苗高5～7cm时，喷施1次叶面肥，常用浓度为0.2%尿素或磷酸二氢钾。待苗长至10～15cm时即可定植。

（4）品种选择　空心菜依其能否结籽分为两种类型：一种称为“籽蕹”，主要用种子繁殖，一般栽于旱地，也可水生；该类型生长势旺，茎蔓粗，叶片大，色浅绿，夏秋开花结籽，是北方主要栽培类型；广东大骨青，湖南、湖北的白花蕹菜和紫花蕹菜，四川旱蕹菜等品种属于籽蕹。另一种称为“藤蕹”，为不结籽类型，扦插繁殖，旱生或水生，质地柔嫩，品质优于籽蕹，生长期长，产量较高，如广东细叶通菜、丝蕹，湖南藤蕹，四川大蕹菜等品种属于这种类型。

依蕹菜对水的适应性又可分为旱蕹和水蕹两种类型。旱蕹品种适于旱地栽培，质地细密，风味较不浓，产量较低，籽蕹多属此类型；水蕹适于深水或浅水栽培，茎粗叶大，脆嫩味浓，产量较高，如杭州白花籽蕹、剑叶、广州的大鸡白、温州空心等品种属于水蕹。

（5）栽培技术

1）建设栽培槽。栽培槽高25～30cm，宽50cm，槽距70cm，南北走向，北高南低。砖缝可用水泥砂浆粘结，也可用泥土填平（槽底铺1层旧薄膜）。

2）栽培基质。菇渣：炉渣为1：1～1.5的比例混合，1m^3混合基质中再加入消毒膨化鸡粪10kg、三元复合肥2kg。有条件的地方，也可用细沙、草炭、蛭石、有机肥按照2：1：1：2的比例混配成复合基质，有机肥以鸡粪、羊粪为佳。

3）装槽。在槽中铺沙子，厚约5cm，将混匀的基质装入备好的槽中，整平，大水浇透基质。待水分完全下渗后，再覆盖薄膜10～15d，以利肥料充分分解。

4）定植。空心菜的株行距约为15cm×15cm。定植时间，一般在下午进行。定植前，先浇透底水，待水下渗后，将幼苗植入基质中，适当深埋2～3节。基质栽培几乎不经过缓苗，很快就会进入正常生长。

5）定植后管理。空心菜定植后，可连续采收多次。栽培上，应施足基肥，并在每次采收后，及时追肥，才能取得高产。追施尿素2～4kg。空心菜喜湿，需水量较大，应经常浇水，以始终保持湿润状态。一般情况下，在采收期间，每4～5d浇水1次，浇水要浇透。

6）病虫害防治。有机生态型无土栽培空心菜，病虫害比较轻，主要有猝倒病、茎腐病、白锈病、白粉虱、蜗牛、菜青虫、红蜘蛛、蝗虫、蚜虫、豆蛾等。一般用防虫网，以防止害虫传播，减少用药。

8. 叶用甜菜

叶用甜菜（图2-83）也称为牛皮菜、光菜、厚皮菜等，为藜科甜菜属一二生草本植物。因其适应性强，栽培简易，可不断采叶供食，生产供应期长，故农村普遍栽培，为大众化蔬菜。

图2-83　叶用甜菜

（1）生物学特性　叶用甜菜植株矮生或直立，根小，叶片肥厚，卵圆形，有光泽，淡绿、浓绿或紫红色；叶柄长或短。花淡绿略带红色。果实聚生。种子小，肾形，褐色。

（2）生态学习性

1）温度：喜冷凉，耐高温、低温。其发芽适温为18～25℃，日均气温14～16℃时生长较好。

2）光照：低温、长日照促进花芽分化。

3）湿度：喜湿润。

4）土壤：土壤的pH以中性或弱碱性为好，耐肥，耐盐碱。

（3）育苗　种子先浸泡12h，有利于种子吸水。捞出晾干，置于适宜条件下催芽。每穴内放入浸泡好的种子3～5粒，播后覆土，置于20～25℃条件下促进出苗。

（4）品种选择　依据叶用甜菜叶柄颜色不同，可将其分为白梗、青梗和红梗三类，其中红梗甜菜最畅销。

（5）栽培技术　适合叶用甜菜的无土栽培方式较多，如深液流技术、营养液膜技术和基质槽培技术等。

这里以基质槽栽培为例进行说明。

栽培槽用红砖垒成，槽长6.0m、宽72cm、深15cm。内衬一层0.15mm厚的黑色塑料薄膜，然后填装基质。基质配方为：沙子：炉渣＝1：2。

待幼苗具4～5片真叶时，脱去根部基质，定植于栽培槽的基质中，株行距为20cm×25cm。植株长到6～7片叶时可采收外层叶，每次采收完毕均在伤口干后进行浇水施肥。多数情况下10d采收1次。水分的管理以见干见湿为宜，不要使土壤过干，以免影响品质。

（6）营养液配方　叶用甜菜无土栽培营养液配方见表2-40。

表 2-40　叶用甜菜无土栽培营养液配方

化合物名称	化合物（元素）浓度/(mg/L)
硝酸钾（KNO_3）	400
硫酸镁	250
硝酸钙	650
磷酸二氢钾（KH_2PO_4）	100

微量元素为通用配方。

（7）营养液管理　定植后缓苗前只浇清水，缓苗后开始浇灌营养液，之后及时补充消耗掉的营养液。叶用甜菜对营养液浓度的适应范围很广，植株生长前期 EC 值应控制在 1.0～2.0ms/cm，后期 EC 值应控制在 1.5～2.5ms/cm。甜菜耐盐碱，可将营养液的 pH 调为 6.0～7.8。

9. 京水菜

京水菜（图 2-84）又称为白茎千筋京水菜、水晶菜，是十字花科芸薹属白菜亚种的一个新育成品种，属于一二年生草本植物。是我国近年从日本引进的一种外形新颖、含矿物营养丰富、含钾量很高的蔬菜。以绿叶及叶柄为产品，风味类似小白菜，是上好的火锅菜，作馅时有淡淡的野菜香味，十分诱人。

图 2-84　京水菜

（1）生物学特性　叶片绿色或深绿色，叶柄长而细圆，有浅沟，白色或浅绿色。主根圆锥形，须根发达，具有浅根性，再生力强。茎为短缩茎，叶簇丛生于短缩茎上。茎基部具有极强的分枝能力，使植株丛生，单株重可达 3～4kg。花序为复总状，小花黄色。长角果，种子近圆形，黄褐色，千粒重 1.7g，发芽力 3～4 年。

（2）生态学习性

1）温度：水晶菜喜冷凉的气候，平均气温 18～20℃。在 10℃以下生长缓慢，不耐高温。

2）光照：喜欢在阳光充足的条件下生长。

3）湿度：生长期需水分较多，但不耐涝。

4）土壤：喜肥沃疏松的土壤。

（3）育苗　将种子在 15～25℃清水中浸泡 2～3h，然后放在 15～25℃的条件下催芽，经 24h 即可出芽。

用 128 穴的穴盘育苗，以草炭和蛭石为基质，有利于培育壮苗。草炭和蛭石比例为 2∶1，每立方米基质需加入 50% 多菌灵 150g，1kg 氮、磷、钾三元复合肥，混合均匀的装盘备用；先将苗盘内基质浇透水，然后播种，每穴播 2 粒种子，播后覆盖 1～1.5cm 厚的蛭石，再浇水后放入育苗床。播种后白天温度控制在 25℃左右，夜间控制在 15～20℃。

苗出齐后，温度降低 3～5℃，见干时浇水，间去弱苗。

育苗期间浇灌 1/2 剂量的营养液，保持各个育苗块呈湿润状态，育苗盘略见薄水层。

(4) 栽培品种 目前，种植的品种有早生种、中生种和晚生种三种。

1) 早生种：植株较直立，叶的裂片较宽，叶柄奶白色，早熟，适应性较强，较耐热，可夏季栽培。品质柔软，口感好。

2) 中生种：叶片绿色，叶缘锯状缺刻深裂成羽状，叶柄白色有光泽，分株力强，单株重3kg，冬性较强，不易抽薹。耐寒力强，适于北方冬季保护地栽培。

3) 晚生种：植株开张度较大，叶片浓绿色，羽状深裂。叶柄白色，柔软，耐寒力强。不易抽薹，分株力强，耐寒性比中生种强，产量高，不耐热。

(5) 栽培技术 选用适宜的营养液栽培床，并配备营养液自动供液系统，按栽培床60～70株/m^2 的密度在定植板上打孔定植。

(6) 营养液配方 选用栽培生菜的营养液配方。

(7) 营养液管理 定植后营养液的浓度逐渐提高，随植株的生长，从1/2剂量提高到2/3剂量，最后为1个剂量。白天每小时供液15min，间歇45min；夜间2h供液15min，间歇105min，由定时器控制。营养液的电导度控制为1.4～2.2ms/cm，pH控制为5.6～6.2。平时及时补充消耗掉的营养液，每30d将营养液彻底更换一次。

二、果菜类基质培

1. 番茄

番茄（图2-85）又名西红柿、洋柿子、番柿，番茄适应性广，易栽培，产量高，营养丰富，果实酸甜适口，风味独特。番茄是温室和大棚栽培的主要蔬菜作物之一，是世界各地无土栽培面积最大、产量最高的主要蔬菜。

图2-85 番茄

(1) 生物学特性 番茄为茄科一年生或多年生草本植物。根系发达，再生能力强，但大多根群分布在30～50cm的土层中。茎为半直立性或半蔓性，易倒伏，高0.7～1.0m或1.0～1.3m不等。茎的分枝能力强，茎节上易生不定根，所以番茄扦插繁殖较易成活。叶为单叶互生，羽状深裂或全裂。花为两性花，黄色，自花授粉，复总状花序。果实为浆果。种子扁平、肾形，灰黄色，千粒重3.0～3.3g，寿命3～4年。

(2) 生态学习性

1) 温度：番茄是喜温性蔬菜，在正常条件下，提高土温不仅能促进根系发育，同时土壤中硝态氮含量显著增加，生长发育加速，产量增高。番茄种子发芽期最适宜温度为23～28℃，生育适温13～28℃，低限10℃、高限35℃。栽培时，白天最适温度为23～28℃，夜间为13～18℃，根际温度以18～23℃为好。

2) 光照：番茄是喜光植物，光饱和点为70000lx，适宜光照强度为30000～50000lx。番茄是短日照植物，在由营养生长转向生殖生长过程中基本要求短日照，但要求并不严格。

3) 湿度：番茄既需要较多的水分，但又不必经常大量的灌溉，基质培基质含水量为

60% ~85% 即可，空气相对湿度 50% ~65% 时生长最好。设施栽培应注意通风换气，防止因湿度过大而导致病害发生严重。空气湿度大，不仅阻碍正常授粉，而且在高温高湿条件下病害严重。

4）土壤：番茄对基质条件要求不太严格。

（3）育苗

1）准备基质。基质配方种类有泥炭：炉渣 =2：3；砂：椰壳 =1：1；草炭：蛭石 =1：1；木屑：菇渣：砻糠 =1：2：2；麦秸：炉渣 =7：3；麦秸：锯末：炉渣 =5：3：2；废棉籽壳：炉渣 =5：5 的复合基质。

2）育苗容器。选用 50 穴的育苗盘（50cm ×25cm）和营养钵作为育苗容器。

3）种子处理。首先用 55 ~60℃热水浸泡番茄种子 20min（或用 52℃热水不断搅动浸泡 30min），捞出，放入 10% 磷酸三钠溶液中，浸种 20 ~30min（或 1% 的高锰酸钾溶液中浸泡 10 ~15min）再捞出置于温水中，浸种 6h，即可杀灭病菌，也可钝化病毒。浸种后立即在 30℃环境下催芽，大多数种子 2 ~3d 可以发芽，有的可长达 4d。

4）播种。在 70% 种子露白后播于穴盘中，覆膜保湿，有利于种子尽快出苗和出苗整齐。

苗期管理：

① 温湿度控制。出苗前应保持较高的温、湿度，以利出苗。出苗后白天可降温至 20 ~25℃，夜间温度控制在 10 ~15℃左右。同时，降低苗床湿度，以抑制病害的发生。

② 营养液管理。根据苗情、基质含水量及天气情况，播种后 7d 用日本山崎番茄配方（或园试配方）1/2 ~1 个剂量的营养液进行喷洒浇灌，每次以喷透基质为准。

③ 病虫害防治。每 7 ~10d 喷 1 次百菌清 800 倍液或甲基托布津 800 倍液进行预防，一般情况下不会发生病害。

（4）品种选择　无土栽培的番茄品种，因茬口类型不同而异。适宜选用无限生长型的温室专用品种，如樱桃番茄红宝石和 1319，中果型番茄 144 和 189，国产品种金田粉冠和 L402 等。

早春茬应该选择耐低温弱光番茄品种为宜，同时还应选用抗烟草花叶病毒、叶霉病、青枯病的品种。秋茬番茄应选用生长势不过旺、耐病性强、低温着色均匀、品质好的品种。长季节栽培品种应具有生长势强、耐低温、弱光、抗病、坐果率高、畸形果率低的特点。

（5）栽培技术

1）基质准备。基质可选用锯木屑。要求 80% 的锯木屑在 3 ~7mm 之间，用 50 倍福尔马林溶液均匀喷湿基质，用塑料薄膜密封 3 ~4d 后再把膜打开，使甲醛气体挥发掉即可装袋使用。按 1m 的行距排列栽培袋，即可定植。

2）定植。为有利于缓苗，一般在下午高温期过后定植，株距 30cm，即 3 ~4 株/m^2。定植时土坨要低于基质 1cm，注意大小苗分开，以便管理，定植后及时浇营养液，以促进根系发育。

3）定植后管理。

① 温度管理。缓苗前一般不进行通风换气，以利缓苗。温度一般保持在 30℃左右，不可高于 35℃。缓苗后昼夜温度均较缓苗前低 2 ~3℃，以促进根部扩展，一般保持 25 ~30℃。结果期的昼温保持 22 ~28℃，夜温保持 18 ~22℃，温度过高或过低都会导致畸形果

的产生。

② 湿度管理。基质湿度以70%~80%为宜，空气相对湿度保持在50%~60%。

③ 光照管理。番茄对日照长短要求不严格，中午阳光充足且温度高的天气，可利用遮阳网进行遮阳降温。

4）植株调整。当植株长到30cm高时，从根部吊绳固定植株，在每一果穗下绑一道绳，不使番茄倒伏。采用单干整枝吊蔓方法，即在温室下弦杆上按种植行位拉一道10号铁丝，用聚丙烯尼龙绳一端系在番茄植株的基部，另一端系于铁丝上。在番茄生长时，发侧枝能力强，萌发出的侧枝应及时抹掉或进行打杈，以免消耗营养。打杈的时间不能过早，尤其对长势弱的早熟品种，过早打杈会抑制营养生长；过迟会使营养生长过旺，影响坐果。随着植株的生长，要及时把植株绕在吊绳上，一般1周绕一次。长季节栽培的植株长高到生长架横向缆绳时，要及时放下挂钩上的绳子使植株下垂，进行“坐秧整枝”。

（6）营养液配方　日本山崎番茄营养液配方见表2-41。

表2-41　日本山崎番茄营养液配方

化合物名称	化合物（元素）浓度/(mg/L)
$Ca(NO_3)_2 \cdot 4H_2O$	354
KNO_3	404
$NH_4H_2PO_4$	77
$MgSO_4 \cdot 7H_2O$	246
EDTA-Na_2Fe	25
H_3BO_3	2.13
$MnSO_4 \cdot 4H_2O$	2.86
$ZnSO_4 \cdot 7H_2O$	0.22
$CuSO_4 \cdot 5H_2O$	0.08
$(NH_4)_6Mo_7O_2 \cdot 4H_2O$	0.02

（7）营养液管理　定植后3~5d需用人工浇营养液，每天早晚浇2次，每次200mL左右，3~5d后再滴灌供液，每天3次，每次3~8min，滴液量随天气及苗的长势而定。番茄极不耐涝，要保持基质含水量稳定一致，基质湿度一般要求保持在70%~80%，水分时多时少会影响果实的正常发育，导致畸形果的发生。

在1~3花序和12花序以上两个生育阶段可采用标准配方，其他生育阶段营养液配方都必须适当调整。在浇灌基质时，必须适当降低氨离子和钾的浓度，而适当增加钙、镁的浓度。另外，在采用岩棉栽培时，很容易发生苗期缺硼现象，因此浇灌岩棉时，一定要适当增加硼的浓度。在开花前的营养生长时期，番茄需要较高比例的钠和钙、镁，而需要钾的比例相对较低。到了第3花序以后，第一穗果已开始膨大，此时番茄需要大量的钾，而钙、镁的比例则相对降低。到了第12花序以后，作物已基本上处于一种营养生长和生殖生长的平衡状态，因此营养液供应又可回到标准配方。

第一穗果坐住后，营养液可提高到1.2个剂量，第二穗果坐住后，可提高到1.5个剂量，第三穗果坐住后，可提高到1.8~2.0个剂量，并加入50mg/L磷酸二氢钾，注意调节营养生长与生殖生长的平衡。高温期为防止脐腐病的发生，可将山崎配方控制为1.5个单位浓度，即1.5ms/cm EC进行管理。生产上应根据以上管理原则对营养液进行浓度管理，尽量防止浓度的急剧变化，及时补水和补液，以保持营养液成分的均衡。

延迟栽培的秋番茄，生长初期正处于高温季节，为防止长势过旺，可用0.7个单位浓度的山崎配方；以后，随着生长进程逐渐提高浓度，到第三花序开花期，恢复到1个单位浓度（EC为1.2ms/cm）；到摘心期，浓度增加到1.7ms/cm；摘心期以后浓度增加到1.9ms/cm为标准管理目标。

2. 茄子

茄子（图2-86）为茄科茄属多年生草本植物。其结出的果实可食用，颜色多为紫色或紫黑色，也有淡绿色或白色品种，形状上也有圆形、椭圆、梨形等各种。

（1）生物学特性　茄子根系发达，深可达1m以上，主要根群分布在30～33cm土层内。木质化相对较早，再生能力稍差，不定根发生能力也弱。茄子的花为两性花，多为单生，也有2～4朵簇生的，白色或紫色，基部合生成筒状。果实为浆果，形状圆形、长棒状或卵圆形，颜色紫色、红紫色、绿色、白色等。种子扁圆形，外皮光滑而坚硬，千粒重5g左右。

图2-86　茄子

（2）生态学习性

1）温度：茄子喜高温，种子发芽适温为25～30℃，幼苗期发育适温白天为25～30℃，夜间15～20℃，15℃以下生长缓慢，并引起落花。低于10℃时新陈代谢失调。

2）光照：茄子对光照时间、强度要求都较高。在日照长、强度高的条件下，茄子生育旺盛，花芽质量好，果实产量高，着色佳。

3）水分：门茄形成以前需水量少，茄子迅速生长以后需要水多一些，对茄收获前后需水量最大，要充分满足水分需要。茄子喜水又怕水，土壤潮湿通气不良时，易引起沤根，空气湿度大容易发生病害。

4）土壤和矿质营养：适于在富含有机质、保水保肥能力强的土壤中栽培。茄子对氮肥的要求较高，缺氮时延迟花芽分化，花数明显减少，尤其在开花盛期，如果氮不足，短柱花变多，同时对磷肥吸收效果不显著。生长后期对钾的吸收急剧增加。

（3）育苗

1）育苗设施。穴盘育苗是选择适宜的种植茬口后，规模化种植时利用工厂化育苗手段，小户生产时可进行茄子穴盘二级育苗。根据季节不同选用连栋温室、塑料大棚等育苗设施，夏秋季育苗应配有防虫遮阳设施，一般采用50孔穴盘。

2）育苗基质。常用基质可选择以下配方之一。草炭∶蛭石＝（2～3）∶1；草炭∶蛭石∶珍珠岩＝1∶1∶1；草炭∶蛭石∶废菇渣＝1∶1∶1；菇渣∶玉米秆∶炉渣＝1∶2∶2等。

3）基质消毒处理：为防止基质携带病菌，需要进行消毒，特别是使用过一次后的基质更应注意消毒。常用的消毒方法有太阳能消毒、化学药物处理等。

4）种子消毒与催芽：选择符合《瓜菜作物种子 第3部分 茄果类》（GB 16715.3—

2010）中2级以上要求的种子。将体积相当于种子体积3倍的55～60℃的热水，倒入盛种子的容器中，边倒边搅拌，维持水温均匀浸泡15min（或者待水温降至30℃左右，静置浸泡6～8h），进行消毒；或将种子用40%磷酸三钠100倍液浸种20min；或用50%多菌灵500倍液浸种30min；或用0.1%高锰酸钾溶液浸种10min，用清水冲净后催芽。

5）催芽：消毒后的种子捞出，在温水中浸泡24h后捞出洗净，置于发芽箱28～30℃保温保湿催芽。

6）播种：根据栽培季节、育苗手段和壮苗指标选择适宜的播种期。具体操作：当催芽种子70%以上破嘴（露白）即可播种，先将穴盘内有机基质浇足底水，水渗下后用薄薄地撒一层有机基质，找平穴盘表面基质，而后将种子直播至穴盘孔穴中，每穴2粒，播种后覆盖有机基质0.8～1.0cm。

（4）品种选择　应选择耐低温、耐弱光能力强、抗病、果实品质好，形状、果色符合消费者需求的品种。目前主要生产品种以长茄和长卵茄为主，较优良品种紫阳长茄、布利塔、星光001等。

（5）栽培技术

1）栽培槽的制作。建材可选用砖块、木板、木条、竹竿等。栽培槽分为地上式和半地下式两种。

① 地上式：栽培槽长度依据保护地棚室建筑状况而定，一般为5～30m，槽间距60～100cm。槽框选用24cm×10cm×5cm的标准红砖建设，槽外径72cm，内径为48cm，槽深15～20cm（即在地面上码3～4层砖即可）。南北走向，北高南低，底部倾斜5°左右，槽底中间开一条宽20cm、深10cm的“U”形槽，在槽间南端每两槽间挖一个深30cm、直径30cm的小坑，用于排除过多积水。槽底及四壁铺0.08～0.1mm厚的双层薄膜与土壤隔离。

② 半地下式：将温室浇水使土壤落实后整平，在地面按规格为内径为60cm、槽深25cm、槽长6.5m，槽间距60～80cm，开沟。底部处理与地上式相同，槽底及四壁用膜铺好，两边压一层砖即可。

2）滴灌设施安装。每个设施应建立独立的供水系统，每栽培槽用1～2根直径1.5cm、每隔30cm设一个小孔的塑料滴灌软管（或者1根微喷管），然后用地膜覆盖栽培槽。

3）定植。秧苗5～6片真叶时即可定植，定植前15d进行设施消毒。槽培定植前基质浇透水，槽培小行距28cm、大行距112cm、株距50cm，采用双行错位定植法，定植深度为营养块与栽培槽基质畦面相平即可。

4）定植后的管理。定植后缓苗期白天温度为30℃，夜间不低于15℃。幼苗期适温为白天25～30℃，夜间16～20℃，开花结果期为白天20～30℃，夜间15～20℃，在深冬季节注意增加温室的保温措施，最低温度不低于13℃，晴天上午温室温度达到30℃时，开始通风换气升温，下午室温降到20℃以下时，及时关闭通风口。但在整个生育期，在早晨拉帘前室温必须保持在10℃以上。遇到极端低温，可在草帘上再盖一层旧棚膜，并在温室前端横向压1～2层草帘，能提高室温1～2℃。

茄子喜光，栽培中应保持充足的光照。除选择透光率较高的薄膜外，还应经常清洁薄膜，并在后墙挂反光幕，增加光照。天气回暖后，要早揭晚盖草苫，延长光照时间。在结果期，有条件时可使用补光系统，以促进产量的提高。

定植后根据栽培基质的干湿程度、天气变化、季节以及植株大小决定灌水量。在门茄坐住前保持基质湿度为65%～70%，门茄坐住后，应当提高基质的湿度，含水量保持在75%～80%为宜。一般冬季每3～4d滴灌1次，每次5～15min，坐果前时间短些，坐果后时间长些，以保证果实膨大需要。2月气温回升后，每天灌水1次，入夏后气温较高，浇水次数应增加，每天浇2次，分别在上午9：30左右及下午5：00左右，并延长灌溉时间，每次为15～20min。注意每3d检查一次基质水分状况，防止基质水分过多，引起沤根。

浇足定植水后，坐果前一般不浇水，定植后20d（即50%左右门茄坐果后），开始追肥，根据植株长势，一般在门茄"瞪眼"时追第1次肥，以后每隔15d追肥1次。将有机生态无土栽培专用肥与优质三元复合肥按6：4重量比例混合，每100kg混合肥中另加入磷酸二氢钾2kg、硫酸钾复合肥3kg。结果前期每株每次追肥15g，结果盛期每株每次20g，将肥料施在距植株根部5cm以外的范围，并及时浇水。也可用充分发酵腐熟的牛粪和鸡粪配合追肥，以降低肥料成本，也可以追施沼液。不可施用大量化肥。拉秧前1个月停止追肥。

5）植株调整。采用双干整枝。门茄坐果后，剪去两个向外的侧枝，形成两个向上的双干，以后所有侧枝要打掉，适当摘除基部1～2片老叶、黄叶。门茄膨大时，将门茄下叶片全部打掉，每花序只留一果为好，后期在每个果实下只留2片叶，其余老叶和多余的侧枝全部去掉。

6）激素保花保果。夜间温度偏低会造成落花落果，所以开花前后2d内，用40～45mg/kg的2，4-D溶液涂抹花柄上端，或用30～40mg/kg的2，4-D溶液蘸花，促进坐果，以提高产量。注意不要沾到茎叶生长点上，用的最佳时期是花苞刚刚开放时。深冬季节还可在蘸花液中加入少量赤霉素和红色颜料，防止僵果、裂果的出现。

（6）营养液配方　日本山崎茄子营养液配方见表2-42。

表2-42　日本山崎茄子营养液配方

化合物名称	化合物（元素）浓度/(mg/L)
硝酸钙	354
硫酸钾	708
磷酸二氢铵	115
硫酸镁	246
EDTA铁钠盐	20-40
硫酸亚铁	15
硼酸	2.86
硼砂	4.5
硫酸锰	2.13
硫酸锌	0.22
硫酸铜	0.05
钼酸铵	0.02

（7）营养液管理　作为营养成分，浓度不宜太高，要求定期监测EC值和pH，并随时进行水分和养分的调节与补充。

3. 甜椒

甜椒（图2-87）又称为番椒、海椒或椒茄，是茄科二年生植物。甜椒是辣椒的一个变种，在广东等南方地区，利用深液流水培种植甜椒，主要种植法国、荷兰、以色列等地引进的甜椒品种如七彩甜椒等，产品大多出口至港澳地区及内销高档酒店、宾馆和超级市场，取得较好的经济效益和社会效益。

图2-87 甜椒

（1）生物学特性 甜椒的茎直立，分枝方式为假二杈或三杈分枝。叶为单叶互生。花为顶生，多为单花。甜椒根系浅，根深为10～15cm左右。其长势和根系均较辣椒弱，分枝较少，叶片较大，蒸腾量大，抗病能力较弱。

（2）生态学习性

1）温度：甜椒属于喜温性蔬菜，幼苗不抗寒，低于10℃种子发芽较困难，种子发芽期适温为25～30℃，生长期适温为21～26℃，低于15℃或高于35℃，易造成落花、落果及畸形果。特别是花期夜温高于25℃时，不易授粉，果实着色要求25℃以上的温度。

2）光照：甜椒比较耐阴，光饱和点为30k～40klx，光补偿点为1.5k～2klx，相对于其他的果菜类蔬菜，适合进行设施早熟栽培。当然，在冬春栽培季节，需要设法增加设施内的光照，确保光照度达到25klx以上。

3）湿度：甜椒既不耐旱，又不耐涝，对水分的要求较严格。适宜基质相对湿度60%～70%，适宜空气相对湿度70%～80%。空气湿度过大不但授粉受精受影响，而且较易发病，但湿度过低，亦影响开花与果实发育。

4）肥料：甜椒对氮、磷、钾三要素肥料均有较高的要求。幼苗期需适当的磷、钾肥，花芽分化期受施肥水平的影响极为显著，适当多用磷钾肥，可促进开花。甜椒不能偏施氮肥，尤其在初花期若氮肥过多会造成严重的落花落果。

（3）育苗

1）育苗基质。可用于无土育苗的基质很多，如珍珠岩、蛭石、泥炭等均可采用，一般采用泥炭、珍珠岩混合基质或泥炭、蛭石混合基质。

2）种子处理。将彩椒种子用55～60℃热水浸种20min，再降温至30℃浸种6h，即可杀灭病菌。也可将种子在清水中预浸4～5h，再用1%硫酸铜浸种5min或10%磷酸三钠浸种

20～30min，有钝化病毒的作用。用1000mg/L农用链霉素浸种30min或1000mg/L升汞浸种5min对防治青枯病和疮痂病较好。

3）播种：温室条件下可随时播种。可采用72孔穴盘或营养钵育苗。冬季温度低，可做小拱棚，有利于种子尽快出苗和出苗整齐，可使基质温度保持在22℃左右。每穴一粒种子，播种后上覆0.5～1cm厚的基质。

4）苗期管理：为促进甜椒出苗，出苗前应保持较高温、湿度。出苗后白天可降至20～25℃，夜间10～15℃左右，并适当降低苗床湿度。当植株长出6～7片真叶、株高15～20cm、开展度8～12cm时，即可定植。穴盘日历苗龄27～35d。

（4）品种选择　选用无限生长型的温室专用品种，如荷兰的马拉托红色甜椒、卡匹奴黄色甜椒、拉姆紫色甜椒等。通常采用彩色椒品种，抗性强，产量高，品质好，经济效益显著，但种子价格较高，风险较大。国内的品种如柿子椒等也可选用。

（5）栽培技术

1）定植

① 准备基质。定植基质可选用锯木屑、岩棉、炉渣、草炭、蛭石、河沙、珍珠岩中的一种或几种按一定比例混合使用。使用前将基质用50倍福尔马林溶液均匀喷湿，塑料薄膜密封3～4d。再把膜打开使甲醛气体挥发掉，然后装袋或装入定植杯。

② 定植。定植前，首先按1.3m的行距排列基质袋或定植杯。为有利缓苗，一般在下午高温期过后再定植。定植株距为35cm，定植时土坨要低于基质表面1cm。定植后及时浇营养液，以促进根系发育。

2）定植后管理

① 温度管理。定植后的缓苗阶段保持较高的温度以促进缓苗，此时一般不进行通风换气，一般温度保持在30℃左右为宜，不可高于35℃。缓苗后昼夜温度均较缓苗前低2～3℃，以促进根部扩展，一般在白天控制温度为25～30℃，夜间温度为15～20℃。结果期白天保持23～28℃，夜间18～23℃，温度过高或过低都会导致畸形果的产生。

② 湿度管理。基质湿度以70%～80%为宜。空气相对湿度保持在50%～60%为好，空气湿度不可过高，否则不利生长，易感病。

③ 光照管理。甜椒怕强光，喜散射光，对日照长短要求不严格。中午阳光充足且温度高的天气，可利用遮阳网进行遮阴降温。

3）植株调整。植株调整采用绳子吊蔓方法。甜椒分枝能力强，开花前要进行整枝，生产上普遍应用的是“V”形整枝方式，即双杆整枝。当甜椒长到8～10片真叶时，自动产生3～5个分枝，当分枝长出2～3片叶时开始整枝，除去主茎上的所有侧芽和花芽，选择两个健壮对称的分枝成“V”形作为以后的两个主枝，其余分枝打掉。将门花及第四节位以下的所有侧芽及花芽疏掉，从侧枝主干的四节位开始，除去侧枝主干上的花芽，但侧芽保留一叶一花，以后每周整枝一次，整枝方法不变。每株上坐住5～6个果实后，其上的花开始自然脱落。等第一批果实开始采收后，其后的花又开始坐果。个别主枝结果后变得细弱失去结果能力，应在摘除果实的同时将该枝摘掉。主枝弱小的不结果枝及各大主枝间的小枝和弱枝去掉。第一杈下部的叶子，如变黄失去功能，应及时去掉，老叶病叶也应及时去掉。果实达到商品成熟时，必须及时摘除，以免养分无谓消耗。

4）病虫害防治。甜椒的病虫害主要有青枯病、病毒病、枯萎病、炭疽病、疫病、螨类、棉铃虫等。病虫害防治应严格贯彻以防为主的原则，做好各个环节的管理工作，若出现病虫害，应及时对症下药予以控制，药剂要注意轮换使用。

5）收获。甜椒是一种营养生长和生殖生长重叠明显的作物，在开花之后即进入长达数月的收获期，应适时采收以利于提高产量和品质。当果实已充分膨大，颜色变为其品种特有的颜色时，如黄色、紫色、红色等，果实光洁发亮即可采收。

（6）营养液配方　日本山崎甜椒营养液配方见表2-43。

表2-43　日本山崎甜椒营养液配方

化合物名称	化合物（元素）浓度/(mg/L)
硝酸钙	354
硫酸钾	607
磷酸二氢铵	96
硫酸镁	185
EDTA铁钠盐	20～40
硫酸亚铁	15
硼酸	2.86
硼砂	4.5
硫酸锰	2.13
硫酸锌	0.22
硫酸铜	0.05
钼酸铵	0.02

（7）营养液管理　营养液根据本地水质特点适当调整。pH在6.0～6.3之间。门椒开花后，营养液应加到1.2～1.5个剂量。对椒坐住后，营养液剂量可提高到2.0，并加入30mg/L磷酸二氢钾，注意调节营养生长与生殖生长的平衡。如果营养生长过旺可降低硝酸钾的用量，加进硫酸钾以补充减少的钾量，调整用量不超过100mg/L。在收获中后期，可用营养液正常浓度的铁和微量元素进行叶面喷施，以补充铁和其他微量元素的量，每15d喷一次。

图2-88　黄瓜

4. 黄瓜

黄瓜（图2-88）又名胡瓜、王瓜等，属于葫芦科甜瓜属，一年生草本植物，在世界各国普遍栽培，无土栽培的产量仅次于番茄，是无土栽培蔬菜的主要品种之一。

（1）生物学特性　黄瓜是浅根植株，主要根群分布在15～20cm表土以内，再生能力较差。茎为蔓性，中空。叶呈五角形或心脏形，单叶互生，叶色浓绿或浅绿两种。花通常为单性，雌雄同株；雄花较小，多簇生；雌花较大，多单生。果为瓠果，长棒状或棒状，嫩瓜颜色有深绿色、浅绿色，也有少数为淡黄色或白色。种子扁长椭圆形，黄白色或白色，千粒重30g左右，寿命2~5年。

（2）生态学习性

1）温度：黄瓜是喜温作物，生长的不同生育阶段对温度要求略有不同。发芽期适温为27~29℃，幼苗期白天22~25℃，夜间15~18℃，开花结瓜期白天为25~29℃，夜间18~22℃。黄瓜生长发育要求的昼夜温差以10℃左右为宜。

2）光照：黄瓜属短日照植物，喜光。在8~10h光照和较低夜温时，有利于植株由营养生长转为生殖生长。黄瓜光饱和点一般为5.5万~6万lx，光补偿点为0.2万~1万lx；最适光照为4万~5万lx。

3）湿度：黄瓜不耐旱、喜湿，怕涝。要求土壤相对湿度为70%~90%，空气湿度为80%~90%较为适宜。

4）土壤：由于黄瓜根群弱，所以栽培黄瓜宜选用有机质丰富、疏松通气、能灌能排的沙质土壤，最适土壤酸碱度为pH 5.5~7.2左右。根系要求土壤含氧量一般以15%~20%为宜。

（3）育苗　首先将黄瓜种子用55℃温水浸泡20min，再将38%福尔马林（甲醛）稀释成100倍液，浸泡种子30min，最后用清水浸泡6h。将浸泡过的黄瓜种子冲洗3次，用湿纱布包好，放在25~30℃恒温箱中催芽，每天早晚各用清水（水温与室温相同）投洗1次，24~36h后即可出芽。

将配制好的基质喷透水，待水渗下后，按照品种要求打穴、播种。播种深度约1~1.5cm，上盖一层蛭石或珍珠岩。播后用清水浇透。出苗前适宜温度为25℃左右。当60%~70%种子拱背时，及时将苗盘移至温室育苗架上绿化。

一般情况下，苗期环境温度白天控制在20~28℃左右，最高不超过32℃，夜温不低于10℃，同时要保持10℃的昼夜温差以利于花芽分化。其中，小苗适宜昼温26~27℃，夜温18~20℃，大苗适宜昼温25~26℃，夜温约16℃。苗期间水分管理需特别注意，浇水要均匀。光照控制在40000~50000lx。

当黄瓜幼苗第一真叶显露时，移苗。移栽3d内每天浇灌1~2次营养液，用量为200mL/株，待幼苗缓苗后用滴灌系统进行定时滴灌。

（4）品种选择　黄瓜有长果型和短果型，无土栽培常用品种有：中农5号、津优3号和荷兰黄瓜等国外引进品种。在投入较高的无土栽培生产中，一般选用日本、荷兰和以色列等国的水果黄瓜为无限生长型的温室专用品种。经实践表明，其温室的适应性较强，耐低温弱光，抗多种病害，丰产潜力大、品质好。

（5）栽培技术

1）栽培方式及栽培基质。黄瓜可采用多种无土栽培方式，如水培中的营养液膜技术（NFT）、深液流技术（DFT）、浮板毛管技术（FCH）等，基质培可采用岩棉培技术、混合基质培技术、有机基质培技术等。使用的栽培设备可以是固定的栽培槽、砖槽、地沟槽，也可使用栽培袋、栽培盆等容器。

大型现代温室多采用岩棉培方式或无机基质槽培形式，南方地区也采用浮板毛管法或深液流法。日光温室或塑料大棚以有机基质或无机基质培较多，其中应用最多的为混合基质槽培。栽培系统由贮液池（罐）、进液管、栽培槽、滴灌带等组成，大多为开放式系统。采用的基质来源非常广泛，稻麦茎秆、锯木屑、甘蔗渣、泥炭等有机基质，砂、炉渣、蛭石、珍珠岩等无机基质均可使用。

2）定植。定植时间：北方地区每年2茬，第一茬在3月下旬到4月上旬，第二茬在9月下旬。定植密度：株行距40cm×100cm。

定植苗龄为1叶1心。定植前3~4d将基质浇足营养液，定植时将秧苗浇适量营养液，带肥移栽。定植深度以达子叶节为宜，定植后两周内应大量灌溉，以利根系生长。

3）定植后管理。定植后的植株适宜白天温度为22℃~27℃，夜间温度为18℃~22℃，地温25℃。气温低于10℃，生长缓慢或停止生长，高于35℃光合作用受阻。空气湿度保持在80%左右，湿度高于90%不利于植株生长，而且易于病原菌繁殖。

4）植株调整。植株调整采用绳子吊蔓方法进行。即在温室下弦杆上按种植行位拉两道10号铁丝，每行植株基部用吊绳挂在铁丝上。

小青瓜分枝能力强，生长过程要进行打杈，采用单蔓整枝，其他长出的侧枝应及时抹掉，以免消耗营养。植株长到7~8叶后，要及时把植株绕在吊绳上，一般2~3d一次。主茎上的第1~4节位不留果，一般每1节位留1~2条瓜，去除多余的和不正常的花果、花蕾。苗生长够健壮的情况下，可在0.8m高以上第一节位的侧枝留2~3片叶，结1~2条瓜再摘心，以增加瓜的条数提高产量。一般叶子生长到45d左右，必须及时打掉老叶病叶，利于通风透光和减少病虫害发生和传播，减少植株养分消耗。植株长到2m高以上时，可进行第一次落蔓，但落蔓要以叶片不落靠地面为度。

5）病虫害防治。黄瓜病害主要为霜霉病、病毒病、白粉病、炭疽病、灰霉病、角斑病等，其中霜霉病主要是梅雨季节温室内的高湿度引起的，不同品种的抗性差异很大，其防治应以选择抗病品种、控制湿度为主，同时在高湿天气时要使用普力克、安克锰锌、克露、甲霜灵和瑞毒霉等药剂预防。发生病毒病的植株应及时清除出温室，防止交叉感染，同时注意防治蚜虫以减少病毒病的传播。发生的白粉病、菌核病应及时用粉锈宁和菌核净等药剂防治。

当有蚜虫、白粉虱、叶螨、潜叶蝇、蓟马和夜蛾等害虫发生时，可采用克螨特、蚜虱净、斑潜灵等药剂防治，也可用杀虫素等生物农药或低毒农药防治。

6）采收。一般果长在18~20cm左右采收，直径3cm，单瓜重80g左右，在花开始凋谢时即可采收。北方地区喜欢顶花带刺采收，在雌花闭花后约7~10d，果皮颜色由淡绿色转为深绿色即可采收。此时短黄瓜长度15~18cm，单瓜重200~250g；长黄瓜30~40cm，单瓜重400~450g。

采摘时间要求，每两天采收1~2次，采收时在果实与茎部连接处用手掐断或用剪刀、小刀割断瓜柄，果实的果柄必须保留1cm以上。一般在早晨和上午进行，主要是避免果实温度过高，否则不仅影响贮运，还因温度过高导致水分散失加快，降低新鲜度，影响品质。采收的产品应避免在光下暴晒，应及时运出棚室至阴凉处保存。采摘应使用专用采摘箱，不使用市场周转箱采摘，否则易将病菌和病毒带入温室大棚而传染病害。要做到轻拿轻放，尽量减少瓜条摩擦造成的外表伤痕，保证黄瓜外表光亮，从而提高商品价值。

（6）营养液配方　日本山崎黄瓜营养液配方见表2-44。

表2-44　日本山崎黄瓜营养液配方

化合物名称	化合物（元素）浓度/(mg/L)
$Ca(NO_3)_2 \cdot 4H_2O$	826
KNO_3	607

（续）

化合物名称	化合物（元素）浓度/(mg/L)
$NH_4H_2PO_4$	115
$MgSO_4 \cdot 7H_2O$	483
EDTA-Na_2Fe	25
H_3BO_3	2.13
$MnSO_4 \cdot 4H_2O$	2.86
$ZnSO_4 \cdot 7H_2O$	0.22
$CuSO_4 \cdot 5H_2O$	0.08
$(NH_4)_6Mo_7O_2 \cdot 4H_2O$	0.02

（7）营养液管理　定植后3～5d需要配合滴灌，用人工浇营养液，每天上午、下午各浇1次，每次每株浇100～250mL。3～5d后再用滴灌管滴液，每天3次，每次3～8min，单株供水量为0.5～1.5L，最多2L，具体滴量随天气及苗的长势而定。pH在5.6～6.2之间。

5. 西瓜（图2-89）

图2-89　西瓜

（1）生物学特性　西瓜根系分布深而广，其主根入土深达80cm以上。茎包括下胚轴和子叶节以上的瓜蔓，革质、蔓性，前期呈直立状。蔓的横断面近圆形，具有棱角。茎上有节，节上着生叶片，叶腋间着生苞片、雄花或雌花、卷须和根原始体。根原始体接触土面时发生不定根。子叶为椭圆形，肥厚。真叶为单叶，互生，由叶柄、叶身组成。有较深的缺刻，成掌状裂叶。单性花。果实为瓠果。种子扁平，长卵圆形，种皮色泽黑色，表面平滑，千粒重仅28g左右。种子寿命3年。

（2）生态学习性

1）温度：西瓜是喜温作物，生育适温20～30℃。发芽期25～30℃，幼苗期22～25℃，伸蔓期25～28℃，结果期30～35℃。开花坐果期，温度不得低于18℃；果实膨大期和成熟期以30℃最为理想。坐瓜后需较大的昼夜温差，根系生长最适温度为28～32℃，地温低于10℃，根系停止生长，高于38℃，根系易老化。

2）光照：西瓜喜光怕阴，光饱和点为8万lx，光补偿点为4000lx，结果期要求日照时数10~12h以上，短于8h结瓜不良。

3）湿度：西瓜耐旱，根系发达，吸收能力强；叶片有深缺刻，叶面有蜡质层，可减少水分蒸腾；如结瓜以后遇干旱，果实中的水分能倒流回茎叶以维持生命。不同生育期对水分要求不同，幼苗期需水量少；伸蔓期需充足水分；膨瓜期需水分最多；成熟期水分多则含糖量低；开花期间，湿度50%~60%为宜。

4）土肥：以沙壤土最好；适宜土壤pH为5.0~7.0，能耐轻度盐碱。西瓜需肥量较大，对氮磷钾三要素的吸收比例为3.28:1:4.33。

（3）育苗　首先经过温汤浸种、药剂浸种、拌种或晒种等方法对种子进行消毒处理。然后在28~30℃的温度下进行催芽，大约经过36h可萌发。先萌发的种子要挑出来，放在20℃左右的条件下，等大部分种子都发芽后，一起播种。

将催芽的种子播入岩棉中育苗。室温保持30~35℃，经7~8d后，幼芽长出，到2片子叶展开，第一片真叶顶心时，中午通风，保持室温25~30℃。育苗期间浇水次数要适当增加。移栽前一周要炼苗，逐步降低苗床温度，夜间从16℃逐步降到12℃，以适应大田环境的气候条件。

（4）品种选择　特早熟和秋延后栽培可选用早春红玉、黑美人、特小凤、天黄等高产、优质、抗病、耐弱光和低温的品种。秋西瓜宜选用金美人、花仙子、宝冠等高产、优质、抗病、耐高温的品种。

（5）栽培技术

1）栽培方式。栽培槽栽培：在温室或大棚内用水泥、砖或塑料板、木板等建成宽40~50cm、高15~20cm、槽距70~80cm的栽培槽。

桶式开口袋栽：每袋装基质10~15L，每袋栽1株。

枕式袋栽：用直径20~35cm的桶形膜袋，剪成长70cm，并封死一头，每袋装基质20~30L，后再封死一头，每袋栽2株（栽时袋两端各开一个直径8~10cm的定植孔）。

2）栽培基质。种植地区不同，可以按当地的易选取材料进行配制。栽培基质可选用下列基质中的任意一种，每立方米基质中加入消毒鸡粪15~18kg、磷酸二铵0.5kg、硫酸钾0.5kg，混合均匀后备用。

①草炭:锯末=1:1混合；②草炭:蛭石:锯末=1:1:1混合；③炉渣:腐熟树皮=3:2混合；④草炭:沙=1:3混合；⑤炉渣:草炭=3:2混合；⑥草炭:蛭石:珍珠岩=1:1:1混合；⑦炉渣:锯末=2:3混合；⑧炉渣:椰壳=3:2混合；⑨菇渣:稻壳:河沙=4:2:1混合。

基质原料中的草炭、炉渣等使用前要粉碎、过筛，粒径以1.6mm大小为宜，用水冲洗1~2次。蛭石宜用3mm以上的颗粒。

3）移栽及栽培后管理。在定植移栽时，每基质槽可种植二行，根据栽培方式和整枝方式不同，密度掌握在600~800株/667m^2。移栽后连续灌水3h，使基质充分湿润，以利于瓜苗成活，移栽后闷棚2~3d。

栽培前期不需追肥，只要根据基质干湿情况适当浇几次干净清水即可。幼瓜长到鸡蛋大小时，应按每立方米基质施入1次2.5kg消毒腐熟鸡粪、0.25kg硫酸钾、0.5kg磷酸二铵，也可每隔8~10d在浇水中加入1%~2%多元复合肥（采瓜前10d停用）。

开花授粉期应保持温室内白天25~28℃，昼夜温差10℃以内。西瓜膨大期，白天要增温至30～32℃，昼夜温差可超过10%。

根据基质含水情况和各生育期需水量给予灌水。苗期少灌水，每隔3～5d开半小时即可，第一雌花出现后尽量少灌水，以达到控制疯长目的，利于第二雌花出现和坐瓜，膨瓜期温度较高，植株需水量较大，每天上午9时前灌水半小时即可。

4）整枝、留果。

① 整枝：采用二蔓整枝方法，当西瓜进入伸蔓期，除主蔓外，在基部再保留一蔓健壮侧蔓，以后晴天下午摘除其余侧蔓。

② 留果技术：基质栽培有其特殊性，通过肥水调控，较易控制西瓜跑藤等栽培难点。据观察，雌花出现也比较一致，一般小型西瓜第二雌花出现在18～20节，侧蔓出现在12～14节，此两个瓜比较一致出现，所形成的瓜也比较端正，为标准商品瓜。栽培上应选择保留这两个瓜。另外，第一雌花不管叶面积是否足够，一律应给予摘除，4～5月昆虫较少，在晴天上午7～9时进行人工授粉，一般每朵雄花授雌花5朵左右，授粉后用纸条标上授粉日期，或用不同颜色线做记号，确保西瓜成熟度一致。

5）病虫害防治。基质栽培中常见的病害有白粉病、病毒病、疫病、霜霉病、蔓枯病和炭疽病等。病毒病用菌克毒克防治，其他病害可用阿米西达、使百功、百菌清、甲霜灵锰锌和甲基托布津等生物或低毒农药轮换施用。

常见的害虫主要有蚜虫、红蜘蛛和潜叶蝇等害虫。红蜘蛛用虫螨立克等药剂防治；蚜虫用抗蚜威和一遍净等药剂防治；潜叶蝇可用潜克等药剂防治。

6）采收。根据授粉日期进行采收。据温度情况，一般掌握在坐果后30～35d进行采摘，然后装箱待售。

（6）营养液配方　斯泰奈西瓜营养液配方见表2-45。

表2-45　斯泰奈西瓜营养液配方

化合物名称	每1000L水中加入（g）量
磷酸二氢钾	135
硫酸钾	251
硫酸镁	497
硝酸钙	1059
硝酸钾	292
氢氧化钾	22.9
EDTA铁钠盐	6.44
硫酸锰	2
硼酸	2.7
硫酸锌	0.5
硫酸铜	0.08
钼酸钠	0.13

（7）营养液管理　营养元素的调整根据西瓜不同生育阶段的需肥特点可适当进行调整。苗期以营养生长为中心，对氮素的需要量较大，而且比较严格，应增加营养液中的氮量。结果期以生殖生长为中心，氮量应适当减少，磷钾成分应适当增加。冬季日照短，光照弱，温室无土栽培西瓜容易发生徒长，营养液中应适量增加钾元素。

为了保持营养液的有效成分，营养液使用10～15d后，应重新配制或调整浓度。

6. 菜豆

菜豆（图2-90）别名豆角、芸豆、四季豆等。我国现在各地栽培广泛，但在海拔2400m以上地区少见。菜豆以嫩荚食用，食味鲜美，既可鲜食，又可加工、速冻等，并可利用各种保护设施四季生产，周年供应。

图2-90　菜豆

（1）生物学特性

1）根。菜豆根系发达。苗期根的生长速度较茎叶快，分布广。

2）茎。根据茎的生长习性，可分为无限生长和有限生长两类。无限生长类型即蔓性菜豆，茎的生长点为叶芽，在环境条件适宜情况下，茎可不断伸长，一般可达50～60节，2～3m以上，自4～5节开始成蔓性，左旋缠绕，侧枝较少。在同一节位上，侧枝和花序的发生有相互抑制作用。有限生长类型即矮性菜豆，主茎直立，高40～50cm。节间短，主茎伸展4～8节后，生长点产生花芽而封顶。每节均可抽生侧枝，侧伸展数节后生长点也转为花芽不再继续伸长。

3）叶。菜豆子叶出土，一般为绿色，少数品种为紫红色。第一对真叶心脏形，单叶对生。第三片真叶以后为3片小叶组成的复叶，互生，小叶心脏形或阔卵形。

4）花。花为蝶形花，色有白色、黄白色、淡红色及紫色等。花梗自叶腋抽生，每梗生2～4对花，排成总状花序。自花授粉，天然杂交率极低。

5）果实与种子。果实为荚果。种子多为肾形，少数为较扁平或细长的，也有近圆球形的。种皮有黑色、白色、褐色、红色等单一色，也有斑纹的，与种子大小差异很大，千粒重多在300～700g之间。

6）生活周期。发芽期是播种至露真，约10～14d。幼苗期至抽蔓期是露真至开花时期。矮生菜豆约一个月，蔓生菜豆长3～4叶后抽蔓，约经30～40d开花。结果期是从开花后坐果开始进入结果期。从播种至开花所需日数，矮生菜豆约40～45d，蔓生者约45～60d。开花以后10～15d即可采摘。

（2）生态学习性

1）温度：菜豆是喜温蔬菜，既怕严寒，又畏酷暑。发芽适温为20～25℃，低于10℃、高于40℃不易发芽。幼苗在土温13℃时缓慢生长，但根少，短而粗，20℃左右为其生育适温。2～3℃短期低温使其失绿。花粉发芽适温为20～25℃，30℃以上落花落荚增多。气温和地温对根瘤也有影响，低于13℃几乎无根瘤。

2）光照：菜豆属于中光性，在我国南北互引可顺利开花结实。短日照能促进开花。菜豆对光强要求较高，饱和点为2万～2.5万lx，光补偿点为1500lx。光照过弱使其徒长，开花结果期光照弱，导致花果减少。菜豆的叶有自动调节接受光照的能力。光弱时叶面与光线呈垂直，光强时与光线平行。

3）水分：菜豆根系入土较深，有较强的抗旱力。最适的土壤湿度为田间水量的60%～

70%。低于45%根系生长恶化，花期推迟，结荚少而小，高温干旱时，品质下降。最适的空气湿度为65%~75%，过高的空气湿度和土壤湿度，是引起炭疽病、疫病及根瘤病的重要原因。菜豆怕涝。

4）土壤与营养：菜豆对土壤条件要求较高，最适于有机质多、土层深厚、排水良好的壤土，最适 pH 为6.2~7.0，不耐盐碱。菜豆对养分的需要，在初期便吸收较多的钾和氮，开花结荚时，氮、钾吸收量速增。吸磷较少，但很重要。嫩荚伸长时需大量的钙。矮生菜豆生育期短，施肥宜早，促进发枝。蔓生菜豆生育期长，需多次追肥。硼和钼对根瘤菌活动有良好作用。

（3）育苗。根据栽培计划与当地条件选择适当的播种期，采用优良的品种。无土育苗可采用育苗盘，也可采用营养钵育苗，按草炭: 蛭石为3:1 的比例配好基质，每立方米混入5.0kg 的腐熟鸡粪，混匀后填入穴盘或装入营养钵内，用穴盘的每穴1粒种子，用营养钵的可根据营养钵的大小多放几粒种子，盘或钵下面要铺一层塑料与地面隔开。播种到出苗期，白天应保持28~30℃，夜间保持18~20℃。子叶出土后应降低温度，以白天24~26℃、夜间保持15~16℃为宜。定植前应进行低温炼苗，以白天20~24℃、夜间10~12℃为宜，整个育苗过程中地温应保持在15~20℃为宜，苗盘应保持湿润。

（4）品种选择。菜豆依据其生长习性可分为蔓生、半蔓生、矮生3大类型。

1）矮生类型。植株矮小，生长期短，成荚20~50个，产量低，早熟。主要品种有沙克沙（沙哈）（波兰）、尼克斯（保加利亚）、京沈一号（法国）、早花皮、吉农引快豆、嫩荚菜豆。

2）蔓生类型。无限生长，花由下而上陆续开放，每株开花约80~200朵，产量高。主要品种有江东白、白大架、大花皮、双季豆等。

3）半蔓生类型。主要品种有双青12号、早白羊角芸豆、老来少芸豆等。

（5）栽培技术

1）栽培槽。用砖砌成南北走向的栽培槽，槽内内径50cm，槽连框高24cm（平放4块砖），槽间作业道40~60cm。也可直接在地上挖半地下式栽培槽，深12cm，两边再用2层砖垒起，在槽的基部铺一层厚0.1mm 的塑料膜，膜上铺一层持水层，多用河沙，约3cm，河沙上再铺一层编织袋，上面填栽培基质。

2）灌水设施。用自来水或建水位差的蓄水池，也可以用水泵加压的灌水系统，棚内主管道和栽培槽内的滴灌带均用塑料管，槽内的滴灌带2根。

3）栽培基质。栽培基质在生产过程中较为重要。有机质可根据当地易得的有机材料，如玉米秸、锯末、菇渣等；无机质可用河沙、煤渣等。有机和无机按一定的比例混合，如河沙: 锯末: 玉米蕊粉: 豆秸粉为1:2:1:1 比例，基质使用前必须进行消毒处理，可使用药剂消毒或蒸汽消毒，每立方米加入3kg 有机无土栽培专用肥、12kg 腐熟的鸡粪，混合均匀后可填入栽培槽内，每茬作物收获后对基质进行消毒处理。

4）栽培管理。

① 定植：当株高8~10cm，茎粗0.6cm 以上，叶片数2~3片，子叶健壮齐全，根系发达，即可定植。定植前，将槽内的基质翻匀整平，大水浸灌栽培槽，使基质充分吸水，水渗后，按每槽2行、株距25cm 挖穴将苗坨埋入，基质略高于苗坨，定植浇小水。

② 定植后的管理：定植后7d 后浇1次缓苗水，以后根据植株长势、基质条件和气候条

件，确定浇水次数，一般5～7d灌水1次，以保持基质湿润，控制豆角长势，防止徒长。坐果后，晴天上、下午各浇水1次，阴天可视具体情况少浇或不浇。追肥，一般在定植后20d开始，此后每隔10d追肥1次。可追专用复合肥，每次20g/株，坐果后每次30g/株。同时，为了提高产量，可适量追加二氧化碳气肥。

（6）营养液配方　参照日本山崎番茄营养液配方。

（7）营养液管理　开花前期营养液控制在0.6～0.8个剂量，结荚期适当加大营养供应，营养液可以提高到1.0个剂量。开花期叶面喷施磷酸二氢钾600倍液，可以有效补充营养利于坐荚，同时加强通风透光，防止落花落荚。

7. 豇豆

豇豆（图2-91）又叫豆角、带豆，属于豆科一年生植物。在我国南方种植面积很大，品种较多。它的嫩豆荚肉质肥厚，是优质的新鲜蔬菜。豇豆豆芽、幼苗、嫩叶、嫩荚都可作青菜食用。鲜豆荚还可腌制泡菜、制罐头和干制贮藏。豇豆生长快，枝叶繁茂，成荚期的茎蔓含粗蛋白高达21.38%，营养丰富，也是很好的青饲料。

图2-91　豇豆

（1）生物学特性　豇豆的茎有矮性、半蔓性和蔓性三种。南方栽培以蔓性为主，矮性次之。叶为三出复叶，自叶腋抽生20～25cm长的花梗，先端着生2～4对花，淡紫色或黄色，一般只结两荚，荚果细长，因品种而异，长约30～70cm，色泽有深绿、淡绿、红紫或赤斑等。每荚含种子16～22粒，肾脏形，有红色、黑色、红褐色、红白双色和黑白双色籽等，根系发达，根上生有粉红色根瘤。

（2）生态学习性

1）温度：豇豆要求高温，耐热性强，生长适温为20～25℃，在夏季35℃以上高温仍能正常结荚，也不落花，但不耐霜冻，在10℃以下较长时间低温，生长受抑制。

2）光照：豇豆属于短日照作物，但作为蔬菜栽培的长豇豆多属于中光性，对日照要求不甚严格。

3）水分：结荚期要求肥水充足。

4）土壤：豇豆对土壤适应性广，只要排水良好，土质疏松的田块均可栽植，豆荚柔嫩。

（3）育苗　豇豆育苗可采用营养钵、纸袋或营养土块3种方式。

将营养土装入营养钵或纸袋，并浇透水，晾晒1～2d，当水分合适时，每钵播3粒种，覆土2～3cm，然后放入塑料拱棚内保湿育苗。土块育苗，首先将苗床浇水，第二天用刀把床土切成块，每块1株苗，土块间隙用细土填满。

苗期温度可保持25℃以上，5～7d后出苗，在子叶展开前扣小拱棚。子叶苗生长期，白天温度保持在25～28℃，晚上15～18℃，定植前1周进行揭膜炼苗，整个苗期30～35d。

（4）品种选择　有机无土栽培时应选用适应性强、抗性好的优良品种。如之豇28-2、朝研901、双丰1号和高产4号。

(5) 栽培技术　长豇豆苗龄30~35d定植，每穴2~3株。每畦栽2行，行距45cm，穴距25~30cm。

豇豆喜肥但不耐肥，水肥管理主要包括3个方面：一是施足基肥，及时追肥。二是增施磷钾肥，适量施氮肥。三是先控后促，防止徒长和早衰。

豇豆在开花结荚以前，对水肥条件要求不高，管理上以控为主。若水肥过多，茎叶徒长，造成花序节位上升，数目减少，形成中下部空蔓。结荚以后，经常保持土壤湿润，隔1~2周再灌水追肥1次，以保持植株健壮生长和开花结荚。进入豆荚盛收期，需要的水肥较多，可再进行1次灌水追肥。如果水肥供给不足，植株将生长衰退，出现落花落荚。

植株调整：为了调节营养生长，促进开花结荚，长豇豆大面积单作时，可采取整枝打尖措施，主要方法是：①抹侧芽。将主茎第一花序以下的侧芽全部抹去，保证主蔓健壮。②打腰杈。主茎第一花序以上各节位的侧枝，在早期留2~3叶摘心，促进侧枝上形成第一花序。盛荚期后，在距植株顶部60~100cm处的原开花节位上，还会再生侧枝，也应摘心保留侧花序。③摘心（打顶）。主蔓长15~20节（2~3m高）摘除顶尖，促进下部侧枝花芽形成。④搭架。吊蔓搭成高2.2~2.3m的倒人字架，或每穴垂直扦杆，或用塑料绳垂直吊蔓。在生长过程中，需进行3~4次吊蔓上架。⑤揭膜。根据气温上升情况，适时揭去大棚顶膜进行通风降温，利于长豇豆生长。

病虫害防治：主要病害有立枯病、根腐病、煤污病、锈病；在发病之前或初期，采用200倍的波尔多液或50%多菌灵（或甲基托布津）可湿性粉剂500~800倍液等防治根腐病、锈病、煤污病。主要虫害有豆象、豆野螟、红蜘蛛、蚜虫、斜纹夜蛾、潜叶蝇。40%乐果乳剂1000~1200倍液防治蚜虫。可选用杀螟乳剂、三氯杀螨醇、敌百虫与三硫磷等药剂，按一定的浓度，重点喷叶背面防治豆野螟、红蜘蛛、蚜虫等害虫。隔7~10d喷1次，连续喷2~3次。

(6) 营养液配方　采用日本园试通用营养液配方，见表2-46。

表2-46　日本园试通用营养液配方

化合物名称	化合物（元素）浓度/(mg/L)
$Ca(NO_3)_2 \cdot 4H_2O$	945
KNO_3	809
$NH_4H_2PO_4$	153
$MgSO_4 \cdot 7H_2O$	493

(7) 营养液管理　用量根据豇豆不同的生长时期、生长状况和天气情况而定，一般每天早晚各浇1次，每次5~10min，保持基质含水量在75%~85%。晴天时，中午可浇1次清水；连续阴天下雨时，每天可浇1次营养液。不同的生长期使用不同的剂量，苗期采用1/2个剂量，EC值为1.2ms/cm左右；开花期采用1个剂量，EC值为1.5ms/cm左右；坐果期采用1.5个剂量，EC值为2.0ms/cm左右，连续坐果期采用2个剂量，EC值为3.0ms/cm左右。

8. 甜瓜

甜瓜（图2-92）又名香瓜，属于葫芦科甜瓜属蔓生草本植物，有厚皮和薄皮两个品种。

甜瓜色、香、味俱佳，含糖量比西瓜高，有的品种高达18%。

图2-92　甜瓜

（1）生物学特性　甜瓜根系发达，主要根群分布于地下15～25cm的范围内，具较强的耐旱力，但根再生能力弱，不宜移植。茎为蔓生，能发生较多的子蔓和孙蔓。单叶互生，圆形或肾形。厚皮甜瓜较薄皮甜瓜叶大，叶色淡而平展。

花为雌雄同株，花冠黄色钟状五裂。果实为瓠果，由花托和子房共同发育而成。种子乳白色或黄色，长卵形，千粒重薄皮甜瓜15～20g、厚皮甜瓜30～60g。

（2）生态学习性

1）温度：甜瓜喜温、耐高热、极不耐寒，遇霜即死，温度下降到10℃就停止生长，在35℃高温仍正常生长发育，至40℃时仍维持较高同化效能。生长适温为28～30℃，种子发芽适温为25～35℃，30℃左右发芽最快。根系生长发育温度下限为8℃，上限为40℃，最适温度为34℃。幼苗期及茎叶生长以昼温25～30℃，夜温16～18℃为宜。茎叶在15℃以下，40℃以上生长缓慢。开花结瓜期最适温度为昼温25℃～30℃，夜温15～18℃。昼夜温差大，有利于苗期花芽分化和果实发育期的糖分积累。

2）光照：甜瓜是喜光作物，生长发育要求光照时数在10～12h以上，光饱和点50k～60klx，补偿点4000lx，不耐遮阳。改善叶幕层光照条件，提高光照强度，延长光照时间，是优质高产的生态基础。

3）湿度：甜瓜性喜干燥，需要相对湿度低，一般相对湿度在50%以下最好。基质水分不能过低，否则易发生裂果。

4）土壤：甜瓜属于好气性植物，根系要求通气、透水良好的基质。

（3）育苗　甜瓜育苗应采用不同形式的护根育苗，如穴盘育苗、营养钵育苗、岩棉块育苗。穴盘育苗一般采用72孔的穴盘。

把精选的种子放入温水中，进行温汤浸种4h，再用0.1%高锰酸钾消毒2～3h，捞出用清水冲洗，在30℃恒温下催芽。当80%芽长至0.5cm时，选择晴天上午播种到装好基质的营养钵中，播完后覆一层薄膜保温保湿。有条件可采用嫁接育苗，能提高幼苗抗性。

从播种到出苗，白天保持30℃左右，夜间不低于20℃。子叶破土后，应取掉地膜降温，白天25℃左右，夜间13～15℃。定植前10d进行通风炼苗。

土壤水分要达到田间最大持水量的60%～70%。上午浇水最好，浇水时要结合营养液管理。在幼苗2叶1心期，喷施乙烯利可促雌花形成。

（4）品种选择　无土栽培应以生产优质高档精品甜瓜为主。栽培优质高档的网纹甜瓜和非网纹甜瓜品种。除此之外，还应特别注意品种的抗病性问题。所以可供无土栽培选用的品种有新疆地区育成的哈密瓜血统的甜瓜、金凤凰、金丽1号、阿路丝、绿宝石、古拉巴、金雪莲、玉姑等。

（5）栽培技术

1）栽培方式。甜瓜无土栽培可采用水培（营养液）和基质栽培。基质培管理技术比水培容易，可采用岩棉培、无机基质培、有机基质培等形式；或者采用砖槽式、袋式、盆钵式等形式进行甜瓜基质栽培，效果也较好。

岩棉培：在国外应用较多，栽培甜瓜效果较好，管理技术也比水培容易，如欧洲、美国、日本多采用开放式滴灌岩棉培。但在我国由于农用岩棉生产量少，成本高，废弃岩棉不易处理等问题，岩棉培应用较少。

基质砂培：以栽培槽或栽培盆钵为容器，以砂为栽培基质，利用非循环方式供应营养液和水分的一种栽培方式。利用这种方式进行甜瓜栽培，基质取材方便，管理相对容易。但也存在基质沉重，搬运困难，盐分容易在基质表面积累形成“盐霜”而危害植株茎基部等问题。栽培过程中需经常用清水冲洗基质，每1~2月用较大量清水冲洗表面。我国新疆哈密和吐鲁番地区基质栽培哈密瓜已形成规模，是我国砂培甜瓜的主要产区。

有机基质栽培：以各种有机基质或混合基质为栽培基质，采用地槽式、砖槽式、袋式、盆钵式等形式进行甜瓜栽培，是我国厚皮甜瓜无土栽培的重要方式，近年发展迅速。采用这种方式，栽培基质来源广泛，除天然有机基质泥炭（草炭）外，常用的基质材料有作物秸秆、蘑菇渣、锯木屑、甘蔗渣、炭化稻壳（砻糠灰）等，但一般均需要经过粉碎发酵等加工过程才可应用。由于单一基质理化性质不能完全符合栽培要求，最好将不同基质按一定比例混合，形成混合基质。常用的方法是以一种有机基质为主，配合使用1~2种其他基质，最好能加入一定比例的无机基质如蛭石、煤渣等，如泥炭、炉渣、水洗砂按4:3:3混合；草炭、炉渣、蛭石、树皮按4.6:1.5:1.5:2.4混合；泥炭、煤渣、珍珠岩按1:1:1混合等。

复合基质槽培技术：规格为宽70~80cm，深20~25cm，长度视温室跨度而定。栽培槽底部平铺一层带有排水孔的塑料。

栽培基质按体积比选用草炭:蛭石:珍珠岩=3:1:0.5，混配均匀消毒后，填入栽培槽中，基质略高于栽培槽，基质做成龟背形，上铺一层黑色塑料薄膜，栽培前基质浇透水。

2）定植及定植后管理。

① 定植：当甜瓜幼苗具3~4片真叶时即可定植。选择晴朗天气的上午定植为宜，采用双行定植。注意保护根系完整和不受伤害。定植密度依品种、栽培地区、栽培季节和整枝形式而有所不同，一般控制在1500~1800株/667m^{2}之间。

② 定植后管理：甜瓜定植后1周内应维持较高环境温度，白天在30℃左右，夜间在18~20℃，为防止高温对植株伤害，可增加环境湿度。开花坐果期白天控制温度25~28℃，夜间15~18℃。果实膨大期白天温度控制在28~32℃，夜间在15~18℃，保持13~15℃的昼夜温差，直至果实采收。

开花后至果实采收，应降低棚内湿度，在保温同时加强通风换气，环境湿度应控制在60%~70%，有利于防止病害发生。总体上，在甜瓜生长期，环境调控应以“增温、降湿、通风、透光”为原则。整个生长过程要保持较高光照强度，特别是在坐果期、果实膨大期、成熟期，促进坐果和果实膨大，增加果实含糖量，提高果实品质。

3）植株调整。甜瓜栽培中植株调整非常重要，每株留蔓数、每蔓留瓜数、坐果节位对甜瓜品质和产量及成熟期都有显著影响。

① 授粉：甜瓜坐果性差，需人工辅助授粉。授粉时间在上午8～12时进行。授粉后3d，子房开始膨大，1周后当幼瓜有鸡蛋大小时应及时定瓜。

② 疏叶疏果：甜瓜基部老叶易于感病，所以应及早摘除，可疏去过密蔓叶以利通风透光。当幼瓜有鸡蛋大小时应及时定瓜。选留节位适中，瓜型周正，无病虫害的幼瓜。一般每株留瓜3～5个，小果型品种可留10余个。

③ 整枝、摘心：香瓜整枝最常用的是双蔓整枝与四蔓整枝两种方式，双蔓整枝比较早熟，一般栽培则多用四蔓整枝。四蔓整枝一般在幼苗4～5叶时摘心，留4根子蔓四向伸出，当子蔓具4～8片真叶时摘心，促进四蔓萌发生长，四蔓上一般在第一节上即可着生雌花，生产上均利用四蔓留瓜，保留2片叶子摘心。

④ 翻瓜：果实定个后及时进行翻瓜。翻瓜时每次只能动1/5，不能180°对翻，以免底面突然受烈日暴晒而灼伤。翻瓜时间以日落前2～3h进行为宜。翻瓜可使果实生长齐、色泽一致、甜度均匀。

4）病虫害防治。甜瓜病害主要有蔓枯病、霜霉病、白粉病。蔓枯病是一种传染性、毁灭性病害，多在茎蔓基部近地面处发病，主要是因环境湿度过高，特别是近地表处湿度过高而引起，应以预防为主，进行综合防治。可采用提高茎蔓基部距地面高度，降低近地面处空气湿度；对栽培环境，特别是基质应彻底消毒；育苗基质不应连茬，采用抗病砧木进行嫁接换根等。发病前用40%达科宁悬浮剂、70%代森锰锌可湿性粉剂喷雾预防，发病后可刮除病部，再用50%甲基托布津或50%多菌灵加水调成糊状涂抹病部，均有较好预防效果。

白粉病和霜霉病主要危害叶部，影响叶片光合作用，进而造成品质和产量下降。霜霉病可用72%可露可湿性粉剂1000倍，69%安可锰锌可湿性粉剂1000倍喷雾防治；白粉病可用仙生42%悬浮剂粉必清200倍液喷雾。

甜瓜虫害主要有瓜绢螟、蚜虫、红蜘蛛等。瓜绢螟秋季栽培危害较重，应在幼龄时防治效果好。蚜虫一年四季均可发生，可用10%吡虫啉可湿性粉剂2000倍，25%抑太保1500倍喷雾防治；红蜘蛛在高温干燥条件下容易发生，可用虫螨克1000～1500倍喷雾。

5）采收及包装。采收时间在清晨冷凉时进行为好，将果柄连同侧蔓剪成“T”形带蔓采收，或用刀或剪刀切除瓜柄，切除时留有1～2cm长瓜柄。用于远途运输或贮藏的果实可适当早采，一般在八成熟时采收。早晨采收的瓜含水量高，不耐运输，所以要远运的瓜应该在午后1～3时采收。网纹甜瓜不耐贮藏，在8～10℃可贮藏10～15d。

采收期的判断可依据品种特性，根据果实表面颜色、网纹形状、果柄状态的变化来判断。一般地，当果皮颜色变浅，依品种不同转为黄色、淡黄色、黄绿色或乳白色；网纹甜瓜网纹充分形成；结瓜侧蔓瓜前叶片变黄、干枯，则表示已经成熟，需要采收。有些成熟期转色不明显的品种如翠蜜，可采用计算日期的方法进行，一般早熟品种授粉后35～40d左右果实成熟，中熟品种40～45d左右，晚熟品种50d左右成熟，可在授粉时标记日期，根据日期采收。

包装采收后应根据商品标准进行分级，对符合标准的果实贴上商品标签，用泡沫网套包好，再装入专用包装纸箱。中间用隔板分开，纸箱外侧要打孔2～4只以利通气，纸箱内可衬垫碎纸屑或泡沫。

6）拉秧与消毒。果实采收后，要及时拉秧。先将植株根系拔出基质或栽培槽，待植株晒干后集中运出销毁，以防病虫害传播。拉秧后将基质进行翻晒消毒，同时利用夏季高温或采用药剂熏蒸进行大棚、温室消毒，为下茬栽培做准备。

（6）营养液配方　日本山崎甜瓜营养液配方见表2-47。

表2-47　日本山崎甜瓜营养液配方

化合物名称	化合物（元素）浓度/(mg/L)
四水硝酸钙	826
硝酸钾	607
磷酸二氢铵	153
七水硫酸镁	370

（7）营养液管理　苗期营养液浓度管理指标是1.0ms/cm，适宜pH为6.0～6.8。一般幼苗期每1～2d供液1次，每次供液量根据植株大小为0.5～2L/株。

定植至开花期2.0ms/cm，果实膨大期2.5ms/cm，成熟期至采收期2.8ms/cm，pH控制在6.0～6.8。即生长前期可采用完全剂量营养液，中后期逐渐减低，由2/3剂量再降到1/2剂量。花期用2/3剂量营养液，网纹形成期用1/7剂量营养液效果较好。成龄期每天供液1～2次，每次供液量根据植株大小为0.5～2L/株，原则是植株不缺素，不发生萎蔫，基质水分不饱和。晴天可适当降低营养液浓度，阴雨天和低温季节可适当提高营养液浓度，一般以1.2～1.4个剂量为好。

9. 西葫芦

西葫芦（图2-93）别名茭瓜、白瓜、番瓜、美洲南瓜，是葫芦科南瓜属中的一个种。

图2-93　西葫芦

（1）生物学特性　西葫芦的根系发达，分布范围广，对养分和水分的吸收能力较强，较耐贫瘠。茎按其生物学特性可分为矮生、半蔓生和蔓生。叶片为掌状深裂，叶面粗糙而多刺，有的品种叶片绿色深浅不一，近叶脉处有银白色花斑，叶柄长且中空。雌雄花最初均从叶腋的花原基开始分化，是按照萼片、花瓣、雄蕊、心皮的顺序从外向内连续出现的。果实由子房发育而成，果实的生长与种子的发育是同时进行的，果实成熟时种子也成熟。

（2）生态学习性

1）温度：西葫芦较耐寒不耐高温。生长期最适宜温度为20～25℃，15℃以下生长缓慢，8℃以下停止生长。30℃以上生长缓慢并极易发生疾病。种子发芽适宜温度为25～30℃，13℃可以发芽，但很缓慢；30～35℃发芽最快，但易引起徒长。开花结果期需要较高温度，一般保持22～25℃最佳。

2）光照：西葫芦耐弱光，为短日照植物。对光照强度要求适中，当光照不足时易引起徒长。长日照条件下有利于茎叶生长，短日照条件下结瓜期较早。

3）湿度：西葫芦喜湿润不耐干旱，特别是在结瓜期土壤应保持湿润，才能获得高产。高温干旱条件下易发生病毒病；高温高湿易发生白粉病。

4）土壤：西葫芦生长对土壤要求不严格，砂土、壤土、黏土均可栽培，土层深厚的壤土易获高产。

（3）育苗　播种前将西葫芦种子在阳光下暴晒几小时并精选。在容器中放入55～60℃的温水，将种子投入水中后不断搅拌15min，待水温降至30℃时停止搅拌，浸泡3～4h。浸种后将种子从水中取出，摊开，晾10min，再用洁净湿布包好，置于28～30℃下催芽，经1～2d可出芽。

70%以上种子“出芽”时即可播种。播种时先在营养钵（或苗床）灌透水，水渗下后，每个营养钵中播1～2粒种子。播完后覆土1.5～2cm厚。再在覆土上喷洒50%辛硫磷乳油800倍液，防治地下害虫。按照“高温出苗、平温长苗、低温炼苗”的管理原则培育壮苗。

播种后，床面盖好地膜，扣小拱棚。出土前苗床气温，白天28～30℃，夜间16～20℃，促进出苗。幼苗出土时，及时揭去床面地膜，防止徒长。出土后第一片真叶展开，苗床白天气温20～25℃，夜间10～15℃。第一片真叶形成后，白天保持22～26℃，夜间13～16℃。苗期干旱可浇小水，一般不追肥，但在叶片发黄时可进行叶面追肥。定植前5d，逐渐加大通风量，白天20℃左右，夜间10℃左右，降温炼苗。

（4）品种选择　目前，西葫芦设施栽培普遍采用早青一代，此外，黑美丽、绿宝石、太阳9795、如意等新品种应用也较多。金皮西葫芦、飞碟瓜、蔓生型的金丝瓜等变种作为特种蔬菜在设施内种植也较多。

（5）栽培技术

1）栽培设施。

① 建造栽培槽：用砖垒成南北向栽培槽，槽内径48cm，槽高24cm，槽距72cm；也可以直接挖半地下式栽培槽，槽宽48cm，深12cm，两边再用砖垒2层。槽内铺1层厚0.1mm的塑料薄膜，膜两边用最上层的砖压住。膜上铺3cm厚的洁净河沙，沙上铺1层编织袋，袋上填栽培基质。

② 供水设施：用自来水或水位差1.5m以上的蓄水池供水。外管道用金属管，温室内主管道及栽培槽内的滴灌带均用塑料管。槽内铺滴灌带1～2根，并在滴灌带上覆1层厚0.1mm的窄塑料薄膜，以防止滴灌水外喷。

2）栽培基质。有机基质的原料可用玉米秸、菇渣、锯末等，使用前基质先喷湿盖膜堆闷10～15d以灭菌消毒，并加入一定量的沙、炉渣等无机物，1m^{3}基质中再加入有机无土栽培专用肥2kg、消毒鸡粪10kg，混匀后即可填槽。每茬作物收获后可进行基质消毒，基质一般3～5年更新1次。

3）定植。定植前先将基质翻匀整平，每个栽培槽内的基质进行大水漫灌，使基质充分吸水。水渗后每槽定植2行，基质略高于苗茎基部。种植方式有两种：一种方式是大小行种植，大行80cm，小行50cm，株距45～50cm；另一种方式是等行距种植，行距60cm，株距50cm，栽后轻浇小水。

4）管理。

① 肥水管理：一般定植后5～7d浇1次水，保持根际基质湿润，使西葫芦长势中等。坐果后晴天上午、下午各浇1次；阴天可视具体情况少浇或不浇；追肥一般在定植后20d开始，此后每隔10d追肥1次，每次每株追施专用肥15g，坐果后每次每株25g。将肥料均匀撒在离根5cm处。温室内可根据需要追施CO_2气肥。

② 温度、光照管理：定植后，温度保持白天20～25℃，夜间12℃左右。坐瓜后保持白天25～28℃，夜间12～15℃。西葫芦喜温、喜光，应早拉晚放草苫，尽量让植株多见光。

5）植株调整。根瓜采收后，用塑料绳吊蔓。植株8片叶以上时要进行吊蔓，及时摘除侧枝及下部老叶、病叶，以增强透光性，减少养分无效消耗。当瓜蔓较高时，随着下部果实的采收要及时落蔓，使植株及叶片分布均匀。

6）病虫害防治。其主要病虫害有病毒病、白粉病、灰霉病、瓜蚜、白粉虱。用防虫网防害虫，或者用黄板诱杀蚜虫和白粉虱。虫害发生初期可喷20%速灭杀丁2000倍液、10%吡虫啉1000倍液。如蚜虫传播的曲叶病、白粉虱传播的银叶病及时喷施20%病毒A400倍液或1.5%植病灵1000倍液防治，每7～10d喷1次，连防3～4次。同时能控制病毒病传播。灰霉病以预防为主，培育壮苗、通风透光、降低空气湿度，发病后用50%扑海因可湿性粉剂1000倍液，50%多霉威可湿性粉剂800倍液交替防治。

7）采收。定植后50d左右根瓜即可坐住，重量250g左右即可采收上市。采收过晚易发生坠秧现象，造成秧蔓早衰和其他雌花脱落。

（6）营养液配方　参考日本山崎甜瓜营养液配方。

（7）营养液管理　每周检查营养液的酸碱度，确保pH在6.0～6.9之间，如发现超过7.0，则选择浇施0.1%的硫酸亚铁溶液进行调整。

每周检查营养液的盐分含量，确保盐分含量坐瓜前在2.3～2.5ms/cm，坐瓜后控制在2.5～3.0ms/cm之间。

【案例分析】

某位技术人员一直负责公司芹菜无机基质栽培的养护管理，成绩突出，今年春季种植水芹菜时，领导建议其用有机基质进行栽培。这位技术人员按照无机基质栽培时进行的操作，进行管理工作，由于近两周天气总是阴雨，气温低（10℃以下），芹菜幼苗出现黄叶、萎蔫等现象，请你分析一下原因，并进行解决。

分析：无机基质是不含碳、氢有机物的介质，如岩棉、沙子、珍珠岩、蛭石等。有机基质指的是草炭、有机粉末、植物残体处理、苔藓、椰壳、花生壳等。两种基质的蓄水量不同，在管理时浇水次数和时间不同，技术人员依然正常浇水，由于幼苗近几天始终处于10℃以下低温，光照不足。所以，芹菜出现黄叶，萎蔫是沤根的症状。

解决的方法：首先立即拔除病株，销毁；提高基质温度，应尽可能地保持在15～20℃；

降低基质的湿度，一般浇足底水后，苗期基本不需浇水。或在上午浇小水药剂防治。可用菌线威3500倍液灌根。

【拓展提高】

阳台蔬菜基质栽培

家庭阳台种菜逐渐成为一种越发流行的生活方式，既能让生活更有情调，又可以吃到放心菜，是老少皆宜的一种活动。

阳台种菜的过程如下：

1. 准备工具及材料

栽培盆（塑料材质）、小铁铲、椰糠混合基质、蔬菜种子、喷壶等。

2. 播前基质的准备

将装有基质的基质袋拿出来，并把封口打开。将基质倒入空的栽培盆中（依据袋内刻度线预留基质）。将基质自然整平（双手托住花盆边缘，左右轻轻晃动即可，在晃动的过程中会有少量的干基质从盆底洒出。）用容器接自来水将盆内基质均匀缓慢浇透。浇透水放置0.5～1h后，再次将基质自然整平（切勿人为挤压基质）。就可准备播种。

3. 播种覆盖

将装有种子的包装瓶拿出，并将包装瓶内种子倒于手中。可穴播的蔬菜用包装瓶、小木棍、筷子或其他东西在基质表面压4个深度为1cm的小坑（建议每盆播种株数可根据所播种子的适宜密度进行操作）。每个小坑放入1～3粒种子，而后将坑埋好。拿出前期预留的基质，取少量干基质将表面覆盖，厚度≤0.5cm。用高压喷壶（出水为喷雾状态）将覆盖干基质浇湿。可进行条播的蔬菜种子的包装盒在基质上纵向均匀挖出三条浅沟，深度0.5～1cm。取包装瓶内种子倒于手中，并将种子均匀撒于浅沟内。将沟槽自然盖好，并取少量干基质将表面覆盖，厚度≤0.5cm，操作过程切勿人工挤压。用高压喷壶（出水为喷雾状态）将覆盖干基质浇湿。

【任务小结】

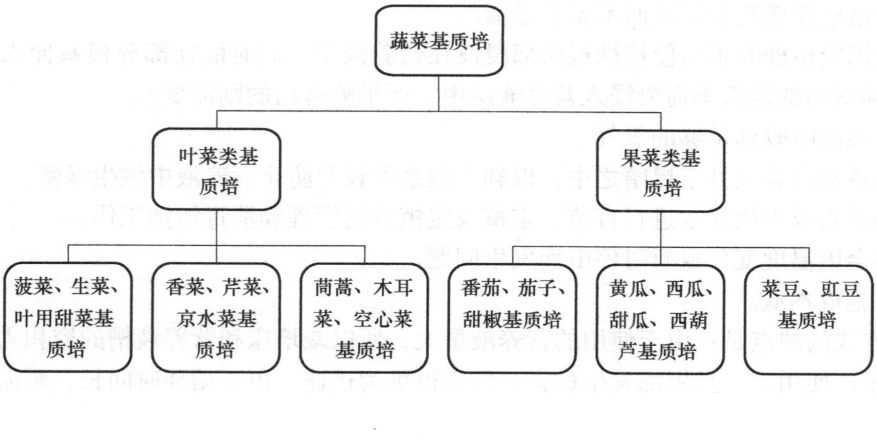

任务3 水 培

【任务情景】

河南省信阳市某蔬菜种植公司计划建设占地667m^{2}深液流水培设施，进行生菜的水培生产。请技术员小张全权负责该项目，他该如何保质保量按时完成该项工作？

【任务分析】

生菜进行水培，适合深液流水培和营养液膜技术进行栽培；了解适合在信阳当地栽植的生菜品种；然后进行深液流种植槽、贮液池、定植板、定植杯以及其他环境设施的准备；完成该任务需要有生产方案的设计能力、生菜深液流水培生产的管理能力以及熟练掌握蔬菜及花卉的生物学特性和生态习性的能力等。

【知识链接】

一、水培的认知

1. 水培的含义

非固体基质无土栽培是指根系直接生长在营养液或含有营养成分的潮湿空气之中，根际环境除了育苗时用固体基质外，一般不使用固体基质。它又可分为水培和雾培两种类型。

水培是无土栽培的主要形式，采用营养液作为栽培介质，营养液可根据栽培作物种类、生育阶段、栽培季节和品质要求等进行自主调整，营养液可供给植株生育需要的完全营养，可进行精量化准确控制。但水培主要应解决好植株根系的供氧难题，做好水培设施及营养液的消毒处理，选择好营养液配方及浓度，达到园艺作物“两高一优”的栽培目的。

水培是指植物部分根系悬挂生长在营养液中，而另一部分根系裸露在潮湿空气中的一类无土栽培方法。雾培是指植物根系生长在雾状的营养液环境中的一类无土栽培方法，目前常用于小株形叶菜类的种植及观光温室。

水培设施必须具备的基本条件：

1）种植槽能盛装营养液而不至于渗漏。

2）能固定植株并不会使植株根颈部浸没在营养液中，同时能让部分根系伸入到营养液中生长（喷雾培的根系不需要浸入营养液层中，而半喷雾培的则需要）。

3）根系能吸收到足够的氧气。

4）根系和营养液处于黑暗之中，以利于根系生长并防止营养液中滋生绿藻。

5）能够高效率简易地进行育苗、定植及定植后的管理和消毒清洁工作。

6）不会因温度变化或暂时停电而发生问题。

7）设施成本低。

水培方式的缺点是：由于使用的营养液量大，所以栽培床和营养液槽的容积需要大；由于营养液循环使用，一旦根部发生病害，传染得更为迅速；由于循环时间长，泵需要长时间地工作，容易损坏，耗电量也大。

2. 水培的类型

根据营养液液层深度、设施结构及供氧、供液等管理措施的不同，可大体分为两种，一是深液流水培技术，二是营养液膜水培技术。随着科学技术的不断发展，又出现了浮板毛管水培技术、动态浮根系统等经过改良的适合中国市场的新型水培技术。非固体基质培的分类如图 2-94 所示。

- 非固体基质培
  - 水培
    - 深液流技术
      - 改进型神园式水培装置
      - 协和式水培装置
      - M 式水培装置
      - 神园式水培装置
      - 动态浮根系统
    - 营养液膜技术
    - 其他水培系统
      - 深水漂浮栽培系统
      - 浮板毛管水培技术
      - 立体叶菜水培
  - 雾培
    - 喷雾培
    - 半喷雾培

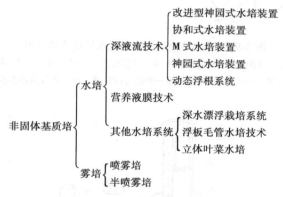

图 2-94 非固体基质培的分类

（1）DFT（Deep Flow Technique） DFT 即深液流水培技术，营养液液层较深、植物由定植板或定植网框悬挂在营养液面上方，而根系从定植板或定植网框深入到营养液中生长，有时也称为深水培技术。

1）M 式水培。M 式水培技术是日本较早应用于商业化生产的一种深液流水培技术。种植槽是预先生产定型的泡沫塑料槽，槽内铺垫一层塑料布装营养液，在槽底安装一条开有小孔的供液管，穿过槽底部薄膜安装营养液回流管并与水泵相连，同时在水泵的出口处附近安装一个空气混入器。其水泵开启时，将种植槽内的营养液抽出流经空气混入器中，使营养液中的溶氧量增加，然后再从供液管上的小孔喷射回种植槽中。此方法以栽培叶菜为主。M 式水培设施如图 2-95 所示。

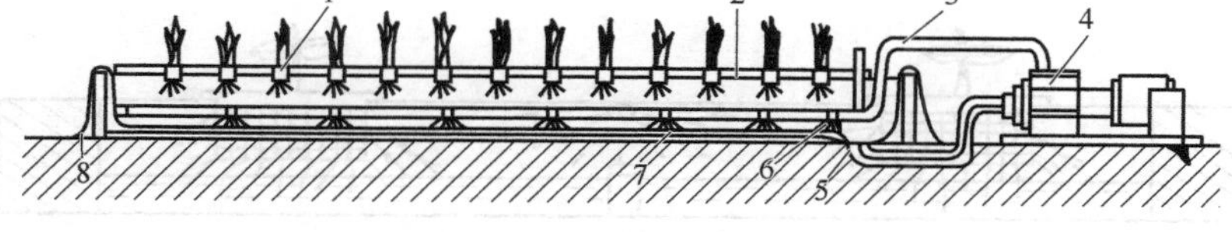

图 2-95 M 式水培设施示意图

1—海绵块 2—定植板 3—PVC 管道 4—水泵 5—入水口 6—喷液口 7—种植槽 8—塑料薄膜

2）协和式水培。种植槽为塑料拼装式，可拆迁，安装较简单。特点为整个栽培系统分成各个栽培床，每个栽培床分别设置供液、排液装置。通过增大栽培槽面积，扩大贮液容积，采用连续供液法来提高栽培系统的稳定性，栽培结束时种植槽清洗、消毒不方便。此法以栽培果菜为主。叶菜类使用的协和式水培设施如图 2-96 所示。协和式水培种植槽的液位调节如图 2-97 所示。

3）神园式水培。种植槽为水泥预制件拼装而成，需衬垫一层或两层塑料薄膜，在换茬

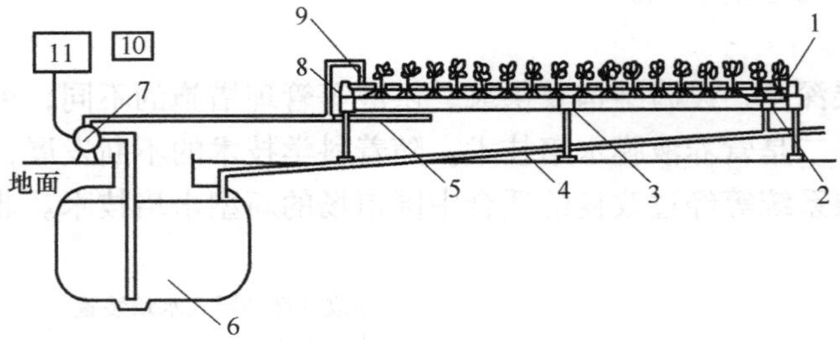

图 2-96　叶菜类使用的协和式水培设施示意图

1—定植板　2—液位调节装置　3—栽培架　4—回流管道　5—供液管道　6—贮液池　7—水泵
8—种植槽　9—空气混入器　10—追肥自控装置　11—供液及液温控制盘

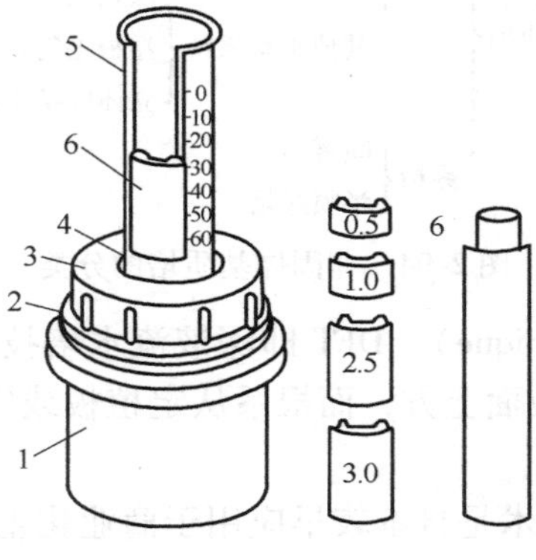

图 2-97　协和式水培种植槽的液位调节装置

1—连接槽底的回流管　2—密封圈　3—紧固螺母　4—衬垫　5—套筒　6—调节液位高低的活芯

时更换，便于清洗种植槽。营养液以在种植槽中供液管上加上喷头的喷雾形式提供，使营养液的溶氧量达到较高水平。神园式水培种植槽如图 2-98 所示。神园式水培生产设施结构如图 2-99 所示。

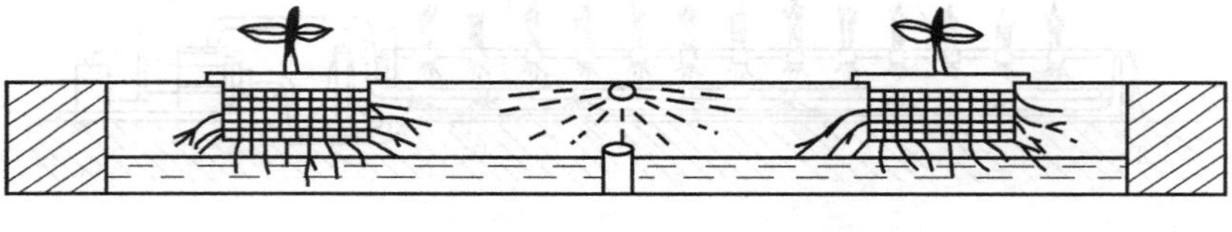

图 2-98　神园式水培种植槽示意图

4）水泥砖结构固定式水培。它是一种改进型神园式深液流水培，具有建造方便、设施耐用、管理简单等特点。目前在我国大面积使用推广。改进型神园式水培装置主要由种植槽、定植板或定植网框、贮液池、营养液循环流动系统四部分。

5）新和等量交换式水培。它是 1979 年由日本新和塑料公司开发的水培系统。种植槽是由聚苯乙烯（PS）泡沫塑料压铸成 U 形，使用时拼接起来，槽内衬垫塑料薄膜，然后与供液管、水泵连接。栽培槽分 A、B 两部分，两部分的营养液能在栽培槽之间的连接槽间，依靠安在每个槽上的水泵，相互进行等量交换，从而促进营养液的循环流动，因此整个系统没

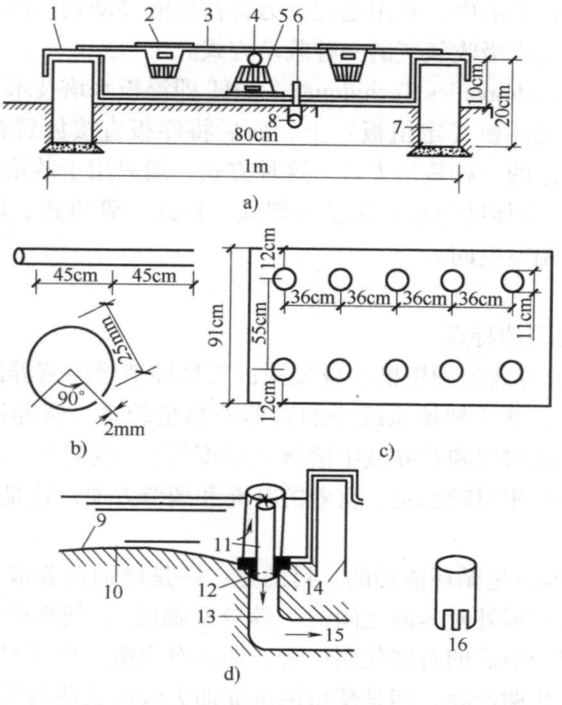

图2-99 神园式水培生产设施结构示意图

a）种植槽横切面 b）喷液管规格 c）定植板平面规格 d）回流管内浮标口构造
1—厚塑料薄膜 2—定植杯 3—定植板 4—喷液管 5—支撑墩 6—液位调节装置 7—水泥预制的槽框 8—回流管道 9—塑料薄膜 10—硬水泥板 11—液位调节装置 12—橡皮塞 13—回流管道 14—水泥预制的槽框 15—回流营养流向 16—防止根系扎入回流管的装置

有设贮液池。这种方式使根系的氧气补给不仅在营养液中进行，而且也在空气中进行。因此该方法更适合果菜类栽培。

6）DRF（Dynamic Root Floating System）。DRF即动态浮根系统，是指栽培作物在栽培床内进行营养液灌溉时，根系随着营养液的液位变化而上下左右波动。灌满8cm的水层后，由栽培床内的自动排液器，将营养液排出去，使水位降至4cm的深度。此时上部根系暴露在空气中可以吸氧，下部根系浸在营养液中，不断吸收水分和养料，不怕夏季高温使营养液温度上升。一般10~16h之间，每个小时抽气1次，每次15min。其余时间，每2~3h循环1次，每次15min。动态浮根系统的主要结构是：栽培床、营养液池、空气混入器、排液器与定时器等。是我国台湾省开发应用的。

（2）NFT（Nutrient Film Technique） NFT即营养液膜技术，营养液液层较浅，植株直接放在种植槽槽底，根系在槽底生长，而营养液以一浅层在槽底流动的，有时也称浅水培技术。

（3）其他水培技术

1）FCH（Floating Capillary Hydroponics）。FCH即浮板毛管水培技术，是由浙江省农业科学院和南京农业大学于1991年共同参考日本的浮根法经改良研制成功的一种新型无土栽培系统。该技术是在营养液面上放置漂浮板，而后在漂浮板上铺设吸水能力较强的无纺布等作为吸水垫，两端垂入营养液中，利用毛细管力将营养液移动到漂浮在吸水垫上部的根系部位，根系可以直接从空气中吸收氧气的一种栽培方式。

2）FHT（Floating Hydroponics Technique）。FHT 即浮板水培技术，又称为漂浮板水培技术，是将蔬菜定植在轻质浮板（定植板）上，而后将浮板直接放置在营养液液面上，使之在浮力的作用下自然漂浮的一种栽培方式。这种方式一般只用于栽培叶菜类蔬菜。

3）立体叶菜水培。立体叶菜水培包括层架式、柱式、管道式、墙式等多种形式立体栽培方式，以便充分利用温室空间。

3. 水培的特点

（1）深液流水培技术的特点

1）深。一是盛装营养液的种植槽本身较深；二是种植槽内营养液液层较深。根系可伸入到较深厚的营养液中，整个种植系统中的营养液总量较多，营养液的组成、浓度（包括各种营养元素浓度、总盐浓度和营养液中溶解氧浓度等）、酸碱度、水分和温度等不易产生急剧变化，根系生长环境相对较稳定，营养的补充和调节方便，这是深液流水培技术的显著特点。

2）流。流是指营养液是循环流动的。目的是：一是增加营养液中溶解氧的浓度；二是消除营养液静置时根表与根外营养液之间的“养分亏竭区”，使得营养及时供应到根表；三是降低根系分泌并累积于根表的有害代谢产物，例如有机酸、根系对离子选择吸收而产生的生理酸碱性以及其他的代谢产物；四是使得因沉淀而失效的某些营养物质重新溶解，供应作物生长需要。

3）悬。悬是指植物悬挂种植在营养液液面之上。目的是：一是让根颈部远离液面，防止根颈部浸入营养液中而产生腐烂甚至死亡（沼泽性植物或具有从地上部向地下部的氧气输导组织的作物除外）；二是可以提高根系的供氧：部分根系可伸入到营养液中生长，而另外的根系部分则裸露在营养液液面与定植板或定植网框之间的那部分潮湿空气中，这样在营养液和空气中的根系都可以吸收到氧气，根据作物的长势和气候条件来调节营养液的液层深度和液面至定植板或定植网框之间的空间大小，以调节根系对氧气的吸收。

4）多。适宜栽培的作物种类多，除了块根、块茎作物之外，几乎所有的作物均可在深液流水培中良好生长。

5）高。养分利用率高，可达90%~95%，营养液封闭式循环利用，不污染环境。

深液流水培技术的缺点有：投资较大，成本高；技术要求较高；病害易蔓延。

（2）营养液膜水培技术的特点

1）设施投资少。NFT 的种植槽是用轻质的塑料薄膜制成或用波纹瓦拼接而成，设施结构轻便、简单，安装容易，便于拆卸，投资成本低。

2）液层浅。营养液液层较浅，作物根系部分浸在浅层营养液中，部分暴露于种植槽内的湿气中，并且浅层的营养液循环流动，可以较好地解决根系呼吸对氧的需求。

3）易于自动化管理。

营养液膜水培技术的缺点：前期投资较少，但由于其耐用性差，后续的投资和维修工作较多；营养液膜深度较浅，使得根际环境稳定性差，对管理人员的技术水平和设备的性能要求较高；为了提高营养液膜水培技术的成功率，在生产过程中要采用自动控制装置，从而需增加设备和投资，推广面受到限制；病害也易蔓延。

（3）深水漂浮栽培的特点

1）营养液量大，缓冲性好，作物根系所处环境的营养成分、pH 和温度相对稳定。

2）作物漂浮在营养液表面，操作时移动方便。

3）换茬方便迅速，土地利用率高。

4）营养液循环使用，省水省肥。

5）可实现自动化控制和周年生产。

深水漂浮栽培技术的缺点：设施投资成本高；首次使用营养液用量大，运行费用高；消毒和无病菌操作要求严格，否则一旦感染病害将难以控制，有时会造成严重损失；仅适合于种植小株型的作物，种植大株形作物管理不便。

（4）浮板毛管水培技术的特点

1）培养湿气根，创造丰氧环境，改善根系供氧条件。解决营养液中水气矛盾，提高植物根际供氧水平，是无土栽培系统的关键技术之一。浮板毛管水培系统主要通过两个方面来解决水气矛盾：一是在供液口安装空气混合器，使种植槽中营养液的溶氧量达到接近饱和的水平；二是在部分根系浮在槽内浮板湿毡（无纺布）上，比较粗短，可吸收空气中的氧气，起着改善整个根系供氧状况的作用。部分根系生长在营养液中，比较细长，主要起吸收养分和水分的作用。从而克服了 DFT 系统根际环境易缺氧问题。

2）营养液供给稳定，不怕短期停电。种植槽营养液一般可保持 3 ~ 6cm，相当于番茄、黄瓜等蔬菜作物最大日耗液量的 3 ~ 6 倍。所以在栽培过程中发生临时停水、停电或水泵、定时故障，造成不能正常供液的情况下，对植株的正常生长没有什么大的影响。

3）根际环境稳定。FCH 系统是采用全封闭营养液循环和隔热性能好的聚苯乙烯泡沫板制作的种植槽，槽内空间受外界环境变化的影响较小；槽内液温稳定，即使在夏季高温季节，液温不超过 33℃，比最高气温低 6 ~ 9℃。因此，在南方最炎热的夏季，采用 FCH 系统设施栽培甜瓜、黄瓜等耐热作物，仍能获得好的收成。

4）设备投资少，运行能耗较低。FCH 系统设备，每 3 座 6m × 30m 的大棚（共 540m^2）的设备投资为：叶菜类 1.8 万元、果菜类 1.5 万元，比国产的改良型 NFT 系统设备投资降低 50% 以上，FCH 系统设施的营养液循环与 NFT 系统一样，采用间歇供液循环方式，但间歇的时间更长，水泵运转时间为 NFT 系统的四分之一，从而节省了能源消耗。

4. 水培设施建造

水培设施主要由种植槽、贮液池、营养液循环供液系统三部分组成，根据生产的需要和资金情况及自动化程度要求的不同，可以适当配置一些辅助设施和设备。

（1）深液流水培设施建造　深液流水培设施一般由种植槽、定植板（或定植网框）、贮液池、营养液循环流动系统等四大部分组成。深液流水培设施的类型很多，有些是固定式的永久设施，有些是可拆卸的拼装式设施，建造材料也是多种多样，有些是用水泥砖砌而成的，有些是用泡沫塑料或硬塑料做成的。目前，在我国应用得较多的是砖混结构深液流水培设施，即改进型神园式深液流水培设施。该设施是由华南农业大学在对神园式深液流水培系统进行改进的基础上开发的一种深液流水培设施，最大的特点是采用砖混结构的栽培槽。

1）种植槽。种植槽为永久性建筑，后续投资较少。种植槽一般宽度为 80 ~ 100cm，槽深 15 ~ 20cm，槽长 10 ~ 20m。槽宽一般不超过 150cm，这样既易于操作，也可防止定植板或定植网框在种植槽过宽时弯曲变形或折断。槽底用5cm厚的水泥混凝土制成，然后在槽底的基础上用水泥砂浆将火砖结合成槽周框，再用高标号耐酸抗腐蚀的水泥砂浆抹面，以达防渗防蚀的效果。改进型神园式深液流水培设施组成纵切面如图2-100所示。种植槽横切面如图2-101所示。

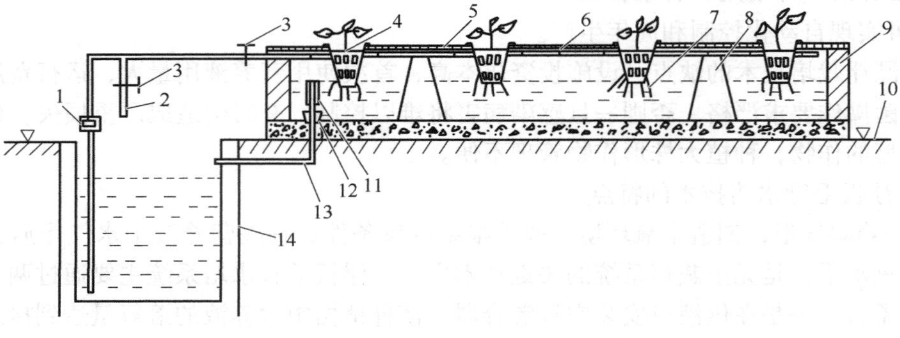

图2-100　改进型神园式深液流水培设施组成纵切面示意图

1—水泵　2—充氧支管　3—流量控制阀　4—定植杯　5—定植板　6—供液管　7—营养液　8—支撑墩　9—种植槽　10—地面　11—液层控制管　12—橡皮塞　13—回流管　14—贮液池

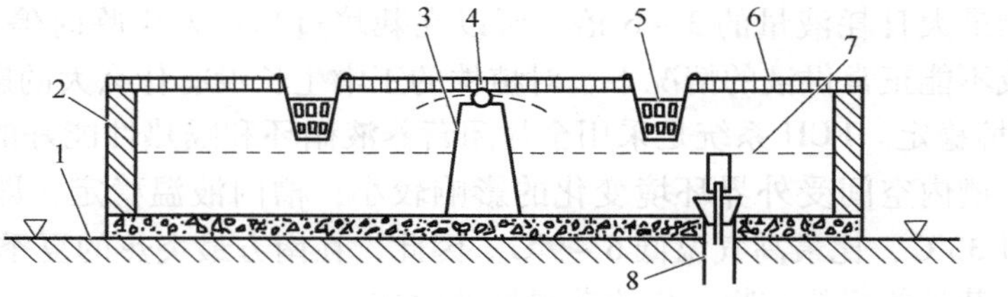

图2-101　种植槽横切面示意图

1—地面　2—种植槽　3—支撑墩　4—供液管　5—定植杯　6—定植板　7—液面　8—回流及液层控制装置

这种槽不用内垫塑料薄膜，直接盛载营养液进行栽培。但能否成功的关键在于选用耐酸抗腐蚀的水泥材料。这种槽的优点是农户可自行建造，管理方便，耐用性强，造价低。其缺点是不能拆卸搬迁，是永久性建筑，槽体比较沉重，必须建在坚实的地基上，否则会因地基下陷造成断裂渗漏。

2）定植板和定植网框。定植板（图2-102）用白色聚苯乙烯泡沫塑料板块制成，厚约2～3cm，泡沫塑料的密度应在20kg/m^{3}以上，密度越高越坚硬。栽培时，每一个定植孔中放一个定植杯，孔径为5～6cm，种果菜和叶菜都可通用。定植杯（图2-103）高7.5～8.0cm，直径50mm，杯口外沿有一宽约5mm的唇，以卡在定植孔上，不掉进槽底。在离杯口约1/3高度以下的部位及杯底部有宽约3mm的通花状镂空小格，根系可由此伸出并进入营养液。定植板的宽度与种植槽外沿宽度一致，使定植板的两边能架在种植槽的槽壁上，这样可使定植板连同嵌入板孔中的定植杯悬挂起来（图2-101）。定植板的长度一般为150cm，视工作方便而伸缩，定植板一块接一块地将整条种植槽盖住，使光线透不进槽内。定植板的宽度与栽培槽外沿的宽度一致，宽度超过1m的栽培槽的中央可用砖砌一道支撑墙，也可以在槽内中央每隔50cm放置一截长度与栽培槽深度相等的直径110mm的塑料管作支撑物，其上放置塑料供液管道，可同时起支撑定植板和供液的作用。架在墩上的供液管应紧贴于定植板底，以承受定植板的重力而保持其水平状态。在槽壁顶面保证是水平状态下，定植板的板底连同定植杯的杯底与液面之间各点都应是等距的，以使每个植株接触到液面的机会均等。要避免有些植物的根系已触到营养液，而另一些则仍然悬在空中而造成生长不均。

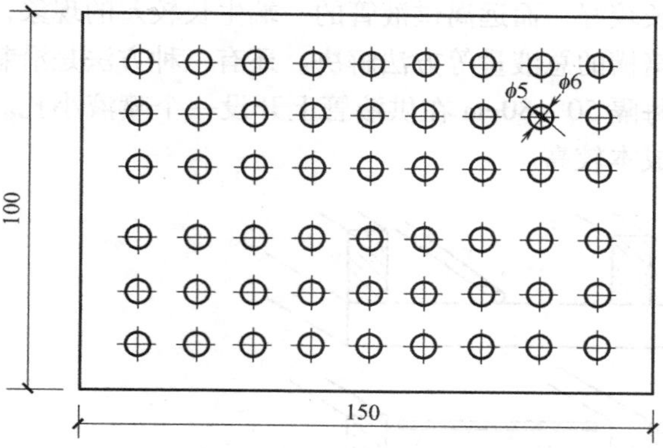

图2-102　定植板平面图（单位：cm）

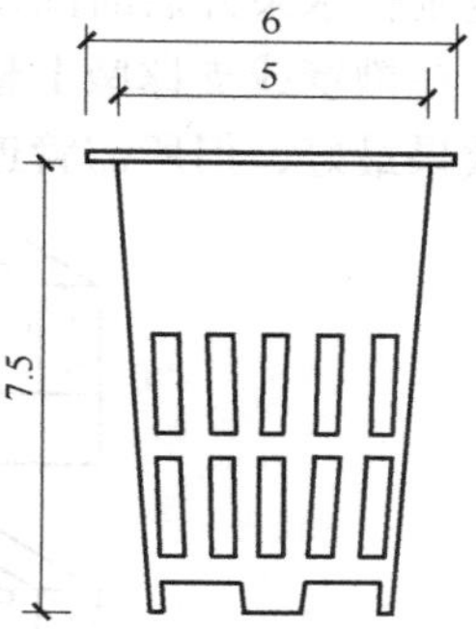

图2-103　定植杯（单位：cm）

定植网框是美国加利福尼亚州大学格里克（W. F. Gercke）于1929年最早开发的水培生产设施。定植网框宽度与栽培槽外沿一致，长度视材料强度而定，约50～80cm。定植网框用木板、硬质塑料板或角铁做成边框，内部安装塑料纱网，上面可盛放草炭、蛭石等基质。把蔬菜幼苗定植在基质中，喷水或营养液，当植物根系穿过塑料纱网接触到营养液就不用喷了。这种栽培方式吸收了基质培的优点，容易成功。缺点是投资较大，清理不便。目前只有在种植块茎作物如马铃薯等才考虑使用该方法。

3）地下贮液池。地下贮液池是作为增大营养液的缓冲能力，为根系创造一个较稳定的生存环境而设的。有些类型的深液流水培设施不设地下贮液池，而直接从种植槽底部抽出营养液进行循环，日本M式水培设施就是这样。这无疑可以节省用地和费用，但也失去了地下贮液池所具有的许多优点。地下贮液池的功能有：一是增大每株占有营养液量而又不致使种植槽的深度建得太深；二是使营养液的浓度、pH、溶存氧、温度等较长期地保持稳定；三是便于调节营养液的状况，如液温等。

地下贮液池在建造时池底要用10～15cm水泥混凝土加入钢筋浇筑而成，池壁用砖砌，厚度18～24cm。贮液池池面要比地面高出10～20cm并要有盖，防止雨水或其他杂物落入池中，保持池内黑暗以防藻类滋生。地下贮液池以不渗漏为建造的总原则。一般每667m^2栽培面积需要20～25m^3的贮液池即可。

4）循环供液系统。营养液循环系统包括供液和回流两部分。供液系统包括供液管道、水泵和调节流量的阀门等，而回流系统包括回流管道和液位调节装置。所有管道均用塑料制成，勿用镀锌钢管或其他金属管。

① 供液管道。由水泵从贮液池中将营养液抽起后，分成两条支管，每支管各自有阀门控制。一条转回贮液池上方，将一部分营养液喷回池中作增氧用；若要清洗整个种植系统时，此管可作彻底排水之用。另一条支管接到总供液管上，总供液管再分出许多分支通到每条种植槽边，再接上槽内供液管。槽内供液管为一条贯通全槽的长塑料管，其上每隔一定

距离开有喷液小孔，使营养液均匀分到全槽。在每条种植槽内的供液管道有三种架设方式（图2-104）：一种是把供液管平放在槽底供液管上每隔80～100cm钻出直径1～2mm的小孔以便让营养液喷射出来，液管浸没在营养液中，因此增氧效果较差，出水口也容易被根系或杂质堵塞；另一种方式是在栽培槽的一端与栽培槽走向垂直在槽面上架设钻有多个喷射小孔的管道，营养液从小孔中喷出，从栽培槽一端流向另一端，此法节省管道，但营养液增氧效果差，有时会出现植物在供液一端生长较好，而远离供液管的一端生长较差的现象，此时可通过延长水泵开启时间以增加流入栽培槽的总液量等方法解决。还有一种方法是沿栽培槽走向，在槽壁或支撑墩上悬吊供液管，每隔50～80cm在供液管上开设一个喷液小孔。此法增氧效果最好，但所需管道的量较大，成本较高。

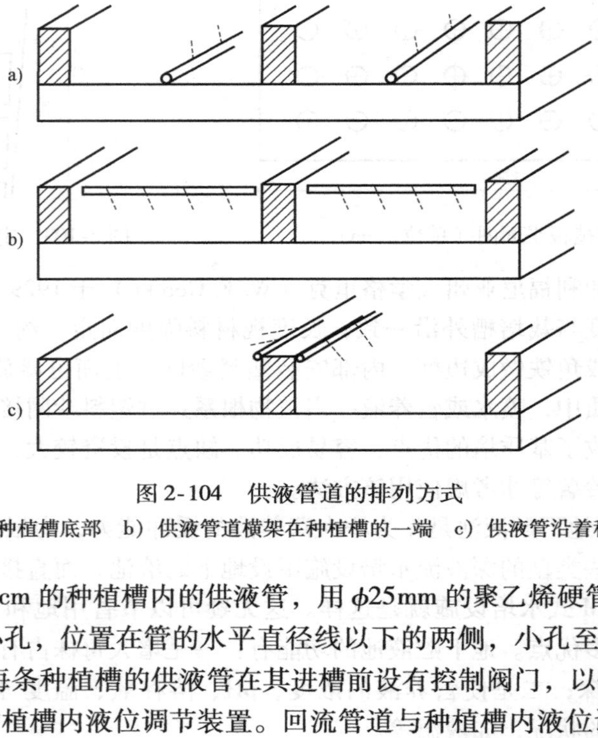

图2-104　供液管道的排列方式

a）供液管道排列在种植槽底部　b）供液管道横架在种植槽的一端　c）供液管沿着种植槽槽壁上端安装

在槽宽为80～90cm的种植槽内的供液管，用ϕ25mm的聚乙烯硬管制成，每隔45cm开一对孔径为2mm的小孔，位置在管的水平直径线以下的两侧，小孔至管圆心线与水平直径之间的夹角为45°，每条种植槽的供液管在其进槽前设有控制阀门，以便调节流量。

② 回流管道及种植槽内液位调节装置。回流管道与种植槽内液位调节装置（图2-105、图2-106）。建造时，回流管要先埋入地下，在上面建造栽培槽。在种植槽的一端底部设一回流管，管口与槽底面持平，管下段埋于地下外接到总回流管上去。槽内回流管口如无塞子塞住，进入槽内的营养液可彻底流回贮液池中。为使槽内存留一定深度的营养液，要用一段带橡胶塞的液面控制管（图2-105）塞住回流管口。当液面由于供液管不断供液而升高，超过液面控制管的管口时，便通过管口回流。另可在液面控制管的上段再套上一段活动的胶管，将其提高，液面随之升高，将其压低，液面随之下降。液面控制管外再套上一个宽松的围堰圆筒（用塑料制成，筒内径比液面控制管大1倍即可），筒高要超过液面控制管管口，筒脚有锯齿状缺刻，使营养液回流时不能从液面流入回流管口，迫使营养液从围堰脚下缺刻通过才转上回流管口，这样可使供液管喷射出来的富氧营养液驱赶槽底原有的比较缺氧的营养液回流，同时围堰也可阻止根系长入回流管口。若将整个带胶塞的液面控制管拔去，槽内的营养液便可彻底排净。

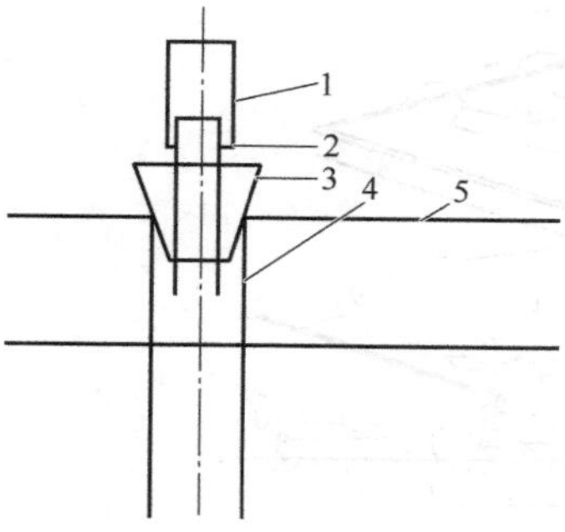

图2-105　液层控制装置
1—可升降的套于硬塑管外的橡皮管
2—硬塑管　3—橡皮塞　4—回流管
5—种植槽底

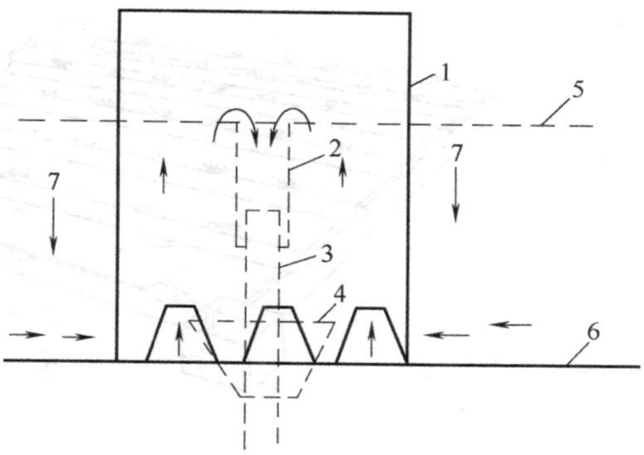

图2-106　罩住液位调节装置的塑料管
1—带缺刻的硬塑料管　2—液位调节管
3—PVC硬管　4—橡胶塞　5—液面
6—槽底　7—营养液及其液向（箭头表示）

每条槽的回流管道与总回流管道的直径，应根据进液量来确定。回流管的直径应大到足以及时排走需回流的液量，以避免槽内进液大于回液而泛滥。

③ 水泵和定时器。水泵的功率要适中，功率太大，贮液池中的营养液会很快被抽干，不能及时回流的营养液会从栽培槽溢出。通常，在栽培面积为1000～2000m^2时，选用1台口径为25～50mm、扬程30m、功率为1.5kW的自吸泵即可，面积为320m^2时，选用功率为550W的水泵就够了。水泵配以定时控制器，按需控制水泵的工作时间。大面积栽培时，可将温室内全部种植槽分为四组，每组有一供液控制阀，分组轮流供液，以保证供液时从小孔中射出的小液流有足够的压力，提高增氧效果。

（2）营养液膜水培设施建造　营养液膜技术是由英国温室作物研究所库柏（A. J. Cooper）在1973年发明的。1979年以后，该技术迅速在世界范围内推广应用。据1980年的资料记载，当时已有68个国家正在研究和应用该技术进行无土栽培生产，我国在1984年也开始开展这种无土栽培技术的研究和应用工作，效果良好。

营养液膜技术的设施主要由种植槽、贮液池、营养液循环流动装置三个部分组成（图2-107）。此外，还可以根据生产实际和资金的可能性，选择配置一些其他辅助设施，如浓缩营养液贮备罐及自动投放装置、营养液加温、冷却装置等。

1）种植槽。NFT的种植槽按种植作物种类的不同可分为两类：一是栽培大株形作物用的（图2-107），二是栽培小株形作物用的（图2-108）。

① 栽培大株形作物用的种植槽。这种栽培槽用于栽培黄瓜、甜瓜、番茄、辣椒等大株形蔬菜。最简单的栽培槽是用塑料薄膜围合起来的类似等腰三角形的栽培槽，建造时先依据地形条件挖成长10～20m、底宽25～30cm、高10cm的沟槽。要求坡降1∶75～100左右，坡度过大流速过快，坡度过小流速缓慢。沟槽底部要整平压实，避免积水。槽的长度一般要限制在30m以内。沟槽上铺一层宽75～80cm，厚0.1～0.2cm的黑白双色的聚乙烯塑料薄膜，略长于栽培槽长度，白色在下，黑色在上，中部25～30cm紧贴地面（图2-107）。

定植时，将育苗块（一般为岩棉块）按一定株距摆放在槽体中间，排成一排后将两边薄膜拉起来，用夹子夹在一起，做成底宽25～30cm、高约20cm的等腰三角形栽培槽，植株

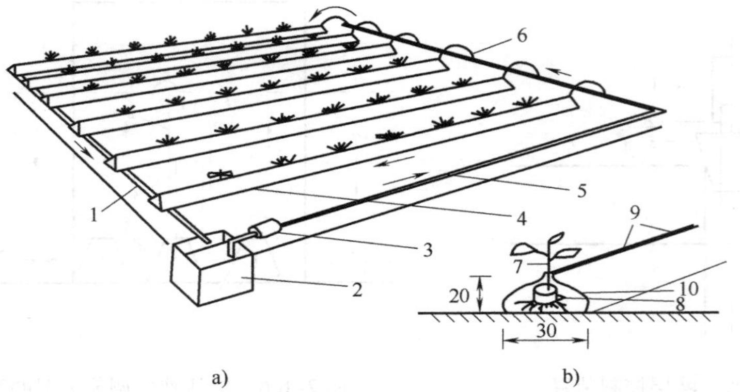

图 2-107　NFT 设施组成示意图

a）全系统示意图；b）种植槽剖视图

1—回流管　2—贮液池　3—泵　4—种植槽　5—供液主管　6—供液支管　7—苗　8—育苗钵　9—夹子　10—聚乙烯薄膜

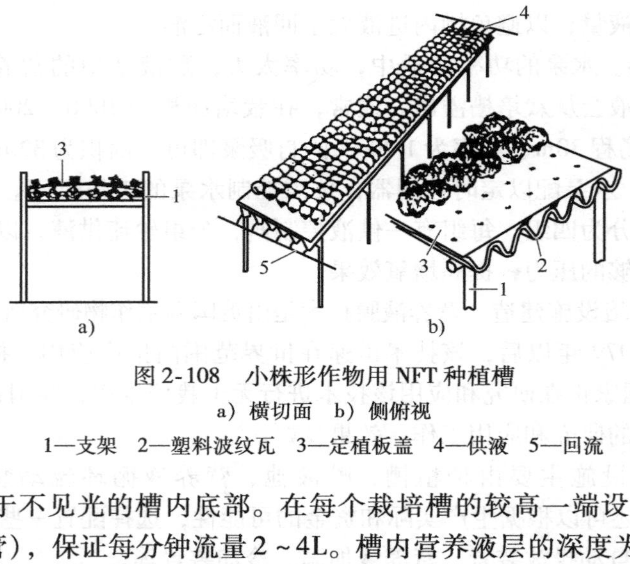

图 2-108　小株形作物用 NFT 种植槽

a）横切面　b）侧俯视

1—支架　2—塑料波纹瓦　3—定植板盖　4—供液　5—回流

露在外面，根系置于不见光的槽内底部。在每个栽培槽的较高一端设 2～3 根毛管（内径 3～5mm 的细塑料管），保证每分钟流量 2～4L。槽内营养液层的深度为 1～2cm，过深容易导致氧气供应不足，过浅不能满足植物对水分和养分的需要。

为改善作物的吸水和通气状况，可在槽内底部铺垫一层无纺布，它可以吸水并使水扩散，而根系又不能穿过它，然后将植株定植于无纺布上。无纺布通常称为假底或假垫，其作用主要是：一是浅层营养液直接在塑料薄膜上流动会产生乱流，在植株幼小时，营养液会流不到根系中去，造成缺水。无纺布可使营养液扩散到整个槽底部，保证植株吸到水分；二是根系直接贴住塑料薄膜生长，植株长到足够大时，根量多，重量大，形成一个厚厚的根垫与塑料薄膜贴得很紧，营养液在根的底部流动不畅，造成根垫底下缺氧，容易出现坏死。有一层根系穿不过的无纺布，根只能长在无纺布上面，根与塑料薄膜之间隔一层无纺布，营养液可在其间流动，解决了根垫底缺氧问题；三是无纺布可吸持大量水分，当停电断流时，可缓解作物缺水而迅速出现萎蔫的危险。

② 栽培小株形作物用的种植槽。栽培小株形作物用的种植槽是用玻璃钢或水泥制成的波纹瓦作槽底。波纹瓦的谷深2.5~5.0cm，峰距视株形的大小而伸缩，宽度为100~120cm，可种6~8行，按此即计算出峰距的大小。全槽长20m左右，坡降1:75。波纹瓦接连时，叠口要有足够深度而吻合，以防营养液漏掉。一般槽都架设在木架或金属架上，高度以方便操作为度。波纹瓦上面要加一块板盖将它遮住，使其不透光。板盖用硬泡沫塑料板制作，上面钻有定植孔，孔距按种植的株行距来定，板盖的长宽与波纹瓦槽底相匹配，厚度2cm左右。

2）贮液池。一般按大型蔬菜如番茄、黄瓜等，每株5L，小株蔬菜每株1L的容积计算贮液池容积。通常，每667m^2栽培面积设置一个容积20~25m^3的贮液池就足够了。为便于安放水泵，贮液池的底部要建一个直径30~40cm，深50cm的坑，同样要注意防止渗漏。建好后，在贮液池池壁的内表面用油漆画出水位标记，以便直观地掌握贮液量。回流管入口的位置要高于贮液池营养液液面，使之有一定落差，在营养液回流时，溅起的水泡可提供营养液的含氧量。贮液池内还可安装不锈钢螺旋管，用于循环冷水或热水，必要时以此调节营养液温度。

3）营养液循环流动装置。主要由水泵、管道及流量调节阀等组成。

① 水泵。可用耐酸碱、耐腐蚀的自吸泵或潜水泵。一般每667m^2栽培面积选用一台功率为550~1000W、流量为每小时6~8m^3的水泵就可以了。

② 管道。均应采用塑料管道，以防止腐蚀或影响营养液成分。管道安装时要严格密封，同时尽量将管道埋于地面以下，一方面方便工作，另一方面避免日光照射而加速老化。管道可按管径分为几级，即主管、支管和毛管，逐级变细。主管、各支管上都要安装阀门，以调节流量，使得各种植槽的流量尽可能均匀。在每个栽培槽较高的一端，从支管中引入2~3条供液毛管，管径3~5mm，供液量控制在每槽每分钟流量为2~5L。安装多条毛管可保证在1~2条堵塞时仍有1~2条供液，以防植株因缺水死亡。小株形种植槽每个波谷都设两条小输液管，保证每个波谷都有液流，流量每谷2L/min。种植槽的低端设排液口，用管道接到集液回流主管上，再引回贮液池中。集液回流的主管要有足够大的口径，以免滞溢。

4）其他辅助设施。NFT因营养液用量少，致使营养液变化比较快，必须经常进行调节。为减轻劳动强度并使调节及时，可选用一些自动化控制的辅助设施进行自动调节。但即使不用这些辅助设施，用人工调节也同样能进行正常的生产。辅助设施包括定时器、电导率（EC）自动控制、pH自控装置、营养液温度调节装置和安全报警器等。

① 定时器。NFT系统多采用间歇供液方式，尤其是那些使用窄小的PVC塑料栽培槽的小株蔬菜栽培系统，蔬菜根系生长迅速，受到生长空间的制约，在很短的时间内即布满整个槽底，会严重阻碍营养液的流动，如果连续供液，必将导致营养液泛滥溢出，因此只能采用间歇供液方式。水泵工作的时间、每次启动工作时间长短、工作间歇时间都由供液定时器控制。

② 电导率（EC）自控装置。由电导率（EC）传感器和控制仪表及浓缩营养液罐（分A、B两个）加注入泵组成。当EC传感器感应到营养液的浓度降低到设定的限度时，就会由控制仪表指令注入泵将浓缩营养液注入贮液池中，使营养液的浓度恢复到原先的浓度。反之，如营养液的浓度过高，则会指令水源阀门开启，加水冲稀营养液使达到规

定的浓度。

③ pH 自控装置。由 pH 传感器和控制仪表及带注入泵的浓酸（碱）贮存罐组成，其工作原理与 EC 自控装置相似。

④ 营养液的加温和冷却装置。液温太高或太低都会抑制作物的生长，通过调节液温以改善作物的生长条件，比对大棚或温室进行全面加温或降温要经济得多。营养液温度控制装置主要由加温装置或降温装置及温度自控仪两部分组成。

⑤ 安全装置。营养液膜栽培系统的营养液总量较少，种植槽中液层较浅，一旦发生停电或水泵出现故障，植物极易缺水萎蔫，在气温高、植株大、空气干燥时，一般停止供液后30min 开始萎蔫。即使槽底铺设无纺布，在气温 30 ~ 35℃的夏季，停止供液 2 ~ 3h 后植物仍易萎蔫。因此，有必要安装报警装置，以便在停水、停电或水泵工作不正常时及时报警、抢修等。

（3）浮板水培技术　浮板水培技术简称 FHT（Floating Hydroponics Technique），是指植物定植在浮板上，浮板在营养液池中自然漂浮的一种水培模式。它是 DFT 的一种栽培形式。池中营养液深度一般在 10 ~ 100cm 范围内，根据池中营养液的深浅，可分为深水漂浮栽培系统和浅池漂浮栽培系统。深水漂浮栽培系统最初由美国亚利桑那大学于 20 世纪 70 年代末研究开发，后经加拿大 HydrONov 公司发展推广应用于商业化生产，在加拿大、美国以及我国的北京、深圳等地建立了深水漂浮栽培温室，用于水培蔬菜的商业化生产，推广较快。而浅池漂浮栽培系统与传统 DFT 水培的主要区别是定植板和定植杯以及植物根系均漂浮在种植槽内的营养液中，定植板随液位变化而上下浮动。

浮板水培设施主要包括栽培床、定植板、营养液循环系统、自动控制系统和营养液消毒装置（图 2-109）。栽培床一般为砖和水泥砌成的水池，整个温室内部除两端留出少量的空间作为工作通道及放置移苗、定植的传送装置之外，全部建成一个或数个深约 80 ~ 100cm 的水池，整个水池中放入 80 ~ 90cm 深的营养液。在水池底部安装有连接压缩空气泵的出气口以及连接浓缩液分配泵的出液口。池中的营养液通过回流管道与另一个水泵相连接，通过

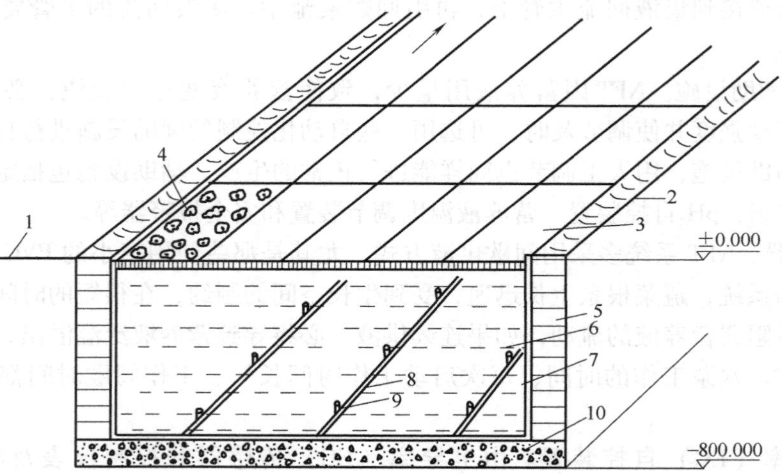

图 2-109　全温室深液流水培设施示意图（单位：cm）

1—地面　2—工作通道　3—泡沫塑料定植板　4—植株　5—槽框　6—营养液　7—塑料薄膜　8—供液管道　9—喷头　10—槽底

该水泵进行整个贮液池中营养液的自体循环。

每个栽培床宽4~10m，长数十米，大型连栋温室里往往多个栽培床平行排列，中间以走道分隔。

定植板一般为白色聚苯乙烯泡沫塑料板，用以固定植株。定植板上有许多定植孔，孔距因作物种类和生长阶段的不同而异。定植板依靠浮力漂浮在营养液上，没有其他支撑。

营养液循环系统包括贮液池、泵、加液系统、回液系统以及补氧装置。

自动控制系统包括与计算机相连的电导率仪、pH计、温湿度计、光照测定装置及报警装置等，可以随时对营养液的浓度、酸碱度、温度进行监测，对温室的温度、湿度和光照进行监测，并按照设定程序自动调节营养液EC、pH等。

（4）浮板毛管水培 浮板毛管水培是在营养液面上放置漂浮板，而后在漂浮板上铺设吸水能力较强的如无纺布等作为吸水垫，两端垂入营养液中，利用毛细管力将营养液移动到漂浮在吸水垫上部的根系部位，根系可以直接从空气中吸收氧气的一种栽培方式。该系统具有成本低、投资少、管理方便、节能、实用等特点。这种水培技术适应性广，适宜我国南北方各种气候条件和生态类型应用。目前FCH水培系统已在北京等十多个省市自治区示范应用，获得了良好的应用效果。

浮板毛管水培设施包括种植槽、地下贮液池、循环管道和控制系统四部分（图2-110）。除种植槽以外，其他三部分设施基本与NFT相同。种植槽（图2-111）由定型聚苯乙烯板做成长1m凹形槽，然后连接成长15~20m的长槽，其宽40~50cm、高10cm，槽内铺0.3~0.8cm厚的聚乙烯薄膜，营养液深度为3~6cm，液面漂浮1.25cm厚、宽10~20cm的聚苯乙烯泡沫板，板上覆盖一层亲水性无纺布（作为湿毡，规格为$50g/m^2$），两侧延伸入营养液内，通过毛细管作用，使浮板始终保持湿润。秧苗栽入定植杯内，然后悬挂在定植板的定植孔中，正好把槽内的浮板夹在中间，根系从定植杯的孔中伸出后，一部分根爬伸生长到浮板上，产生根毛吸收氧气，一部分根伸到营养液内吸收水分和营养。定植板用2.5cm厚、40~50cm宽的聚苯乙烯泡沫板，覆盖于种植槽上，定植板上开两排定植孔，孔径与育苗杯外径一致，孔间距为40cm×20cm。种植槽坡降1:100，上端安装进水管，下端安装排液装置，进水管处同时安装空气混入器，增加营养液的溶氧量。排液管道与贮液池相通，种植槽内营养液的深度通过垫板或液层控制装置（图2-110）来调节。一般在秧苗刚定植时，种植槽内营养液的深度保持6cm，定植杯的下半部进入营养液内，以后随着植株生长，逐渐下降

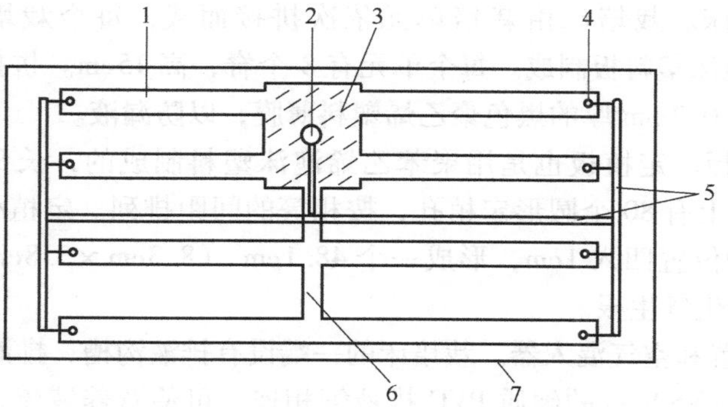

图2-110 FCH系统设施平面布置图

1—定植板 2—浮板 3—无纺布 4—空气混入器 5—供液管道 6—排液管道 7—6m×30m大棚

到3cm。其他管理参考DFT。

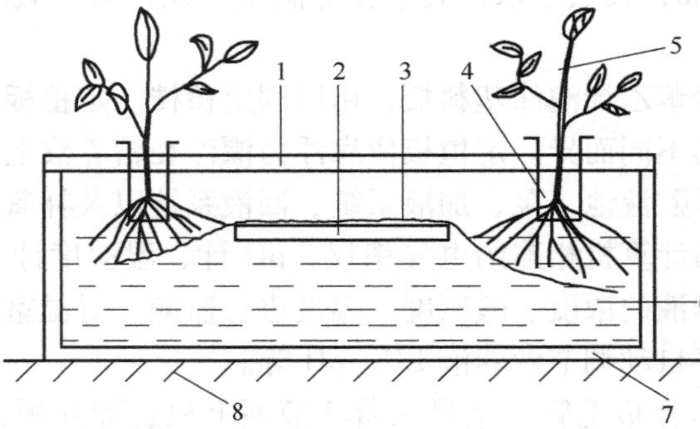

图2-111　FCH种植槽横断面示意图

1—种植槽　2—水泵　3—贮液池　4—定植杯　5—植株　6—营养液

7—定型聚苯乙烯种植槽　8—地面

循环供液系统由水泵、阀门、管道、空气混合器等组成。营养液循环路线为贮液池→阀门→管道→空气混合器→栽培床→排液口→贮液池。控制系统有定时器和控温仪，主要用于水泵的开停和自控液温。

（5）动态浮根栽培技术设施建造　动态浮根栽培技术是1986年我国台湾由台中地区开发的一种水培技术，由带脊的栽培床、有凹槽的气根式定植板、空气混入器、液位调节装置、营养液交换箱、营养液浓度控制装置组成。在炎热的夏季，营养液温度稳定，并能诱导蔬菜产生大量气生根，且溶解氧含量高，可减轻夏季高温使营养液温度上升而引起的低氧状况。是一种适宜热带或亚热带地区使用的水培系统，目前在我国台湾和新加坡、马来西亚群岛、泰国有一定的应用面积。

1）矮架组合式钢管构架温室。DRF系统的所有装置都安放在特制的低矮的防台风温室中，温室的构架为热浸镀锌厚壁钢管，标准宽度为2.13m，高度为2.1m，温室长度不限。温室顶部覆盖厚度为0.15~0.2mm的聚氯乙烯（PVC）塑料薄膜，温室侧壁围以24目聚乙烯（PE）塑料纱网，以防害虫侵入温室。夏季，当温室内气温超过30℃时，在高于温室顶部30cm的位置悬挂遮光率为25%~40%的聚乙烯塑料纱网，以降低室内温度。动态浮根系统的主要组成部分如图2-112所示。

2）带脊的栽培床。栽培床由栽培单元依次拼接而成，每个栽培单元宽2.01m，长90cm，由聚苯乙烯泡沫塑料板制成。每个单元有8个脊，高15cm。拼接好栽培床后，在栽培床表面再覆盖一层0.2mm厚的黑色聚乙烯塑料薄膜，以防漏液。

3）气根式定植板。定植板也是用聚苯乙烯泡沫塑料制成的，长90.1cm、宽88.0cm、厚4cm。每块定植板上有80个圆形定植孔，按相等的间距排列。定植板的一面是平的，而另一面每个定植孔的位置凹入1cm，形成一个48.1cm^3（8.3cm×5.8cm×1.0cm）的空间，用以诱导蔬菜根系产生气生根。

4）液位调节装置和空气混入器。栽培床的一端设有排液沟槽，排液沟槽底部每隔3.6m设一个排液口，与直径50mm的硬质PVC排液管相连，可使营养液流入设在栽培系统的一端的一个营养液交换箱中。交换箱内安装有双套环式液位调节装置和排液口堵头。液位调节装置由ABS工程塑料管制成，分内、外两环，外环管高8cm，在底部有两个直径2cm小孔，

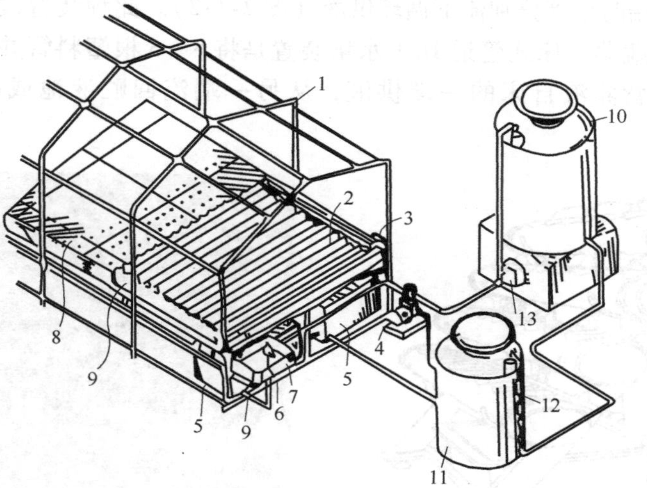

图2-112　动态浮根系统的主要组成部分

1—管结构温室　2—栽培床　3—空气混入器　4—水泵　5—水池　6—营养液液面调节器　7—营养液交换箱　8—板条　9—营养液出口堵头　10—高位营养液罐　11—低位营养液罐　12—浮动开关　13—电源自动控制器

可使营养液进入外环内侧并经内环管的顶部及相连管道流入贮液池。内环管总高度为8cm，由可相互连接的4个管组成，高度分别为3cm、2cm、2cm、1cm。在蔬菜不同的生长时期，通过采用不同的连接方式，内环管的高度可以在0~8cm变化。

在栽培床的一端有一根直径0.5cm的供液管，供液管在栽培床脊与脊之间的凹陷处开有一个小孔，使营养液流出。供液管的一端连有空气混入器，空气混入器的另一端与贮液池中的供液水泵相连。空气混入器内有一个带4个叶片的叶轮（类似飞机的螺旋推进器），而在空气混入器外层的管壁上相对位置，各有一个直径1mm的小孔，供液时，空气混入器可从这两个小孔吸入空气，提高营养液的溶氧量。

5）营养液循环系统。营养液循环利用，营养液的供应频率由一个与供液水泵相连的安置于控制箱中的定时器自动控制。供液频率设定为，白天供液6min、停24min，夜间供液6min、停174min。营养液在水泵的作用下，从贮液池抽出，经空气混入管道流入栽培床的每个凹槽，而后汇集到栽培床一端，经排液口流入营养液交换池，通过液位调节装置流回贮液池。栽培系统中营养液的浓度和液量由设在低位贮液罐中的浮动开关控制，当栽培系统中被消耗的营养液达到3%时，浮动开关自动开启，使高位贮液罐中的浓缩营养液按双倍的量流入贮液池，由于低位贮液罐与贮液池是相连的，因而贮液池中的贮液能保持在一个固定的深度。

（6）管道式水培设施组成　管道水培可以是DFT或NFT管道水培，根据管道的结构类型可分为报架式和床式两种类型。以下以DFT管道水培为例加以介绍。报架式管道DFT水培装置状如报架，用ϕ11~16cm的PVC管或不锈钢管作栽培容器，其上按一定间距开定植孔，安放塑料定植杯。每个定植杯处安放1个滴头或不安放滴头，营养液通过水泵从安放在栽培架下或旁边的贮液箱供液，或从贮液池供液，营养液循环流动。有的栽培装置包括两个栽培架，相对放置，呈V形。也有两个栽培架呈A形报架，即在A形架的两面各排列3~4

根管，营养液从顶端两根管分别流下循环供液（图2-113）。此种装置改为单面可固定在温室墙面，种植耐阴蔬菜。床式管道DFT水培装置是将5~6根塑料管并排平放于床式栽培架上，彼此连接，营养液自床的一端供液，从另一端流回贮液池或贮液箱，循环供液（图2-114）。

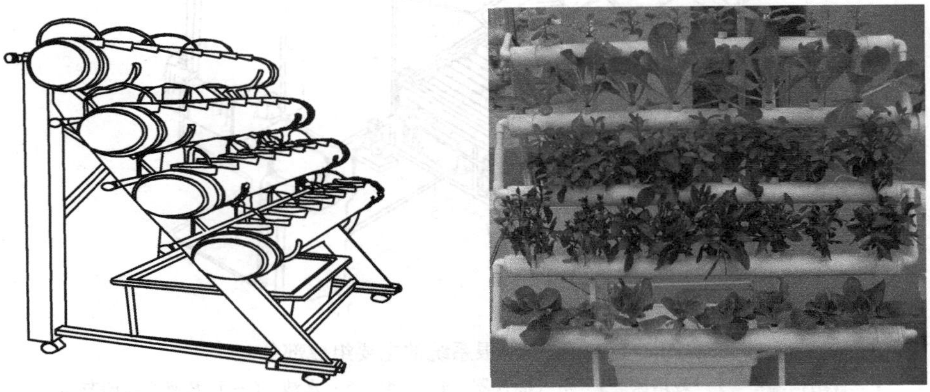

图2-113　报架式管道水培

图2-114　床式多层管道水培

（7）鲁SC-Ⅰ型多层式水培（图2-115）　这是山东农业大学研制成功的立体无土栽培形式。栽培槽是用薄铁板式玻璃钢制成，宽与高均为20cm，长2~2.6m的三角形，一端设进液口，另一端设“U”形排液管，槽内填10cm厚的蛭石，用垫托住，下面尚有10cm空间供营养液流动。栽培床吊挂三层，层间距80~100cm，槽间行距1.8m。

（8）三层槽式水培（图2-116） 将三层水槽按80cm距离架设于空中而成。栽培形式为DFT水培，营养液顺槽的方向逆水层流动。

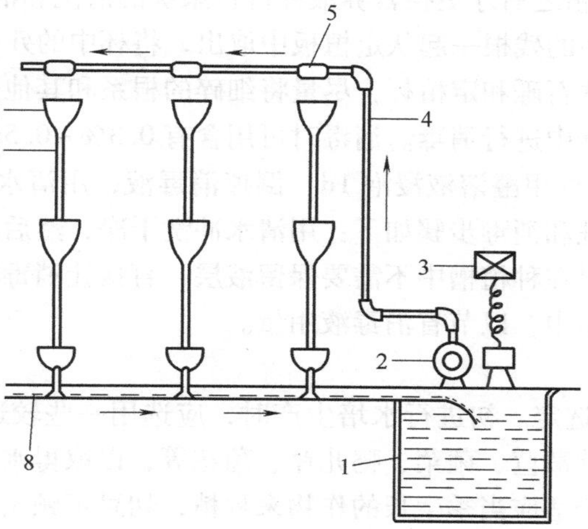

图2-115 鲁SC-Ⅰ型多层式栽培

1—贮液池 2—水泵 3—定时器 4—供液管 5—阀门
6—栽培槽 7—回液管 8—回液总管

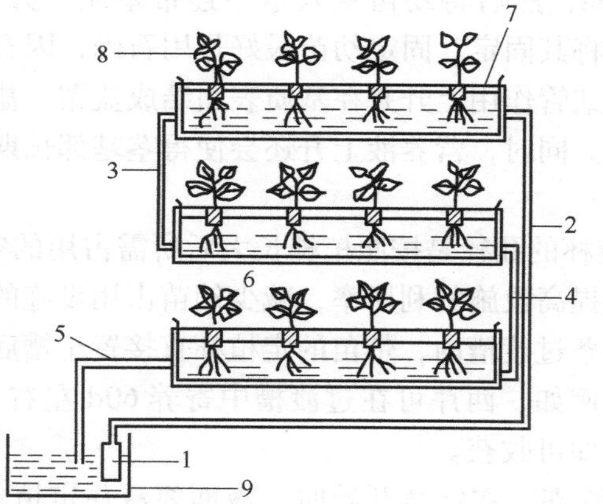

图2-116 三层槽式水培示意图

1—水泵 2—进液管 3—中层进液管 4—下层进液管 5—回液管 6—栽培槽
7—定植板 8—植株 9—贮液池

5. 水培技术管理要点

（1）DFT技术管理要点

1）种植槽处理。种植槽的处理可分为两种，一是新建种植槽的处理：新建成的水泥结构种植槽和贮液池，会有碱性物质渗出，渗出液pH可高达11左右，开始时先用清水浸泡数天，以洗刷去大部分碱性物质，而后用稀硫酸或磷酸浸泡中和，浸泡到 pH 稳定在 6 ~ 7 之间，排去浸泡液，用清水冲洗 2 ~ 3 次即可。二是换茬阶段的清洗与消毒：换茬时对设施系统消毒后方可种植下茬作物。生长期较长的作物如番茄、黄瓜等在每种植一茬时都必须更换营养液，清洗整个种植系统，然后才进行消毒处理以便下一茬的种植；生长期短的如叶菜类，则经过 3 ~5 茬的种植之后才更换营养液并进行系统的清洗和消毒。具体操作步骤如下：把定植杯连同残留在杯中的残根一起从定植板中取出，将杯中的残根和小石砾倒出，把残根从石砾中清掉，用水冲洗石砾和定植杯，尽量将细碎的根系和其他杂质冲走，然后把石砾和定植杯分别集中放在容器中进行消毒。消毒时可用含有 0.3% ~0.5% 有效氯的次氯酸钠或次氯酸钙溶液或含有 0.4% 的甲醛溶液浸泡 1d，倒掉消毒液，用清水冲洗即可。对于种植槽、贮液池和循环管道的清洗和消毒步骤如下：用清水冲洗干净，然后用上述的消毒液开启水泵来循环消毒。循环消毒时在种植槽中不需要保留液层，直接让消毒液从供液管中流到种植槽再经回流管道流到贮液池中，以节省消毒液用量。

2）栽培管理

① 栽培作物种类的选定。初进行水培生产时，应选用一些较适应水培的作物种类来种植，如番茄、节瓜、直叶莴苣、蕹菜、鸭儿芹、菊花等，以取得水培的成功。在没有控温的大棚内种植，要选用完全适应当季生长的作物来种植，切忌不顾条件地去搞反季节种植，不要误解无土栽培技术有反季节的功能。

② 秧苗准备与定植。

a. 移苗入杯：移苗入杯是指把在育苗穴盘或育苗杯中培育到一定大小的幼苗移植到定植杯中。准备好固定幼苗用的非石灰质小石砾，粒径要大于定植杯的小孔。在定植杯底部先放一层，厚 1 ~2cm，然后将幼苗从穴盘中连带基质一并移入定植杯中，另取一些小石砾放在幼苗根系周围将其固定。固定幼苗最好是用石砾，因石砾颗粒较大，毛细管作用较弱，可防止营养液随毛细管作用上升并在基质表面结成盐霜，盐霜会影响到植物茎基部的生长，甚至导致植株死亡。同时，营养液上升还会使得茎基部长期处于潮湿状态，极易感染病害。

b. 过渡槽寄养：定植杯的孔径是按照植株长大后所需占用的空间而定，遇上幼苗太细，很久才会长满空间。为了提高设施的利用率，减少幼苗占用设施的时间，将已移入定植杯内的细小幼苗，密集置于一条过渡槽内，带苗的定植杯直接置于槽底，叫过渡槽寄养。该做法对于叶菜类蔬菜很有效。例如，西芹可在过渡槽中寄养 60d 左右，等幼苗高度在 10 ~15cm 时定植，则定植后约 60d 即可收获。

3）营养液的配制与管理。在定植开始时，液面要浸住定植杯底 1 ~2cm，当根系大量深入营养液后，液面应随之调低，使有较多根段露于空气中，以利呼吸而节省循环流动充氧的能耗。在这种情况下，露于潮湿空气中的根段会重新发生许多根毛，这些有许多根毛的根段不能再被营养液淹浸太久，否则就会坏死而伤及整个根系，所以液面不能无规则地任意升降。原则上液面降低以后，若上部的根段已产生大量根毛时，液面就稳定在这个水平。还要注意使存留于槽底的液量有足够植株 2 ~3d 吸水的需要，不能降得很浅维持不了植株 1d 的吸水量。生产上还应注意水泵出了故障或电源中断不能供液的问题。

4）建立科学的高效的管理制度。这是社会化大生产所必需的。每个技术部门和每项技术措施都要有专人负责，明确岗位责任，建立管理档案，列出需要记录的项目，制成表格和工作日记，逐项进行登记。DFT水培管理记录表见表2-48。这样才能对生产中出现的问题作科学的分析，从而使其得到有效的解决。

表2-48　DFT水培管理记录表

棚　　号：__________　　　　　　　　　　　记录人：__________

作物名称：__________

日　期	设施环境		营养液		生长状况	处理措施	备　注
	温　度	湿　度	EC值	pH			

（2）NFT技术管理要点

1）种植槽处理。对于新槽主要检查各部件是否合乎要求，特别是槽底是否平顺，塑料薄膜有无破损渗漏。换茬后重新使用的槽，在使用前注意检查有无渗漏并要彻底清洗和消毒。

2）育苗与定植。

① 大株形种植槽的育苗与定植。因NFT的营养液层很浅，定植时作物的根系都置于槽底，故定植的苗都需要带有固体基质或有多孔的塑料钵以锚定植株。育苗时就应用固体基质块（一般用岩棉块）或用多孔塑料钵育苗，定植时不要将固体基质块或塑料钵脱去，连苗带钵（块）一起置于槽底。

大株形种植槽的三角形槽体封闭较高，故所育成的苗应有足够的高度才能定植，以便置于槽内时苗的茎叶能伸出三角形槽顶的缝以上。

② 小株形种植槽的育苗与定植。可用岩棉块或海绵块育苗。岩棉块规格大小以可旋转入定植孔、不倒卧于槽底即可。也可用无纺布卷成或岩棉切成方条块育苗。在育苗条块的上端切一小缝，将催芽的种子置于其中，密集育成2~3叶的苗。然后移入板盖的定植孔中。定植后要使育苗条块触及槽底而幼叶伸出板面之上。

3）营养液的配制与管理

① 营养液配方的选择。由于NFT系统营养液的浓度和组成变化较快，因此要选择一些稳定性较好的营养液配方。

② 供液方法。NFT的供液方法是比较讲究的。因为它的特点是液层要很浅，不超过1.0~2.0cm。这样浅的液层，其中含有的养分和氧很容易被消耗到很低的程度。当营养液从槽头一端输入，流经一段相当长的路程（以限25m计算）以后，许多植株吸收了其养分和氧，这样从槽头的一株起，依次吸到槽尾的一株时，营养液中的氧和养分已所剩不多，造成槽头与槽尾的植株生长差异很大。当供液量有一定限度时就会造成对产量的影响。说明NFT的供液量与多因素有关。

NFT在槽长超过30m以上，而植株又较密的情况下，要采用间歇供液法以解决根系需氧的问题。这样，NFT的供液方法就派生为两种，即连续供液法和间歇供液法。

连续供液法：NFT的根系吸收氧气的情况可分为两个阶段，即从定植后到根垫开始形成，根系浸渍于营养液中，主要从营养液中吸收溶存氧，这是第一阶段。随着根量的增加，根垫形成后有一部分根露在空气中，这样就从营养液和空气两方面吸收氧，这是第二阶段。

第二阶段的出现快慢，与供液量多少有关。供液量多，根垫要达到较厚的程度才能露于空气中，从而进入第二阶段较迟；供液量少，则很快就进入第二阶段。第二阶段是根系获得较充分氧源的阶段，应促其及早出现。连续供液的供液量，可在2~4L/min的范围内，随作物的长势而变化。原则上白天、黑夜均需供液。如夜间停止供液，则抑制了作物对养分和水分的吸收（减少吸收15%~30%），可导致作物减产。

间歇供液法：解决NFT系统中因槽过长、株过多而导致根系缺氧的有效方法。此外，在正常的槽长与正常的株数情况下，间歇供液与连续供液相比，产量和果实重量也是间歇供液的高。间歇供液在供液停止时，根垫中大孔隙里的营养液随之流出，通入空气，使根垫里直至根底部都吸到空气中的氧，这样就增加了整个根系的吸氧量。间歇供液开始的时期，以根垫形成初期为宜。根垫未形成（即根系较少，没有积压成一个厚层）时，间歇供液没有什么效果。间歇供液的程度，如在槽底垫有无纺布的条件下种植番茄，夏季每1h供液15min，停供45min；冬季每2h供液15min，停供105min，如此反复日夜供液。这些参数要结合作物具体长势与气候情况而调整。停止供液的时间不能太短，如小于35min，则达不到补充氧气的作用；但也不能停得太长，太长会使作物缺水而萎蔫。

③ 液温的管理。由于NFT的种植槽（特别是塑料薄膜构成的三角形沟槽）隔热性能差，再加上用液量少，因此液温的稳定性也差，容易出现同一条槽内头部和尾部的液温有明显差别。尤其是冬春季节槽的进液口与出液口之间的温差可达6℃，使本来已经调整到适合作物要求的液温，到了槽的末端就变得明显低于作物要求的水平。可见，NFT要特别注意液温的管理。

各种作物对液温的要求有差异，以夏季不超过28~30℃，冬季不低于12~15℃为宜。

（3）深水漂浮栽培管理要点　深水漂浮栽培因其设施的规模化、现代化，真正实现了蔬菜的工厂化生产，产品质量稳定、均一。紧凑合理的定植方式，快速简便的茬口更换，显著地提高了温室利用率，从而大幅度提高了单位面积的产量。但这一栽培方式投资大、生产成本高，只有产品以较高的价位出售，才能保证获得好的经济效益。因此深水漂浮栽培温室多建于大城市周边地区，以供应都市居民新鲜高档蔬菜为目的。

深水漂浮栽培适宜于种植各种叶菜。作物在岩棉育苗块中把岩棉块连小苗定植到聚苯乙烯泡沫塑料板的定植孔中，然后把定植板放在营养液中，借助泡沫板的浮力使作物飘浮在营养液的表面。待作物稍大时则将苗从定植板中取出，另行种植在具有较疏株行距定植孔的定植板中。如果种植生菜，整个生长期要进行间疏3~4次。初始栽培需要大量的营养液以填满栽培床。以后每次换茬不需更换营养液，只需补充作物消耗的养分和水分。由于该栽培系统的定植板漂浮在营养液上，移动方便，根据植株的大小多次更换定植板以节省温室空间是深水漂浮栽培的特征之一。据此深水漂浮栽培的单位面积种植株数可提高1倍以上。

整个温室中的营养液池根据不同的苗龄大小而分为不同的区域，放入营养液池中的定植板可利用一种设置在温室一端的机构推杆从营养液池的一端沿液面推向温室的另一端。这样，在一个大型的温室中，合理安排播种时间（一般每天都需要播种一定量的种子，保证每天都有一定量的幼苗可定植到营养液池中），就可保证每天都有一定量的产品收获。如北京顺义的一套全温室深池浮板水培装置生产生菜，一年四季每周五天中不断定植，持续收获。

(4) FCH 栽培管理要点

1) 种植准备。

① 场地清理。先将植株残体从基部剪断，拉出棚外集中处理。将植株的残根从定植杯底部处剪断，取出定植杯集中堆放清洗；定植板用刷子刷洗干净后集中消毒；栽培槽内的残根、残液清除掉后，把旧的脏薄膜拉掉；将地面打扫干净。

② 设备与环境消毒。将贮液池清洗干净后放入40%甲醛100倍液或漂白粉300倍液作为消毒液。清洗干净的定植板在消毒液里浸一下，取出后集中堆放，其上覆盖薄膜，密闭杀菌。定植杯、空气混合器浸入消毒液1h以上，而后用清水冲洗干净。循环系统的管道内部用消毒液冲洗3~5次后再用清水冲洗干净。棚内地面喷洒40%甲醛100倍液后封闭大棚1~2d熏蒸杀菌。定植前大棚需通风1~2d，以防甲醛气体危害作物。

2) 育苗。

① 基质处理。育苗基质可选用砻糠灰、蛭石、珍珠岩、细沙、草炭等，基质可用50%百菌清600倍液喷洒消毒，也可用甲醛消毒。

② 播种。在平底育苗盘内铺基质，将经过消毒、浸种和催芽等处理的种子均匀地播在基质上，再覆盖0.5cm厚的基质，浇透水。而后在苗盘上覆盖地膜保温保湿，瓜类3~4d、茄果类7~10d即可出苗，出苗后去掉薄膜。

③ 制作水培育苗床。将定型聚苯板槽连接起来，铺上薄膜，注入营养液，盖上育苗板。育苗板由聚苯乙烯泡沫板制成，厚2.5cm、宽40cm、长100cm。在育苗板上打孔，孔径3.0cm，孔距10cm×6cm，每个这样规格的育苗板可打68个育苗孔。

④ 移苗。当茄果类蔬菜幼苗具有1~2片真叶，瓜类蔬菜第一片真叶出现时即可移苗。移苗前先对定植杯消毒，并用清水冲洗干净。取未使用过的岩棉，用清水或营养液浸泡一下。将幼苗从基质中挖出，用岩棉少许把幼苗的茎基部包裹起来塞入定植杯中，将定植杯放进育苗床中育苗板的孔内，使定植杯底部浸入营养液中，幼苗即可吸收养分和水分，迅速长大，根系伸出杯扎入营养液中。

⑤ 苗期管理。

a. 温度管理：育苗期间要加强温度管理，管理方法与土壤栽培略有不同。低温季节育苗，可在营养液中铺设加温线，进行电热加温，使液温不低于10℃。同时，可进行多层覆盖，栽培苗床上架设小拱棚，在寒潮到来时，小拱棚上可再覆盖一层$50g/m^2$的无纺布保温。夏秋季育苗时，除通风降温外，可在顶部覆盖遮阳网遮光降温。

b. 营养液管理：由于蔬菜苗期生长量小，无须进行营养液循环。育苗期间，营养液的浓度要低些，一般蔬菜的EC值控制在1.2~1.4ms/cm，pH为5.5~6.0，及时补充营养液。

3) 定植。选健壮无病的幼苗，将定植杯拔出放进定植板上的定植孔里。操作时把根系在水里浸一下，使松散的根系并合在一起，然后将根系垂直放入定植孔，否则定植时根系往往缩在上面，会因接触不到营养液而枯死。定植时还要注意，有时浮板会漂浮在定植孔下面，将定植杯顶起，根系不能没入营养液中，常因无法吸收水分而枯死，发现这种情况时，要用手指将浮板往中间推，让苗的根系浸到营养液。此外，秋季定植宜选择在傍晚气温较低时进行；早春定植应在晴天午后气温和营养液温度较高时进行。

4) 营养液管理。

① 营养液的配制。配制营养液的水源最好是洁净无污染的软水，如雨水、河水、湖水

或水库水。如果选用地下水，水的 EC 值最好低于 0.3～0.5ms/cm，否则要对营养液配方进行调整。

② 营养液的循环。定植后植株生长前期，由于槽内营养液的液位较高，此时的植株养分和水分的消耗很少，可不必循环。定植约 10d 后，当植株根系进入旺盛生长时期，开始营养液循环，在定时器控制下，水泵每工作 10～20min，停止 1～2h。

③ 液位调节。定植后的植株生长前期，由于植株根系短，根量少，营养液的液位要高一些，以确保植株的根系在营养液中生长，使根系能充分吸收到养分。随着植株的生长，根量增加，可逐渐降低种植槽内的液位，使定植板与浮板之间保持有 2～3cm 的空间，保证植株有一部分根系生长在湿润的浮板湿毡上吸收空气中的氧气。

④ 营养液浓度及成分的调整。不同植物在生长进程中，对营养液的浓度和成分的要求有所变化。果菜类蔬菜在苗期，EC 值可控制在 1.4～1.6ms/cm，进入结果期后可升至 2.0～2.4ms/cm。叶菜类蔬菜在苗期，EC 值可控制在 1.0～1.2ms/cm，生长的中后期可升至 1.4～1.5ms/cm。果菜类蔬菜在进入开花结果期后，对磷、钾的需求量增加，营养液中磷、钾浓度要适当提高，有利促进开花结果，提高产品的产量和品质，防止植株衰弱。生产实际中，为了管理方便，一般整个生长期均采用同一营养液配方，而在开花结果期定期补充磷、钾肥。通常在番茄、黄瓜、葫芦等瓜果类蔬菜结果期每隔 15d 补充一次磷酸二氢钾，营养液用量为 100g/m^3。

二、常见水培花卉栽培

1. 水培花卉概述

水培花卉是无土栽培的一种特殊栽培形式。它是以水为介质，将花卉直接栽养在盛水的透明器皿中，并施以生长所需要的营养元素，以供居室美化装饰的一种栽培方法（图 2-117～图 2-126）。

图 2-117　镜面草陶粒水培

图 2-118　绿萝水培

图2-119 虎尾兰水培和鱼

图2-120 海芋水培

图2-121 凤梨水培

图2-122 红薯水培

图2-123 洋常春藤水培

图2-124 火鹤水培

图 2-125　苏铁水培

图 2-126　万寿菊水培

（1）水培花卉的优点

1）花卉千变万化的根系与茎、叶、花一样清晰可见。从根系的颜色来看，红宝石喜林芋的根系是红色的，金边富贵竹的根系是淡橘黄色的，秋海棠科花卉的根系是黑色的，而大多数花卉的根系则是白色的；从根的形态来看，绿巨人、白鹤芋的根系发达，犹如老人的胡须，三角柱、姬凤梨的根系比较稀疏，鹤望兰、龙舌兰、君子兰具有粗壮的肉质根，而鸭跖草类、秋海棠类的根系却十分纤细。这些变化多端的根系与植株构成美丽娇艳的造型，使水培花卉比土栽花卉具有更高的观赏价值和无穷魅力。

2）清洁卫生，无病虫害，不污染环境。土壤栽培的花卉作室内装饰时，常因浇水、施肥而污染环境。另外，土壤中还容易滋生病虫害和杂草，危害花卉，影响观赏价值。水培花卉则十分清洁卫生，病虫害也少有发生。

3）用水栽花卉装饰楼房居室，易与室内整体环境取得协调，典雅别致，意境非凡，若用数种花卉随意进行配置和布局，相得益彰，可收到类似插花的艺术效果。

4）水培花卉简化了花卉养护的操作程序。可使养花的人易于操作，只需根据要求定期换水即可。

（2）适宜水培的花卉种类

1）天南星科植物。主要有龟背竹、绿巨人、绿萝、金皇后、合果芋、红宝石、绿宝石、琴叶喜林芋、海芋、火鹤花、马蹄莲等。天南星科花卉易于生根，对基质环境适应性强，进行水栽繁殖时，不但能在较短时间内发根，而且生根后能迅速生长，容易形成具有观赏效果的植株。基质转换后，原有的根系大多能适应水栽环境，继续生长。也有一些花卉，水栽后需要重新发出能适应水栽条件的根系，才能在水中正常生长，但在水中生长出的根系几乎没有根毛。

2）鸭跖草科植物。此类花卉适应性强，如紫叶鸭跖草、吊竹梅等，都能在水栽中很快生根生长。

3）百合科植物。大多数百合科植物都能适应水栽的条件，如芦荟、十二卷类、吊兰类、朱蕉类、龙血树、千年木、虎尾兰、龙舌兰、金边富贵竹、吉祥草等。但百合科中的酒瓶兰不宜水栽。朱蕉、龙血树、千年木等花卉在夏季高温容易烂根，入秋后又能重新发根生长。

4）景天科植物。这类植物虽不喜水湿、非常耐旱，但试验证明，此类多肉植物对水还是具有一定的适应性。适宜水栽的有宝石花、莲花掌、落地生根等。燕子掌在夏天高温时虽易烂根，但秋季转凉后又可重新发根。

5）其他植物。适于水栽的还有旱伞草、彩叶草、紫鹅绒、竹节海棠、君子兰（图2-127）、仙人笔、蟹爪兰、三角柱、桃叶珊瑚、六月雪、金粟兰、爬山虎、常春藤、棕竹、袖珍椰子、一叶兰、仙人球（图2-128）等。

图2-127 君子兰水培

图2-128 仙人球水培

（3）花卉水培的途径与方法

1）洗根法。

① 选取生长健壮、株形好看的成型盆花，用手轻敲花盆的四周，待土松动后可将整株植物从盆中脱出，先用手轻轻把过多的泥土去除，用手冲洗掉根部的泥或其他基质。

② 修剪掉枯萎根、烂根、短截过长的根，对于根系十分繁茂的，可修去1/3~1/2的须根。

③ 花卉根系的处理：先将植株的根系浸泡在浓度0.1%的高锰酸钾溶液中半个小时，然后，将根系装入准备好的玻璃容器或分别插进定植杯的网孔中，尽量使根系舒展散开，同时要小心操作，不要再损伤根系。

④ 注入没过根系1/2~2/3的自来水，让根的上端暴露在空气中。第1周，每天换水一次。直至花卉在水中生出白色的新根后，才能逐步减少换水次数。

⑤ 当花卉在水中长出新根，说明该花卉已经适应了水培环境，此时改用水培营养液栽培。

⑥ 水培花卉的制备：将花卉根系浸泡在配制好的营养液中，将铁丝网放在瓶口，以固定花卉根系。

⑦ 水培花卉的管理：定期观察水培花卉的生长势，以及时补充营养液。还要注意温度

等的管理。

洗根法管理可概括为：选株→清洗根系→浸水驯化→营养液栽培→管理。

2）水插法。适用于容易生根的、具有气生根的环保花卉，如常春藤、绿萝等。剪取枝条，浸泡于自来水中，经常换水，待其新根长度达到5~10cm时，转入营养液中栽培。具体做法如下：

① 选择生长健壮、节间紧凑，无病虫害的植株。

② 在选定截取枝条的下端0.3~0.5cm处，用快刀切下，切面要平滑，切口部位不得挤压，更不可有纵向裂痕。

③ 切割后的枝条有伤流，水插前要冲洗干净：将切下的枝条摘除下端叶片，尽快地插入水中，防止脱水影响成活。

④ 切取带有气生根的枝条时，应保护好气生根，并将其同时插入水中。气生根可变为营养根，并对植株起支撑作用。

⑤ 切取多肉植物的枝条时，应将插穗放置于凉爽通风处晾干伤口2~3d，让伤口充分干燥。

⑥ 注入容器内的水位以浸没插条的1/3~1/2为宜（多肉植物的插条，让插穗剪口贴近水面，但勿沾水，以免剪口浸在水中引起腐烂）。为保持水质清纯，提高溶解氧含量，3~5d更换一次自来水。同时冲洗枝条，洗净容器，经7~10d即可萌根。

⑦ 经过30d左右的养护，大多数水插枝条都能长出新根，当根长至5~10cm时，使用低浓度水培营养液栽培。用水插法取得水培花卉植株，虽然操作简单，成活率高，但有时也会发生插条切口受微生物侵染而腐烂的情况，此时应将插条腐烂部分截除，用浓度为0.05%~0.1%的高锰酸钾溶液浸泡20~30min，再用清水漂洗，重新插入清水中。经过消毒处理后的插条一般不会再腐烂，仍然可以培育成新的植株。

水插法管理可概括为：选枝条→浸水→诱导生根→营养液栽培→管理。

3）选取走茎小株法。适用于在生长过程中长出走茎，走茎上有一株或多株小植株的环保花卉，如吊兰等（图2-129）。将走茎上的小植株放置于合适的容器中，当根系长至10cm左右时，用水培营养液栽培即可。摘取成型的小植株进行水培。小株上大多带有少量发育完整的根，摘取后直接用小口径的容器水培。使用的容器的口径不可过大，以能支撑住植株的下部叶片为宜，防止植株跌落到容器里。注入容器里的水达到根尖端即可，不得没过根的上端。7~10d换一次自来水。当小植株的根向水里生长延伸至10cm左右时，用水培营养液栽培（图2-130）。

4）切割孽芽法。适用于生长孽芽的花卉如凤梨、君子兰、芦荟、虎尾兰等。剥取植株的孽芽先浸泡于水中促使其根系生长，当其根系长至10cm左右时用营养液栽培。方法如下：

① 挑选蘖芽较大，已成形的植株，去除上部土壤，露出与母株相连的部位。

② 用手或利刀将蘖芽剥离母株（保护好蘖芽的根），用水将其根部冲洗干净。用海绵裹住蘖芽的茎基部，固定在容器的上口，调整至根尖触及水面，或略微伸至水面以下。

③ 5~7d换一次自来水，一般20~25d后，君子兰在假鳞茎的下端、凤梨在叶丛基部、芦荟和虎尾兰在茎基部能长出新根，继续养护15~20d，根长到一定长度后，用水培营养液栽培。

图 2-129　吊兰走茎

图 2-130　利用吊兰走茎进行水培

切割孽芽法可概括为：选株→清洗根系→浸水驯化→营养液栽培→管理。

（4）水培花卉容器的选择　水培花卉的容器种类较多，形式各异（图 2-131），选择时注意以下几个方面。

1）清晰度高。以便观赏花卉植物美丽飘曳的根系，在养护过程中还可以观察植物根系的发育情况。玻璃器皿加工造型容易，多彩多姿，是水培花卉容器的首选材料。如玻璃花瓶、玻璃酒杯、玻璃茶杯、鱼缸、高角杯，实验室使用的三角瓶、烧杯等。其中玻璃花瓶种类繁多，造型各异，并能与花卉相互衬托，相得益彰。高脚酒杯造型轻盈灵巧，适于用作小型水培花卉的器皿。小型鱼缸开口较大，选择几种风格相近的花卉进行组合，更能增加观赏性。

2）变废为宝。饮料瓶、矿泉水瓶、食品及保健品包装盛器。这类器皿品种繁多，造型各异，如果能变废为宝加以利用，同样是理想的容器。使用前需经过清洗、修整，剪掉多余部分，使之与所栽的花卉配置协调。

3）风格协调。容器款式风格要与花卉的姿态相协调，如枝蔓下垂的花卉种类绿萝，宜选择细而高的器皿，便于其枝蔓飘垂而下。砂、陶、瓷瓶罐，竹木工艺筒这类器皿形状独特，线条流畅，古香古色，富有个性，配以有生命的绿色植物，更能展现其古朴、典雅之

图 2-131　水培花卉常用容器

神韵。

4）尺寸合适。在选择容器时要考虑器皿的式样、规格大小与栽培的花卉相协调。大的植株应使用规格较大、厚实稳重的器皿，对于一些娇小秀气的植株，宜选配小巧玲珑的容器，枝蔓下垂、飘逸的花卉，用高挑的器皿，任其自然下挂，显现婀娜多姿的神态。如五色豆瓣绿、条纹十二卷等花卉宜选择小巧轻盈的器皿。

（5）水培花卉营养液配方的选择

1）水培花卉营养液的选择。市场上已有比较丰富的营养液供应，家庭少量栽培水培花卉，可到市场选择自己需要的种类。一般市场上销售的营养液分为三大类，一是观叶植物营养液，二是观花植物营养液，三是观果植物营养液，应根据自己水养的花卉选择适合的种类。有些观花植物还有专用营养液，比如蝴蝶兰、君子兰、仙客来等著名花卉，根据其不同的生长期配备了不同种类的营养液，在长茎叶的营养生长期选用含氮量高的营养液，在花蕾发育开花结果的生殖生长期选用磷钾含量较高的营养液。购买营养液时，如果发现营养液中有沉淀物，则不宜购买，这表明该营养液已有部分矿物质营养被固定，植物无法吸收。

2）水培花卉常用营养液配方（表 2-49 和表 2-50）。

表 2-49　斯泰纳配方

化合物名称	用量/(mg/L)
硝酸钙	738
硝酸钾	303
磷酸二氢钾	136

（续）

化合物名称	用量/(mg/L)
硫酸钾	261
硫酸镁	240
螯合铁	10
硫酸锰	2.5
硼酸	2.5
硫酸锌	0.5
硫酸铜	0.08
钼酸钠	0.12

表2-50　观叶植物营养液配方

化合物名称	用量/(mg/L)
硝酸钙	492
硝酸钾	202
硝酸铵	40
磷酸二氢钾	136
硫酸钾	174
硫酸镁	120
硫酸锰	2.5
硫酸锌	0.5
钼酸钠	0.12
硫酸铜	0.08
硼酸	2.5
硫酸亚铁	13.9
EDTA-2Na	18.6

（6）水培花卉栽培过程中的注意事项

1）注意摆放位置。水培花卉稍耐阴，喜温暖湿润，多忌高温干热、阳光直晒，因此适宜放在明亮、通风的室内，在装有空调的室内，宜摆放在离空调较远的位置（若正对空调吹风，枝叶易受害），且白天室温要略高于夜间，以利花卉生长，如能保证室温在15~25℃之间最好，严禁阳光直晒。阴性花卉如蕨类、兰科、天南星科植物，应适度蔽荫；中性花卉如龟背竹、鹅掌柴、一品红等对光照强度要求不严格，一般喜欢阳光充足，在蔽阴下也能正常生长。

2）合理使用营养液。夏季水质易变质，不恰当地添加或滥用营养液，易促使微生物加快繁殖，而且易造成营养液浓度过高，诱发根系腐烂。

对于夏季较耐高温、长势旺盛的可用营养液栽培（如绿萝、喜林芋类花卉等）；须根纤细的，在30℃左右处于休眠或半休眠的要用清水栽培（如竹节秋海棠、凤梨等）。

合理选择营养液，市场上出售的植物营养液种类较多，要选择与水培花卉相适宜的配套专用营养液。

要按照植物的种类调配营养液的浓度，不可随意加大浓度，在保证大量元素（氮、磷、钾元素）不低于要求含量的情况下，营养液浓度偏低有利于花卉生长。一般情况下，夏季宜3～5d更换一次营养液，对于未生根或刚生根的植株不用营养液，可用凉开水代替，1～2d更换一次，但可以加入适量生根促进剂。在用营养液培养中，若出现藻类，要彻底清洗器皿，并清除附着在根系上的藻类物质，并更换营养液。

3）防止根茎腐烂。及时更换营养液，已长出水生根（白色的）的需3～5d更换一次营养液，防止营养液变浑浊。

在更换营养液时，要耐心用清水冲洗根系，清除烂根、短截老化根，以促生新根。对于水质清澈，根系清晰的水培花卉，可每天摇动器皿数次（摇动时一手固定花卉，一手晃动器皿），以提高液内含氧量。

用大型容器栽植的，可安装鱼缸供气泵，将砂头投入水培花卉器皿中充气（气流不宜太大）。也可安装微型循环泵自动换水，靠流动水增加液内溶解氧含量，优化水质（自动换水器清洗，一般每月一次，当然时间短些更好）。

当出现烂根及烂茎时，可用利刃切除已感染部分，浸入0.5%高锰酸钾液中，浸泡10～20min，后用凉开水冲洗干净，置于干净的器皿中用清水静养。对于由土栽改为水培的，要把泥土冲洗干净，取较大的器皿栽培，每天换水一次，待水生根长至5cm以上时，再用低浓度植物营养液栽培，以后5d更换一次营养液。

夏季植物较易出现病虫害，一旦发现，千万不可用农药直接防治，尤其不可用“灭害灵”等气雾剂对准花卉直接喷雾，这样极易造成药害（应将农药按比例稀释后使用）。

4）通风。植物只有在空气流动的环境下才能正常地生长。空气流通有利于营养液中溶氧量的增加。摆设水培花卉的地方应该定时开启门窗，让空气形成对流，使外界的新鲜空气进入室内。

5）温度。保证花卉正常生长的温度很重要。花卉根系在15～30℃范围内生长良好，5℃以上多数花卉都不会死亡，低于5℃，高于35℃，大多数观叶植物会受到不同程度的伤害，出现叶边焦枯、老叶发黄、萎蔫脱落。冬天需要保持5℃以上的温度，才能确保多数花卉的安全过冬，少数花卉可以根据品种特性在0℃越冬。

图2-132　吊兰水培

2. 吊兰

吊兰（图2-132）别名：桂兰、挂兰、折鹤兰，百合科、吊兰属。吊兰养殖容易，适应性强，为传统的居室垂挂植物之一。它叶片细长柔软，从叶腋中抽生出小植株，由盆沿向下垂，舒展散垂，似花朵，四季常绿。吊兰是植物中的“甲醛去除之王”。

（1）生物学特性　吊兰为多年生常绿草本。根茎短，肉质，横走或斜生，丛生。叶基生，细长，条形或条状披针形，全缘或略具波状，基部抱茎，鲜绿色。叶丛中常抽细长花葶，花后形成匍匐枝下垂，并于节上滋生带根的小植株（俗称走茎）。总状花序，花小，花白色，簇生于顶端。花期夏、冬两季。蒴果圆三棱状扁球形（图2-133～图2-135）。

图 2-133 吊兰的花

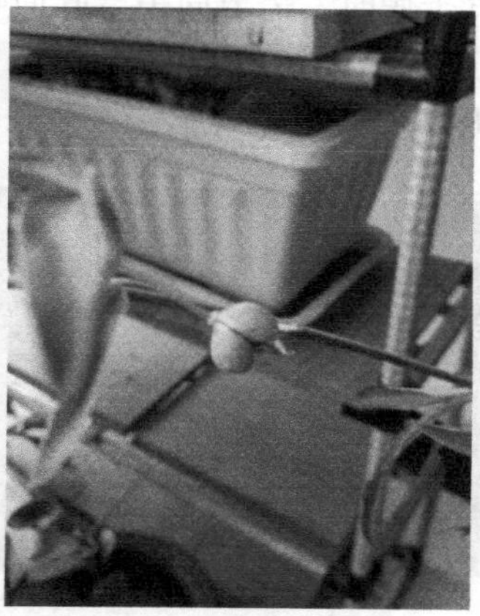

图 2-134 吊兰的种子

图 2-135 利用吊兰走茎进行基质栽培

（2）生态学习性

1）温度：生长适温 15～25℃，冬季最低温度不低于 5℃。

2）光照：要求较强的散射光照，夏秋间忌强光直射，但室内栽培应置光照充足处，光线不足常使叶色变淡呈黄绿色。

3）湿度：忌空气干燥，在干燥空气中叶片失色，干尖现象严重。

（3）繁殖方法　吊兰的繁殖有播种、分株和匍匐茎上的小植株直接栽种等法。

1）小植株直接栽种法：家庭一般采用直接栽种小植株法，此法简便易行，成活率高。

2）分株繁殖：吊兰分株时，可将吊兰植株从盆内托出，除去陈土和朽根，将老根切开，使分割开的植株上均留有三个茎，然后分别移栽培养。

3）播种繁殖：吊兰的种子繁殖可于每年 3 月进行。因其种子颗粒不大，播下种子后上面的覆土不宜厚，一般 0.5cm 即可。在气温 15℃情况下，种子约 2 周可萌芽，待苗棵成形后移栽培养。带有叶色的品种采用种子繁殖时，子代退化为全绿品种。

（4）品种选择　常见栽培的品种有金心吊兰，叶中心具黄色纵条纹；金边吊兰，叶缘黄白色；银心吊兰，叶中心具白色纵条纹；银边吊兰，叶缘白色；宽叶吊兰：叶片宽线形全缘或微微具有波皱，花葶从叶丛中抽出，花后形成匍匐走茎，可以生根发芽长成为新株，花期春、夏季，蒴果三圆棱状扁球形；中斑吊兰：叶狭长，披针形，乳白色有绿色条纹和边缘；乳白吊兰：叶片主脉具白色纵纹；紫吊兰：叶片主脉为紫色；青吊兰：叶片主脉为绿色。

（5）栽培技术　一般多进行盆栽。吊兰植株小巧，叶质青翠，匍匐枝从盆边垂挂下来，先端植株向上翘起，可以置于几架阳台，或悬挂室内。温暖地区还可种植于树下做地被。带气生根的幼株极易水培，用洗根法水培也较容易。

（6）营养液配方　以金心吊兰为试材，比较园试配方、山崎配方、斯泰纳配方的差异，得出山崎配方较适合金心吊兰栽植。吊兰的营养液配方可参考表 2-49。

（7）营养液管理　用洗根法获取的吊兰植株，需先加水浸没 1/3～1/2 的根系，3～5d 后长出白嫩的水生根。每 2～3d 换一次清水，当水生根系长至 3cm 以上时，改用营养液培养，2 周左右更换一次营养液。空气干燥时，需要向吊兰叶面喷水，以免引起叶片枯焦。

3. 花叶芋

花叶芋（图 2-136）别名：彩叶芋、二色花叶芋、变色彩叶芋，天南星科、花叶芋属。

图 2-136　花叶芋（徐晔春摄影）

（1）生物学特性　花叶芋叶片一般呈盾形或心形，叶片色彩因品种而异。常见栽培的品种叶片由红色斑块、白色斑块等组合而成，叶片长达 30cm，变薄，几乎呈半透明，下面苍白色，戟状卵形、卵状三角形至卵圆形，基部具叶片长 1/5 ~ 1/3 分离的弯缺。叶柄比叶身长，苍白色或具白粉，有时绿色，从块茎基部长出。块茎扁圆形，黄色，有膜质鳞叶。佛焰苞具筒，外部绿，内部白绿，喉部通常紫色，苞片坚硬，尖端白色，肉穗花序黄至橙黄色，浆果白色。花期 4 ~ 5 月。

（2）生态学习性

1）温度：喜高温，生育适温 22 ~ 30℃，气温不宜低于 12℃，怕冷风吹袭。

2）光照：喜明亮半遮阴光照，全日照特别在中午会引起日灼，光照太弱不会导致生长过旺，但叶色特点难以表现。

3）湿度：喜高湿，空气干燥、低温易引起叶缘和叶尖枯焦。

（3）繁殖方法

1）分球繁殖：彩叶芋常用分球繁殖，4 ~ 5 月在块茎萌芽前，将块茎周围的小块茎剥下，若块茎有伤，则用草木灰或硫黄粉涂抹，晾干数日待伤口干燥后盆栽。

2）分割块茎：如果块茎较大、芽点较多的母球可进行分割繁殖。用刀切割带芽块茎，待切面干燥愈合后再盆栽。无论是分割繁殖还是分球繁殖，室温都应保持在 20℃ 以上，否则栽植块茎易受潮而难以发芽，反而造成腐烂死亡。

3）播种繁殖：因彩叶芋种子不耐储藏，播种繁殖要在彩叶芋种子采收后立即进行，否则会大大降低发芽率。

4）组培繁殖：近年来用叶片、叶柄或茎尖作为外植体进行组织培养，叶片或叶柄都能诱导愈伤组织而形成不定芽。采用组培法，繁殖系数大，后代很少发生变异，在短时间内可以大量繁殖彩叶芋种苗。

在实际操作中，可以根据不同的阶段选择以下培养基：①愈伤组织诱导培养基为：BA2～4mg/L＋NAA0.5～1mg/L的MS培养基；②芽诱导培养基为：BA2mg/L＋NAA0.5mg/L的1/2MS培养基；③继代培养基为：BA2mg/L＋NAA0.01～0.5mg/L的MS培养基。所有培养基均要添加蔗糖30g/L、琼脂6g/L，并将pH调整为5.6～5.8。

5）水培繁殖：水培即营养液栽培，分为球茎水培和叶柄水插两种方法，是近年来常采用的一种技术，可使彩叶芋叶片鲜艳，达到土培所达不到的效果。球茎水培是在5月份温度稳定在22℃以上时进行栽培。球茎可以直接上盆水栽，经过培养生根发芽。也可以先沙培，待长出新根新芽后，再改为水培，7～10d便可生根，根为白色。叶柄水插可在生长期繁殖彩叶芋，繁殖时选择成熟的叶片，带叶柄一起剥下，插入盛有清水的器皿中，叶柄入水深度为叶柄长度的1/4左右，每隔一天换一次水，保持水质清洁即可，大约经过1个月就可以形成球茎。

（4）品种选择　据不完全统计，目前彩叶芋的栽培品种已接近400个，是欧美各国重要的观叶植物之一。杂种彩叶芋栽培品种繁多，按叶脉颜色可分为绿脉、红脉、白脉三大类。

绿脉类有“白鹭”，叶白色，主脉及边缘呈绿色；“白雪公主”，小叶种，叶纯白色，脉及边缘为深绿色；“洛德·德比”，叶玫瑰红色，边缘皱褶，主脉及叶缘呈绿色；“克里斯夫人”，叶米白色，叶面具血红色斑纹。

白脉类有“穆非特小姐”，叶淡绿色，主脉白色，叶面具深红色小斑点；“主体”，大叶种，叶中心为乳白色，叶缘绿色，主脉白色，叶面嵌有深红斑块；“乔戴”，叶小，心脏形，叶脉白色，脉间具红色斑块，叶缘绿色。

红脉类有“雪后”，叶白色，略皱，主脉红色；“冠石”，大叶种，叶深绿色，具白色斑点，主脉橙红色；“阿塔拉”，大叶种，叶面具粉红和绿色斑纹，主脉红色；“血心”，叶片中心为玫瑰红色，外围白色，叶缘绿色，脉深红色；“红美”，大叶种，叶玫瑰红色，主脉红色，叶缘绿色；“红色火焰”，叶玫瑰红色，中心深紫红色，周围具白色斑纹，主脉红色。

另外有小叶彩叶芋，叶小，卵圆心形，叶脉深绿色，叶面具乳白色不规则斑纹。

（5）栽培技术　小型彩叶芋盆栽可以置于矮几或桌面上用于装饰，大盆可用于阳台、窗台美化。彩叶芋作为时下流行的观叶植物，作室内盆栽，可配置案头、窗台。用白色塑料套盆或白瓷套盆则更显高雅。也可作为插花配叶，水养期约10d。

彩叶芋喜散射光，忌强光直射，要求光照强度较其他耐阴植物要强些。温暖季节彩叶芋上盆可放于上面盖有遮阳网的室外花棚里，光照太弱时，就把遮阳网卷起来。如果光照太弱，叶片柔软，叶柄伸长，叶柄容易折断。但光照也不能过强，遭受阳光直射，嫩叶常易被灼伤。不同品种需要的光照强度略有不同。生有红色斑块、色泽艳丽的品种，需光照多些，若光照不足，彩斑就会褪色。叶质薄的白色品种需光照少一些。因此还要根据不同品种来确定它们的摆放位置。生有红色斑块的品种应放于周边阳光能够散射到的地方，其他品种放于中间。

花叶芋块茎的生物学零度为5℃，花叶芋块茎能忍受10℃低温3d以上，但在10～16℃下存在10d会延迟叶片萌发，叶片数量减少。温度低于17℃时间较长就会损伤块茎。

彩叶芋生长期6～10月，实际上自9月份起，叶片即开始泛黄，逐渐萎蔫下垂，待叶片全部枯萎，剪去地上部分，取出块茎，在室内光照较好的通风干燥处晾晒数日，储藏于经过消毒的蛭石或干沙中。

在储藏过程中，注意不要损伤块茎，以免造成块茎腐烂。彩叶芋块茎在储藏期间容易发生干腐病，可用50%多菌灵500倍液浸泡或喷粉防治。生长期发生叶斑病，用50%甲基托布津可湿性粉剂700倍液喷雾防治。

(6) 营养液配方　花叶芋的营养液配方可参考表2-49。

(7) 营养液管理　于4～5月将越冬老块茎周围的小块茎逐个剥下，晾2～3d后种于湿润的素沙中催芽，当室温不低于20℃时将种球取出，小心地洗去沙粒，定植于水培容器中，加清水至没过根系处。也可用洗根法将成形植株剪去老化根和烂根后改为水培养植。

水培初始每4d换一次清水，并用清水冲洗块茎及根系上的黏液。2～3周后改用营养液培养。

4. 花叶万年青

花叶万年青（图2-137）别名：黛粉叶、白黛粉叶、银斑万年青，天南星科、花叶万年青属。

图2-137　花叶万年青（徐晔春摄影）

(1) 生物学特性

多年生常绿灌木状草本。茎粗壮，直立，高达1m。叶矩圆形至矩圆状披针形，尖端光滑，绿色，具不规则白色或淡黄色斑块，叶长17～29cm，宽8～18cm。叶基圆形或渐狭，先端钝尖，叶柄鞘状抱茎。肉穗花序圆柱形，直立，先端稍微垂弯，花序柄短，隐藏于叶丛之中，佛焰苞卵圆形。

（2）生态学习性

1）温度：喜高温环境，生长适温为20~27℃，越冬温度在5℃以上。

2）光照：喜较强光照，但忌阳光直射。

3）湿度：喜高湿环境，生长期应充分灌水，经常向叶面喷水，也较耐旱。

（3）繁殖方法

1）扦插繁殖：以7~8月高温期扦插最好，剪取茎的顶端7~10cm，切除部分叶片，减少水分蒸发，切口用草木灰或硫黄粉涂敷。插于沙床或用水苔包扎切口，保持较高的空气湿度，置半阴处，日照约50%~60%，在室温24~30℃，插后15~25d生根，待茎段上萌发新芽后移栽上盆。也可将老茎段截成具有3节的茎段，直插土中1/3或横埋土中诱导生根长芽。

也可以从节下1cm处剪下插穗，插于水中，置阳光充足处，保持温度25℃左右，每天换水1次，约3周后可生根栽植。

花叶万年青的汁液有毒，误食会使舌头剧痛而无法发声，应加以注意。扦插操作时不要使汁液接触皮肤，更要注意不沾入口内，否则会使人皮肤发痒疼痛或出现其他中毒现象，操作完后要用肥皂洗手。

2）分株繁殖：可利用基部的萌蘖进行分株繁殖，一般在春季结合换盆时进行。操作时将植株从盆内托出，将茎基部的根茎切断，涂以草木灰以防腐烂，或稍放半天，待切口干燥后再盆栽，浇透水，栽后浇水不宜过多，10d左右能恢复生长。

3）组培繁殖：花叶万年青色彩明亮强烈，色调鲜明，适于室内观赏。常规繁殖系数低，通过组培法工厂化育苗可以快速大量繁殖优质种苗，满足市场需求。工厂化育苗诱导最佳培养基MS+BA3mg/L+NAA0.5mg/L，增殖培养最佳培养基MS+BA2mg/L+NAA0.5mg/L，生根最佳培养基1/2MS+NAA0.5mg/L+BA0.1mg/L，生根率94.8%。

（4）品种选择 我国目前市场上的花叶万年青大多都是80年代起陆续从荷兰引进的栽培品种，同属植物约25~30种，常见栽培的品种有：

1）白柄花叶万年青。叶柄及叶脉均为白色，叶面散生白斑。

2）白纹花叶万年青。株茎细弱，叶片细长；叶面深绿色，有光泽，主脉两侧有白色条纹，呈箭羽状斜向排列。

3）乳斑黛粉叶。又名乳斑花叶万年青。叶几乎全部呈现近乎透明的乳白至乳黄色，仅主脉及叶缘为绿色，沿侧脉还偶有象牙白斑点。

4）星点万年青。又名星点黛粉叶。植株生长簇密丛茂，叶片长椭圆形，黄绿色，上布暗绿色及白色斑点，似繁星密布，边缘镶暗绿色细边。

5）大王花叶万年青。又名大王黛粉叶、巨万年青、可爱花叶万年青。株高70~150cm，茎粗壮。叶长椭圆形，长30~50cm，宽10~20cm；薄革质。光滑，略向上伸展；叶面浓绿，沿侧脉有乳白色斑条及斑块，是同属中最高大的一种。

6）暑白黛粉叶。又名六月雪万年青。形态与原种相似，只是侧脉间的乳白色斑纹所占面积的比例比原种更大更多，靠近叶片中心部分几乎全部变成黄白色。节间较短，株形丰满。抗寒性较强，能耐5℃低温。

7）白玉花叶万年青。又名白玉黛粉叶。株形较小，丛生性较强，株高30cm左右。叶片椭圆形，长17~20cm，宽8~9cm；新叶叶面布满乳白色斑块，叶缘绿色；老叶叶面乳白色斑块常退化。为同属中的小型观叶品种，当前国内外非常流行。

8）绿玉花叶万年青。又名密叶黛粉叶、绿玉黛粉叶。植株矮小、紧密，多分枝。叶片中央多为黄白色，并散布浓绿色斑点、斑块，近叶缘处深绿色。

9）乳肋黛粉叶。又名银道黛粉叶。茎杆厚实，株高可达到2m，为大型种。叶片椭圆形，长30~40cm，宽15~18cm；叶色浓绿，中肋白色；叶片厚实，叶基有向前卷缩现象。

（5）栽培技术

1）温度。花叶万年青很不耐寒，10月中旬就要移入温室内，如果冬季温度低于10℃，叶片易受冻害。特别是冬季温度低于10℃时，如果浇水过多，还会引起落叶和茎顶溃烂。如果低温引起植株落叶，茎部未烂时，则待温度回升后，仍能长出新叶。

2）水分。花叶万年青喜湿怕干，在生长期应充分浇水，并向周围喷水，向植株喷雾。如久不喷水，则叶面粗糙，失去光泽。夏季保持空气湿度60%~70%，冬季在40%左右。放在室内观赏的，要常用软布擦洗叶面，保持叶片清洁，以免影响光合作用。

3）光照。花叶万年青耐阴怕晒。光线过强，叶面变得粗糙。叶缘和叶尖易枯焦，甚至大面积灼伤。光线过弱，会使黄白色斑块的颜色绿或褪色，以明亮的散射光下生长最好。春秋除早晚可见阳光外，中午前后及夏季都要遮阴。绿叶多的品种较耐阴耐寒，因此乳白斑纹愈多的品种，愈缺乏叶绿素，应特别注意光线要明亮些，低温时特别注意保温。

4）病虫害防治。主要有细菌性叶斑病、褐斑病和炭疽病危害，可用50%多菌灵可湿性粉剂500倍液喷洒。有时发生根腐病和茎腐病危害。除注意通风和减少湿度外，可用75%百菌清可湿性粉剂800倍液喷洒防治。

5）通风。花叶万年青要求空气清新流通，但通风时又要避免穿堂风、大风、干冷风，以免叶片受损。

（6）营养液配方　花叶万年青的营养液配方可参考表2-50。

（7）营养液管理　水培初始每2~3d换一次清水，当水生根长至5cm以上时，改用营养液培养。生长期内要经常向叶面和叶背喷水以增大空气湿度，并置于光线较强处养护。冬季宜保持液温在8℃以上，若液温太低，植株易受冻。

5. 报春花

报春花（图2-138）别名：小种樱草、七重樱，报春花科、报春花属。每年从元旦至春花烂漫的季节，就是报春花盛开的时节。有人也叫它为樱草，拉丁名为Primula，意思是春天先开花的植物。

（1）生物学特性　报春花是我国的传统花卉，多年生草本，作一二年生栽培。茎短褐色。叶基生，莲座状，椭圆状卵形，光滑，有浅波状缺刻，背面密生白色柔毛，腺毛含樱草碱，有长柄。花有红、白、黄、蓝、紫等色。伞形花序、总状花序、头状花序或单生于叶丛中。花冠漏斗状或高脚碟状，花期12月~翌年5月。蒴果圆形，种子细小，成熟后褪色。

（2）生态学习性

1）温度：喜温暖，畏炎热与严寒，怕高温，受热植株死亡。

2）光照：中性日照植物，生长期喜光，但花期和夏季高温下忌阳光直射，需适当遮阴。

图2-138　报春花

3）湿度：宜冷凉湿润气候。

（3）繁殖方法　报春花以种子繁殖为主，特殊园艺品种也用分株法或分蘖法。

播种繁殖：种子寿命一般较短，最好采后即播，或在干燥低温条件下贮藏。采用播种箱或浅盆播种。播种以5～7月为适期，因种子细小，播后可不覆土。种子发芽需光，喜湿润，故需加盖玻璃并遮以报纸，或放半阴处，10～28d发芽完毕。适温15～21℃，超过25℃，发芽率明显下降，故应避开盛夏季节。播种时期根据所需开花期而定，如为冷温室冬季开花，可在晚春播种；如为早春开花，可在早秋播种。春季露地花坛用花，也可在早秋播种。

分株分蘖一般在秋季进行。

（4）品种选择　现代品种很多，有宿根花卉类、鲜切花类和适合室内盆栽的品种。花色也十分丰富鲜明，如大花品种，径达5cm，花色有白色、粉色、紫红色、肉色、淡蓝色、深蓝色等。巨花品种，花更大，植株稍矮，花色丰富，适于盆栽。水培报春花通常选择适合室内盆栽品种。

我国报春花属植物中适合温室盆栽的种类有：藏报春、报春花、四季报春、岩报春等，这些报春花具有较高的观赏价值，较耐阴，对栽培基质水分变化不过分敏感，适宜在室内环境中较长期摆放。

（5）栽培技术　报春花栽培管理并不困难，作温室盆花用的种类，自播种至上12cm盆上市，约需160d。生长期每7～10d施一次液肥。不仅夏季要遮阳，在冬季阳光强烈时，也要遮荫，以保证花色鲜艳。冬春季温度宜保持在12℃左右。越夏时应注意通风。

报春花在幼苗期生长较弱，又因在7～8月气温较高，幼苗极易发生猝倒病而导致腐烂死亡。发现病株应立即除去烧毁，防止蔓延。发现个别叶片有红蜘蛛，可摘除虫叶烧毁。如较多叶片发生红蜘蛛时，应及早喷药，可喷洒80%的敌敌畏乳油或40%氧化乐果1500～2000倍液，杀成虫效果较好。每隔7d喷1次，连续3次即可根除。

（6）营养液配方　报春花的营养液配方可参考表2-49。

（7）营养液管理　水培初始每2～3d换一次清水，10d左右可长出水生根。当植株出现较强的生长势时，加入营养液，置于光照充足处养护，每周更换一次营养液。夏季置于阴凉通风处，防止烈日直射。冬季室温不宜过高，以10～12℃最好。这样既利于开花，又能使花色更艳，花期更长。花凋谢后应及时剪去花梗和残花，摘除枯叶，可延长开花期。

6. 荷花

荷花（图2-139）别名：莲花、荷，古称芙蓉、芙蕖等，睡莲科莲属。

图2-139　荷花

（1）生物学特性　多年生挺水花卉，地下茎膨大横生于泥中，称藕。藕的断面有许多孔道，是为适应水下生活而长期进化形成的气腔，这种腔一直连通到花梗及叶柄。藕分节，节周围环生不定根并抽生叶、花，同时萌发侧芽。叶盾状圆形，具14~21条辐射状叶脉，叶径可达70cm，全缘。叶面深绿色，被蜡质白粉，叶背淡绿，光滑，叶柄侧生刚刺。从顶芽初产生的叶小柄细，浮于水面，称为钱叶。最早从藕节处产生的叶稍大，浮于水面，称为浮叶。后来从节上长出的叶较大，立出水面，称为立叶。花单生，两性，萼片4~5枚，绿色，花开后脱落；花蕾瘦桃形、桃形或圆桃形，暗紫或灰绿色；花瓣多少不一，色彩各异，有深红、粉红、白、淡绿及复色等。花期6~9月，单朵花期3~4d。花后膨大的花托称莲蓬，上有3~30个莲室，发育正常时，每个心皮形成一个小坚果，俗称莲子，成熟时果皮青绿色，老熟时变为深蓝色，干时坚固。果壳内有种子，外被一层薄种皮，在两片胚乳之间着生绿色胚芽，俗称莲心。果熟期9～10月。

（2）生态学习性

1）温度：荷花喜热。生长季需气温15℃以上，最适温度为20～30℃，在41℃高温下仍能正常生长，低于0℃时种藕易受冻。

2）光照：喜光，在强光下生长发育快，开花、凋谢均早，弱光下开花、凋谢均迟缓。

3）湿度：荷花喜湿怕干，喜相对水位变化不大的水域，一般水深以0.3～1.2m为宜，过深时不见立叶，不能正常生长。泥土长期干旱会导致死亡。

（3）繁殖方法

1）分株繁殖：选取带有顶芽和保留尾节的藕段作种藕，池栽时可用整枝主藕作种藕，缸栽或盆栽时，主藕、子藕、孙藕均可使用。栽植前，应将泥土翻整并施入基肥。栽植时，用手指保护顶芽，与地面呈20°～30°方向将顶芽插入泥中，尾节露出泥面。缸栽或盆栽时，种藕应沿缸（盆）壁徐徐插入泥中。

2）播种繁殖：选取饱满的种子，然后对其进行“破头”处理，即将莲子凹入一端破一小口，之后将其放入清水中浸泡3～5d，每天换水一次，待浸种的莲子长出2～3片幼叶时便可播种。莲子无自然休眠期，可随采随播，也可用贮藏莲子，春秋两季均可，适宜温度为17～24℃。

（4）品种选择　荷花根据其栽培目的可分为三个类型，即花莲、子莲和藕莲。

花莲是以观花为目的进行栽培的类型。主要特点是开花多，花色、花形丰富，群体花期长，观赏价值较高。但根茎细弱，品质差，一般不作食用。此类型雌雄蕊多为泡状或瓣状，常不能结实，茎、叶均较其他两类小，长势弱。

藕莲是以产藕为目的进行栽培的类型。主要特点是根茎粗壮，生长势旺盛，但开花少或不开花。

子莲是以生产莲子为目的进行栽培的类型。主要特点是根茎细弱且品质差，但开花多，多以单瓣为主。

为提高观赏价值，宜择重瓣、易着花、花期早、花色艳、花柄高挺于叶上的品种。如西湖红莲、碧血丹心、天高云淡、赛佛座等植于大型盆中；晓霞、大锦、点额妆、唐招提寺莲、大洒锦等植于中型盆中；而小型盆栽宜选厦门碗莲、羊城碗莲、案头春、满江红、桌上莲、小醉仙、娃娃莲等品种。

（5）栽培技术

1）分藕栽培：荷花的分藕栽培，也就是营养栽培，是指从上年栽培的碗莲母藕上取主藕或儿藕，甚至孙藕栽植。选取健壮，无病虫害，具有顶芽、侧芽和叶芽的完整藕作为种藕，在清明节前后进行区域垒堰分栽，为达到花叶并茂的效果，300株/667m^2为宜。如选择缸栽，栽植土要含有充足基肥的糊状塘泥，且不超过缸容量的3/4，每缸1～2支种藕，将藕苫朝下，藕尾微露埋入土中，缸以一定间距南北排列，以获取充足阳光。

2）分蘖栽培：分蘖栽培，即利用荷花生长期间，地下茎未膨大成藕之前，根据顶芽生势分布情况，截取1个顶芽及其附近的1～2张嫩叶进行分体种植的栽培方法。

3）无土栽培：荷花为水生花卉，栽培荷花无时无刻都离不开水，而且在水中必须有固着物。故荷花无土栽培应是水培和固体培的复合培。由研究试验得出，荷花适于无土栽培，基质以富含有机质、保肥能力强的泥炭和覆盖在上的卵石所组成的混合基质效果为好，其次为黄沙。培养液营养离子总浓度可在0.015%~0.02%范围内波动，低于其他花卉的培养液浓度。同时氮、磷、钾、钙、镁的配比以1:0.25:0.8:0.7:0.2为佳，与其他花卉要求钾浓度高，也有明显不同。栽培条件的可控制化，为种藕商品化生产以及规模化生产，开拓了前景。

(6) 营养液配方　荷花为夏季生长花卉，我们按一般植物用于夏季无土栽培时所需大量元素浓度（氮200mg/kg、磷65mg/kg、钾300mg/kg、钙320mg/kg、镁50mg/kg）进行肥料选择。注意不选尿素、高氯化物、钠盐，这是无土栽培能否成功的关键，具体营养液配方见表2-51。

表2-51　荷花营养液配方

化合物名称	用量/(g/100kg水)
硫酸铵	57.59
磷酸二氢钾	28.47
硝酸钾	59.26
硫酸钙	54.08
硫酸镁	53.75
柠檬酸铁	168
硼酸	13
硫酸锰	9
硫酸锌	1
硫酸铜	1

说明：营养液微量元素混合物在每100kg大量元素溶液中只加5g，所以配制时按量称出所需肥料，分别研碎后混匀贮藏于棕色玻璃瓶中备用。

(7) 营养液管理　种藕上盆一周内不浇营养液，因此时气温已稳定于15℃以上，单凭种藕自身贮存的养分在5~7d内完全可以生根。但在4月中旬要每周浇施1/4浓度的营养液；4月下旬起每周改浇1/2浓度的营养液，此时浮叶已出，盆株已有靠叶片进行光合作用的能力；进入5月上旬浮叶已抽出，将要抽生立叶，需肥量增大，故而需全浇施营养液，促使立叶抽生。5月中旬立叶相继抽出，在达3~6片立叶时便有花梗相伴抽出。5月下旬至6月上旬陆续开花，进入初花期。6月中旬至7月中旬为盛花期。8月中旬为末花期，8月下旬为叶黄期，改为每周浇施1/2浓度的营养液。9月下旬改为每周浇施1/4浓度的营养液。为补损耗，在4月下旬至5月上旬的营养生长期宜在营养液中多加50mg/kg的磷酸二氢铵溶液。在5月中旬至7月底的生殖生长期则增加50mg/kg的磷酸二氢钾液。

三、常见水培蔬菜栽培

水培蔬菜是指大部分根系生长在营养液液层中，只通过营养液为其提供水分、养分、氧气的有别于传统土壤栽培形下进行栽培的蔬菜（图2-140）。水培蔬菜生长周期短，富含多种人体所必需的维生素和矿物质。水培蔬菜以叶菜类最为常见，方便管理。栽培品种：生菜、木耳菜、空心菜、紫背天葵、叶甜菜、苦苣、京水菜、西洋菜。除有些叶菜类蔬菜外，还有一些果菜类蔬菜也可以水培，如番茄、黄瓜、甜瓜等。水培蔬菜根系以乳白色毛细根为主，用以吸收水分和营养；根系适应水生环境，外围有部分气生根，用以吸收氧气；生长周期短，上市早。

图2-140　蔬菜水培

1. 水培蔬菜概述

（1）叶菜类水培的意义　绝大多数叶菜类蔬菜采用水培方式进行，其原因是：

1）产品质量好。叶菜类多食用植物的茎叶，如生菜、菊苣这样的叶菜还以生食为主，这就要求产品鲜嫩、洁净、无污染。土培蔬菜容易受污染，沾有泥土，清洗起来不方便，而水培叶菜类比土培叶菜质量好，洁净、鲜嫩、口感好、品质上乘。

2）适应市场需求。可在同一场地进行周年栽培。叶菜类蔬菜不易贮藏，但为了满足市场需求，需要周年生产。土培叶菜倒茬作业繁琐，需要整地作畦、定植施肥、浇水等作业，而无土栽培换茬很简单，只需将幼苗植入定植孔中即可，例如生菜可以随时播种、定植、采收，不间断地连续生产。所以水培方式便于茬口安排，适合于计划性、合同性生产。

3）解决蔬菜淡季供应。叶菜类一般植株矮小，无须增加支架设施，故设施投资小于果菜类无土栽培。水培蔬菜生长周期短，周转快。水培方式又属于设施生产，一般不易被台风所损坏。沿海地区台风季节能供应新鲜蔬菜的农户往往可以获得较高利润。

4）不需中途更换营养液，节省肥料。由于叶菜类生长周期短，如果中途无大的生理病害发生，一般从定植到采收只需定植时配一次营养液，无需中途更换营养液。果菜类由于生长期长，即使无大的生理病害，为保证营养液养分的均衡，则需要半量或全量更新营养液。

5）经济效益高。水培叶菜可以避免连作障碍，复种指数高。设施运转率一年高达20茬以上，生产经济效益高。为此一般叶菜类蔬菜常采用水培方式进行。

（2）叶菜类的育苗设施　与果菜类相比，叶菜类的无土栽培设施更适于采用水培方式。

与水培方式相适应叶菜类的育苗也采用营养液育苗。育苗设施由育苗盘和海绵块组成。育苗盘多使用平底不漏水的塑料育苗盘或聚苯板育苗盘。育苗盘长60cm、宽30cm、高3cm。海绵块多使用孔隙度较大的农业用海绵，但在选择时尤其注意海绵块的密度，密度过大，幼苗不易扎根生长；密度过小不易保水。把海绵块先裁成与苗盘内径大小相同的块，然后再用裁纸刀切成2~3cm见方的小块，为便于码放，各小块之间不切断，相互之间互相联结。

（3）叶菜类水培营养液管理特点

1）叶菜类水培每天进行播种、定植、采收作业、连续生产、周年栽培。

2）幼苗从定植后到采收，不同生育阶段的植株混在一起。

3）由于周年栽培，生长速度依季节变化大。

4）一般而言只有营养生长，生长快慢、生长好坏只看营养生长即可。

5）由于采用循环式水培，首次营养液配制量大，营养液不宜全量更换。

一般在营养液管理上应注意：

① 不进行频繁的、大量的营养液更新。

② 由于更新间隔时间长，要格外注意营养液的补充与浓度管理，注意营养液的 EC 值、pH 的变化，必要时定期分析营养液的组成浓度，并根据作物种类、水质情况独立的设计配方。

③ 由于全生育期的栽培混在一起，所以应避免浓度过高或过低。

④ 避免营养液的浓度、酸度、组成的急速变化，避免大幅度的补充营养液。急速的环境变化会使生育变缓，发生生理障碍和降低品质。

2. 莴苣

莴苣（图 2-141）的生物学特性、生态学习性及品种见项目 2 叶菜类基质培中的生菜栽培。

图 2-141　生菜水培时的根系

（1）栽培技术

1）品种选择与季节安排。叶用莴苣喜冷凉，在冬春季 15 ~ 25℃ 温度范围内生长最好，低于 15℃ 生长缓慢，高于 30℃ 生长不良且极易抽薹，所以用于水培的叶用莴苣适合选择早熟、耐热、耐抽薹的散叶叶用莴苣品种，如奶油生菜、美国皇帝、意大利耐抽薹生菜、玻璃生菜等品种。如作为生食和观赏目的，以荷兰红叶生菜为主。

2）播种育苗。可以采用蛭石作为育苗基质。育苗前先将蛭石用清水浸透，湿度以用手紧握能出水为宜。然后将蛭石装入育苗盘，用手轻压并摊平基质，将生菜种子均匀撒播于蛭石表面，密度适宜，然后在种子表面覆盖约 1 ~ 1.5cm 厚蛭石（切忌播种过深），用地膜覆盖播种后的基质，并将育苗盘放在阴凉处，出苗后根据苗情浇灌 1 ~ 2 次 1/4 剂量的标准配方营养液，一般 2 ~ 3d 即可出苗。为保证生菜的周年供应，每批苗的播种间隔为 10d 左右。

3）分苗。幼苗 2 片真叶时，选健壮无病植株洗净根部残留基质，插入定植杯里，定植杯中需塞一些干水草固定植株后再放入定植孔中，分苗栽培板以定植板为基础制作成 21 × 13 孔，株行距为 5cm × 5cm。分苗时营养液采用 1/4 剂量的标准配方营养液，杯底要浸入营养液中。

4）定植。幼苗 4 片真叶时定植，定植时营养液采用标准配方营养液，栽植密度一般每 667m^2 定植 1500 株左右，株行距为 20cm × 20cm，定植 7d 以内，营养液的浓度为 1/2 剂量的标准配方营养液，定植 7d 后，营养液浓度调整为全剂量标准配方营养液，杯底要浸入营养液中。定植后管理要点如下：

① 温度管理：叶用莴苣喜冷凉气候，生长适温为 15 ~ 20℃，最适宜昼夜温差大、夜间温度低的环境。白天气温保持在 18 ~ 20℃ 之间，超过 25℃ 应通风降温，夜间保持 10 ~ 12℃，营养液温度调节到 15 ~ 18℃ 为宜，超过 30℃ 生长不良。

② CO_2 施肥：温室内封闭的环境易造成 CO_2 缺乏，光合抑制加剧，严重影响到植株的光合作用，进而影响产量。CO_2 施肥方式很多，目前应用较多且简便易行的方法是硫酸加碳酸氢铵，通过化学反应产生 CO_2。

③ 水位管理：定植初期，由于秧苗小，根系不发达，因此水位要高，以距离盖板 0.5～1cm 为宜。在适温条件下经过 10d 左右，幼苗根长达到 10～15cm 时，应为离盖板 2～3cm，以利于根系和植株的生长发育。

④ 病虫害防治：在大棚内无土栽培结球莴苣时，由于棚内空气湿度大，再加上高温，定植密度大或管理不善极易导致早衰，或感染霜霉病、软腐病等。病害有蚜虫、红蜘蛛、美洲斑潜蝇、白粉虱等。因此应根据气候植株生长情况，在封行前及早喷药防治。

⑤ 采收。散叶莴苣可根据市场需要随时采收，结球莴苣适收期短，要适时抢收。不结球莴苣从小苗到成熟收获都可食用。为达到较高的产量，一般情况下按生长期计算，收获期春季 90～100d，夏季 70d 左右，秋季 100～120d，每 667m^2 的产量为 2500～3000kg。另外，可采用分期播种分批采收，达到周年均衡供应。

（2）营养液配方　许多配方均可用于生菜的种植，如山崎配方、园试配方的 1/2 剂量等。

（3）营养液管理

1）营养液中溶解氧的管理。为了增加营养液中氧的含量，在每个栽培槽的进水口设置增氧器。若无增氧器，增加灌液的次数也同样可以起到增氧的作用。增氧装置的水泵每运转 10～15min，停止 15～20min。气温高时，水泵运转时间可增加到 20～25min，停止 10～15min，既可增氧，又可适当降低栽培床内的水温，促进植株生长。在冬季气温较低时，可在贮液池内架设电热线，对营养液进行加温，同时缩短水泵运转和停止时间，以便提高根际温度。

2）营养液的 EC 值和 pH 的管理。营养液浓度影响着生菜对水分和养分的吸收，从而直接影响生菜的生长速度、产量和品质。试验表明，营养液浓度以 2.0ms/cm 最好，营养液浓度过高，会阻碍生菜对水分和养分的吸收，影响生长速度和产量。不同时期营养液浓度应有所变化，进入结球期，营养液浓度可适当提高，就一般生菜品种而言，结球期营养液浓度掌握在 2.0～2.5ms/cm。

生长过程中要定期测试营养液 pH。生菜为耐弱酸性作物，生长适宜 pH 为 6.0～6.9，pH 低于 5.0 会造成根系生长不良，地上部分出现焦状缺钙症状；pH 过高，会造成离子吸收障碍，产生缺素症，表现全株黄化，生长缓慢。

3）营养液的更新与补充。生菜的营养液，一般从定植到采收整个生育期中如果没出现大的生理病害，营养液不用更新，只是每周补充 1～2 次所消耗的营养液即可。生菜全生育期每株约消耗营养液 2.0～2.5L。

3. 紫背天葵

紫背天葵（图 2-142）别名观音菜、观音苋、血皮菜，为菊科三七属的宿根常绿草本植物。紫背天葵以嫩梢和嫩叶供食，含有较全面的对人体有益的营养成分，尤其是矿物营养特别丰富，对儿童和老人的保健有特殊意义。

（1）生物学特性　全株带肉质，长势和分支性强。根粗壮，茎直立，多分枝，带紫色，有细棱，嫩茎被微毛；茎基部木质化，茎节处易发生不定根。单叶互生。茎下部叶有柄，紫

图 2-142　紫背天葵

红色，上部叶几无柄；叶片椭圆形或卵形，先端渐尖或急尖，基部下延，边缘有粗锯齿，有时下部具 1 对浅裂片，上面绿色，被微毛，下面红紫色，无毛。头状花序，在茎顶作伞房状疏散排列；瘦果长圆形。

（2）生态学习性

1）温度：紫背天葵生长发育适温为 20 ~ 25℃。耐热能力强，在 35℃的高温条件下仍能正常生长；耐低温，能忍耐 3 ~ 5℃的低温，但遇到霜冻时可发生冻害，严重时植株死亡。

2）光照：紫背天葵对光照条件要求不严格，比较耐阴，但光照条件好时生长健壮。

3）湿度：喜湿润的生长环境，同时又较耐旱、耐瘠薄。

（3）繁殖方法　紫背天葵有分株繁殖、播种繁殖和扦插繁殖三种繁殖方法，但北方地区紫背天葵很少开花结实，一般不采用种子繁殖。紫背天葵的节部易生不定根，插条极容易成活，生产上大多采用扦插繁殖。

扦插繁殖：一般在 2 ~ 3 月和 9 ~ 10 月份进行。扦插的方法是：从健壮无病的植株上剪取长 6 ~ 8cm 的半木质化嫩枝条，每个插条留 1 ~ 2 片叶，上端留芽或平剪，基部斜剪。插条基部浸入 200 ~ 300mg/L 的 NAA 溶液中 4h，一般可提前 3 ~ 4d 生根。扦插插条斜插至基质床内，深度为插条的 2/3。插条密度为（7 ~ 8）cm ×（7 ~ 10）cm。基质由细沙、细炉灰渣按等体积混合。插后喷透水，用旧塑料布覆盖扦插苗床，遮阳保湿。以后视情况，每 1 ~ 2d 浇水 1 次，10 ~ 15d 后，枝上发出新芽，枝下发出新根，说明已经成活，成活后可随时定植。

（4）品种选择　紫背天葵有红叶种和紫茎绿叶种两类。

红叶种叶背和茎均为紫红色，新叶也为紫红色，随着茎的成熟，逐渐变为绿色。根据叶片大小，又分为大叶种和小叶种。大叶种，叶大而细长，先端尖，黏液多，叶背、茎均为紫红色，茎节长；小叶种，叶片较少，黏液少，茎紫红色，节长，耐低温，适于冬季较冷地区无土栽培。

紫茎绿叶种，茎基淡紫色，节短，分枝性能差，叶小椭圆形，先端渐尖，叶色浓绿，有短绒毛，黏液较少，质地差，但耐热耐湿性强，比较适于南方栽植。

（5）栽培技术

1）温度管理。紫背天葵耐热，怕霜冻，因此冬春低温季节（11月至翌年3月份）注意保温。可在建槽时在槽底预先铺设电热线，在液温低时通过电热加温。夏秋季气温较高，应使用遮阳网，并揭膜通风，降低棚内温湿度，减少病虫害发生，提高品质和产量。一般要求温室的温度保持在20～25℃，营养液的温度在15℃以上。

2）适时采收。在环境条件适宜时，紫背天葵生长势强，生长较快，应注意及时剪除交叉枝和植株下部枯叶、老叶，并做到及时采收，促发侧枝，多发侧枝。另外，在修剪茎叶或采收时，注意不要让干枯老叶等杂物落进种植槽，以防止污染营养液。嫩梢长15cm左右时即可分多次采摘。采摘时用手一折即断，第一次采收时留基部2～3叶片，以后每个叶腋又会长出1个新梢，下次采收留基部1～2节叶片。夏季每15～20d采收一次，采摘次数越多分枝越旺盛。

3）病虫害防治。紫背天葵在北方地区栽培病虫害较少，需注意防治蚜虫、白粉虱。灭蚜及灭粉虱药剂可选用一遍净、万灵、特灭粉虱等药剂，每隔7d喷一次，连喷3～4次，防治效果较好，但注意采收前半个月停用。蚜虫及时防治，可减少病毒病的发生。一旦发现病株应及时拔除，在采收时更应注意，以防止接触传播。另外，注意定植板、定植杯、基质、盛装肥料溶液器皿及紫背天葵幼苗的彻底消毒，以防止病菌侵染根系，通过营养液迅速蔓延，造成较大经济损失。

（6）营养液配方　紫背天葵营养液配方见表2-52。

表2-52　紫背天葵营养液配方

化合物名称	用量/(g/m³)
四水硝酸钙	589
硝酸钾	886.9
硝酸铵	57.1
七水硫酸镁	182.5
硫酸钾	53.5
磷酸	223mL
螯合铁	16
硼酸	3
硫酸锰	2
硫酸锌	0.22
硫酸铜	0.08
钼酸铵	0.5

（7）营养液管理

1）供液次数。供液方式每天供液1次，每次供液时间10min即可。

2）EC值和pH的管理。紫背天葵对营养液浓度的适宜范围很广，EC值控制在1.5～3.5ms/cm范围内不会发生生长异常。紫背天葵对酸碱度的适应性也很强，pH在7.4以内未发现生理障碍，一般栽培中pH可控制在6.0～6.9，2～3d检测1次，采用酸碱中和方法来及时调整pH。

3）补液次数。及时补充消耗掉的营养液，寒冷季节基本不换液，夏季每月换1次。紫背天葵一次扦插后可以周年栽培，为防止长期使用而使营养液养分失去平衡，每3个月半量或全量更换1次营养液为宜。

4. 小白菜（图2-143）

（1）生物学特性

1）根：小白菜根系浅，须根发达，再生能力强，适于育苗移栽。

2）茎：小白菜在营养生长时期，茎部短缩，短缩茎上着生小莲座叶。但在高温或过分密植条件下，会出现茎节伸长现象。

图2-143　小白菜（图行天下）

3）叶：小白菜叶片互生，按2/5或3/8叶序，单株叶数一般十几片，在短缩茎上着生的莲座叶，既是食用部分，又是同化器官。叶片大而肥厚，柔嫩多汁，叶形因品种而异，呈圆形、卵圆形、倒卵圆形或椭圆形等，叶片全缘、波状或有锯齿。叶面光滑或有皱缩，少数具茸毛，浅绿色、绿色或深绿色。叶柄肥厚，白色、绿白色、浅绿色或绿色，一般无叶翼，横断面呈扁平形、半圆形或偏圆形。花茎上的叶一般无叶柄，抱茎或半抱茎。常以叶色的深浅、叶柄的长短和色泽作为识别品种的标识。叶片的生长，一般内轮叶舒展或抱合紧密呈束腰状，基部明显肥大，形成菜头，形态美观。

4）花、果实与种子：梢株抽薹后在顶端和叶腋间长出花枝，为复总状花序。花为完全花，花冠黄色，花瓣4枚，十字形排列；雄蕊6枚，花丝4长2短，故称4强雄蕊；雌蕊1枚，位于花的中央，柱头外形圆盘状。异花授粉，虫媒花。果实为长角果，内含近圆形种子10～20粒，红褐色、黄褐色或黑褐色，千粒重1.5～2.2g。

（2）生态学习性

1）温度：小白菜喜冷凉，在平均气温18～20℃的条件下生长最好，在零下2～3℃能安全越冬。25℃以上的高温及干燥条件，生长衰弱，易受病毒病为害，品质明显下降。

2）光照：小白菜对光照要求不严，阳光充足有利于生长，喜光，光照过弱会引起徒长。

3）湿度：喜湿润环境，喜水，如长时间缺水，品质会变差，纤维含量会增多。

（3）繁殖方法　播种育苗：播种育苗时，应浇透苗床，并遮盖无纺布以利于保湿出全苗。电热线均匀铺置于苗床下，保证苗床温度为25±1℃。苗床前期适当湿润，中后期适当干燥疏松。根据基质干旱情况，用0.5mm孔径喷水壶喷水保苗，选在早晨或傍晚喷水较好，否则容易灼伤幼苗。待育苗盘的幼苗长到2叶1心期，即可进行定植。

（4）品种选择　小白菜株形直立或开展，高矮不一，品种甚多。

1）矮脚奶白菜。本品种株形矮，20～22cm，叶近圆形，深绿色，有光泽。叶面皱，叶柄肥短，匙羹形，白色，单株约250~300g，生长期45~60d。由于株形矮，易感病，但纤维少，味甜，品质佳。喜肥水，尤其对氮肥的需求量较大。喜冷凉气候，在平均气温18~20℃和阳光充足的条件下生长最好，能短时耐-2~3℃。春季气温较低时约40天收获，夏季至秋季22~28天即能收获。寒冷季节可在保护地栽培，可全年生产供应市场。喜肥水，生长快，采收期长，营养丰富产量高，是一种可用于无土栽培的高产、优质绿叶蔬菜。

2）黑叶白菜。叶柄肥厚宽大、洁白、短，叶片墨绿，有光泽，叶肉厚，纤维少，质地脆嫩，美味清甜，风味极佳，且含有大量维生素和大量钙、铁、蛋白等营养成分，很受消费者欢迎，是菜场出口和宾馆食用的最佳品种，也是适合无土栽培的蔬菜之一。

3）上海青。又叫上海白菜、苏州青、青江菜、青姜菜、小棠菜、青梗白菜、青江白菜、汤匙菜、花瓶菜，是上海一带的华东地区最常见的小白菜品种。叶少茎多，菜茎白白的像葫芦瓢，因此，上海青也有叫做瓢儿白的。叶片椭圆形，叶柄肥厚，青绿色，株形束腰，美观整齐，纤维细，味甜口感好。

4）四月慢。为上海郊区地方品种。株高20~25cm，束腰，心叶卷，开展度25~30cm，叶片倒卵圆形，绿色，叶面光滑有光泽，全缘。叶柄扁平，绿白色，耐寒，早春生长快，迟抽薹，味淡，供炒食，为春季供应叶菜。

5）五月慢。为上海地方品种。株高25cm，开展度29cm，叶片长圆形，绿色，叶面平滑，全缘。叶柄绿白色，向内卷曲成匙形。耐寒力中等，为春季白菜中抽薹最晚的品种。

6）揭农4号。生长势强，株形紧凑，较直立。株高27.7cm，开展度24.7cm，总叶片数7~8片；叶片卵圆形，全缘，绿色，长26.6cm，宽16.7cm；叶面平滑无刺毛，无蜡粉，主脉白色，支脉浅绿色；叶柄扁，基部内凹，无叶翼，白色，叶柄及中肋长13.3cm、宽3.0cm、厚0.60cm。田间未发现病毒病、软腐病、霜霉病、叶斑病等病害。耐寒性较强，性喜冷凉，适宜生长气温15~25℃；耐旱性和耐涝性中等，耐热性弱。生长期冬季35~49d、春季40~54d。

7）夏盛。全生育期为95~100d，播种至初收33~35d。生长势较强，株高26.9cm，开展度33.6cm，叶片椭圆形，叶色淡绿色，叶柄绿白色，单株质量136g，茎基部宽，束腰性好，品质佳，耐热、抗病性强，在30~35℃条件下能正常生长，并能长成大棵菜，在适播期内表现出较好的适应性及抗性，耐涝、耐热性强。

8）春佳。耐抽薹性强，束腰性好，株形紧凑，光泽度好，外观商品性好，风味浓郁，煮食易烂，口感好。叶片椭圆形，叶色深绿，叶柄扁平，柄色淡绿。株高23.8cm，株幅31.6cm，叶片长21.8cm，叶片宽14.4cm，叶柄长7.3cm，叶柄宽4.5cm，单株质量340.3g。植株生长势较强，产量高，抗逆性强，适应性广，对病毒病、霜霉病和软腐病抗性强，外观商品性、风味品质和食用口感较传统耐抽薹品种有较大提高。其适宜长江中下游地区春季栽培及北方地区周年栽培。

9）苏州青。为苏州地方品种。植株直立，束腰，较矮，株高20cm左右，开展度30cm。叶片短椭圆形，叶色深绿，叶面光滑有光泽，全缘。叶柄绿色，叶柄扁梗，叶片占整个植株重量的34%~38%。较耐热，抗病性较差。

（5）栽培技术　定植前的准备工作：定植前首先准备好栽培板，栽植密度为10cm×10cm；每平方米约100株。栽培床中加满营养液，检查栽培床是否漏水；如果漏水用防水胶带将洞补好，并试着使营养液循环，观察回液量大小等，一切准备就绪，再进行定植。

定植：水培小白菜从播种到定植苗龄约20d左右，幼苗长出2~3片真叶即可定植。定植时将小白菜苗按定植株行距塞入定植孔中即可。将定时器调好，进行营养液循环加液。

小白菜生长期长短因气候条件和消费习惯而异。从4~5片叶的幼苗到成株都可以陆续采收。成株采收标准：外叶叶色开始变淡，基部外叶发黄，叶丛由旺盛生长转向闭合生长，心叶伸长到与外叶齐平。一般夏白菜定植后20~25d采收，秋冬白菜、春白菜定植后30~40d采收。

常见病害有病毒病、霜霉病、白斑病等，可采取综合的农业措施防治，如避免重作或与其他十字花科蔬菜邻作，合理排灌，增施磷钾肥以提高植株抗性。药物防治可用百菌清等杀菌剂喷洒。主要虫害有菜蚜、螟虫、菜粉蝶、黄条跳甲等，应及早发现及早防治，防治方法与一般十字花科类蔬菜相同。

（6）营养液配方　白彩营养液配方见表2-53，绿叶菜营养液配方见表2-54。

表2-53　白菜营养液配方

化合物名称	用量（%）
硝酸钾	3.35
硝酸铵	2.05
尿素	25.3
磷酸二氢钾	10
硫酸钾	10
硫酸镁	0.47
硼酸	0.01
硫酸锰	0.09
硫酸铜	0.03
乙二胺四乙酸二钠铁	0.09
钼酸铵	0.002
硫酸锌	0.03

表2-54　绿叶菜营养液配方（适合水质硬度较高的地区使用）

化合物名称	用量/(mg/L)
硫酸铵	237
硫酸镁	537
硝酸钙	1260
硫酸钾	250
磷酸二氢钾	350
乙二胺四乙酸二钠铁	25

（7）营养液管理

1）营养液浓度、酸碱度管理。营养液浓度以EC值为2.0ms/cm为宜，酸碱度控制在pH 6.0~6.9范围。

2）加液量和加液次数。小白菜加液方法与生菜一样，营养液采用间断循环使用，加定时器，采用间断循环给液方式，每隔2h循环1h。

3）营养液的补充。小白菜生长周期很快，一般从定植到采收只用20~25d，一般若未发现大的生理异常，不需要更换营养液。从定植到采收只配1次营养液，每周只需补充1次所消耗的营养液即可。

【案例分析】

1. 河南省信阳市某蔬菜种植公司计划建设占地667m^2的深液流水培设施，进行生菜的水培生产。请技术员小张全权负责该项目，他该如何保质保量按时完成该项工作？

第一步：市场调查，在信阳市周边县区调查无土栽培，尤其是水培发展的近况，并了解老百姓对于该项技术的认可程度、是否知道水培产品的优点；第二步：设计图样，邀请专业技术人员实地考察、测量数据、绘图等；第三步：做好预算，包括建造深液流水培设施需要的基础材料，如砖、水泥、水泵、管道、定植板、种植槽、定制杯、贮液池等的费用及技术人员费用、种子费用等；第四步：建造施工，找好施工单位，根据设计图精确施工；第五步：种植前准备工作，种植槽设置、管道安装、水泵工作、生菜育苗、种苗定植等；第六步：定植后管理：温度、光照等环境因子的调控、营养液浓度的管理、pH等；第七步：收获上市；第八步：效益分析；第九步：形成分析报告。

2. 小张负责公司西芹管道水培区管理。日前发现栽培床上的PVC管胶粘处多点渗漏，一时买不到规格相符的栽培管，于是改用废弃的铁管代替。请问他这样做有何不妥？

铁管不利之处：①进行水培时利用营养液会对铁管造成腐蚀；②铁管腐蚀后对营养液成分产生影响；③铁管腐蚀后对营养液pH有所影响。营养液发生变化最终会对西芹的生产带来不利后果。

【拓展提高】

雾培设施

雾培技术又称为喷雾栽培、气雾培，它是所有无土栽培技术中根系水气矛盾解决得最好的一种形式，同时它也易于自动化控制和进行立体栽培，提高温室空间的利用率（图2-144）。喷雾栽培可根据植物根系是否有部分浸没在营养液层而分为喷雾培和半喷雾培两种类型。喷雾培是指根系完全生长在雾化的营养液环境中的无土栽培培技术；半喷雾培是指部分根系浸

图2-144　雾培设施

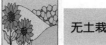

没在种植槽下部的营养液层中，而另外那部分根系则生长在雾化的营养液环境中的无土栽培技术。

1. 雾培设施的特点

（1）雾培的优点

1）可很好的解决根系氧气的供应问题，几乎不会出现由于根系缺氧而生长不良的现象（图2-145）。

图2-145 蔬菜雾培时根系

2）养分及水分的利用率高，养分供应快速而有效。

3）可充分利用温室内的空间，提高单位面积的种植数量和产量。温室空间的利用要比传统的平面式栽培提高2~3倍。

4）易实现栽培管理的自动化。

（2）缺点

1）生产设备投资较大，设备的可靠性要求高，否则易造成喷头堵塞、喷雾不均匀、雾滴过大等问题。

2）在种植过程中营养液的浓度和组成易产生较大幅度的变化，因此管理技术要求较高。

3）在短时间停电的情况下，喷雾装置就不能运转，很容易造成对植物的伤害。

4）作为一个封闭的系统，如控制不当，根系病害易于传播、蔓延。

2. 雾培类型

目前，雾培主要有立柱式栽培、“A”字形雾培（图2-146）两种栽培形式。

（1）立柱式栽培　立柱可用塑料下水道管道来做。塑料管道上生长着各种各样的花草，长出的花比土栽的更艳更鲜更洁净，立体布局，错落有致。花草从管道的各个眼孔中长出，有种回归自然而又超越自然的美感。立柱式栽培有披垂、有挺拔、有斜倚，对于家庭种植花卉很方便。管道化栽培将成为21世纪室内绿化的一种重要栽培方式。

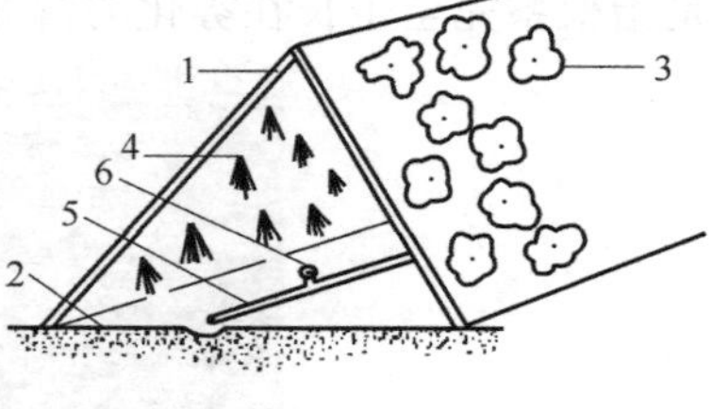

图2-146 “A”字形喷雾培种植槽示意图
1—泡沫塑料板 2—塑料薄膜 3—结球生菜
4—根系 5—供液管 6—喷头

（2）“A”字形雾培　“A”字形的栽培框架是其典型特征，作物生长在侧面板上，根系侧垂于“A”形容器的内部。A形雾培可以节约温室面积，提高土地利用率。这种栽培方式适用于空间狭小的场合，如宇宙飞船等。A形雾培的主要设施包括栽培床、雾培装置、营养液循环系统和自动控制系统。

【任务小结】

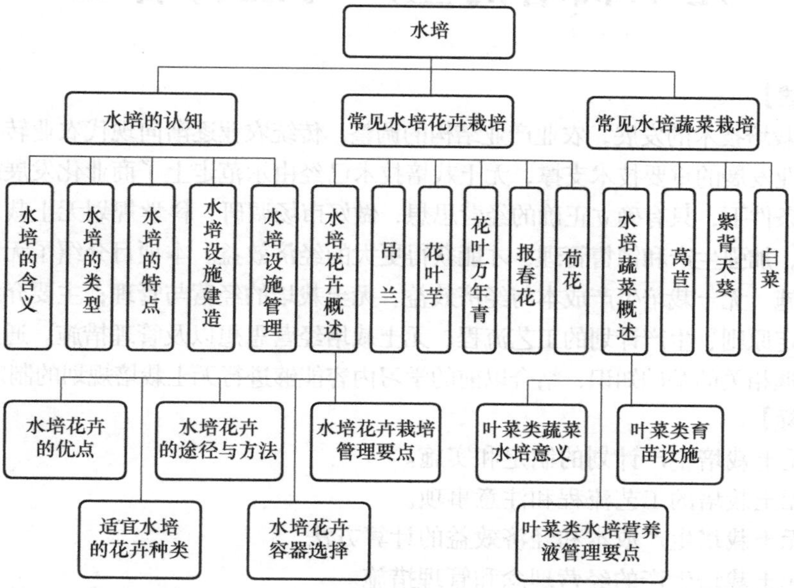

项目3

无土栽培的生产与经营管理

【项目描述】

随着无土栽培技术的发展，农业产业结构的调整，传统农业逐渐向现代农业转变，无土栽培技术成为种苗业发展的重要技术支撑，无土栽培技术已经由示范走上了商业化发展的道路。在当前的市场经济条件下，只有确立正确的经营思想，做好市场调研，科学规划无土栽培基地，合理安排生产计划，加强生产和销售管理，才能获得更大的经济效益。本项目介绍了无土栽培生产计划的制定与实施、无土栽培生产成本与经济效益、无土栽培的经营与管理；主要介绍了无土栽培生产计划的制定原则、生产计划的工艺流程、无土栽培经营思想以及管理措施。通过本项目的学习要求学生掌握相关的基础知识，结合以前的学习内容能够进行无土栽培规划的制定和实施。

【知识目标】

- 掌握无土栽培生产计划的制定和实施。
- 掌握无土栽培的工艺流程和注意事项。
- 掌握无土栽培生产成本和经济效益的计算方法。
- 掌握无土栽培生产的经营理念和管理措施。

【能力目标】

- 对常见花卉能够进行无土栽培计划的制定和实施。
- 对常见蔬菜能够进行无土栽培计划的制定和实施。

任务1　无土栽培的生产

【任务情景】

辽宁某花卉公司一直业绩平平，为了增加经济效益，预计明年要上一个切花无土栽培新项目，计划在一个4000m^2的现代化温室中进行红掌基质培栽培，红掌苗由外引进，现需做一个无土栽培的生产计划及成本效益核算，请设法完成此项目。

【任务分析】

首先要掌握无土栽培计划制定的原则、依据及计划内容，再根据所学的无土栽培相关知识进行计划的制定及成本及效益预估；完成该任务需掌握红掌基质培的方法及其生物学特性和生态学习性等。

【知识链接】

纵观世界各国无土栽培的现状与趋势，无土栽培技术已经由试验阶段全面转入生产应用阶段，其关键性技术也日臻完善，发展速度将会迅速加快。现在已有30多个国家先后成立了无土栽培机构，国际学术活动十分活跃。实践证明，无土栽培的集约化、现代化、自动化程度越高，生产的效益就越大。发达国家技术和资金雄厚，无土栽培技术必将向着高度产业化、现代化的方向发展。

随着我国无土栽培技术的发展，无土栽培技术已经成为花卉、蔬菜产业重要的技术支撑。无土栽培技术已经达到工厂化规模。工厂化无土栽培是以先进的设施装备，采用完整而系统的技术规范及生产、加工、销售一体化的经营管理方式组织生产，从而使无土栽培具有生产设施现代化、设备智能化、生产技术标准化、工艺流程化、生产管理科学化等特点，大幅度地提高劳动生产率。

因此，无土栽培的工厂化生产需要有计划、有目的、有规律地进行，无土栽培生产计划的制定与实施、无土栽培计划内容的安排、无土栽培生产成本和经济效益计算等都是非常关键的，关系到无土栽培工厂化生产的成败。

一、无土栽培生产计划的制订与实施

无土栽培生产计划的制订和实施是基于市场调查而做的，要符合市场的需求状况和趋势，满足人类生产生活的需要。科学制定生产计划，并有效地组织实施。

1. 生产计划的制订

（1）生产计划制订的原则和依据　无土栽培生产计划的制订是无土栽培技术的关键和重要依据，做计划之前要充分掌握栽培品种栽培信息（包括不同的栽培品种、栽培情况、栽培技术要点、易发的病虫害、市场需求等），如果选择的栽培品种不对路，产量不足或生产过量，不能按时提供产品都会造成直接而又严重的经济损失。生产计划制订依据的原则是：一是实事求是，充分掌握市场状况和发展趋势；二是掌握生产企业的规模和生产实力；三是充分掌握花卉、蔬菜等生育周期、生长习性以及栽培技术要点等；四是掌握产品质量标准，供货时间以及销售目标。生产计划制订依据上述原则并综合考虑生产过程中各个环节的损耗之后，方能制订出详细的生产计划，然后依据计划进行无土栽培生产。

市场需求状况与发展趋势是生产计划制订的重要依据，是基于市场调研而做出的科学预测。市场需求主要是预测市场规模的大小及产品潜在需求量，确定目标市场，考虑消费限制条件，计算每位顾客每年平均购买数量以及其他需要考虑的因素。如某花卉企业在进行生产计划制定之前，首先调查好该地区同类产品的企业有多少，年产量多少，主要销往的地区等；其次调查人口数量、年龄结构及其发展趋势的预测；再次要做好市场占有率（即企业某种产品的销售量或销售额与市场上同类产品的全部销售量或销售额之间的比率）的调查与预测。对于花卉产品来说，影响市场占有率的因素主要有花卉的品种、品质、花期、销售渠道、包装、保鲜程度、运输方式和广告宣传等。由于市场上同一种花卉往往由若干企业生产，消费者可任意选择，这样某个企业生产的花卉能否被消费者接受，主要取决于与其他企业生产的同类花卉相比，在品质、价格、花期应时与否、包装等方面处于什么地位，若处于优势，则销售量大，市场占有率高，反之则低。通过市场调研、分析预测，进而得出科学的结论，并以此结论为指导才能确保企业生产经营决策的正确性和生产计划制定的科学合理性，才能增强工厂化无土栽培生产的针对性和市场性，避免生产的盲目性。

订单或合同中规定的供货数量和供货时间也是制定生产计划必须要考虑的重要因素。应按照定货量组织生产，按期交货。

（2）生产计划的主要内容　生产计划主要包括栽培品种、形式（种子、种苗等）及其生物学特性、无土栽培形式、栽培技术要点、栽培面积与计划产量、栽培季节与茬口安排、产品上市或交货时间等。此外，还有原材料的购入与调配等。

1）栽培品种、形式及其生物学特性。工厂化无土栽培的生产品种根据市场需求与发展趋势的预测或订货要求来确定，适应市场需求很关键。栽培品种的形式可根据自身的情况进行选定，可以自主繁苗，采用种子直播或组培快繁方式获得，实施工厂化繁苗，也可以对外采购种苗，直接进入栽培养护阶段。栽培形式应与品种特性和生产条件相适应，如非洲菊可采用基质培、叶菜类可采用水培或雾培。不同栽培品种在生产过程中的栽培管理技术是有差别的，同一种植物在不同苗期栽培技术要点也有差异，所以生产计划要详细介绍不同品种或不同苗期的栽培特点，优化生产，降低成本。

2）栽培面积与计划产量。栽培面积与计划产量由市场需求或订货量决定，同时考虑栽培、采收、包装运输过程中的损耗。栽培面积与计划产量既不能盲目扩大，造成生产成本增加和产品的积压，也不能过于保守，而出现市场供应量或交货量不足的现象。制定生产计划时应结合以往生产和销售的经验来灵活把握尺度。周年多茬次生产时，要将全年的生产任务分解，细化到每个茬次的每个品种。

3）栽培季节与茬口安排。我国南北方气候差异大，栽培种类与品种的生态习性和保护地设施条件各不相同，因此，在栽培季节与茬口安排上要因地制宜、科学合理，最大限度减少生产投入和降低能耗，提高复种指数，提高产品质量和产量，保证上市时期最佳，才能获取最大的效益。不同栽培品种在茬口安排上差异很大，花卉无土栽培茬口安排与花卉的生育年限相关，如一二年生花卉采用无土栽培育苗可根据需花期进行茬口安排，如“五一”用花在元旦前后播种育苗，上市后进行“十一”用花播种育苗，然后进行叶菜类栽培，可一年周而复始进行；多年生花卉一般都是周年生产同一种花卉，不进行茬口交换，如非洲菊、红掌切花生产等。

蔬菜工厂化无土栽培周年生产布局可作如下安排：春番茄—秋番茄，春黄瓜—秋番茄，春番茄（黄瓜）—青菜—番茄，生菜全年多茬次栽培，甜瓜—草莓，春哈密瓜—夏小西瓜—秋洋西瓜—冬荷兰青瓜，春荷兰青瓜—夏网纹甜瓜—秋哈密瓜—冬荷兰青瓜。

4）产品上市或交货时间。产品上市时间可通过以下条件来决定，一是根据蔬菜、花卉的种类及品种的生育周期，并结合栽培地区的气候条件和保护地设施条件来确定；二是基于对以往销售过程中市场需求的旺淡季，以及价位高低变化规律来决定；三是有订单的则按照交货时间的要求，按时交货即可，需要根据产品上市或交货时间倒推出育苗期与栽植期。一般传统节日特别是元旦、春节、国庆节，需要大量花卉、蔬菜上市，而且一年当中这段时间价格相对较高，选择这个时期上市销售，花卉企业或种植者的经济回报最多。例如，某公司生产切花月季，那么最佳产品上市时间为情人节；如果生产的是香石竹则最佳上市时间为母亲节。

2. 生产计划的实施

为了提高经济效益，工厂化无土栽培作物，一般采取周年多茬次生产。因此，在生产计划实施过程中应注意以下几点：

1）按照每个茬次生产计划的安排和作物的生长周期来组织生产与管理。

2）严格执行工厂化无土栽培生产工艺流程，规范技术操作行为，保证前后技术环节衔接顺畅，从而保证栽培质量。工厂化无土栽培主要的支撑技术有营养液调配技术、基质消毒技术、工厂化育苗技术、环境调控技术、品质检测技术和采后处理技术等。主要的技术环节有品种选择、基质选择与消毒、播种育苗、定植、环境管理、营养液管理、植株管理、品质检测和采后处理等，要做到品种和基质选择适宜，基质消毒彻底，播期和植期合理，环境、营养液和植株三方面管理科学、到位，产品符合绿色食品标准要求。

3）生产部与销售部保持经常性的沟通，以便生产部根据市场需求和趋势情况，及时调整生产计划和上市时间，销售部随时把握产品生产的进程、产品预期上市时间与品质状况，以便统筹销售。

4）加强人力、财力、物力的科学合理调配和环境调控，确保生产性资源充分、合理的使用，避免浪费，增加成本。

5）做好因病虫害大量发生和出现灾害性天气而导致作物生产无法进行、严重减产或毁灭性影响的应急预案，使生产损失降至最低。

二、无土栽培生产成本与经济效益

无土栽培是一种高技术含量、高投入，同时也是一种高产出、高效益的现代化农业技术。在可靠的技术支持下，利用无土栽培技术可生产出高产、优质的产品投放市场，获得较好的经济效益。增加无土栽培的经济效益可通过两方面实现，一是提高产品产量、改善产品品质，争取反季节栽培；二是根据当地的市场状况以及气候条件进行合理安排，使无土栽培设施能够周年均衡地生产。

1. 无土栽培生产的成本构成和经济效益分析

（1）无土栽培生产的成本构成　建立一个生产性的无土栽培企业，其生产成本主要包括基础建设投资费用、直接生产成本、产品销售过程中的销售成本以及其他不可预见费用。

基础建设投资费用包括生产设施的建设费用、生产设备购置费（小型酸度计、电导率仪、小型运输工具以及其他生产设备等）、土地使用费等。按照建设的设施、设备使用寿命来分摊每年的直接投资费用。

直接生产成本包括肥料费用、种子种苗费用、水电费、农药费用、员工工资以及其他支出（温室或大棚的日常维护、保养，支撑材料等）。

销售成本是指无土栽培产品在市场销售过程中产生的各项支出，包括广告宣传费、产品包装费、运输费、产品运输和销售过程中的损耗和其他销售费用。

不可预见费用是指在产品生产、销售过程中出现的、未在上述费用中提及的各种不可预见的开支。如灾害性天气引起的损失等。

上述的四大类成本总和即为整个生产企业的生产总成本。在无土栽培生产企业经济核算时，可进行一茬或几茬作物核算，也可年度核算。

（2）无土栽培生产的经济核算　无土栽培生产的经济效益要通过相对准确、完整的经济核算来体现，而进行经济核算时要分别计算生产基地的总成本和总产出，并以此来进行经济核算。计算生产基地的总成本时，首先要确定所建成的生产设施的经济折旧年限，以确定每年的折旧费用。例如，所建的设施的实际使用寿命可以达到8～10年，为了加快投资回收时间，将经济折旧年限定为5年，就是说，在5年之内来平摊所有的直接投资费用。然后确定生产过程中的每一种花卉、蔬菜等种植过程中的各项直接生产成本和其他日常开支情况，并将这些开支进行汇总得出每年的总成本。

在进行总产值计算时，要将生产基地的每个大棚按照种植制度的不同来划分为各种计算方式，然后分别计算各种种植制度下的每种作物的产量，然后以每种作物的售价的多少来计算其产值，最后累加各种作物的产值即为生产基地的总产值。如果生产基地除了农产品之外，还兼有其他来源的收入（例如，有些基地还具有观光旅游的收入），也应一并计算入基地的总产值中。

最后用下列的公式来计算生产基地的年利润、投资收益率以及静态投资回收期：

$$\text{基地年利润(年收益总额)}=\text{年总收入}-\text{年总成本}$$

$$\text{基地投资收益率}=\frac{\text{年收益总额}}{\text{基地直接投资费用}}\times 100\%$$

$$\text{基地静态投资回收期(年)}=\frac{\text{基地总投资}}{\text{基地年收益总额}}$$

如果要更为准确地了解无土栽培生产基地的投资回收情况，就要进行经济效益的动态分析。因为经济效益的动态分析是根据每一年度的投入与产出的折现值变化情况来计算的，特别是较大规模的生产基地的建设常常是分年度来进行的，更应将每一年度的投入与产出逐一计算，通过分析生产基地的资金流向和折现情况，可较准确地掌握生产基地的投入和产出的回报状况。

2. 各种无土栽培系统的一次性投资

（1）槽培　槽培的栽培槽可用砖、水泥、混凝土、竹竿或木板条等制成，多用红砖建造。红砖规格统一，长为24cm、宽为12cm、高为5cm。栽培槽高20cm（4块砖叠起），内径宽48cm（2块砖横放），长度根据温室情况而定。现代化大型温室栽培槽长度可达30m，塑料日光温室栽培槽仅为5～6m。生产上，红砖垒上即可，以利于植物根系通气。由表3-1可以得出，每亩（$667m^2$）槽培设施一次性投资为8700元。

表3-1　槽培一次性投资（$667m^2$）

类　别	数　量	一次性投资/元	折旧年限/年
红砖	1万块	3000	10
基质	$30m^3$	3000	3～4
灌溉设备（营养液槽、营养液输送管道等）		2000	10
聚乙烯薄膜	60kg（0.1mm）	700	3
合计		8700	

（2）袋培　袋培采用乳白色聚乙烯薄膜（0.1mm）做成长70～100cm、宽35cm的栽培袋，袋培基质每$667m^2$需要$18m^3$。这种栽培方式一般采用滴管灌溉方式，每株需要安装1个滴头。每$667m^2$袋培一次性投资约需7800元，见表3-2。

表 3-2　袋培一次性投资（667m²）

类　别	数　量	一次性投资/元	折旧年限/年
基质	18m³	1800	3～4
灌溉设备（栽培槽、管道等）		5300	10
聚乙烯薄膜	60kg（0.1mm）	700	3
合计		7800	

（3）浮板毛管水培法　其栽培槽采用隔热性能良好的聚苯乙烯泡沫板压模制成长 1m、宽 0.4m、深 0.1m 的凹形槽，可连接成 15～30m 的栽培槽，内衬垫黑色聚乙烯膜防渗漏，槽内液面漂一浮板厚 1.25cm，宽度不超过定植板上两行定植穴的行距，浮板上铺 50g/m² 的无纺布，两端垂入培养液中。通过毛管作用使无纺布成湿毡状，由定植穴伸入液面的定植杯，紧靠浮板的两侧定植作物。每 667m² 浮板毛管水培法一次性投资约需 15～20 万元。

（4）营养液膜栽培技术　营养液膜是循环供液的液流呈膜状，仅以数毫米厚的浅液流流经栽培槽底部，水培作物的根底部接触浅液流吸水吸肥，上部暴露在湿气中吸氧，较好地解决了吸气与吸氧的矛盾。这种方法是用铁皮或泡沫塑料板或硬质塑料做成深度为 10cm、宽为 10～20cm 的栽培槽，槽长 5～20m，依温室形状而定。栽培槽也可用水泥砌成，主要种植叶菜类作物。目前生产上使用的营养液膜设备，每 667m² 一次性投资约 3.5 万元；简易营养液膜栽培时，每 667m² 一次性投资不少于 1.5 万元。

（5）有机生态型基质栽培　由中国农业科学院在“八五”期间研制成的最为简易、节能、低成本高效益的固体基质栽培系统。其原理是利用高温、发酵、消毒的鸡粪、蒿秆末、饼肥等按一定的比例混入栽培基质，然后在基质上铺软滴灌带替代传统基质培，用营养液滴灌的方法，定植后 20d 依蔬菜生长势，追施复合肥 KNO_3 数次。应用此技术栽培的番茄质量较好，且排出硝酸盐的浓度远远低于国际标准，对环境污染少。此法比传统基质培肥料成本下降 60%，设施成本 6000～7000 元/667m²。对于克服我国无土栽培大面积推广中遇到的投资大、成本高、效益不稳等问题，做出了突出贡献。

【案例分析】

小刘担任大连某花卉公司生产部主管，公司为了增加经济效益，预计明年要上一个盆花无土栽培新项目，计划在一个 4000m² 的现代化温室中进行四季报春基质培栽培，四季报春播种繁殖直至开花销售。小刘负责项目计划的拟定，下面是小刘计划包含的内容：四季报春栽培品种、形式及其生物学特性；栽培面积与计划产量；栽培季节与茬口安排；产品上市或交货时间；无土栽培成本和经济效益计算等。

你认为小刘的计划全面吗？还缺哪方面内容？

分析：计划内容不全面。

解决办法：首先要根据无土栽培计划制定的原则、依据进行市场调查评估；掌握计划包含的内容，要科学、有效；再根据所学的无土栽培相关知识进行计划的制定及成本及效益预估；该计划中还应包括四季报春基质培的方法及其生物学特性和生态学习性等。

【拓展提高】

无土栽培符合持续环保现代农业发展理念

无土栽培分为墙体栽培、管式栽培、基质袋培等多种栽培方式，节省空间，种植出的蔬菜基本不受病虫害影响，管理方便，省了人力也省了时间。这里一点儿土都没有，各种植物却长势良好，所有的蔬菜瓜果无一例外，不是长在棚上、架子上，就是长在水里，这种架构模式的一个最大的优点就是合理利用了空间，所谓“占天不占地”。

采用高效无土栽培技术栽培蔬菜、花卉，主要是利用农作物秸秆、锯木、菇渣、煤炭、垃圾等制作全价高效营养基质，无须好田好土，也无须施用化学肥料和农药，摆脱了传统种植对土质、地力的要求，打破了传统式的农业种植模式，对温室中发生最为普遍、危害最为严重的瓜类灰霉病、白粉病、根腐病、枯萎病、菌核病、蔓枯病、苗期猝倒病、立枯病和多种细菌性病害等土传病害起到了很好的抑制作用，可提高作物的抗病性，符合持续环保现代农业发展理念。

据了解，在温室采用高效无土栽培的蔬菜，既节省了人力资源，减轻了劳动强度，又实现了反季节生产。而且产品以有机、无公害为优势，符合广大消费者健康口味，有很好的销售空间。这项技术的应用，可达到节能环保、降低成本、提高收入的目标。

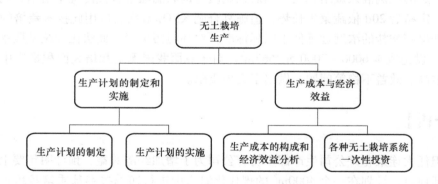

【任务小结】

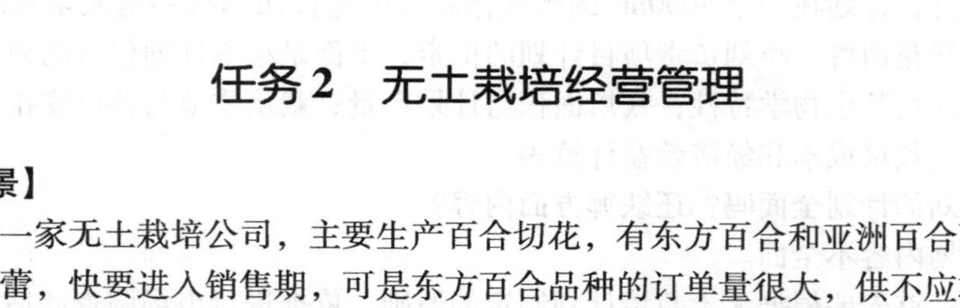

任务2 无土栽培经营管理

【任务情景】

王某经营一家无土栽培公司，主要生产百合切花，有东方百合和亚洲百合两个品种，目前百合已经现蕾，快要进入销售期，可是东方百合品种的订单量很大，供不应求；而亚洲百合品种订单寥寥无几。根据上述情况，分析一下为什么会出现这样的情况？王某在公司经营上缺乏哪方面知识？

【任务分析】

出现东方百合供不应求而亚洲百合无人问津主要是由于缺乏市场调查，要了解近几年百合销售情况以及市场的发展情况。

王某在公司经营上忽略了市场调查的重要性。在对市场的需求做出相对准确的预测后，制定企业经营销售计划，组织生产，才能保证产品有销路、企业有效益。

【知识链接】

无土栽培的植株长势强，生长速度快，产品整齐一致、产量高、品质好、清洁卫生，生产过程易于控制，有利于实现农业生产的规范化、标准化。工厂化无土栽培以先进的设施装备农业，采用完整而系统的技术规范及生产、加工、销售一体化的经营管理方式组织生产，从而使农业生产像工业那样有计划的实施，具有生产设施现代化、设备智能化、生产技术标准化、工艺流程化，生产管理科学化等特点，大幅度地提高了劳动生产率。近年来，随着温室设施的普及以及无土栽培技术的不断推广，全国各地大小不同的公司纷纷上马，陆续进入了无土栽培领域，无土栽培生产由示范逐步走上了商业化生产，在北京、上海、广东、山东等地，无土栽培蔬菜、花卉生产、种苗生产，得到了迅速推广，生产了大量优质的种苗，以及品种繁多、质量一流的蔬菜、花卉，满足了城乡人民的生产、生活需求。然而，无土栽培生产技术要求高，前期投入大，也有许多公司因经营管理不善而难以为继。经营管理水平的高低，直接影响着经营效益的好坏。没有先进的管理方法，就难以保证工厂化无土栽培经济效益的不断提高。要做好工厂化无土栽培，确保实现其高产出、高效益的优势，必须在生产组织及销售方面，充分发挥经营管理的作用。

一、无土栽培经营

经营，就是在一定的社会制度和环境条件下，将劳动力、劳动资料和劳动对象结合起来，进行产品的生产、交换或提供劳务的动态活动。工厂化无土栽培的经营要树立市场观念、竞争观念、素质观念、效益观念、人才观念、信息观念、法制观念，抓好生产、销售管理，生产出更多质优价廉的产品，满足广大消费者的不同需要。

1. 以市场需求为导向

首先要瞄准前沿市场，寻找市场缝隙，前沿市场在其超前性、高科技性的背后往往蕴含着大量新商机；其次要研究各地的政策动态和消费趋势，从价格、市民需求、市民心理上来分析，把握市场机会。在对市场的需求做出相对准确的预测后，制定企业经营销售计划，组织生产，才能保证产品有销路，企业有效益。

2. 选择名、特、优、稀高档种类，提高产品价值

工厂化无土栽培基础设施先进，温室环境可以控制，运行费用较高，若主要生产普通蔬菜、花卉品种等，就发挥不了其设备和技术的优势，效益也就得不到提高，因此，要针对市场需要，结合当地的经济水平、市场状况在科技含量和品质上上层次，生产出市场上需要的高附加值的园艺经济作物和高档的园艺产品，才能卖到好的价格，实现较高的经济效益。

3. 树立企业品牌

工厂化无土栽培以生产名特优高档花卉、蔬菜、蔬菜种苗为主，要坚持“质量第一”的方针，不断提高产品质量，确保比其他同类企业生产的产品质量优，价格低，才能在市场上占有一席之地。要克服以往规模小，种植品种“小而杂”，形不成市场的问题，瞄准几个主打种类，不断扩大规模、形成拳头产品，提高规模效益。在不断做大做强的基础上，争取产品走向国际市场。

4. 做好产后工作，提高生产效益

工厂化产品生产是按照工厂化生产规范进行生产的，要求生产、加工、储藏、销售一条龙服务。在做好产前、产中工作的基础上，也应在产后保鲜处理、深加工处理和销售服务上下功夫，产后包装直接影响产品的品质和交易价格。分级包装工作做得好，很容易激发消费者购买的欲望，提高消费者的购买信心，促进产品市场销售。

5. 以销定产，产销结合

无土栽培生产的花卉、蔬菜种苗生命周期短，销售时效性强，如果不能及时销售出去，产品价值不能实现，养护费用增加，就会影响经营效益的实现，要充分认识到销售工作的重要性，坚持以销促产、以产促销、协调发展的原则，稳步开拓市场。

二、无土栽培管理

管理是指为了实现预定目标，对其经营活动中的劳动力和物资等进行计划、组织、协调、控制、监督的过程。没有管理人们就无法从事社会生产活动。工厂化无土栽培设施先进，技术精良，但经济效益的实现离不开科学的管理，只有在有计划、有组织，科学而有序的管理下才能进行有效地生产及不断地开拓市场，实现经济效益的不断提高。

1. 过程管理

为保证无土栽培的正常生产，必须建立生产过程的技术规范，严格过程管理，以确保生产任务按时、保质、保量地完成。不断完善生产管理制度，制定技术规范、规程加强制度建设，有利于建立良好的生产秩序，提高技术水平，提高产品质量，降低消耗，提高劳动生产率和降低产品成本。技术规范及规程是进行技术管理的依据和基础，是保证生产秩序、产品质量、提高生产效益的重要前提。管理过程中要根据具体生产内容，对不同产品的生产技术、产后处理技术、包装标准及病虫害防治等方面提出标准化生产的要求，制定详尽的操作规程、技术标准。

认真执行各种生产技术规范、规程中要严格执行的生产技术要求，做好生产过程监测、并做到责任落实到人，不等不靠，出现问题及时处理，例如：在无土栽培生产过程中，从设施的清洗、消毒、播种、移苗、定植以及定植后直至收获完毕的各个环节，一旦发生病虫害、营养液酸碱度和浓度不适时，要及时采取喷施农药、添加营养、调节酸碱度等处理措施，确保作物生长健壮。

建立完善的管理档案，详细记录管理过程。主要记录项目包括生产过程的各个关键环节，从种苗采购、定植时间、棚室温湿度管理，作物生育时期、病虫害发生、防治情况，一直到产品采收、产后处理、出厂等都要做好记录，注意管理数据的记录要准确及时、真实、规范。以便监测生产过程、比较生产效率，不断提高管理水平。

2. 生产管理

生产管理的过程就是计划、组织、协调、控制、监督生产的过程，工厂化无土栽培包括蔬菜、鲜切花、盆花、种苗的生产，这些项目生产各有自己的特点，在生产的组织和管理上各有不同的要求。要实现预定目标，必须做好以下几点：

根据市场部门提供的订单，根据不同作物种类的生长习性、生育期长短、供货标准等制定详细的生产计划、包括生产时间安排、原材料购入、调配、生产技术路线、各个环节的技术要求的制定等等。例如：蔬菜种苗的工厂化生产计划，包括各个种类、品种、交货时间、定植标准等。

组织实施阶段，生产计划制定后，要及时确定管理人员、生产人员，实行责任制管理，明确责任权限，将工作中的每一个环节分解到人，落实到人，层层分解，层层落实，明确每个人的岗位职责和任务。建立工作制度，明确奖罚制度，按时完成任务，而且是保质保量完成任务。

生产部门管理人员要对生产计划负总责，从任务下达到组织生产、任务完成，对每个生产环节都要及时检查、全面监控。无土栽培如管理不当，易导致种植失败。若栽培设施、种子、基质、器具、生产工具等消毒不彻底，操作不当，易造成病原的大量繁殖和传播，所以，在进行无土栽培时，必须加强管理，做到每一步都到位。根据情况及时做出调整，确保预定目标的实现。

加强管理，降低成本。在满足生产需要的前提下，通过管理水平的提高来减少浪费、降低生产成本，降低不必要的开支，提高经济效益。

3. 销售管理

做好无土栽培生产的销售及售后服务，对于提高公司知名度，占领市场，具有相当重要的作用，优质的服务将给公司带来更多的客户群体，反之将丧失利润的源泉。国内外一些知名的花卉公司、种苗公司在这方面的做法值得借鉴。主要围绕以下方面进行：

建立完善的销售管理制度，明确销售部经理、主管、推销员的工作职责及奖惩政策，权责明确。制定年、季度营销计划并进行任务分解、实行目标管理，量化考核，要定期进行总结检查。

重视信息管理工作，认真做好市场调查，及时反馈，便于生产部门及时调整生产计划；每月对当月产品推广进行总结，并针对相关问题提出解决办法，针对问题及时调整营销思路，制订相应的营销计划方案。

建立布局合理的营销网络，确保营销渠道畅通无阻，不断拓展公司的发展空间。

建立完备的售后服务体系。服务的好坏对公司开展业务的成功与否起到决定性作用，一要建立各级客户资料档案，保持与客户之间的良好合作关系，加强联系；二要建立客户反馈机制，不定期对客户群进行电话回访，征询客户的意见和问题，并及时给予答复；三要加强技术服务工作，免费为客户提供培训服务、技术指导服务，满足客户技术上的需要。

【案例分析】

小周大学刚刚毕业，想自主创业经营一家无土栽培公司，你可以给他一下建议吗？

分析：首先，做好市场调查，了解当地无土栽培经营销售情况。

其次，选择名、特、优、稀高档种类，提高产品价值。工厂化无土栽培基础设施先进，温室环境可以控制，运行费用较高，若主要生产普通蔬菜、花卉品种等，就发挥不了其设备和技术的优势，效益也就得不到提高。可以选择一些名优的花卉，或附加值较高的园艺作物。

再次，树立自己的品牌。要坚持“质量第一”的方针，不断提高产品质量，确保比其他同类企业生产的产品质量优、价格低，才能在市场上占有一席之地。要克服以往规模小，种植品种“小而杂”，形不成市场的问题，瞄准几个主打种类，不断扩大规模、形成拳头产品，提高规模效益。

【拓展提高】

农业可持续发展

1. 经济可持续发展

可持续发展的最终目标就是要不断满足人类的需求和愿望。因此，保持经济的持续发展是可持续发展的核心内容。发展经济，改善人类的生活质量，是人类的目标，也是可持续发展需要达到的目标。可持续发展把消除贫困作为重要的目标和最优先考虑的问题，因为贫困削弱了他们以可持续的方式利用资源的能力。目前广大的发展中国家正经受来自贫困和生态恶化的双重压力，贫穷导致生态破坏的加剧，生态恶化又加剧了贫困。对于发展中国家来说发展是第一位的，加速经济的发展，提高经济发展水平，是实现可持续发展的一个重要标志。没有经济的可持续发展，就不可能消除贫困，也就谈不上可持续发展。

2. 社会可持续发展

可持续发展实质上是人类如何与大自然和谐共处的问题。人们首先要了解自然和社会变化规律，才能达到与大自然的和谐相处。同时，人们必须要有很高的道德水准，认识到自己对自然、对社会和对子孙后代所负有的责任。因此，提高全民族的可持续发展意识，认识人类的生产活动可能对人类自身环境造成的影响，提高人们对当今社会及后代的责任感，增强参与可持续发展的能力，也是实现可持续发展不可缺少的社会条件。要实现社会的可持续发展，必须要把人口控制在可持续的水平上。许多发展中国家，人口数已经超过当地资源的承载能力，造成了日益恶化的资源基础和不断下降的生活水准。人口急剧增长，对资源需求量的增加和对环境的冲击，已成为了全球性的问题。

3. 资源可持续发展

可持续发展涉及诸多方面的问题，但资源问题是其中心问题。可持续发展要保护人类生存和发展所必需的资源基础。因为许多非持续现象的产生都是由于资源的不合理利用引起资源生态系统的衰退而导致的。为此，在开发利用的同时必须要对资源加以保护，如对可更新资源利用时，要限制在其承载力的限度内，同时采用人工措施促进可更新资源的再生产，维持基本的生态过程和生命保障系统，保护生态系统的多样性以利于可持续利用；对不可更新资源的利用要提高其利用率，要积极开辟新的资源途径，并尽可能用可更新资源和其他相对丰富的资源来替代，以减少其消耗，要特别加强对太阳能、风能、潮汐能等清洁能源的开发利用以减少化石燃料的消耗。

4. 环境可持续发展

可持续发展也十分强调环境的可持续性，并把环境建设作为实现可持续发展的重要内容和衡量发展质量、发展水平的主要标准之一，因为现代经济、社会的发展越来越依赖环境系统的支撑，没有良好的环境作为保障，就不可能实现可持续发展。

5. 全球可持续发展

可持续发展不是一个国家或一个地区的事情，而是全人类的共同目标。当前世界上的许多资源与环境问题已超越国界的限制，具有全球的性质，如全球变暖、酸雨的蔓延、臭氧层的破坏等等。因此，必须加强国际多边合作，建立起巩固的国际合作关系。对于广大的发展中国家发展经济、消除贫困，国际社会特别是发达国家要给予帮助和支持；对一些环境保护和治理的技术，发达国家应以低价或无偿转让给发展中国家；对于全球共有的大气、海洋和生物资源等，要在尊重各国主权的前提下，制定各国都可以接受的全球性目标和政策，以便达到既尊重各方利益，又保护全球环境与发展体系。

【任务小结】

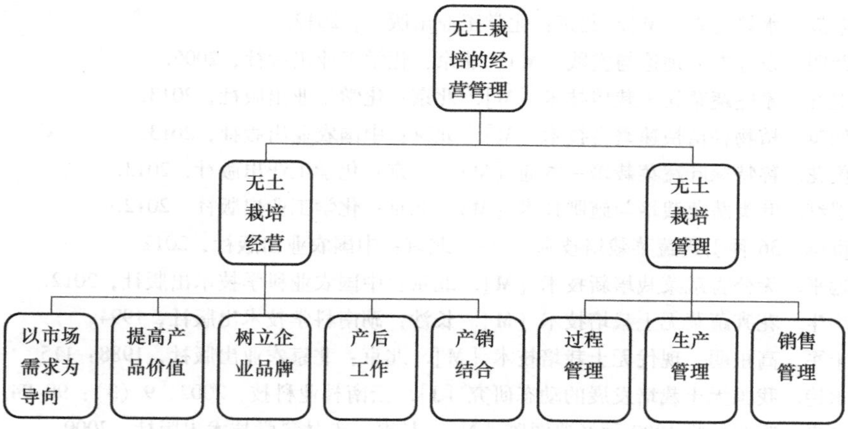

参考文献

[1] 连兆煌. 无土栽培原理与技术 [M]. 北京：中国农业出版社，1996.

[2] 邢禹贤. 新编无土栽培原理与技术 [M]. 北京：中国农业出版社，2002.

[3] 郭世荣. 无土栽培学 [M]. 北京：中国农业出版社，2003.

[4] 刘士哲. 现代实用无土栽培技术 [M]. 北京：中国农业出版社，2001.

[5] 王振龙. 无土栽培教程 [M]. 北京：中国农业大学出版社，2008.

[6] 王华芳. 花卉无土栽培 [M]. 北京：金盾出版社，1997.

[7] 任术琦，杨怀军. 工厂化无土栽培的经营与管理 [J]. 潍坊高等职业教育，2007 (9)：53-55.

[8] 张彦萍. 设施园艺 [M]. 北京：中国农业出版社，2002.

[9] 陈青支. 农业设施学 [M]. 北京：中国农业出版社，2001.

[10] 彭东辉. 水培花卉 [M]. 北京：化学工业出版社，2012.

[11] 张乃明. 设施农业理论与实践 [M]. 北京：化学工业出版社，2006.

[12] 徐卫红. 家庭蔬菜无土栽培技术 [M]. 北京：化学工业出版社，2013.

[13] 田如英. 植物种苗快速繁育技术 [M]. 北京：中国农业出版社，2013.

[14] 张俊花. 稀特绿叶蔬菜栽培一本通 [M]. 北京：化学工业出版社，2013.

[15] 徐卫红. 叶类蔬菜栽培与施肥技术 [M]. 北京：化学工业出版社，2012.

[16] 韩世栋. 36 种引进蔬菜栽培技术 [M]. 北京：中国农业出版社，2012.

[17] 宋远平. 无公害蔬菜栽培新技术 [M]. 北京：中国农业科学技术出版社，2012.

[18] 王鹄生. 花卉蔬菜无土栽培技术 [M]. 长沙：湖南科学技术出版社，1994.

[19] 李士军，高祖明. 现代无土栽培技术 [M]. 北京：北京农业出版社，1988：115.

[20] 徐永艳. 我国无土栽培发展的动态研究 [J]. 云南林业科技，2002，9 (3)：90-94.

[21] 徐晔春. 观花植物 1000 种经典图鉴 [M]. 长春：吉林科学技术出版社，2009.

[22] 徐晔春. 观叶观果植物 1000 种经典图鉴 [M]. 长春：吉林科学技术出版社，2009.

[23] 徐晔春，江珊. 盆栽花草 [M]. 汕头：汕头大学出版社，2009.

[24] 包满珠. 花卉学 [M]. 北京：中国农业出版社，2004.

[25] 鲁涤非. 花卉学 [M]. 北京：中国农业出版社，1998.

[26] 刘燕. 园林花卉学 [M]. 2 版. 北京：中国林业出版社，2009.

[27] 周武忠. 切花栽培与营销 [M]. 北京：中国农业出版社，1999.

[28] 夏宜平. 切花周年生产技术 [M]. 北京：中国农业出版社，2000.

[29] 田丹青，叶红霞，舒小丽，等. 红掌繁育技术研究进展 [J]. 农业科技通讯，2010 (1)：111-115.

[30] 张义君. 荷花 [M]. 北京：中国林业出版社，2004.

[31] 花卉培养技术研究课题组. 花卉植物组织培养技术研究 [J]. 淄博师专学报，2011 (1)：55-59.

[32] 任术琦. 工厂化无土栽培的经营与管理 [J]. 职大学报，2008 (2)：114-118.

[33] 张振霞. 红掌组织培养研究进展 [J]. 韩山师范学院学报，2006，27 (3)：105-108.

[34] 束晓春，彭峰，李乃伟，等. 红掌组织培养研究 [J]. 江苏农业科学，2009 (2)：67-69.

[35] 施智雄，董加强，陈晓萍. 超声波雾培装置的设计与使用 [J]. 西南园艺，2006 (1)：16-17，19.

[36] 宋朝辉. 红掌水培技术 [J]. 中国园艺文摘，2010 (11)：110，131.

[37] 沈强. 红掌切花生产的基质选用 [J]. 中国花卉园艺, 2002 (13): 20-21.
[38] 顾智章. 菠菜莴苣高产栽培 [M]. 北京: 金盾出版社, 1993.
[39] 巨英庆. 盆栽红掌种植技术 [J]. 中国花卉园艺, 2008 (12): 20-21.
[40] 刁勤兰, 周力, 何小弟. 红掌无土栽培基质的筛选 [J]. 林业科技开发, 2012, 26 (1): 86-89.
[41] 周力, 刘静波, 何小弟, 等. 红掌无土栽培基质的筛选研究 [J]. 中国花卉园艺, 2009 (8): 66-69.
[42] 黎扬辉, 刘镇南, 钟国君, 等. 广州地区红掌盆花生产技术规程 [J]. 广东农业科学, 2006 (6): 76-79.
[43] 赵国祥, 陈鸿洁, 张光勇, 等. 高档红掌盆花无土栽培及产业化开发研究 [J]. 热带农业科学, 2008, 28 (1): 21-24.
[44] 梁金凤, 齐庆振, 王胜涛, 等. 基于有机废弃物资源化利用的红掌栽培基质研制及效应研究 [J]. 北方园艺, 2010 (21): 54-58.
[45] 李艳, 李莲梅, 张莹, 等. 红掌在北方地区的无土栽培新技术 [J]. 陕西林业科技, 2004 (2): 1-4.
[46] 曹修才, 杨士辉, 许传怀, 等. 现代化温室盆栽红掌配套栽培技术研究 [J]. 北方园艺, 2005 (6): 24-25.
[47] 黄瑞清, 陈晴. 红掌切花新品种 [J]. 中国花卉园艺, 2007 (12): 49-50.
[48] 沈野磊. 不同切花红掌品种采后包装难易度不同 [J]. 中国花卉园艺, 2009 (18): 32-34.
[49] 陈海霞, 吕长平. 非洲菊保护地无土栽培研究进展 [J]. 江西农业学报, 2009, 21 (12): 95-97.
[50] 沈连静. 水培蔬菜的特点与栽培管理 [J]. 吉林蔬菜, 2012 (10): 52-53.
[51] 陈晨甜, 吕长平, 陈建, 等. 不同配比混合基质对非洲菊生长和开花的影响 [J]. 湖南农业大学学报 (自然科学版), 2009, 35 (6): 656-659.
[52] 戴云新, 张健, 李敏, 等. 不同外植体和激素对非洲菊愈伤组织诱导及芽分化的影响 [J]. 浙江农业科学, 2009 (4): 695-696.
[53] 宋军阳, 常宗堂, 蒲亚锋, 等. 不同栽培方式和基质对非洲菊生长的影响 [J]. 上海农业学报, 2004, 20 (3): 65-67.
[54] 李雪莲. 不同栽培基质对非洲菊生长影响的研究 [J]. 青海农林科技, 2010 (2): 20-26.
[55] 庄应强, 沈玉英. 不同栽培基质对切花非洲菊生长和开花的影响 [J]. 中国农学通报, 2004, 20 (3): 173-174, 186.
[56] 李倩中, 谭国华, 李华勇. 不同栽培基质和肥料配比对盆栽非洲菊生长和开花的影响 [J]. 江苏农业科学, 2002 (5): 43-45.
[57] 杨梦玲, 杨梦湘, 丁江南, 等. 非洲菊的离体培养研究 [J]. 湖南农业科学, 2009 (4): 136-137, 138.
[58] 徐俊林. 非洲菊的切花栽培 [J]. 花木盆景 (花卉园艺), 2003 (1): 18.
[59] 薛秋华. 非洲菊的无土栽培法 [J]. 花木盆景 (花卉园艺), 1999 (5): 9.
[60] 李恒立. 非洲菊的无土栽培技术 [J]. 现代园艺, 2014 (3): 37-38.
[61] 薛秋华, 郑惠章. 非洲菊的无土栽培研究初报 [J]. 福建热作科技, 1998, 23 (3): 1-3.
[62] 高艳明, 李建设, 李晓娟. 非洲菊花托组织培养的研究 [J]. 西北农业学报, 2006, 15 (4): 200-202.
[63] 吴竹华, 汤庚国, 王国良, 等. 非洲菊无土高效栽培研究进展 [J]. 江苏林业科技, 1998, 25 (2): 50-52.

[64] 傅松玲，傅玉兰，高正辉. 非洲菊有机生态型无土栽培基质的筛选［J］. 园艺学报，2001，28（6）：538-543.
[65] 黄燕芬，唐丽，孙林，等. 非洲菊组织培养快速繁殖［J］. 贵州农业科学，2002，30（6）：34-35.
[66] 王宝钦. 无土栽培基质特性与非洲菊生长关系的研究［J］. 林业实用技术，2005（10）：8-9.
[67] 成美华. 百合大棚无土栽培技术［J］. 广西园艺，2006，17（3）：45-47.
[68] 潘玲立，雷家军. 东北百合无性繁殖研究［J］. 北方园艺，2009（7）：189-191.
[69] 杨勋，王尚堃，赵凤良，等. 东方百合鳞片无土扦插营养液筛选试验研究［J］. 北方园艺，2007（9）：145-147.
[70] 杨懋勋，单振菊，陈志云，等. 4种观赏百合的组培快繁技术研究［J］. 广东农业科学，2012（2）：37-39.
[71] 李莺，李星，李生玲，等. "黄天霸"百合花器官愈伤组织诱导及植株再生［J］. 热带作物学报，2013，34（8）：1507-1512.
[72] 孙红宇. 百合日光温室有机生态型无土立体栽培技术［J］. 吉林农业，2014（3）：59.
[73] 王亚军，魏兴琥，谢忠奎，等. 不同基质对切花百合生长及种球的影响［J］. 西北农业学报，2003，12（4）：109-112.
[74] 许宁，宁景华，于秋艳. 切花生产技术［M］. 沈阳：辽宁科学技术出版社，1998.
[75] 陈应，陈建华. 凤尾竹的形态特征和光合生理特性［J］. 湖南林业科技，2008，35（1）：18-20.
[76] 杨文汀. 凤尾竹水土兼养效果好［J］. 中国花卉盆景，1993（12）：11.
[77] 于淑玲. 保健观叶花卉——袖珍椰子盆栽技术［J］. 现代农村科技，2010（3）：29.
[78] 雷洽祥. 盆栽观叶佳品——袖珍椰子［J］. 园林，2003（3）：30.
[79] 言日. 袖珍椰子的压条繁殖［J］. 园林，2000（6）：7.
[80] 李婷婷，吕英民. 芍药促成盆栽标准化生产［J］. 温室园艺，2010（8）：82-84.
[81] 刘春迎，王莲英. 芍药品种的数量分类研究［J］. 武汉植物学研究，1995，13（2）：116-126.
[82] 薛银芳，赵大球，周春华，等. 芍药组织培养的研究进展［J］. 北方园艺，2012（4）：167-170.
[83] 吴红娟，沈苗苗，于晓南. 观赏芍药"大富贵"丛生芽诱导及生根技术［J］. 东北林业大学学报，2011，39（9）：20-22.
[84] 刘坚，王静，生静雅，等. 芍药栽培品种的花型类别与环境条件影响［J］. 技术与市场（园林工程），2006（7）：38-40.
[85] 王建国，张佐奴. 中国芍药［M］. 北京：中国林业出版社，2005.
[86] 王雁. 牡丹生产栽培实用技术［M］. 北京：中国林业出版社，2011.
[87] 韦三立. 花卉组织培养［M］. 北京：中国林业出版社，2002.
[88] 董永义，宋旭，郭园. 观赏芍药组织培养研究［M］. 北京：林业实用技术，2009（5）：66.
[89] 郑炜. 扦插繁殖凤尾竹［J］. 中国花卉盆景，2010（4）：23.
[90] 刘增鑫. 常见蔬菜无土栽培实用技术［M］. 北京：中国农业出版社1997.
[91] 高海波，沈应柏. 观赏蕨类的无性繁殖技术［J］. 北方园艺，2006（1）：92.
[92] 欧阳婵娟，罗燕燕，王忠，等. 广州花卉市场上的观赏蕨类［J］. 广东园林，2007（4）：36-39.
[93] 王淑珍. 蕨类花卉的繁殖及栽培技术［J］. 河南农业科学，2006（4）：87-88.
[94] 刘瑞林，王凤彬，任如意. 蕨类植物组织培养研究现状［J］. 中国林副特产，2003（5）：16-17.

[95] 艾金才. 利用块茎繁殖肾蕨 [J]. 园林，1999 (1)：33.
[96] 徐树德. 浅说肾蕨及其栽培管理 [J]. 花木盆景 (花卉园艺)，1996 (6)：8.
[97] 张弓，刘玉娟，韩利. 切叶肾蕨栽培技术简介 [J]. 吉林蔬菜，1999 (2)：34-35.
[98] 杨逢春. 热带蕨类植物专题 (十八)：肾蕨的栽培管理 [J]. 中国花卉园艺，2010 (10)：38-39.
[99] 楼枝春. 肾蕨的切叶生产 [J]. 浙江林业，2005 (10)：31.
[100] 曹轩峰，陈红武. 肾蕨栽培管理技术 [J]. 北方园艺，2004 (4)：48-49.
[101] 任爽英，刘春，冯冰，等. 东方百合'Sorbonne'无土栽培基质的研究 [J]. 北京林业大学学报，2011，33 (3)：92-98.
[102] 张洁. 东方百合本土化基质栽培技术 [J]. 现代农业科技，2014 (12)：177，182.
[103] 李战国. 盆栽百合周年生产技术 [J]. 北方园艺，2008 (2)：184-186.
[104] 钱琳. 室内观叶植物佳品——观赏肾蕨 [J]. 中国花卉盆景，1993 (7)：16.
[105] 金兆辉. 洋桔梗栽培 [J]. 中国花卉园艺，2012 (18)：22-23.
[106] 张淑娟，刘与明. 洋桔梗 Fl 无菌播种和试管苗的快速繁殖 [J]. 亚热带植物通讯，1996，25 (2)：13-16.
[107] 胡新颖，王锦霞，代汉萍，等. 郁金香鳞片组织培养研究 [J]. 沈阳农业大学学报，2007，38 (3)：304-307.
[108] 任永波，陈开路，王志民. 百合，非洲菊栽培技术 [M]. 成都：四川科学技术出版社，2006.
[109] 冷平生，侯芳梅. 家庭健康花草 [M]. 北京：中国轻工业出版社，2007.
[110] 杨贺，颜范悦，裴新辉，等. 不同基质对百合埋片繁殖影响的研究 [J]. 辽宁农业科学，2008 (4)：27-29.
[111] 王瑜. 庭院蔬菜无土栽培 [M]. 北京：海洋出版社，2000.
[112] 张俭，秦官属. 郁金香 [M]. 北京：中国林业出版社，2002.
[113] 杜猛军，赵文德，孙坚红，等. 室内盆栽无土栽培 [J]. 中国花卉盆景，1988 (5)：22.
[114] 张延龙，苏玉萍. 郁金香的促成栽培 [J]. 西北园艺，2000 (6)：32.
[115] 崔文山，高雷，滕德奖，等. 郁金香适宜栽培基质的研究 [J]. 辽宁林业科技，2008 (2)：38-39.
[116] 徐振华. 郁金香无土栽培技术 [J]. 河北林果研究，1998，13 (增刊)：58-60.
[117] 潘丽娟. 郁金香繁殖栽培技术 [J]. 河北农业科技，2008 (22)：33.
[118] 李德美. 庭院花卉无土栽培 [M]. 北京：海洋出版社，2000.
[119] 曾德秀. 名贵花卉郁金香及其栽培技术 [J]. 农村科技，2003 (5)：26.
[120] 屈连伟，苏君伟，李生龙，等. 郁金香杂交种子播种技术 [J]. 现代园林，2014，11 (8)：42-44.
[121] 赵庆柱，韩霞，刘志国，等. 不同基质配比对钵栽郁金香生长发育的影响 [J]. 山东农业科学，2011 (7)：90-91.
[122] 陈冲女，楼旗生，詹昊彦. 郁金香盆栽生产技术 [J]. 现代园艺，2009 (7)：31-32.
[123] 吴少华，郑诚乐，李房英. 鲜切花周年生产指南 [M]. 北京：科学技术文献出版社，2000.
[124] 吴媛媛. 国内洋桔梗栽培技术研究进展 [J]. 园艺与种苗，2012 (11)：1-3.
[125] 李群，刘光勇，王丽. 激素对洋桔梗植株再生的影响及生根培养的研究 [J]. 广西植物，2004，24 (1)：40-42.
[126] 何宇凡，胡春洪. 山茶花扦插生根剂及营养液的筛选 [J]. 环境科学导刊，2009，28 (1)：5-7.
[127] 周莹，金晓玲，刘锋. 佛手的繁殖栽培及在园林中的应用 [J]. 林业实用技术，2008：11.

[128] 郝金宏，郭建军. 金橘无土栽培技术 [J]. 河北农业科技，2008，(18).
[129] 杨铁顺. 绿萝营养液：中国，201010537650. 2011-07-06.
[130] 蒋卫杰. 蔬菜无土栽培新技术 [M]. 北京：金盾出版社，2008.
[131] 裴孝伯. 有机蔬菜无土栽培技术大全 [M]. 北京：化学工业出版社，2013.
[132] 王艳. 蔬菜无土栽培技术 [M]. 长春：吉林出版集团有限责任公司，吉林科学技术出版社，2010.
[133] 金玲. 小白菜水培营养液配方筛选 [J]. 河南农业科学，2007 (9)：82-85.
[134] 周黎丽，张智明. 南京地区小白菜品种发展及周年利用 [J]. 长江蔬菜，2004 (10)：22-24.
[135] 王国夫，徐智明. 吊兰不同营养液培养的比较试验 [J]. 中国园艺文摘，2010 (6)：25-27.
[136] 胡雪雁，连芳青，朱碧华. 家庭水培花卉 [M]. 南昌：江西科学技术出版社，2006.
[137] 韩清华. 彩叶芋的品种及栽培管理 [J]. 中国花卉园艺，2007 (12)：34-35.
[138] 韦三立. 花卉无土栽培 [M]. 北京：中国林业出版社，2001.
[139] 金波. 常用花卉图谱 [M]. 北京：中国农业出版社. 1998.
[140] 戴志荣，林方喜，王金勋. 室内观叶植物及装饰 [M]. 北京：中国林业出版社，1994.
[141] 张文庆. 家庭花卉无土栽培500问 [M]. 北京：中国农业出版社，1999.
[142] 邱强. 观叶植物·多浆植物·木本花卉原色图谱 [M]. 北京：中国建材工业出版社，1999.
[143] 王久兴. 现代蔬菜无土栽培 [M]. 北京：科学技术文献出版社，2005.
[144] 苏崇森. 现代实用蔬菜生产新技术 [M]. 北京：中国农业出版社，2003.
[145] 李清国，王俊侠，张伟燕. 水培花叶芋营养液配方的筛选 [J]. 河北农业科学，2010 (9)：60，62.
[146] 王颖，陆国权. 彩叶芋研究进展 [J]. 中国园艺文摘，2012 (5)：37-38，177.
[147] 卢钰，张勇. 花叶芋的栽培要点 [J]. 山东林业科技，2004 (4)：38.
[148] 李清国，王俊侠，张伟燕. 水培花叶芋营养液配方的筛选 [J]. 河北农业科学，2010，14 (9)：60，62.
[149] 王忠全. 营养液浓度对花叶芋水插的影响 [J]. 西南园艺，2000，28 (1)：29.
[150] 刘亚群，岳春雷，杨奇佳，等. 龟背竹等11种花卉无土栽培营养环境动态试验研究 [J]. 浙江林业科技，1999，19 (2)：40-43.
[151] 曾宋君. 花叶万年青的繁殖栽培 [J]. 园林，2003 (12)：35-36.
[152] 林云甲，张晓如. 花叶万年青属植物的特性及栽培 [J]. 中国花卉盆景，1997 (9)：20.
[153] 周鑫，刘伟强，孙海龙. 花叶万年青组织培养工厂化育苗的研究 [J]. 黑龙江生态工程职业学院学报，2011，24 (2)：20-21.
[154] 叶正波. 可持续发展评估理论及实践 [M]. 北京：中国环境科学出版社，2002.
[155] 段彦丹，樊力强，吴志刚，等. 蔬菜无土栽培现状及发展前景 [J]. 北方园艺，2008 (8)：63-65.
[156] 张丹. 报春花的栽培技术 [J]. 农村实用技术，1997 (10)：47.
[157] 侯云屏，古志渊. 报春花的组织培养与快速繁 [J]. 植物生理学通讯，2001，37 (3)：234-235.
[158] 刘仁坤. 报春花嫩叶诱导及植株再生的研究 [J]. 安徽农学通报，2010，16 (15)：65-66.
[159] 崔玉华，邹士杰，徐复平. 报春花栽培技术研究 [J]. 花木盆景 (花卉园艺)，1994 (3)：15.
[160] 梁树乐，张启翔，刘庆超. 我国报春花属植物资源及园林应用 [J]. 北方园艺，2006 (3)：100-101.
[161] 范军科. 荷花的无土栽培技术 [J]. 花木盆景 (花卉园艺)，2000 (7)：10.
[162] 赵文进. 荷花栽培技术研究进展 [J]. 现代园艺，2013 (5)：9-10.

[163] 王兴民. 楼房居室无土养花 [M]. 西安: 陕西科学技术出版社, 2003.

[164] 刘增鑫. 特种蔬菜无土栽培 [M]. 北京: 中国农业出版社, 1999.

[165] 徐兆生, 张合龙, 谢丙炎. 散叶生菜新品种生菜王 [J]. 中国蔬菜, 2004 (4): 60.

[166] 王跃兵, 董春锋. 生食蔬菜中的上品——米香油麦菜 [J]. 蔬菜, 2008 (11): 8-9.

[167] 刘慧超, 卢钦灿. 生菜立体水培技术 [J]. 现代农业科学, 2009, 16 (3): 100-101.

[168] 钟晓斌, 池菊英, 林巧玉, 等. 紫背天葵深液流无土栽培技术 [J]. 蔬菜, 2003 (3): 5-6.

[169] 王振龙, 陈杏禹. 紫背天葵静止深液槽水培技术 [J]. 吉林蔬菜, 2002 (3): 4-5.

[170] 孟力力, 羊杏平, 夏明霞, 等. 奶白菜的 NFT 水培技术简介 [J]. 长江蔬菜, 2010 (13): 27-28.

[171] 邓长智. 不同浓度营养液对黑叶白菜生长的影响 [J]. 湖南农业科学, 2010 (16): 37-38.

[172] 宿晓东. 设施蔬菜无土栽培技术 [M]. 天津: 天津科技翻译出版公司, 2009.

[173] 杨培新, 徐海钿, 郑奕雄. 白菜新品种"揭农 4 号" [J]. 园艺学报, 2011, 38 (8): 1615-1616.

[174] 李桂花, 陈汉才, 罗少波, 等. 白菜新品种"夏盛" [J]. 园艺学报, 2013, 40 (2): 393-394.

[175] 徐海, 宋波, 陈龙正, 等. 耐抽薹白菜新品种"春佳" [J]. 园艺学报. 2013, 40 (1): 193-194.